葡萄酒基础教程

COMPRENDRE LES VINS EN FRANÇAIS ET EN CHINOIS

[法] 让-米歇尔·莫尼埃（Jean-Michel MONNIER）
王锐 吴静 曾伽 徐倩 吴维 著

東華大學出版社·上海

图书在版编目（CIP）数据

葡萄酒基础教程：法汉对照 / (法) 让-米歇尔・莫尼埃等著 . —上海：东华大学出版社，2022.1

ISBN 978-7-5669-2004-1

I. ①葡… II. ①让… III. ①葡萄酒—教材—法、汉 IV. ① TS262.61

中国版本图书馆 CIP 数据核字 (2021) 第 229323 号

葡萄酒基础教程：法汉对照

COMPRENDRE LES VINS EN FRANÇAIS ET EN CHINOIS

让-米歇尔・莫尼埃 等著

策　　划：巴别塔工作室

责任编辑：沈　衡

版式设计：顾春春

书籍设计：903design

出版发行：东华大学出版社

社　　址：上海市延安西路 1882 号，200051

出版社官网： http://dhupress.dhu.edu.cn/

出版社邮箱：dhupress@dhu.edu.cn

天猫旗舰店：http://dhdx.tmall.com

营销中心：021-62193056　62373056　62379558

投稿、勘误及盗版举报邮箱：83808989@qq.com

印刷：当纳利（上海）信息技术有限公司

开本：787 mm × 1092 mm　1/16

印张：19.5

字数：795 千字

印数：0001- 2000 册

版次：2022 年 1 月第 1 版　2022 年 1 月第 1 次印刷

书号：ISBN 978-7-5669-2004-1

审图号：GS（2021）8438 号

定价：138.00 元

PRÉFACE DE PHILIPPE FAURE - BRAC

Chacun peut voir le plus vieux métier du monde dans son industrie, toujours est-il que la culture de la vigne existe depuis que l'homme est passé de la vie nomade à la sédentarité. Les romains cultivaient la vigne et aromatisaient leurs vins d'épices et de miel pour le goût et la conservation. Et comme le peuple romain, ou grec, organisait déjà leur civilisation avec une hiérarchie où chacun avait son rôle, le vin a rapidement nécessité diverses responsabilités, comme celui de le servir.

Les premières traces du métier de sommelier dans le sens que l'on entend aujourd'hui apparaissent à travers le terme d'échanson, « personnage qui était chargé de servir à boire à la table d'un roi, d'un prince. (Les échansons de la maison du roi de France étaient soumis à l'autorité du grand échanson de France, qui hérita des fonctions du bouteiller de France sous Charles VII.) » dans la définition du dictionnaire Larousse. Il était l'officier qui vérifiait notamment que le vin n'était pas empoisonné.

Le terme d'échanson est remplacé au XIVe siècle suite à une ordonnance du roi Philippe V pour lui préférer celui de sommelier. Il faudra toutefois attendre le XVIIIe siècle pour que l'art de servir le vin prenne tout son sens avec l'ouverture des premiers restaurants. C'est alors que la dimension de conseil du métier se développe afin de proposer le meilleur choix de vin possible pour sublimer la cuisine des chefs. Le travail de concert entre chef de cuisine et le chef sommelier revêt une importance capitale pour les établissements qui axent leur offre sur les accords mets et vins par exemple.

Le métier de sommelier ne se limite pourtant pas qu'au service ou au conseil. Afin de réaliser les bons accords et de pouvoir parler du vin avec aisance, il doit également et en toute logique élaborer la carte et créer la cave. Il ne s'agit pas ici de choisir au hasard dix maisons des dix plus grandes régions viticoles du monde, loin de là ! Encore une fois, des notions éloignées du métier de base sont indispensables comme celle de la finance afin de créer une carte dont les marges permettent à l'établissement d'atteindre le taux de rendement nécessaire à la pérennité du commerce. Chaque flacon ayant son histoire, sa provenance et son coût propre, c'est un calcul au cas par cas qui doit être effectué dans la construction de la cave. Il s'agit également de veiller aux disponibilités d'approvisionnement, aux éventuelles allocations et à la couverture la plus variée possible des différentes régions viticoles du monde. Au-delà de la construction de la carte, le sommelier prend également une casquette de commercial

菲利普·富尔-布拉克的序言

Philippe Faure -Brac 菲利普·富尔-布拉克

- 1992 年世界最佳侍酒师
  Meilleur Sommelier du Monde 1992
- 1988 年法国最佳侍酒师
  Meilleur Sommelier de France 1988
- 2015 年法国最佳工人“荣誉称号”
  Meilleur ouvrier de France « Honoris Causa » 2015
- 2016 年起担任法国侍酒师联盟主席
  Président de l’Union de la Sommellerie Française depuis 2016

每个人在自己所处的业界中，都可以找到可被称为最古老的职业，葡萄种植业便是人类从游牧生活转为定居生活后就存在的古老职业了。罗马人种植葡萄，并在葡萄酒中加入香料和蜂蜜来调味并实现保存效果。古罗马或者古希腊的文明有其等级制度，不同阶层的人有其不同的社会责任。葡萄酒业很快就开启了各种行业，比如侍酒业。

我们今天所理解的侍酒师职业，按照法国拉鲁斯词典的解释是起源于“司酒官”这一称呼。“那时的司酒官在国王和王子用餐时为他们提供酒水服务（法国的王家司酒官受法国大司酒官的管辖，而大司酒官则继承了查理七世时期法国司酒官的职能）。”司酒官同时也负责检查酒是否被下了毒。

14 世纪，法国国王腓力五世颁布了一项法令，用他偏爱的“侍酒师”称呼取代了“司酒官”一词。但侍酒的才艺，是到了 18 世纪、第一批餐厅的开设以后，才有了完整的意义。为了给厨师们提供最佳葡萄酒，使美食升华，侍酒师的咨询和建议的才能得到了很大发挥。在那些需要菜肴与葡萄酒合理搭配的机构发展时，厨师与侍酒师的合作便是至关重要的因素。

然而，侍酒师的工作并非仅局限于餐桌服务及配餐建议。为能做出完美的餐酒搭配，自如地点评各类葡萄酒，他还必须能够合乎逻辑地拟定酒水单、建立酒窖。从世界十大葡萄酒产区中随便选十家酒农的酒不就行了吗？远非如

puisqu'il convient au demeurant de proposer l'harmonie gastronomique idéale au client tout en recherchant la meilleure rentabilité pour le restaurant. N'oublions pas encore une fois le caractère pontifical du métier, dans le sens littéral du terme, qui fait le lien. En effet, pour beaucoup de clients le vin est un objet de plaisir mais dont ils ignorent la majeure partie. Nous parlions plus haut de la notion de conseil et de service, il s'agit donc bien de faire le lien entre le savoir colossal du sommelier et la satisfaction du client comme le pape doit servir de pont entre la religion et ses adeptes.

Il faudra pourtant attendre 2014 pour que l'organisme de référence dans le cadre légal relatif au vin nous propose une définition « officielle » du métier. Dans la résolution OIV-ECO 474-2014, « le sommelier est un professionnel du secteur vitivinicole et de celui de la restauration (restaurants, bars à vins), cavistes, ou autres acteurs de la distribution qui recommandent et servent des boissons au niveau professionnel. Son champ d'action se situe au niveau du service du vin en restauration ou dans les établissements vendant du vin ainsi qu'au niveau de conseil spécialisé pour les acteurs du marché du vin pour assurer la présentation et le service adéquats des produits... Le sommelier a suivi une formation diplômante ou certifiante qui est en adéquation avec la définition, le rôle et les compétences prévus dans cette résolution ». Cette définition a permis l'uniformisation des attentes relatives à ce métier ainsi que la création et l'affirmation de certifications reconnues à l'international.

« Le vin est l'une des choses les plus civilisées du monde » aimait à dire HEMINGWAY, écrivain américain du début du XXème siècle. Cet accès à la civilisation, à la culture et à la connaissance relative au vin c'est le sommelier qui nous les transmet. Tel Hermès, messager des dieux, le sommelier propose un discours à chaque client emprunt du savoir de Dionysos ou Bacchus chez les romains.

Pour ma part, et au-delà de la définition légale du métier, l'esprit du sommelier se caractérise par l'ouverture, la curiosité, l'envie de découvrir et surtout de partager cette passion. Véritable pierre angulaire dans un restaurant, il est au service du client, mais également à la confluence de la cuisine, de la salle et de la gestion de la cave dont il a la charge. Le sommelier est un passeur et un ambassadeur des producteurs de vin et autres boissons qu'il sélectionne. Passion, transmission et émotion sont les mots-clés de cette définition.

Alors que le métier de sommelier a longtemps été considéré comme un métier d'homme, notamment par la dureté physique de ses activités, on observe de nos jours une très large féminisation du métier. De plus en plus de femmes s'investissent dans le monde du vin, jusqu'à en devenir des figures emblématiques également sur la scène des concours. Je pense par exemple à Pascaline Lepeltier, issue entre autres des formations de l'ESTHUA et de la Mention Complémentaire de Sommellerie (MCS) du centre Pierre Cointreau d'Angers. La mention complémentaire est l'une des deux formations officielles qui existe à ce jour en France, avec le brevet professionnel (BP). Ces formations ne sont pas à confondre avec le Diplôme National d'œnologues (DNO) qui lui est un diplôme scientifique sur la chimie du vin. Alors que l'on pourrait se représenter l'œnologue comme le docteur du vin, il est sans nul doute un ingénieur tandis que le sommelier se doit d'être ingénieux, un acteur aussi bien au service des vignerons qu'il représente, que des clients auxquels il doit faire vivre une expérience.

Pour le sommelier, l'expérience peut revêtir de très nombreuses facettes. J'ai,

此简单！比如，一些似乎与品酒基本概念无关的知识，对侍酒师是不可缺少的。财务方面的知识对侍酒师设计的酒单至关紧要，以便企业获得足够的利润、实现可持续发展所需的回报率。由于每一瓶酒都有自己的历史、产地、成本，所以在建造酒窖的时候必须逐一计算，同时也需考虑到酒源的可靠性、是否能得到补贴，以及世界不同产区的覆盖性等因素。除了制定酒单，侍酒师还要积极参与销售，因为为顾客提供美食美酒搭配建议的同时，也是为在餐厅谋求最佳利润。此外，我们不能忽略这一职业称呼字面所透露的、具有桥梁使命的尊崇特性。的确，葡萄酒对很多消费者来说只不过是一种获取乐趣的物质，他们并不了解其重要的内涵。侍酒师的建议和服务，是将其渊博知识与消费者的满意度联系起来，就像教皇向教徒传播宗教信仰时，所起到的桥梁作用一样。

但是，有关侍酒师的 “官方” 的职业定义，是相关组织在 2014 年才在葡萄酒法规中提出的。OIV-ECO 474-2014 号决议（国际葡萄与葡萄酒组织文件）指出，“侍酒师是葡萄酒行业和餐饮行业（餐馆、酒吧）、酒商或其他分销机构中提供建议和侍酒专业服务的人员。其工作领域是在餐厅或销售葡萄酒的机构中，提供侍酒服务，以及为葡萄酒市场的参与者提供专业建议，以确保产品的适当展示和服务……侍酒师应完成符合本决议规定的定义、作用和能力的文凭或认证培训。”该定义统一了人们对这一职业的认识，并创造和确认了国际公认的认证。

“葡萄酒是世界文明中的重要成分之一。”这是 20 世纪初美国作家海明威最爱说的一句话。的确，是侍酒师给我们带来了接触文明、文化和葡萄酒知识的可能。侍酒师在像众神的信使赫尔墨斯一样，为每一位顾客介绍葡萄酒时，借鉴了古罗马文化中狄奥尼索斯或巴克斯的知识。

我认为，除了职业的法律定义外，侍酒师的精神特点可被归纳为开放、好奇、开拓，尤其是其分享美酒的激情。作为餐厅的真正基石，他不仅为顾客服务，还负责厨房、餐厅和他所负责的酒窖的管理。侍酒师是他所选择的葡萄酒和其他饮料生产商的大使。衷情职业、传递信息、充满激情是对侍酒师职业定义的关键词。

由于其长时间的体力付出，长期以来，侍酒师的职业一直主要由男性承担，但如今该职业的女性化程度非常高。越来越多的女性参与到葡萄酒业中来了，甚至成为竞赛舞台上的标志性人物。例如，毕业于昂热大学旅游与文化学院的帕斯卡琳娜·勒佩尔蒂耶（Pascaline Lepeltier），就获得了昂热皮埃尔–君度中心颁发的“饮料总管补充证书（MCS）”。该证书与专业证书（BP）一样，是法国目前存在的两个国家认可的培训课程之一。不过它们与法国国家酿酒师文凭（DNO）不同，后者是与葡萄酒化学研究有关的高等科学文凭。如果说酿酒师是葡萄酒的医生、酒业的工程师。那么侍酒师则是独具匠心的，既能够代表葡萄酒生产及酿造者的利益，又能为顾客提供体验服务的专业人员。

侍酒师的职业经历可以是多方面的。我非常幸运，走过了遍及各大洲的很多地方，实地体验和观察，丰富了阅历，体验到每个国家都有自己的消费习

pour ma part, eu la chance de faire de nombreux voyages qui m'ont conduit sur tous les continents. Chaque pays a ses propres habitudes de consommation et c'est extrêmement enrichissant de pouvoir les vivres et les observer sur le terrain. Pour un pays comme la Chine, qui est un pays très vaste, ces habitudes changent même d'une région à une autre. Par exemple à Macao, ville des casinos, de la fête et de la nuit, les sommeliers n'ont nécessairement pas le même rapport à leur travail puisqu'il s'agit de l'univers du jeu, de luxe et de belles bouteilles. Dans un tout autre style, peut-être dans une approche de consommation que l'on pourrait qualifier d'européenne, Hong-Kong est une ville très cosmopolite avec une culture anglo-saxonne forte. D'une façon plus globale néanmoins, on ne boit pas le vin de la même manière en Chine, on le boit pour célébrer. Le rôle du sommelier est alors de choisir le nectar idéal pour chaque occasion. Chez nous, il s'agit plus de magnifier la gastronomie avec les accords mets et vin car ces deux univers sont intimement liés alors que la culture du vin n'est que beaucoup plus récente en Chine. A mon sens, l'expression ultime du sommelier et de pouvoir créer la magie émotionnelle autour d'une rencontre, d'un mariage vin et mets.

Les rencontres sont d'ailleurs souvent le point de départ de belles aventures. Étant très investi auprès de différents acteurs de la vallée de la Loire dans le cadre de mes activités professionnelles, il semblait presque évident que j'allais croiser la route de Jean-Michel Monnier, domicilié dans la commune de Bouchemaine, au cœur du terroir de Savennières.

C'est notre passion commune pour cette région viticole française qui nous a conduits à nous retrouver pour parler de vin, entre autres. Son père était maire de la ville d'Angers et il est lui-même un œnologue conseil de renom dans cette région, au service des vignerons, des caves, du chenin blanc et de ses terroirs. Jean-Michel est également un amoureux des sols et de leurs aspects géologiques. C'est une dimension intrinsèque du capital de chaque vin qui influencera nécessairement le profil aromatique d'une cuvée qu'il faut d'abord comprendre pour pouvoir la travailler, la respecter et la sublimer.

Je remercie mon ami de cet honneur qu'il me fait et le félicite pour cette démarche pédagogique de transmission qui nous est aussi chère à tous les deux. Il est en effet très investi dans l'enseignement, en France d'abord à l'institut d'Angers, mais également en Chine à Canton et à Taïwan. Je salue cet engagement international pour la diffusion du savoir du vin mais surtout des plaisirs de la bouche qui me sont si chers.

惯。对于中国这样一个幅员辽阔的国家来说，不同的地区有不同的习惯。比如，在澳门这个充满赌场、派对和夜生活的城市，侍酒师的工作与传统定义中的侍酒师的职责不尽相同，因为澳门是一个集博彩、奢华和著名酒庄于一体的世界。香港的风格则不同，城市非常国际化、消费方式很欧化，有着浓厚的盎格鲁-撒克逊文化痕迹。从全球饮酒习惯来说，中国人饮用葡萄酒的习惯与其它地区不一样，中国人经常在庆典活动时饮酒。侍酒师的作用是为每个喜庆场合选择理想的佳酿。在西方文化中，侍酒师主要关注的是菜肴与葡萄酒的搭配，因为这两个宇宙是紧密相连的。而这种葡萄酒文化则刚刚在中国诞生。在我看来，在中国工作的侍酒师一定要能够在重大的聚餐活动时、围绕佳酿与美食的结合，创造出充分表达情感的魔力。

这种相聚往往是美好探险旅程的出发点。在我的职业活动中，与卢瓦尔河谷的诸多葡萄酒业工作者有很深的交集，与本书作者让-米歇尔·莫尼埃的交集便是显而易见的，他就住在萨韦涅尔产区中心的布什麦恩镇。

正是因为我们对法国该葡萄酒产区有着的共同的工作热情，我们经常在一起谈论葡萄酒等话题。他的父亲曾任昂热市市长，让-米歇尔·莫尼埃为葡萄种植者、酒庄、白诗南葡萄及其风土提供服务，是该地区著名的酿酒师及酒业顾问。此外，他还是土壤及其地质方面研究的爱好者。土壤及其地质对每一款酒的内在价值，如香气特征等有很大影响。必须先了解它，才能对每一款酒进行加工、尊重、升华。

我非常荣幸能应我的朋友的邀请来为本书作序。在此，特别祝贺他为传播葡萄酒文化所取得的教学成果，我们两个人都很珍视能通过教学活动来传播葡萄酒文化。莫尼埃对教学非常投入，在法国昂热大学和中国的广州和台湾等多地执教。我向这一国际合作成果致敬，因为它不仅传播了葡萄酒的知识，也传播了我异常珍视的、葡萄酒所带来的美妙口感。

PRÉFACE DE CHRISTIAN ROBLÉDO

Le vin se confond sans doute avec l'histoire de l'humanité. Du dieu grec Dionysos aux rites chrétien et juif, le vin est tout à la fois considéré comme source de vie mais aussi potentiellement de tous les excès !

Quoiqu'il en soit, au travers l'histoire, une véritable culture au sens propre comme au sens figuré, s'est construite autour du vin. Du nectar que l'on déguste dans un beau verre en cristal, au vin qui désaltérait les travailleurs dans les carrières de marbres, qu'il soit rouge, blanc, rosé ou pétillant, il existe autour de lui un mystère que seuls certains initiés arrivent à percer les arcanes pour transmettre aux profanes les secrets de sa production et de ses différentes subtilités.

Jean-Michel Monnier est l'un de ceux-là. Ils ne sont pas si nombreux à travers le monde, et nous avons le privilège d'en compter un parmi nous. Professionnel du vin, œnologue hors pair, Jean-Michel Monnier exerce ses talents tout aussi bien dans les caves auprès des viticulteurs que dans les amphithéâtres de l'université auprès des étudiants !

En effet, Jean-Michel est professeur associé de l'UA et en charge des cours d'œnologie pour nos étudiants de licence et master de l'UFR ESTHUA Tourisme et Culture. D'aucuns pourraient y voir une incongruité, j'y vois au contraire en tant que Président d'université une audace qui offre à nos étudiants les talents d'un homme pour qui l'art de la vigne et du vin, les typicités des cépages et des terroirs n'ont plus de secrets. Jean-Michel Monnier est animé par cette ardente passion qui pousse les personnes qui ont atteint une maîtrise totale de leur art à comprendre, à expliquer des phénomènes ou des mécanismes complexes, et à transmettre leur savoir. Avez-vous une autre définition de l'universitaire ?

Il était donc tout naturel que Jean-Michel Monnier intègre l'université et c'est pour nous un honneur qu'il ait accepté depuis maintenant de nombreuses années de partager à la fois ses savoirs, ses compétences et sa passion auprès de nos étudiants. Vous pourrez en vous plongeant dans cet ouvrage découvrir pourquoi Jean-Michel Monnier est autant « courtisé » par les professionnels du vin qu'apprécié des étudiants !

克里斯蒂安·罗柏道的序言

Président de l'Université d'Angers　法国昂热大学校长罗柏道

葡萄酒无疑是与人类的历史交织在一起的。从希腊神狄奥尼索斯到基督教和犹太教的仪式，葡萄酒既被认为是生命的源泉，亦被看作是一切过激行动的起源！

无论如何，趟过历史的长河，无论是从文字上来讲还是从现实存在来说，围绕着葡萄酒已经构建起了一种真正的文化。从盛在美丽水晶杯中供品尝的玉液佳酿，到大理石采石工地上工人用来解渴的餐酒，无论是红葡萄酒、白葡萄酒、桃红葡萄酒还是起泡酒，都有一种神秘感围绕着它，而只有那些窥其堂奥的精英们才能够参透其中的要义，并将其生产的秘密和精妙传递给门外汉。

让-米歇尔·莫尼埃就是这世界上为数不多的参悟者之一，使我们荣幸地与其为伴。作为一名葡萄酒专家和杰出的酿酒师，他在酒窖里和葡萄种植者一起拼搏，也在大学讲堂里为学生们讲授知识、一起钻研。

莫尼埃是法国昂热大学客座副教授，负责昂热大学旅游和文化学院（ESTHUA）学士和硕士的葡萄酒学课程。作为大学校长，我认为这不仅没有不妥之处，相反是一个大胆的举动，因为他的课程为我们的学生展现了其卓绝才

Cet ouvrage que vous vous apprêtez à lire est aussi la traduction de la longue relation que l'Université d'Angers entretient avec la Chine et tout particulièrement avec l'Université de Canton par l'intermédiaire de l' UFR ESTHUA Tourisme et Culture et de l'Institut Franco-Chinois de l'Université de Canton. C'est aussi pour moi l'occasion de saluer l'important investissement fait par Michel Bonneau (premier directeur de l'ESTHUA), poursuivi par Philippe Violier et bien sûr Jean-René Morice qui en est aujourd'hui son nouveau directeur et par l'ensemble de nos collègues chinois !

华。在他面前，葡萄酒和葡萄园的艺术、葡萄品种和风土的特点不再有任何秘密。莫尼埃在一种特殊的激情的推动下，促使那些深谙该领域艺术之道的人去理解、解释复杂的现象或机制，去传播知识。“大学之人”不正是如此吗？

因此，莫尼埃在大学执教是理所当然的，我们也非常欣慰他能接受与我们的学生分享其多年来的知识、技能和激情。透过该双语教程，各位读者将能够发现为什么他能受到葡萄酒专业人士的如此“追捧”。他的课程一直受到学生们的赞赏！

本双语教程的出版也是昂热大学与中国，特别是昂热大学旅游和文化学院与广州大学中法旅游学院长期合作的成果。借此机会，我也向昂热大学旅游和文化学院的首任院长米歇尔·博诺（Michel Bonneau）教授、其继任者菲利普·维奥里耶（Philippe Violier）教授、新任院长让–赫内·莫里斯（Jean-René Morice）教授以及所有中国同事们对此工作的倾力付出表示敬意！

Préface de WEI Minghai

Président de l'Université de Guangzhou

En 2001, suite à l'accorde entre l'Université de Canton et l'Université d'Angers, l'Institut Franco-chinois du Tourisme (IFCT) voit le jour. Il s'agit d'un programme de Benke en gestion du tourisme, qui est le premier programme d'enseignement supérieur en tourisme approuvé par les gouvernements chinois et français et l'un des premiers programmes d'enseignement sino-étrangers en Chine.

Après vingt ans de développement, l'Université de Canton s'approche progressivement de son objectif de devenir une université de haut niveau avec des caractéristiques en certaines disciplines et en internationalisation afin d'occuper une place singuilière dans la ville et la région. L'Institut Franco-chionis du Tourisme vise toujours à former des managers professionnels du tourisme avec des compétences internationnales et complexes, en s'appuyant sur les prépondérances de l'enseignement supérieur sino-français et de l'équipe des enseignants internationale, il s'avance sans jamais oublier l'ambition initiale. Jusqu'en 2020, un total de 1 625 étudiants ont été inscrits au programme, 99% d'entre eux ont obtenu la licence de l'Université de Canton, 1 199 ont obtenu la licence de l'université française, 216 se sont directement inscrits en master dans des universités partenaires telles que l'Université d'Angers, et près de 100 diplômés ont été acceptés par d'autres universités françaises, tandis qu'un grand nombre de diplômés sont largement répartis dans les industries du tourisme international, des expositions et du commerce.

En tant que programme coopératif d'enseignement sino-étrangère, l'introduction de ressources éducatives de qualité internationale a toujours été l'une des tâches principales de l'IFCT. Nous avons sélectionné des cours spéciaux sur le vin, la gastronomie, le patrimoine culturel, les festivals et événements, le golf, etc., outre le développement des compétences professionnelles fondamentale des étudiants en matière de gestion du tourisme, notre programme se concentre également sur le développement des connaissances des étudiants en matière d'industrie touristique internationale, sur leur capacité à la communication interculturelle et sur leur capacité à innover en se basant sur les pratiques de l'industrie touristique internationale.

Le cours « Tourisme et vin » est une spécialité de l'enseignement supérieur touristique français. L'IFCT a introuduit ce cours depuis sa création, celui-ci a été bien accueilli par les étudiants et est en phase avec le développement rapide de l'industrie du vin en Chine. L'intervenant de ce cours, Jean-Michel Monnier, est œnologue français de renom et responsable du parcours d'œnologie à l'Université d'Angers. Il s'engage depuis longtemps à l'IFCT et il est un vrai témoin et praticien en terme de la coopération éducative sino-française.

Aujourd'hui, nos collègues des deux pays ont systématiquement compilé dans un livre le contenu des interventions données par Monsieur Monnier au fil des années. Ce livre est une distillation de l'essence de son enseignement, il est également une source de matériel didactique pour les apprenants de français et de vin, de plus, il montre les résultats de la coopération dite Institut franco-chinois du Tourisme.

Un ami comme celui-ci ne signifie pas-t-il une collaboration précieuse ? A l'amitié !

广州大学校长魏明海的序言

2001 年，中国广州大学与法国昂热大学共同签署协议，创办了“中法旅游学院”旅游管理专业本科项目。这是中法两国政府批准的首个旅游高等教育合作办学项目，也是中国最早的中外合作办学项目之一。

经历 20 年的发展，广州大学正逐渐接近具有学科、城市区域和国际化特色的高水平大学建设目标。中法旅游学院则始终以培养“国际化、复合型旅游职业经理人”为核心目标，依托中法高等教育优势和国际化师资，不忘初心，砥砺前行。至 2020 年，共招生 1625 名，99% 的学生获得了广州大学学士学位，1199 人获得了法国学士学位，216 人直接进入昂热大学等合作院校攻读硕士学位，另外还有近百名毕业生被其他法国高校录取，大量毕业生广泛分布在国际旅游、会展、贸易等行业中。

作为中外合作办学项目，引进国际优质教育资源始终是中法旅游学院的工作核心之一。中法双方优选葡萄酒、美食、文化遗产、节事活动、高尔夫等特色课程，在培养学生旅游管理核心专业能力的同时，侧重培养学生对国际旅游业态的认知能力、对中西文化的沟通能力、以及基于国际旅游行业实践的创新能力。

葡萄酒课程是法国旅游高等教育中积淀深厚的特色课程。中法旅游学院自创办伊始即将其引进，不仅广受学生好评，也契合中国葡萄酒行业的迅猛发展。该课程主讲教师让-米歇尔·莫尼埃，是法国著名酿酒师和昂热大学葡萄酒专业方向负责人，长期参与合作教学，是中法教育合作领域难得的见证者和和践行者。

此次中法旅游学院的两国同事，系统整理了莫尼埃老师多年授课内容集结成册。一是对教学精华的提炼和归纳，二是为广大法语和葡萄酒学习者提供了学习素材，三则展现了中法旅游学院的合作办学成果。

有友如斯，合作可贵！有此佳话，值得干杯！

魏明海

SOMMAIRE

目录

1 Qu'est-ce que le vin ?

1.1. la définition du vin

Il existe plusieurs définitions du vin, mais une seule prime sur toutes les autres, celle de l'OIV, L'Organisation Internationale de la Vigne et Vin de 1973 (règlement 18/73):

"Le vin est exclusivement la boisson résultant de la fermentation alcoolique complète ou partielle du raisin frais, foulé ou non, ou du moût de raisin. Son titre alcoométrique acquis ne peut être inférieur à 8,5% vol."

Il est rajouté : "Toutefois, compte tenu des conditions de climat, de terroir ou de cépage, de facteurs qualitatifs spéciaux ou de traditions propres à certains vignobles, le titre alcoométrique total minimal pourra être ramené à 7% vol. par une législation particulière à la région considérée".

Pour la détailler, un vin doit donc bien:

- provenir à 100% de raisins (il est interdit d'appeler vin, une boisson issue d'un autre fruit, ou de céréales comme le riz, ces boissons ont leurs propres noms). Il est important de rappeler qu'il y a bien 2 grandes catégories de raisins: les raisins de cuve qui ne servent uniquement qu'à l'élaboration du vin et les raisins de table que l'on mange frais ou secs.
- être élaboré par une vinification du raisin entier macéré, pouvant être écrasé (foulé) ou du jus (moût) après le pressurage du grain. Il y a aussi obligatoirement une fermentation alcoolique pour que les levures transforment les sucres en alcool. Cette fermentation peut être complète, le vin sera considéré comme sec (Sucres < 3 g/l), ou partielle et dans ce cas-là, le vin sera tendre (demi- sec), moelleux ou liquoreux (grande proportion de sucres naturels, résiduels du raisin).
- avoir un degré alcoolique > 8.50 % vol ou exceptionnellement 7%, donc officiellement un vin désalcoolisé est une "boisson à base" de vin titrant 0% vol.
- et peut avoir plusieurs couleurs selon le cépage utilisé et la technique de vinification. On peut citer les vins blancs, rosés ou rouges, qui seront tranquilles ou avec des fines bulles (vin pétillant ou mousseux).

Pour compléter cette définition officielle, on peut dire que le vin est une boisson très complexe, aux milles constituants ! et voici les principaux constituants ou grandes familles qu'on trouve dans les vins :

- **L'eau** est la partie la plus importante avec de 80 à 90% de sa composition.
- **L'alcool éthylique** (CH3-CH2OH) produit par les levures varie de 7 à 16% vol, cette molécule représente la colonne vertébrale du vin, apporte de la tenue et de la puissance au vin.

1 什么是葡萄酒？

1.1 葡萄酒的定义

关于葡萄酒的定义有很多，但 1973 年国际葡萄与葡萄酒组织（OIV）第 18/73 条所下的定义比其它任何一种都更重要：

“葡萄酒是用新鲜葡萄果实挤压的葡萄浆或葡萄汁，经完全或部分发酵酿制而成的含酒精的饮料，多数葡萄酒的酒精度不得低于 8.5% vol。”

但“鉴于气候、风土、葡萄品种及某些葡萄园的特性或传统，这些地区的葡萄酒最低酒精度可以根据特定法规降低到 7% vol”。

也就是说被称为葡萄酒的饮料，必须满足以下条件：

- 100%由葡萄制作（由其它水果或者大米等谷类食品制成的饮料，有其它专门称呼，是不能被称为葡萄酒的）。在日常生活中，葡萄主要用来酿造葡萄酒，日常食用 (应季新鲜葡萄) 或制造葡萄干。
- 葡萄酒是经过完全或部分发酵酿制而成的、含酒精的饮料。用来浸渍酿造的葡萄可以是经过破碎（挤压）的葡萄浆，也可以是对葡萄进行压榨所获得的葡萄汁。在葡萄发酵过程中酵母将糖转化为酒精。发酵可以是全发酵，在这种情况下产生的葡萄酒被认为是“干”的（糖份小于 3 克 / 升）。发酵也可以是部分发酵，在这种情况下获得的葡萄酒会比较“嫩”，被认为是“半干”“甜”的、甚至“超甜”的葡萄酒。在“甜”葡萄酒里，因为葡萄残留的天然糖份比例很大，葡萄酒就比较甜，或很甜。
- 在正常情况下，葡萄酒的酒精度应大于 8.50% vol，在某些特别的情况下，酒精度可以只大于 7%。因此，那些脱醇的葡萄酒只能被称为“饮料”，因为其酒精度为 0% vol。
- 根据选用的葡萄品种和酿酒技术。葡萄酒会有不同的颜色，比如白葡萄酒、桃红葡萄酒和红葡萄酒。这些酒又可以细分成“平静”即无气泡葡萄酒和带气泡葡萄酒（轻微起泡或多泡葡萄酒）。

Le vin est exclusivement élaboré avec des raisins de cuve, ici à partir d'un vieux cep de cabernet franc.
葡萄酒只能用酿酒葡萄制造，比如图中的一株品丽珠老葡萄树。

作为对以上官方定义的补充，我们可以说葡萄酒有数千种成份，非常复杂。它一般由以下成份或种类物质组成。

- 葡萄酒 80%至 90%是**水**。
- 由酵母产生的**乙醇**（CH3-CH2OH），其含量在不同的葡萄酒中，从 7%到 16%不等。乙醇分子是葡萄酒的精髓和骨架，为葡萄酒提供稳定性，是葡萄酒的核心力量。

- **Les sucres** (Glucose, fructose, sucres réducteurs...) 2 g/l secs, 10 à 30 g/l demi-secs, jusqu'à 230g/l pour liquoreux sont exprimés en g/l ou donné en équivalent alcool.
- **Le Glycérol** apporte un caractère gras et renforce la sucrosité.
- **Les substances minérales:** Anions (NaCl, anion sulfurique...), Cations (Sodium, calcium, Cuivre, magnésium, Métaux lourds (zinc, plomb, Métaux divers (aluminium...).
- **L'acidité totale = acidité volatile + acidité fixe,** le vin renferme un grand nombre d'acide minéraux et organiques.
  - l'acide tartrique (COOH-CHOH-CHOH-COOH) est le plus abondant, de 2 à 8g/l et il précipite sous forme de Tartrate de calcium ou de Bitartrate de potassium au froid.
  - l'acide malique (COOH-CH2-CHOH-COOH) il est dégradé lors de la FML en acide lactique (CH3-CHOH-COOH).
  - l'acide succinique intervient dans la saveur du vin en faible concentration 1g / 100 g d'alcool.
  - l'acide acétique (vinaigre si excès).
- **Le Dioxyde d'oxygène (CO2),** cette molécule très tactile provient des fermentations.
- **Les composés Phénoliques**
  - Les anthocyanes, présents dans la pellicule des raisins rouges ils apportent la couleur.
  - Les Flavones, présents dans la pellicule des raisins blancs.
  - Les acides phénols, le raisin et le vin contiennent sept acides benzoïques et trois acides cinnamiques ; la concentration de chacun d'eux varie dans des proportions importantes de 0,1 à 30 mg/l.
  - Les tanins présents de 1 à 4 g/l dans les vins rouges, sont responsables de l'astringence.
- **Les substances azotées,** présentes dans le moût de raisin (100 à 500 mg/l) participent à l'alimentation des levures pour une bonne fermentation mais il en reste de 0,5 à 1% dans les vins.
- **Les composés volatils et odoriférants,** dans les vins, peuvent provenir du raisin, (typicité du cépage), mais surtout de leurs formations au cours des fermentations, puis de l'élevage.
  - Les esters, aldéhydes, alcools supérieurs, cétones, acides volatils... Ces molécules sont extrêmement nombreuses, elles sont entre autres identifiables et quantifiables en CPG (chromatographie en phase gazeuse).
    Ex: éthanal ou acétaldéhyde, ou aldéhyde acétique (CH3-CHO) est un produit de l'oxydation de l'éthanol. Sa présence est étroitement liée aux phénomènes d'oxydation et apporte au vin des arômes de pommes blettes.

- **糖份**（葡萄糖、果糖、还原糖等）。通常大家使用“克 / 升”来表示含糖量或以酒精当量表示。干葡萄酒的含糖量为 2 克 / 升，半干葡萄酒为 10 至 30 克 / 升，超甜葡萄酒的最高含糖量可达 230 克 / 升。
- **甘油：**具有脂肪特性并增强甜味。
- **矿物质：**包括阴离子（氯化钠、硫酸根阴离子等），阳离子（钠、钙、铜、镁、锌、铅等重金属，铝等其它金属）。
- **总酸，包括挥发性酸和固定酸。**葡萄酒中含有大量的矿物酸和有机酸。如：
    - 酒石酸（COOH-CHOH-CHOH-COOH）含量最高，为 2 至 8 克 / 升，在低温的情况下，以酒石酸钙或酒石酸钾的形式沉淀。
    - 苹果酸（COOH-CH2-CHOH-COOH），它在乳酸发酵期间降解为乳酸（CH3-CHOH-COOH）。
    - 琥珀酸（每 100 克酒精中浓度仅为 1 克，影响葡萄酒味道）。
    - 少量的醋酸（如果葡萄酒中的醋酸过量了，葡萄酒就成醋了）。
- 在发酵中产生的**二氧化碳（CO_2）**。
- **酚类化合物**
    - 存在于红葡萄皮中的花青素给红葡萄酒和桃红葡萄酒带来红色。
    - 黄酮存在于白葡萄皮中，是白葡萄酒的颜色。
    - 苯酚酸，葡萄和葡萄酒中含有 7 种苯甲酸和 3 种肉桂酸。 它们各自的浓度在每升从 0.1 到 30 毫克之间不等。
    - 单宁，在红葡萄酒中的含量为 1 至 4 克 / 升，消费者在品尝单宁比重大的红葡萄酒时，会有涩的口感。
- **氮物质，**存在于压榨的葡萄浆中（200 至 500 毫克 / 升），能起到为酵母提供营养，实现良好发酵效果的作用，但在最后获得的葡萄酒中仍会有 0.5%至 1%的氮含量。
- 葡萄酒中的**挥发性和芳香性化合物，**可能来自不同种类的葡萄（由葡萄品种的特性决定），但这类物质更主要是在发酵和培养过程中产生的。
    - 酯、醛、高级醇、酮、挥发性酸等。它们都是高分子化合物，处于其它可识别和可量化的二核苷酸中。
    - 其它物质：乙醛（CH3-CHO），是乙醇氧化的产物。它的存在与氧化现象紧密相关，并为葡萄酒带来熟透的苹果的香气。

Vignerons français
à un salon viticole
Angers 2019
2019 年法国昂热一个葡萄酒沙龙上的法国酒农

Mais aussi des composants exogènes, car des traitements œnologiques autorisés dans un codex vont apporter également de nouvelles molécules exogènes, dont certaines sont considérées comme allergènes et devant être spécifiés sur l'étiquette (depuis le 29 juin 2012).

- **Les traitements de vinification**
  - Clarification (enzymes, gélatine, caséine, albumine, gel de silice, bentonite...)
  - Acidification (acide citrique), désacidification (bitartrate de K, tartrate de Ca)
  - Décoloration, désodorisation (noir végétal, protéines végétales, PVPP, sulfate de cuivre), copeaux de chêne...
  - Enrichissement (Saccharose, moûts concentrés rectifiés...)
  - Activateurs et régulateurs de fermentation (Azote, levures, bactéries, SO2 ...)

- **Les traitements de stabilisation et de conservation**
  - Des risques de refermentation: Acide sorbique, SO2 (Anhydride sulfureux)
  - De l'oxydation: Acide ascorbique, SO2, azote, CO2, DMDC...
  - Des précipitations de l'acide tartrique: Acide métartrique, CMC (gomme de cellulose) Manoproteines, ou électrodialyse.
  - Stabilisation de la couleur (Anthocyanes): Gomme arabique.
  - Stabilisation des minéraux (Cu et Fe) pour éviter les troubles: Ferrocyanure de K, Phytate de Ca.

Mais le vin est avant tout un produit que l'on déguste et que l'on consomme avec plaisir... et modération !

1.2 Les grandes tendances de vin et la réglementation

1.2.1 Introduction

On oppose assez souvent les vins européens aux autres pays producteurs dits du nouveau monde, terminologie assez réductrice, lorsque l'on connait les dates des débuts de productions (200 AV JC pour la Chine, ou 15e siècle pour l'Amérique du Sud...). Ce qui est cependant fondamental c'est bien la "différence de lecture", liée à leurs histoires réciproques. Si en Europe, on parle plus de l'expression d'un cépage sur un terroir, que l'on identifie comme une Appellation d'Origine Contrôlée, ou une Indication Géographique Protégée, dans les autres pays, c'est le cépage unique ou en assemblage qui est le fil conducteur de l'achat et de la dégustation, puis le pays et la marque. Une étude de France AgriMer (organisme officiel français) de 2010 faisait ressortir que 83% des vins vendus de Nouvelle Zélande étaient identifiés comme tel, 79% pour l'Australie et 71% pour le Chili.

Pour bien comprendre nous allons prendre exemple de **la production et de la législation du vin en France.**

葡萄酒中除包含上述成份外，还会有一些外源成份。这些外源成份是酿酒规范所允许使用的。由于其中某些成份被视为过敏原，所以自 2012 年 6 月 29 日起，必须在葡萄酒瓶的标签上注明。

- **酿酒过程中使用的外源成份：**
  - 葡萄酒的澄清需要使用的酶、明胶、酪蛋白、白蛋白、硅胶、膨润土等；
  - 葡萄酒的酸化需要使用柠檬酸，而脱酸则需要使用酒石酸钾、酒石酸钙等外源成份；
  - 葡萄酒在变色和除异味的过程中，需要使用植物性黑色、植物蛋白、交联聚维酮、硫酸铜、橡木屑等；
  - 在进行浓缩时会添加的蔗糖、精制稠果浆等；
  - 氮、酵母、细菌、二氧化硫等外源成份也是酿酒时需要添加的活化剂和发酵调节剂。

- **葡萄酒的稳定和储藏还会需要使用以下外源成份：**
  - 为避免再发酵而使用的山梨酸、二氧化硫等；
  - 为推进氧化进程而使用的抗坏血酸、二氧化硫、氮气、二氧化碳、硫化剂等；
  - 用来帮助沉淀所使用的酒石酸、纤维素（纤维素胶）、糖蛋白、电渗析等；
  - 稳定颜色（花青素）所使用的阿拉伯树胶；
  - 钾的亚铁氰化物、植酸钙等，用来稳定矿物质（铜和铁）以避免葡萄酒浑浊。

但无论如何，葡萄酒是一种大家乐于品尝和消费的含酒精的饮料，前提是饮酒适度！

1.2 法国葡萄酒的产区命名及相关法规

1.2.1 引言

通常在谈到葡萄酒时，经常会将欧洲出产的葡萄酒和其它国家和地区的葡萄酒进行对比。那些欧洲之外生产的葡萄酒被称为“新世界”葡萄酒。其实，被称为“新世界”的某些葡萄酒产区很早就出葡萄酒了，比如中国早在公元前 200 年，南美早在 15 世纪就开始生产葡萄酒了。这种比较最根本的差异在于不同地区对葡萄酒概念的“理解差异”。在欧洲，大家习惯以葡萄的品种及其所生长的特定的风土环境来谈论葡萄酒，并以此来界定一种原产地标识产品或受地理标识保护的产品。而在其它国家和地区，人们则习惯根据葡萄酒是单一葡萄品种还是混合葡萄品种作为购买和品尝葡萄酒的思路，然后才考虑葡萄酒的出产地和品牌名称。法国农业与渔业食品管理局（France AgriMer，法国官方机构）在 2010 年进行的一项研究表明，市场上销售的新西兰葡萄酒中有 83%在酒签上清晰地标注着葡萄品种的名称，澳大利亚为 79%，智利为 71%，即这些“新世界”国家习惯采用后一种思路来为葡萄酒命名。

为了更好地观察和理解欧洲国家与世界上其他国家、地区如何对葡萄酒进行产地命名，我们来看一个法国葡萄酒产区命名的分类及其立法的例子。

La filière viticole française compte près de 750 000 ha de vigne soit 10% de la surface mondiale des cépages de cuves. En 2018 la France a produit 4.6 Milliards (4 600 000 000) de litres de vin sur 66 départements viticoles soit 17% du vin de la planète.

Depuis 2009 la réglementation des vins est plus simple avec deux catégories:

- **Les vins sans indication géographique** (VSIG) qui correspondent aux anciens vins de table (consommation courante de beaucoup d'européens), appelés maintenant Vin de France.
- **Les vins avec indication géographique** (IG). Ces vins ont des conditions de production rigoureuses inscrites dans leurs cahiers des charges. Ils se répartissent en deux groupes: les vins avec **appellation d'origine protégée** (AOP) et les vins avec **indication géographique protégée** (IGP).

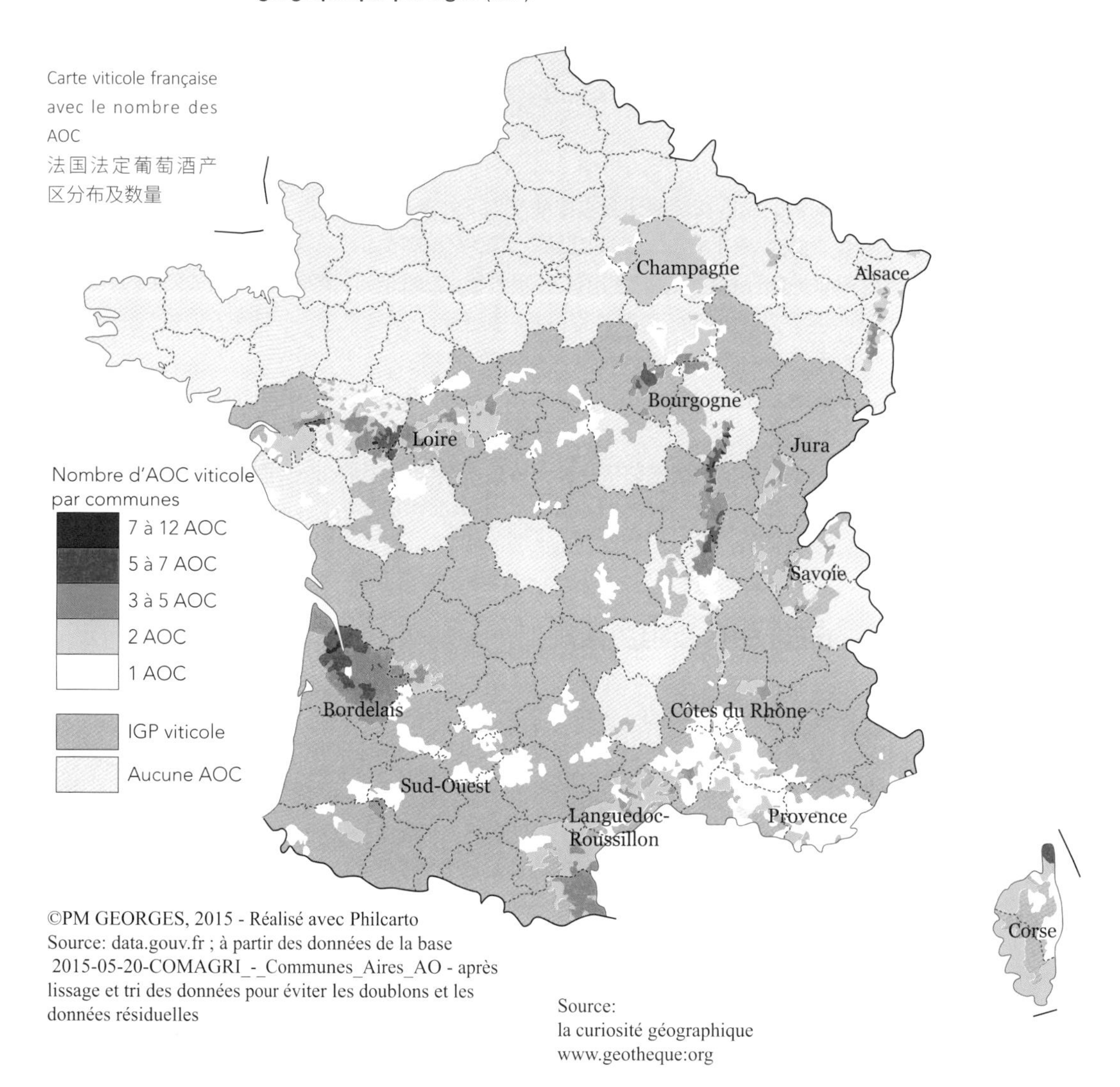

Carte viticole française avec le nombre des AOC
法国法定葡萄酒产区分布及数量

1.2.2 Les Vins sans Indication Géographique (VISG)

Les Vins sans Indication Géographique vendus en France et/ou exportés peuvent être :

- soit provenir uniquement de la France et donc porté le nom **Vin de France.**
- soit provenir d'un assemblage de vin de France et d'un pays de l'Union Européenne et donc porté le nom **Vin de la CEE**.

法国葡萄酒业拥有近 75 万公顷的葡萄种植面积，约占世界酿酒用葡萄种植面积的 10%。 2018 年，法国 66 个葡萄酒出产地生产了约 46 亿升葡萄酒，占全球葡萄酒生产总量的 17%。

自 2009 年以来，法国及欧洲对葡萄酒的产区命名法规逐渐简化，葡萄酒的产区命名主要分为以下两大类：

- **无地理标识葡萄酒**（VSIG），现在统称为**"法国葡萄酒"**。这类葡萄酒 2009 年前曾被称为餐酒，是欧洲人通常在餐桌上摆放及饮用的葡萄酒。
- **有地理标识的葡萄酒**（IG）。它们又被细分为：**受原产区标识保护的产区葡萄酒**（AOP）和**受地理标识保护的产区葡萄酒**（IGP）。这些葡萄酒在生产过程中受一些技术指标的严格控制。

1.2.2 无地理标识的葡萄酒（VISG）

在法国出售或出口到法国以外的无地理标识的葡萄酒可以使用以下两种名称：

- 100% 由法国独家生产的葡萄酒才能被命名为**"法国葡萄酒"**。
- 由法国和另一欧盟国家的葡萄酒混合而成的葡萄酒，则被称为**欧盟葡萄酒**。

下面是一个著名的桃红葡萄酒品牌标签的解析。

Exemple d'une étiquette d'une marque célèbre de rosé
一个著名的桃红葡萄酒品牌标签例子

La réglementation pour "**Vin de France**" est très lâche, les pratiques œnologiques aussi, Il n'y a pas de contrôles de rendements, ni de qualité par des dégustations spécifiques. Le vin doit bien respecter les règles de l'OIV et être loyal et marchand.

Depuis 2009, l'identification "**Vin de France**" est bien une mention qui incarne une double garantie : un savoir-faire qualitatif mondialement reconnu, mais aussi l'origine de vins produits en France exclusivement. Cette catégorie dite de consommation courante est généralement vendue sous une marque élaborée par des négociants français par assemblage de plusieurs cépages de régions différentes. Toutefois depuis 2009, les producteurs s'ils le souhaitent peuvent indiquer sur l'étiquette le nom du ou des cépages à partir desquels le vin est élaboré, ainsi que le millésime, ce qui était interdit avant pour les vins de table (dénomination antérieure à 2009).

- Concernant l'année de récolte, le millésime peut figurer sur l'étiquette à condition qu'au moins 85 % des raisins proviennent de l'année spécifiée,
- Concernant le nom d'un ou plusieurs cépages: On peut écrire le nom du cépage s'il y a au moins 85% du cépage et s'il s'agit d'un assemblage de plusieurs cépages ils figureront par ordre d'importance sur l'étiquette. Des producteurs de l'EST de la France ont protégé leurs cépages connus et donc il n'est pas autorisé d'écrire les cépages suivants sur une étiquette d'un vin de la catégorie VIN DE FRANCE : Aligoté, Altesse, Clairette, Gewurztraminer, Gringet, Jacquère, Mondeuse, Persan, Poulsard, Riesling, Savagnin, Sylvaner et Trousseau (Les cépages ci-dessus peuvent cependant entrer dans l'assemblage d'un VIN DE FRANCE sans en faire référence sur l'étiquette).
- Il est également possible de rajouter sur l'étiquette la teneur en sucre pour le vin tranquille: sec (sucres < 4 g/l), demi- sec (sucres < 12 g/l), moelleux (sucres < 45 g/l), doux (sucres > 45 g/l).

Depuis quelques années en France, l'identification "**Vin de France**" est également utilisée par de petites exploitations viticoles, dont les vignerons rejettent les contraintes des indications géographiques (IGP et AOP). Pour eux, Cette catégorie de vins de France estampillée "**Vin Nature**" ou "**Vin Naturels**" est le résultat d'un choix philosophique visant à retrouver l'expression naturelle du terroir. Il est issu de raisins travaillés en Agriculture Biologique (AB), sans désherbants, pesticides, engrais ou autres produits de synthèse. Les vendanges sont manuelles et lors de la vinification le vigneron s'efforce de garder le caractère vivant du vin. Les interventions techniques pouvant altérer la vie bactérienne du vin sont proscrites, ainsi que tout ajout de produits chimiques, à l'exception, si besoin, de sulfites en très faible quantité. Les doses maximales de SO2 total tolérées sont de 30mg/l pour les rouges, 40mg/l pour les blancs.

Ils se sont regroupés en plusieurs associations:

“法国葡萄酒”的酿造及销售法规非常宽松，既没有产量控制，也无需通过专门的品尝来控制酒质。但这类葡萄酒的酿造必须遵守国际葡萄与葡萄酒组织（OIV）的规则，酿制操作合法才可销售。

自 2009 年以来，**“法国葡萄酒”**标识体现了双重保证：既代表世界闻名的法国酿酒质性的专有技术，同时也指代法国独家生产的葡萄酒。这类用于日常消费的葡萄酒通常会是法国不同地区的几种葡萄品种混合在一起的葡萄酒，在出售时使用销售商的品牌。 也是从 2009 年开始，**“法国葡萄酒”**可以根据生产、销售商的愿望在酒瓶的标签上注明生产该葡萄酒所使用的葡萄品种以及酿酒年份。过去在餐酒的酒标上是禁止使用酿酒年份的。

- 有关在酒签上标注酿酒年份的规定是：只要至少有 85%的葡萄来自收获年份，酒商就可以把年份写在标签上。
- 有关在酒签上标注一个或多个葡萄品种名称的规定是：如果在酒签上只注明单一品种的葡萄酒，那么该葡萄品种至少要占该葡萄酒总含量的 85%。如果是几种葡萄品种的混合，则按照每种葡萄品种在该葡萄酒中的比例排序注明葡萄品种名称。由于法国东部的生产商对他们的知名葡萄品种进行了特殊保护，所以法国东部知名的葡萄品种就算被用于酿造混合**“法国葡萄酒”**，法规也不允许其名称出现在酒签上。这些东部知名的葡萄品种是：阿里高特，阿尔代斯，克莱雷特，琼瑶浆，戈兰热，贾给尔，蒙得斯，魄仙，普萨，雷司令，萨瓦涅，西万尼，特鲁索。
- 还可以在平静葡萄酒，即无气泡葡萄酒的酒签上加注糖份含量：干（糖份少于 4 克 / 升），半干（糖份少于 12 克 / 升），甜（糖份少于 45 克 / 升），极甜（糖份多于 45 克 / 升）。

我们在这瓶被称为**“法国葡萄酒”**的酒签上可以看到，出产地为La Paleine酒庄，葡萄品种为黑皮诺。
Voici une bouteille de « Vin de France », produit au Domaine de La Paleine et son cépage : Pinot Noir.

近几年来，法国的一些小葡萄园也开始使用**“法国葡萄酒”**标识，以避免在使用有地理标识（IGP 和 AOP）时必须遵从的各种限制。他们觉得，使用**“自然方法葡萄酒**（Vin Nature）”或**“自然葡萄酒**（Vin Naturels）”字样的法国葡萄酒，是寻找风土自然表达的生活哲理的结果。酿造这类葡萄酒所使用的葡萄完全来自有机农业，没有使用除草剂、杀虫剂、化肥及其它合成产品，采用人工采摘。在酿酒过程中，酒农追求保持葡萄酒的活性特点，禁止使用那些改变葡萄酒细菌生命特点的技术干预措施，还禁止添加化学物质。唯一的可能是在必要时添加极少量的亚硫酸盐（SO2）。每升红葡萄酒最多可使用 30 毫克的亚硫酸盐，白葡萄酒则最多可使用 40 毫克。

这些小葡萄园组织了以下若干协会：

- ***Les Vignerons S.A.I.N.S** ("Sans Aucun Intrant Ni Sulfite" ajouté sur toutes les cuvées) sur toute l'exploitation vinicole, des vins 100% raisins. Pour y adhérer les vignerons doivent depuis 2010 signer la charte.*
- ***AVN l'Association des Vins Naturels***
- *Le* **Syndicat de défense des vins naturels** *regroupant les producteurs de "***Vin méthode Nature***" vient d'être créée à l'automne 2019 par Jacques Carroget, Sébastien David, Gilles Azzoni (vignerons), Christelle Pineau (chercheuse, anthropologue), Eric Morain (avocat) et Antonin Iommi-Amunategui (éditeur, journaliste), le Syndicat vise à définir sous quelles conditions il est possible de parler de « vin naturel ». Les grands principes de la charte :*

- 100% des raisins issus d'une agriculture bio,
- vendanges manuelles,
- levures indigènes,
- aucun intrant en vinification,
- aucune action de modification volontaire de la constitution du raisin,
- aucune technique brutale,
- aucun sulfite ajouté avant et pendant les fermentations (possibilité d'ajustement de l'ordre SO2<30mg/l H2SO4 total avant la mise, avec une étiquette dédiée),
- étiquetage différencié : les cuvées « Vin méthode nature" doivent être clairement identifiables.

Des contrôles sont donc prévus pour permettre d'apposer sur les bouteilles le logo. Il est à noter que cette démarche a été reconnue par la Répression des fraudes française depuis Mars 2020.

1.2.3 Les Indications Géographiques Protégées ou Vin de Pays (IGP)

Les Vins de Pays sont nés à la fin des années 1960 dans le but de valoriser certaines production en dehors des appellations d'origine contrôlée. Cette catégorie correspondait à l'élite des vins de Table admis au bénéfice d'une indication géographique, valorisant un territoire vaste comme une région (Vin de Pays d'Oc), un département (Vin de Pays de l'Hérault), voire un canton, et très souvent un cépage. Depuis le 1er août 2009, les **Vins de Pays** sont enregistrés en tant **qu'Indication Géographique Protégée (IGP)** par la Commission Européenne. Cette reconnaissance officielle en tant que signe officiel de qualité par l'Union Européenne confère aux vins de pays une protection internationale renforcée contre toute usurpation.

Ils proviennent exclusivement de zones géographiques possédant un ensemble de caractéristiques géologiques, pédologiques et climatiques homogènes. Ils répondent à des conditions strictes de productions fixées par un cahier des charges et contrôlées tout au long de la filière par l'INAO, comme les AOP, seules les contraintes sont moins strictes avec

- **“无投入物或亚硫酸盐葡萄种植者**（Les Vignerons S.A.I.N.S）”。该协会强调在葡萄酒酿造过程中，必须使用 100% 的葡萄。自 2010 年以来，加入该协会都必须签署其公约。
- **自然葡萄酒协会**（AVN）
- **保护“自然方法葡萄酒”联合会**。该联合会成立于 2019 年秋季，由“自然方法葡萄酒”酿造者组成。创建者为 雅克 · 加罗杰、塞巴斯蒂安 · 大卫、吉尔 · 阿佐尼（酒农）、克里斯戴尔 · 皮诺（学者、人类学家）、埃里克 · 莫兰（律师）和安托南 · 伊奥密 - 阿姆纳戴基（编辑、记者）。该组织旨在确定“自然葡萄酒”的范畴及基本条件。其主要原则包括：

◆ 100%的葡萄来自有机农业，
◆ 手工采摘，
◆ 使用葡萄本身的酵母，非外来酵母，
◆ 酿造时无任何加料，
◆ 不对葡萄种子进行任何基因改变，
◆ 绝不使用非自然的技术手段，
◆ 在发酵之前和发酵过程中不添加任何亚硫酸盐（可以在装瓶前加入约不超过 30 毫克 / 升的亚硫酸盐，并在酒签明确标示），
◆ 自然方法酿造的葡萄酒的酒签必须与传统的酒签有明显区别。

协会期待能在“自然方法葡萄酒”酒瓶上使用下图中的这种特殊标志。这一措施已于 2020 年 3 月得到了法国反欺诈协会的认可。

1.2.3 受地理标识保护的产区葡萄酒（IGP）或地区餐酒

为能体现法定产区之外的某些产区葡萄酒的特有价值，法国于 1960 年代末开始授予一些优质日常餐酒专门的地理标识，如一些广袤领土，某个大区（奥克大区的葡萄酒 Vin de Pays d'Oc）、某个省（埃罗省区的葡萄酒 Vin de Pays de l'Hérault）、某个乡镇或者某个葡萄品种。从 2009 年 8 月 1 日起，**产区葡萄酒**被欧洲委员会列入**受地理标识保护的**名录。作为欧盟官方的质量标志，这种官方认可使产区葡萄酒受到了有效的国际保护，从而防止外界的任意侵犯。

INDICATION GÉOGRAPHIQUE PROTÉGÉE

产区葡萄酒必须来自于一个在地理、土壤和气候特征上具有整体同质性特点的地理区域。它必须满足相关技术指标所确定的、严格的生产条件，同时和法定产区葡萄酒一样，其整个生产过程要受到国家原产地命名管理局的监控。只是产区葡萄酒所受的约束稍微少一点，产量

entre autre des rendements plus élevés que les AOC / AOP de l'ordre de 80 à 90 Hl / ha. Les vins de Pays IGP mettent souvent en valeur le cépage.

En France il y a en 2017, 140 IGP enregistrées (source INAO 2020) dont 75 en vins, les autres pouvant être des cidres, alcools et autres produits alimentaires solides, certaines viandes et/ou légumes, par exemple.

Voici les 75 Indications Géographiques Protégées (IGP) viticoles :

Il existe en France 75 Indications Géographiques Protégées (IGP) viticoles présentées sous une dénomination régionale, départementale ou de petite zone locale. Leur diversité est le reflet de la variété du vignoble national.

6 IGP régionales

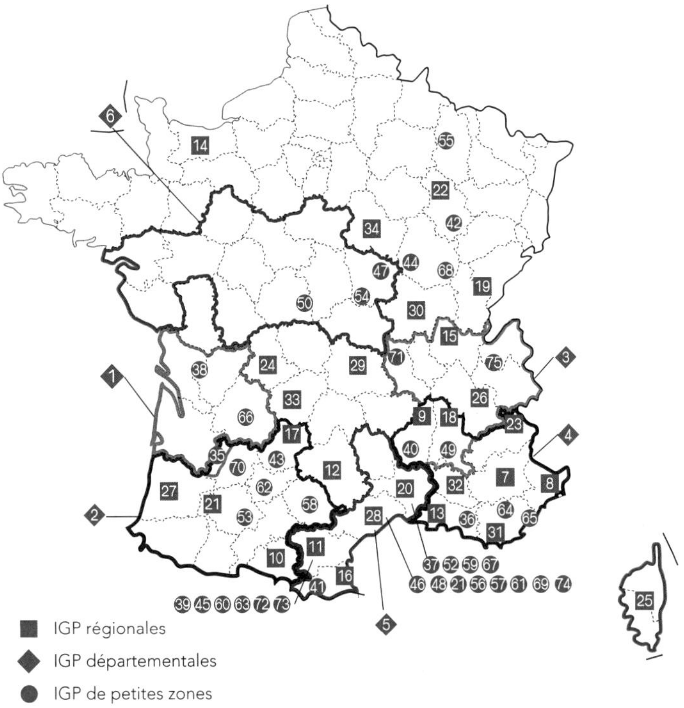

■ IGP régionales
◆ IGP départementales
● IGP de petites zones

Source: CFVDP, INAO, Élaboration: FranceAgriMer

01 : IGP Atlantique
02 : IGP Comté Tolosan (Bigorre, Cantal, Coteaux et Terrasses de Montauban)
03 : IGP Comtés Rhodaniens
04 : IGP Méditerranée (Comté de Grignan, Coteaux de Montélimar)
05 : IGP Pays d'Oc
06 : IGP Val de Loire (Allier, Cher, Indre, Indre-et-Loire, Loir-et-Cher, Loire-Atlantique, Loiret, Maine-et-Loire, Marches de Bretagne, Nièvre, Pays de Retz, Sarthe, Vendée, Vienne

28 IGP départementales

07 : IGP Alpes-de-Haute-Provence
08 : IGP Alpes-Maritimes
09 : IGP Ardèche (Coteaux de l'Ardèche)
10 : IGP Ariège (Coteaux de la Leze, Coteaux de Plantaurel)
11 : IGP Aude (Coteaux de la Cabrerisse, Coteaux de Miramont, Cotes de Lastours, Cotes de Prouilhe, Hauterive, La Côte Révée, Pays de Cucugnan, Val de Cesse, Val de Dagne)
12 : IGP Aveyron
13 : IGP Bouches-du-Rhône (Terre de Camargue)
14 : IGP Calvados (Grisy)
15 : IGP Coteaux de l'Ain (Pays de Gex, Revermont, Val de Saône, Valmorey)

也比法定产区葡萄酒所规定的 8000 至 9000 升 / 公顷产量要高一些。受地理标识保护的产区葡萄酒经常会特别突出酿酒选用的葡萄品种。

根据法国国家原产地命名管理局 2020 年的信息，2017 年，法国有 140 种产品被列入受地理标识保护的地方特产名录，其中，75 种为葡萄酒，其他产品则包括苹果酒、烈酒和其它的肉类或蔬菜等食品。

法国 75 个不同的葡萄酒产区示意图

法国的 75 个受地理标识保护的葡萄酒产区，充分体现了法国葡萄酒的多样化。分别以大区、省区或某地段的专有名称来命名。

6 个受大区地理标识保护的葡萄酒产区

01：大西洋产区

02：托洛桑产区（必戈尔，康塔尔，蒙托邦的山丘和阶地）

03：罗纳产区

04：地中海产区（歌酿产区，蒙特利马丘陵）

05：奥克产区

06：卢瓦尔河谷产区（阿列省，谢尔省，安德尔省，安德尔 - 卢瓦尔省，卢瓦尔 - 谢尔省，大西洋岸卢瓦尔省，鲁瓦雷省，曼恩 - 卢瓦尔省，布列塔尼边境区，涅夫勒省，雷斯地区，萨尔特省，旺代省，维恩省）

28 个受省区地理标识保护的葡萄酒产区

07：上普罗旺斯阿尔卑斯产区

08：滨海阿尔卑斯产区

09：阿尔代什产区（阿尔代什丘陵）

10：阿列日产区（莱兹丘陵，普朗托雷丘陵）

11：奥德产区 （拉卡布勒里斯丘陵，米拉蒙丘陵，拉斯图尔丘陵，普伊勒丘陵，豪泰利弗，勒维海岸，屈屈尼昂，瓦勒德塞斯，瓦勒德达涅）

12：阿韦龙产区

13：罗纳河口产区（卡马尔格）

14：卡尔瓦多斯产区（吉斯利）

15：安省丘陵地产区（热克斯，雷佛蒙，索恩谷，瓦勒莫雷）

16 : IGP Côtes Catalanes (Pyrénées-Orientales)

17 : IGP Côtes du Lot (Rocamadour)

18 : IGP Drôme (Comté de Grignan, Coteaux de Montélimar)

19 : IGP Franche-Comté (Buffard, Coteaux de Champlitte, Doubs, Gy, Haute-Saône, Hugier, Motey-Bésuche, Offlanges, Vuillafans)

20 : IGP Gard

21 : IGP Gers

22 : IGP Haute-Marne

23 : IGP Hautes-Alpes

24 : IGP Haute-Vienne

25 : IGP Ile de Beauté

26 : IGP Isère (Balmes Dauphinoises, Coteaux du Grésivaudan)

27 : IGP Landes (Coteaux de Chalosse, Côtes de l'Adour, Sables de l'océan, Sables fauves)

28 : IGP Pays de l'Hérault (Bénovie, Bérange, Cassan, Cessenon, Collines de la Moure, Coteaux de Bessilles, Coteaux de Foncaude, Coteaux de Laurens, Coteaux de Murviel, Coteaux du Salagou, Côtes du Brian, Côtes du Cęressou, Mont Baudille, Monts de la Grage, Pays de Bessan, Pays de Caux)

29 : IGP Puy de Dôme

30 : IGP Saône et Loire

31 : IGP Var (Argens, Coteaux du Verdon, Sainte-Baume)

32 : IGP Vaucluse (Aigues, Principauté d'Orange)

33 : IGP Vins de la Corrèze

34 : IGP Yonne

41 IGP de petites zones

35 : IGP Agenais

36 : IGP Alpilles

37 : IGP Cévennes

38 : IGP Charentais (Charente, Charente-Maritime, Ile de Ré, Ile d'Oléron, Saint-Sornin)

39 : IGP Cité de Carcassonne

40 : IGP Collines Rhodaniennes

41 : IGP Côte Vermeille

42 : IGP Coteaux de Coiffy

43 : IGP Coteaux de Glanes

44 : IGP Coteaux de l'Auxois

45 : IGP Coteaux de Narbonne

46 : IGP Coteaux de Peyriac (Hauts de Badens)

47 : IGP Coteaux de Tannay

48 : IGP Coteaux d'Enserune

49 : IGP Coteaux des Baronnies

50 : IGP Coteaux du Cher et de l'Arnon

51 : IGP Coteaux du Libron (Les Coteaux de Beziers)

52 : IGP Coteaux du Pont du Gard

16：加泰罗尼亚丘陵地产区（东比利牛斯）
17：洛特丘陵地产区（罗卡马杜尔）
18：德姆产区（格里尼昂，蒙特利马丘陵）
19：弗朗士 - 孔泰产区（比法尔，尚普里特丘陵，杜省，吉市，上索恩，于吉尔，莫泰 - 贝苏什，奥夫朗热，维伊拉方）
20：加尔产区
21：热尔产区
22：上马恩产区
23：上阿尔卑斯产区
24：上维恩产区
25：美丽岛产区
26：伊泽尔产区（多菲内巴尔姆，格西沃堂）
27：朗德产区（沙洛斯丘岭，拉杜尔丘岭，海洋沙地，褐色沙地）
28：艾洛产区（贝诺维，贝朗日，卡桑，瑟斯农，拉穆雷丘陵，贝细耶丘陵，丰科德丘陵，洛朗丘陵，穆尔威勒丘陵，沙拉谷丘陵，布里昂丘陵，塞雷苏丘陵，包迪耶山，拉格拉日山，碧珊镇，科镇）
29：普伊 - 多姆产区
30：索恩 - 卢瓦尔产区
31：瓦尔产区（阿尔让斯，韦尔东丘陵，圣博姆）
32：沃克吕兹产区（艾格，奥兰治亲王国）
33：克雷兹产区
34：约纳产区

41 个受地段标识保护的葡萄酒产区

35：阿热奈地段
36：阿尔皮勒地段
38：夏朗德地段（夏朗德市，夏朗德滨海，雷岛，奥莱龙岛，圣索尔南）
39：卡尔卡松旧城地段
40：罗纳丘陵地段
41：维尔梅耶丘陵地段
42：科瓦非丘陵地段
43：格拉内丘陵地段
44：欧塞尔丘陵地段
45：纳博内丘陵地段
46：佩里雅克丘陵地段（上巴当）
47：塔奈丘陵地段
48：昂赛鲁内丘陵地段
49：巴龙尼丘陵地段
50：谢尔 - 阿尔农丘陵地段
51：利布龙丘陵地段（贝济耶丘陵）
52：嘉德桥丘陵地段

53 : IGP Côtes de Gascogne (Côtes du Condomois)
54 : IGP Côtes de la Charité
55 : IGP Côtes de Meuse
56 : IGP Côtes de Thau (Cap d'Agde)
57 : IGP Côtes de Thongue
58 : IGP Côtes du Tarn (Cabanes, Cunac)
59 : IGP Duché d'Uzès
60 : IGP Haute Vallée de l'Aude
61 : IGP Haute Vallée de l'Orb
62 : IGP Lavilledieu
63 : IGP Cathare
64 : IGP Maures
65 : IGP Mont Caume
66 : IGP Périgord (Dordogne, Vin de Domme)
67 : IGP Sable de Camargue
68 : IGP Sainte Marie La Blanche
69 : IGP Saint-Guilhem-Le-Desert (Val de Montferrand, Cité d'Aniane)
70 : IGP Thezac-Perricard
71 : IGP Urfé (Ambièrle, Trelins)
72 : IGP Vallée du Paradis
73 : IGP Vallée du Torgan
74 : IGP Vicomté d'Aumelas (Vallée dorée)
75 : IGP Vins-des-Allobroges (Savoie, haut de Savoie)

1.2.4 Les Vins d'Appellation d'Origine Contrôlée ou d'Appellation d'Origine Protégée (AOC ou AOP)

Les **Vins d'Appellation d'Origine Contrôlée** (norme française, jusqu'en 2009) ou maintenant **Les Vins d'Appellation d'Origine Protégée** (norme CEE) sont des produits très haut de gamme respectant, des cahiers des charges collectifs protégeant ainsi les consommateurs d'une typicité aromatique et gustative et une qualité. C'est la notion de terroir qui fonde le concept des Appellations d'Origine.

- Les Vins d'Appellation d'Origine Contrôlée ou Protégée sont produits à l'intérieur d'une zone géographique souvent liée à la tradition, constituée d'une communauté humaine unie qui a construit au cours de son histoire un savoir-faire collectif de production.
- Le sol, le climat, l'encépagement et les différentes contraintes (degré minimal, rendement maximal bas, conditions de production, taille, densité de plantation) garantissent à la fois leur origine, leur authenticité et leurs qualités.
- Un examen analytique et d'une façon aléatoire une dégustation, garantissent grâce à un certificat d'agrément délivré par l'I.N.A.O chaque année, l'origine, la typicité et la qualité.

En 2017, Les AOC ou AOP viticoles représentaient 363 AOP de vins et d'eaux de vie soit 77.6 % des volumes commercialisés. Cela représentait un chiffre d'affaires de 21.2 Milliards (21 200 000 000) d'Euros. (Source INAO 2020).

53：加斯科尼丘陵地段（孔多姆丘陵）
54：慈善丘陵地段
55：墨兹丘陵地段
56：陶丘陵地段（阿格德角）
57：通格丘陵地段
58：塔恩丘陵地段（卡班纳，屈纳克）
59：宇泽公爵村丘陵地段
60：上奥德河谷地段
61：上奥布河谷地段
62：拉维尔帝约地段
63：卡塔尔地段
64：莫莱斯地段
65：高莫山地段
66：佩里戈尔 地段（多尔多涅，如多姆葡萄酒）
67：卡马尔格沙地
68：圣玛丽拉布朗士地段
69：圣吉扬莱德赛尔地段（瓦尔德蒙特费朗，阿尼昂市）
70：德匝克 - 佩里卡德地段
71：乌尔绯地段（安比耶尔，特雷兰）
72：天堂河谷
73：多尔冈河谷
74：奥姆拉斯子爵（金色河谷）
75：阿罗布洛日地段（萨瓦，上萨瓦）

1.2.4 法定产区葡萄酒（AOC）或受原产区标识保护的产区葡萄酒（AOP）

被称为**“法定产区葡萄酒 AOC”**或**“受原产地标识保护的产区葡萄酒 AOP”**的葡萄酒，属于高级葡萄酒。在酿造过程中，必须遵循统一的技术标准，以确保消费者在品尝时能感受到葡萄酒特有的口感和芳香。这类葡萄酒的命名是为了巩固原产地风土。这类葡萄酒在 2009 年以前，根据法国法规被称为“法定产区葡萄酒 AOC”。现在根据欧盟的标准，被称为“受原产地标识保护的产区葡萄酒 AOP”。

- 这些法定产区的葡萄酒或受原产地标识保护的葡萄酒必须是某一特定地理区域内出产的葡萄酒。共同的人文因素构成了该地域特有的地方传统，并在漫长的历史发展过程中创造出了本地酒农共同使用的酿造葡萄酒的技术。
- 为确保该类葡萄酒的正宗性及可靠的品质，该类葡萄酒的酿造对土地、气候、葡萄品种有各种不同的要求及约束条件，如：葡萄酒的基本最低度数、最高产量下限、生产条件、剪枝、葡萄树的种植密度等。
- 为确保葡萄酒的原产地特征及其品质，每年法国国家原产地命名管理局，会对该类葡萄酒进行严格的分析检测和随机品尝，之后给合格酒农颁发命名证书。

根据法国国家原产地命名管理局 2020 年的统计数据，2017 年，法国一共有 363 种受原产地标识保护的法定产区葡萄酒和烧酒，占上市葡萄酒总量的 77.6%。营业额达 212 亿欧元。

Nom du Domaine : Domaine de Nerleux
酒庄名 : Nerleux

AOC de la vallée de la Loire : Saumur Champigny
法定产区： Saumur Champigny

Millésime : 2019
年份： 2019

Mentions légales : Mis en bouteilles au Domaine, Nom de la viticultrice, Produit de France, volume de la bouteille, et degré alcoolique
法定标注： 酒庄装瓶，酿酒工匠名称，法国制造，净含量，酒精度

Etiquette de l'AOC Saumur Champigny
Saumur Champigny 法定产区葡萄酒酒标

1.2.5 Les Organismes de Contrôles des vins

Depuis leur élaboration jusqu'à leur commercialisation, les vins français respectent de nombreuses lois et cahiers des charges, et subissent une succession de contrôles effectués par différents organismes à tous les stades (production, négoce, distribution et consommation). Ces organismes sont :

- L'O.I.V (Organisation Internationale de la Vigne et du Vin)
- L'I.N.A.O. (Institut National des Appellations d'Origine des Vins et Eaux-de-vie et de la qualité) ;
- France AgriMer, depuis le 1er janvier 2009, qui gère les Vins de France et contrôle les plantations de vignes en France
- La DIRRECTE (appelée anciennement Direction Générale de la Concurrence, de la Consommation et de la Répression des Fraudes) qui garantit aux consommateurs que le vin est bien « loyal et marchand » ainsi que la conformité de l'étiquetage, depuis le 1er janvier 2010.
- La D.G.I. (Direction Générale des Impôts) qui contrôle et récupère les taxes sur la vente des vins en France.

1.2.5 葡萄酒监管机构及职责

从酿造到出售，法国的各类葡萄酒需遵守众多的法规条例和各项严格的生产技术指标。每个阶段（生产、批发、分销、消费）均受以下各类不同机构的一系列监控：

- 国际葡萄与葡萄酒组织（L'O.I.V）
- 法国国家原产地命名管理局（L'I.N.A.O.）
- 法国农业与渔业食品管理局（France AgriMer）（从 2009 年 1 月开始，该机构负责对标识为“法国葡萄酒”的无地理标识葡萄酒进行管理，并对葡萄种植进行监管。）
- 法国竞争、消费和反走私总局（La D.G.C.C.R.F.）主要确保消费者购买到的葡萄酒符合出售规格，并与酒标相符。从 2010 年 1 月 1 日开始，该机构使用 DIRRECTE 简称。
- 法国税务总局（La D.G.I.）主要负责对在法销售的葡萄酒进行监管并征税。

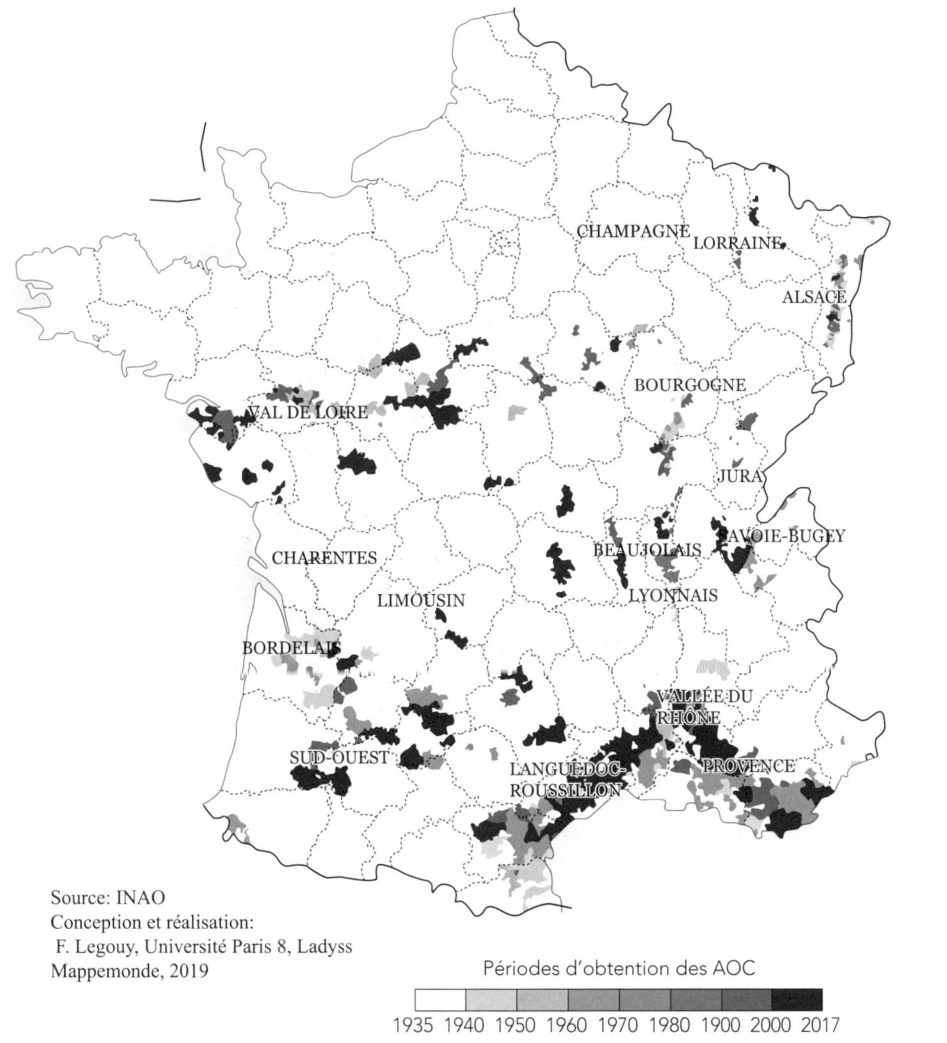

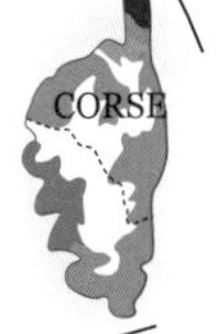

Carte des AOC de vins Français et dates de création- source F. Legouy Université Paris 8

法国法定产区分布及创立时期，由巴黎第八大学勒古伊提供

1.2.6 Les mentions réglementaires françaises et européennes sur les étiquettes

Comme nous l'avons vu précédemment, il y a **des mentions obligatoires** à faire figurer sur les étiquettes:

- le volume du contenant (bouteille, BIB...)
- le Titre alcoométrique volumique acquis (% vol)
- le terme "Appellation d'Origine Contrôlée"/"Appellation d'Origine Protégée" ou "Indication Géographique Protégée" ou "Vin de France"
- la provenance (made in France)
- le propriétaire/viticulteur (Château, Domaine et raison sociale)
- l'identité de l'embouteilleur

Puis il y a maintenant **les allergènes:**

- Les sulfites ou l'Anhydride sulfureux un est allergène, il faut marquer sur les étiquettes l'existence des sulfites. Le SO2 est très utilisé en œnologie pour stabiliser les vins vis-à-vis de l'oxydation et détérioration des bactéries : piqure acétique. Les allergènes (la caséine du lait et l'albumine de l'œuf).
- Le logo de nocivité de l'alcool sur le fœtus de la femme enceinte doit aussi figurer en France sur les étiquettes en prévention.

Exemples de logos de prévention pour les allergènes
过敏原标注举例

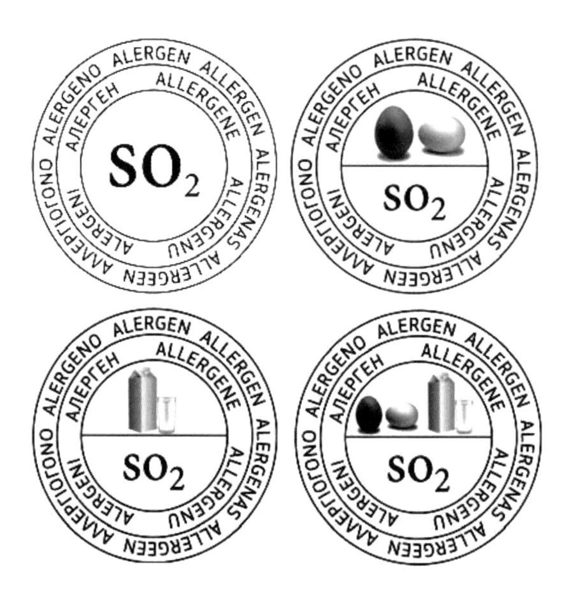

Certaines **mentions facultatives** pourraient vous étonner:

- Année de récolte ou millésime,
- le cépage
- la teneur en sucre sauf pour les vins mousseux ou celle-ci est obligatoire

Pour finir, l'étiquetage et les médailles des concours permettent aux consommateurs de mieux s'y retrouver lors de la commercialisation et faire ressortir les meilleurs vins, lorsqu'il n'y a pas de conseil à la vente.

1.2.6 法国及欧洲对酒签标识的规定

如前所述，法国及欧洲对葡萄酒的酒签标识是有一定规定的。在酒标上 , 有一些标识是**必不可少的**，如：

- 净含量
- 酒精度
- 酒的法定等级、类别，如 “法定产区” / “受原产区标识保护的产区” 或 “受地理标识保护的产区” 或 “法国葡萄酒”
- 原产国 (法国产品)
- 生产商 / 酒农名称 (酒庄、葡萄园或公司名)
- 装瓶者名称和地址

此外，还有一些**过敏原**必须标注在酒签上，如：

- 亚硫酸盐或二氧化硫是过敏原，必须在酒标上注明葡萄酒是否含有这些物质。二氧化硫在葡萄酒制作工艺上经常被用来抗氧化及杀菌。其它过敏原还包括酪蛋白和白蛋白。
- 酒精对孕妇及胎儿的危害标识也必须体现在法国生产、装瓶的酒标上。

Logo de nocivité de l'alcool pour le fœtus chez la femme enceinte
酒精对孕妇及胎儿伤害的标识

Exemple de macaron de concours international pouvant être collé sur la bouteille
可贴在酒瓶上的国际竞赛获奖产品标识

但以下几种信息属选择性信息，在酒签上可有可无，比如：

- 葡萄的采摘年份或酒的酿造年份
- 葡萄品种
- 含糖量（对气泡酒来说，这一项属于必须标识的信息）。

酒标上还可以标注该葡萄酒在品评大赛中获得的官方奖项，以帮助消费者在无人能给出建议时进行选购。酒瓶上的奖章标识可以使优质葡萄酒更加突出。

1.3 La production du vin dans le Monde

En 2019, **la surface viticole mondiale,** selon l'OIV est estimée à 7.4 Mioha (7 400 000 Ha) pour l'ensemble des raisins, de table et de cuves. La surface mondiale selon le graphique semble s'être stabilisée.

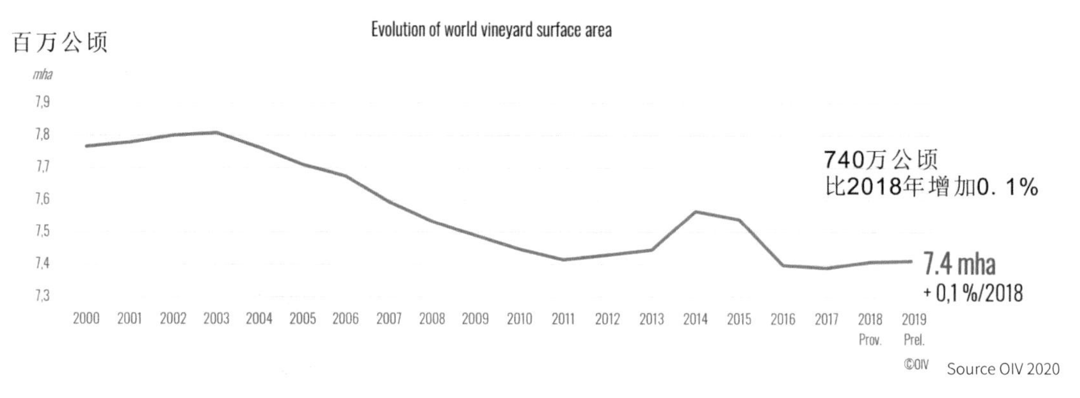

Source OIV 2020

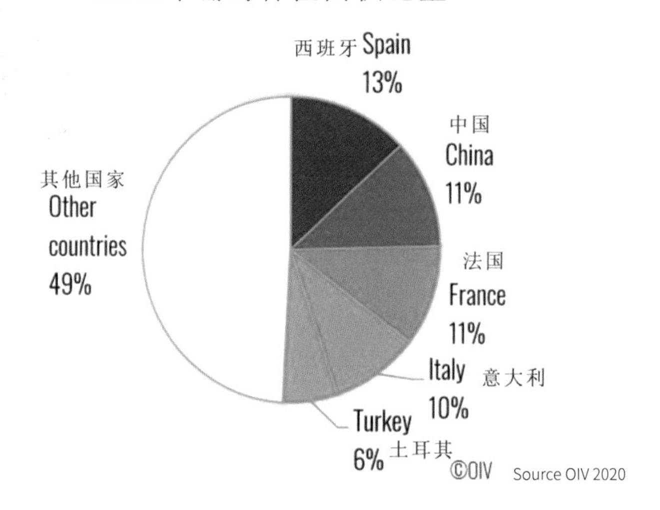

Source OIV 2020

La Chine est un grand pays viticole (2ème) mais produisant essentiellement des raisins à manger, alors que la France (3ème) produit 98% de raisins pour élaborer du vin.

En 2019, **la production mondiale de vin,** selon l'OIV (hors jus et moûts) est estimée à 260 Miohl (26 000 000 000 litres) pour l'ensemble des types de vins. Ce chiffre marque un net recul de (-11.5 %) par rapport au millésime 2018 très qualitatif et très productif dans le monde. si on observe le graphique de l'OIV, on confirme bien cette tendance en dents de scie selon les conditions climatiques annuelles propices ou non récoltes (gelées printanières, canicules l'été, grêle...). L'Italie (47,5 Miohl 4 750 000 000 litres), la France (42,1 Miohl 4 210 000 000 litres), et l'Espagne (33,5 Miohl 3 350 000 000 litres) sont toujours les 3 premiers producteurs qui représentent ensemble 47 % de la production mondiale de vin.

1.3 全球葡萄酒生产近况

根据国际葡萄与葡萄酒组织的估计，2019 年，全球的葡萄种植发展平稳，面积约达到 740 万公顷，用于食用和酿酒。

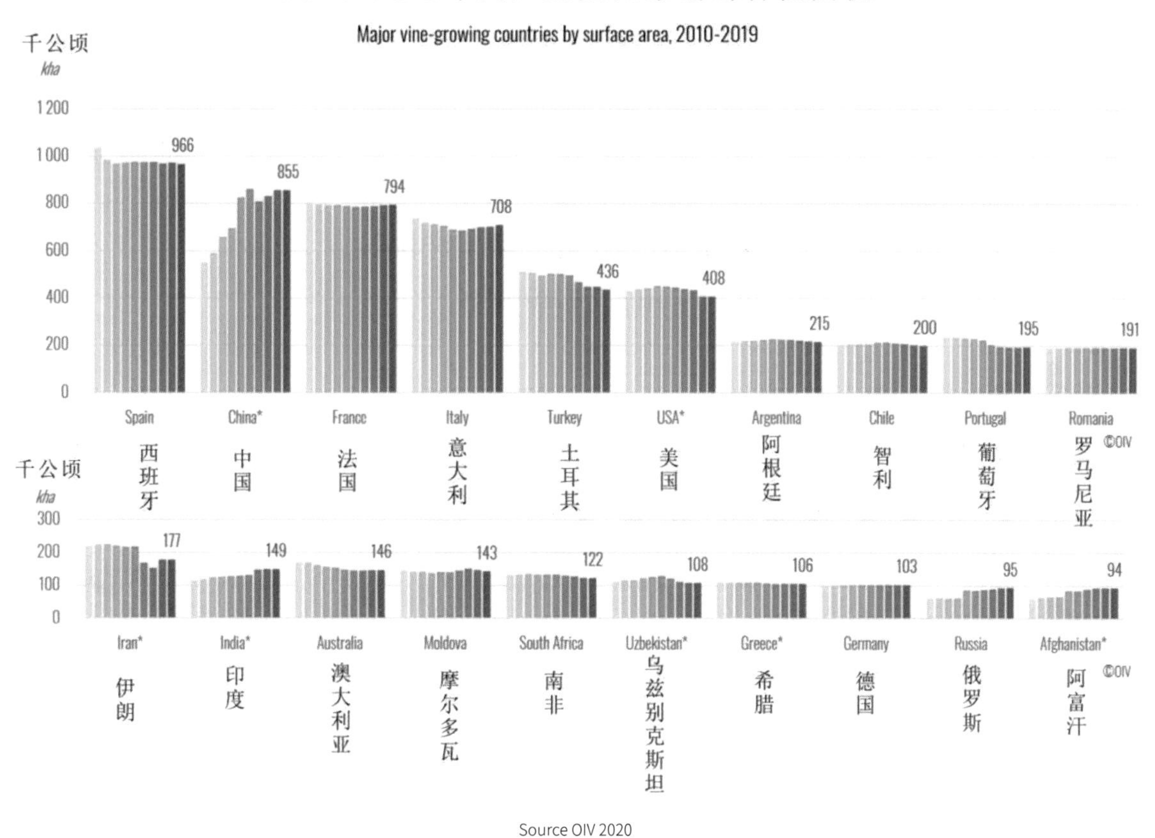

中国的葡萄种植面积居世界第二，但中国主要出产食用葡萄，葡萄种植面积居世界第三位的法国则将 98% 的葡萄用于酿酒。

根据国际葡萄与葡萄酒组织的统计，2019 年，**全球各种葡萄酒的总产量**约为 260 亿升（不含葡萄汁和待发酵的葡萄浆）。这说明 2019 年葡萄酒的产量，与高产且优产的 2018 年相比，减少了 11.5%。国际葡萄与葡萄酒组织所提供的图表上呈现出的葡萄酒总产量的锯齿状变化，表明葡萄酒每年度的产量与气候条件有关，比如春季倒春寒时的霜冻、夏季的酷暑、冰雹等都会对葡萄收获及葡萄酒的生产有影响。2019 年，意大利生产了 47.5 亿升葡萄酒，法国 42.1 亿升，西班牙 33.5 亿升，仍是排名前三位的生产国，这三国合计生产的葡萄酒占世界葡萄酒生产总量的 47%。

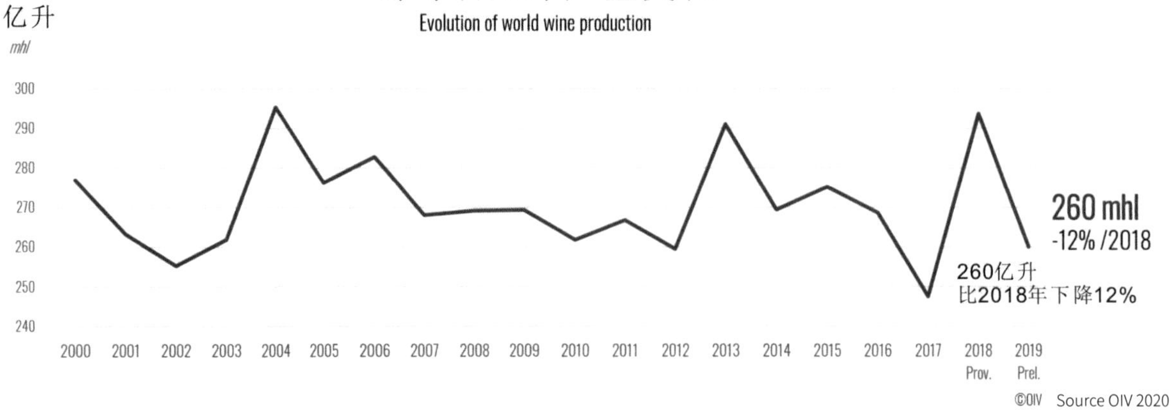

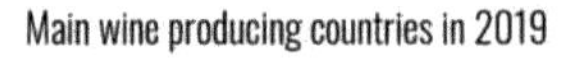

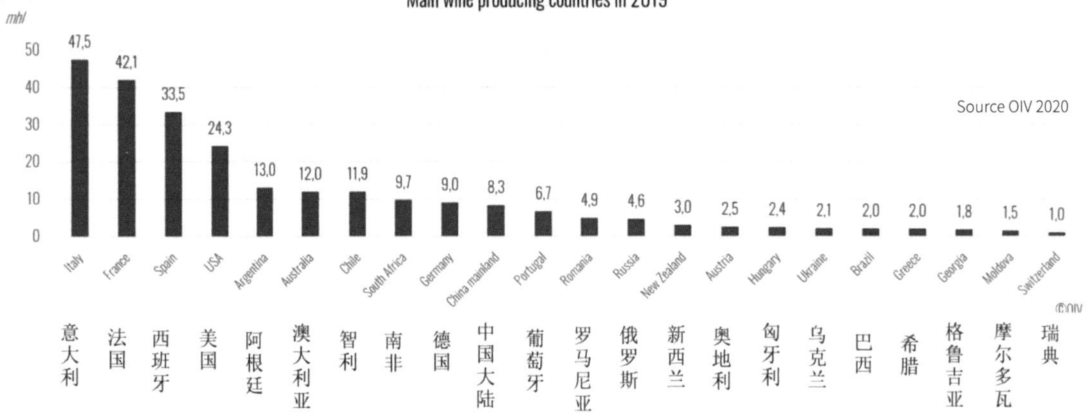

1.4 Les grands types de vin

D'un point de vue réglementaire Il y a 3 grandes familles de vins tranquilles:

- les vins blancs secs à moelleux
- les vins rosés secs à tendres (demi- secs)
- les vins rouges

Puis les vins spéciaux

- les vins mousseux (blancs, rosés ou rouges)
- les vins de liqueur (mistelles et vins doux naturels). Il s'agit de vins différents des vins blancs moelleux, liquoreux, mais des vins blancs, rosés, et rouges avec du sucre résiduel mais mutés avec de l'alcool ou de l'eau de vie de vin.

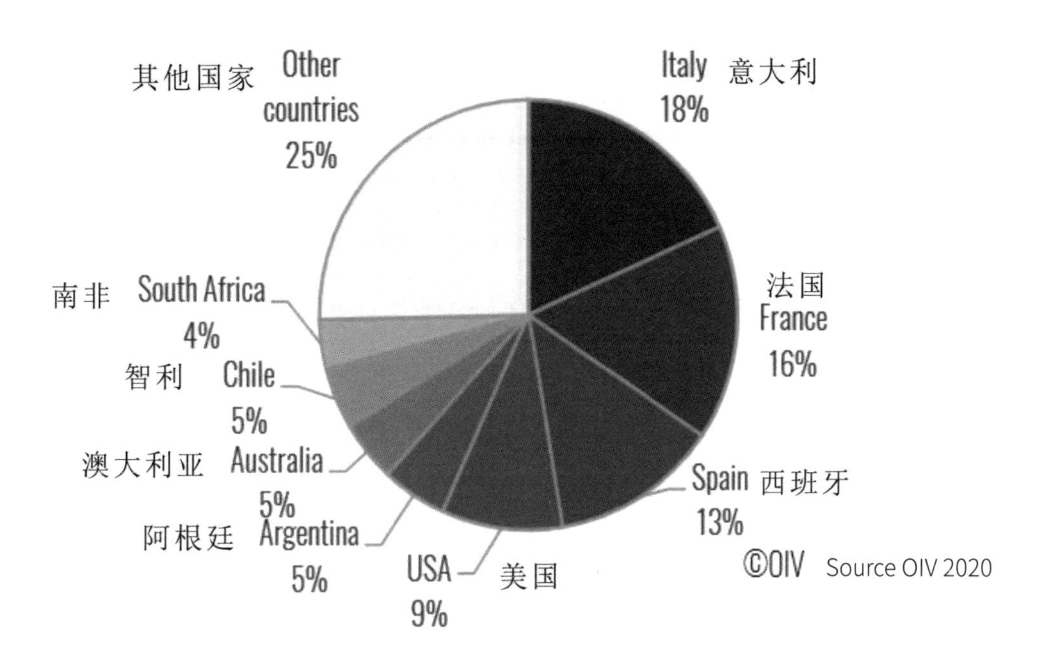

1.4 葡萄酒的分类

按照葡萄酒行业的相关法规，平静葡萄酒（无气泡）主要包含以下三大类：

- 白葡萄酒（干型到甜型）
- 桃红葡萄酒（干型到半干型）
- 红葡萄酒

另外还有以下两种特殊类型的葡萄酒：

- 起泡酒（白葡萄酒、桃红葡萄酒、红葡萄酒）
- 利口葡萄酒，即酒精度较高的特甜葡萄酒（蜜甜尔酒、天然特甜葡萄酒）。这种酒是具有残留糖分、并且用酒精或葡萄酒白兰地进行过中途抑制发酵的桃红和红葡萄酒，与甜白葡萄酒、超甜葡萄酒存在着差别。

On peut aussi résumer et simplifier la présentation réglementaire des vins en expliquant qu'il y a 5 styles des vins dans le monde pour répondre aux profils type de consommateurs et de consommation

- **Les vins plaisirs** (fruités, typés cépages, avec une lecture facile, un prix attractif, un cépage mis en valeur et connu...)
- **Les vins complexes** (généralement des AOP, qui ont une histoire à raconter, un terroir à valoriser, des méthodes de vinifications et d'élevage assez couteux, avec souvent un prix plus élevé...)
- **Les vins « tendance environnementale »** (généralement en agriculture biologique, ou bio dynamique, avec un prix plus élevé, une clientèle citadine qui veut manger sainement et fait attention à l'avenir de la planète...)
- **Les vins classiques sans vices ni vertus** (une qualité standard, des méthodes de vinifications technologiques voir industrielles, un prix moyen souvent attractif, et des volumes importants dans des structures importantes...)
- **Les "vins" aromatisés** (cible jeune pour une entrée dans l'univers du vin, un prix attractif, des vins rehaussés en arômes: rosé pamplemousse, rosé à la violette... qui normalement ne doivent plus se dénommer vins, mais boisson à base de vin)

1.5 La consommation du vin dans le Monde

La consommation des vins dans le monde est toujours croissante, en 2019 elle est estimée à 244 Miohl (24 400 000 000 litres), le graphique de l'OIV nous le confirme. La consommation diminue dans les pays européens historiques même si elle représente encore en 2019, 59% du volume total. Par contre elle augmente aux Etats- Unis avec un record de 33 Miohl (3 300 000 000 litres) en 2019. Et en Asie, la consommation en Chine, est estimée à 17.8 Miohl (17 800 000 000 litres), soit une légère diminution de 3.3%, par rapport à 2018, pour la deuxième année consécutive... la forte croissance des 20 dernières années semblerait bien se calmer.

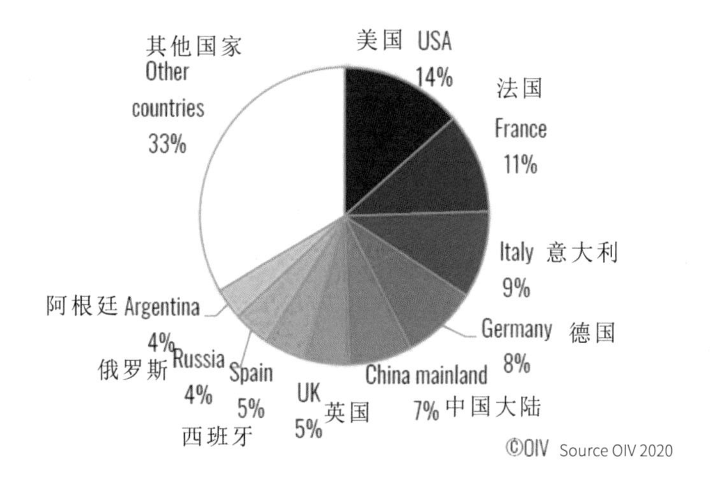

Source OIV 2020

如果从葡萄酒行业的相关法规脱离出来，我们也可以将葡萄酒，按照消费人群和消费需求来简化概括为以下 5 种不同的风格：

- **愉悦型葡萄酒**：在这类葡萄酒的酒签上，需明显注明葡萄的品种、果味特征与该酒的知名度。这类酒对消费者来说比较容易品鉴，售价也比较合理。
- **复杂型葡萄酒**：通常是指受法定产区 / 受原产地标识保护的葡萄酒。这类葡萄酒有悠久的历史、地方风土特点、成熟的葡萄酒酿造工艺及耗资较大的培育酿造过程，其价格也相对较高。
- **生态型葡萄酒**：该类葡萄通常是用有机农业或者生物动力种植的葡萄酿造的，售价较高，消费人群主要是大城市关注饮食健康和环境保护的群体。
- **传统型葡萄酒**：这类葡萄酒合乎常规标准，通常是大机构采用技术工艺甚至工业化方法进行大批量酿造的，价格适中、比较有竞争力。
- **添香型“葡萄酒”**：该类葡萄酒的主要消费者为初入葡萄酒世界的年轻人。这类饮料突显芳香，价格相对便宜，对年轻人有吸引力。如添西柚味的桃红葡萄酒、加紫罗兰味的桃红葡萄酒。这类以葡萄酒为基础、但添加了其它果香的饮料，其实不该被称为 “葡萄酒”，而该称之为 “含葡萄酒的饮料”。

1.5 全球葡萄酒消费近况

全球的葡萄酒消费量仍在持续增长。根据国际葡萄和葡萄酒组织的估计，2019 年，全球的葡萄酒消费量大约为 244 亿升。欧洲作为葡萄酒的传统消费地区，尽管葡萄酒的消费量有所降低，但在 2019 年仍占全球总消费量的 59%。同时美国的葡萄酒消费量有所增加， 2019 年，美国的葡萄酒的消费量达到了 33 亿升。同年中国的消费量则为 17. 8 亿升，比 2018 年降低了 3.3%，而且是自 2017 年以来连续两年的持续下降。目前看来，过去近 20 年中的葡萄酒消费的迅猛涨势已经放缓了。

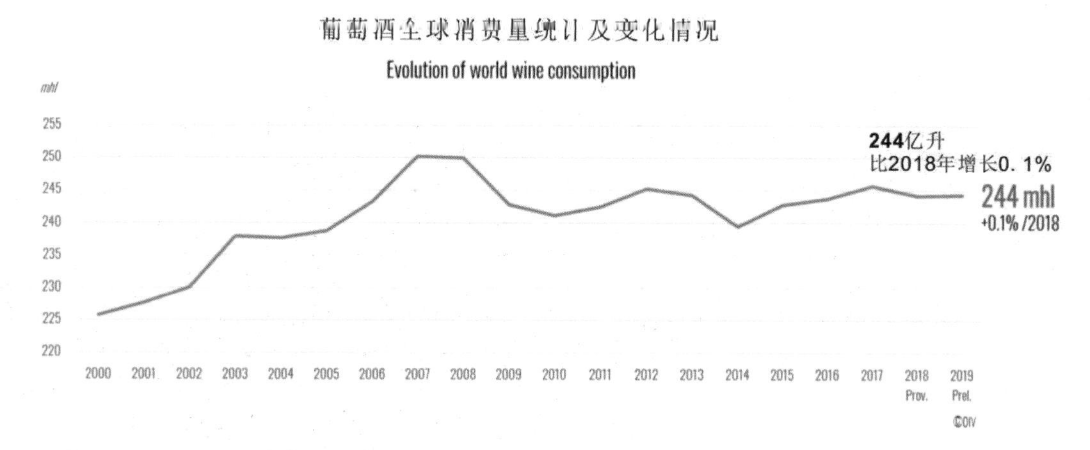

Source OIV 2020

Cinq pays (les USA, la France, l'Italie, l'Allemagne et la Chine) consomment 49% du volume total et neuf pays (les USA, la France, l'Italie, l'Allemagne, la Chine, l'UK, l'Espagne, la Russie et l'Argentine), 67%.

2019年葡萄酒消费总量排名

前25国家及消费情况

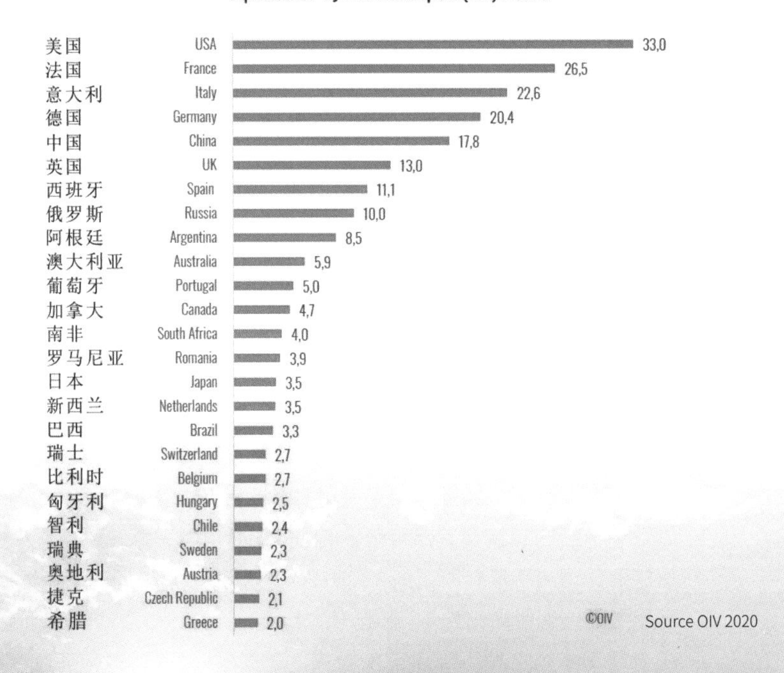

其中，美国、法国、意大利、德国和中国（未计港澳台地区）这 5 个葡萄酒主要消费国家的消费量约占了全球总消费量的 49%，加上英国、西班牙、俄罗斯及阿根廷，这些排名前 9 位的国家的葡萄酒的消费量，约占全球葡萄酒总消费量的 67%。

2019 年葡萄酒人均消费量排名

前 25 国家及消费情况

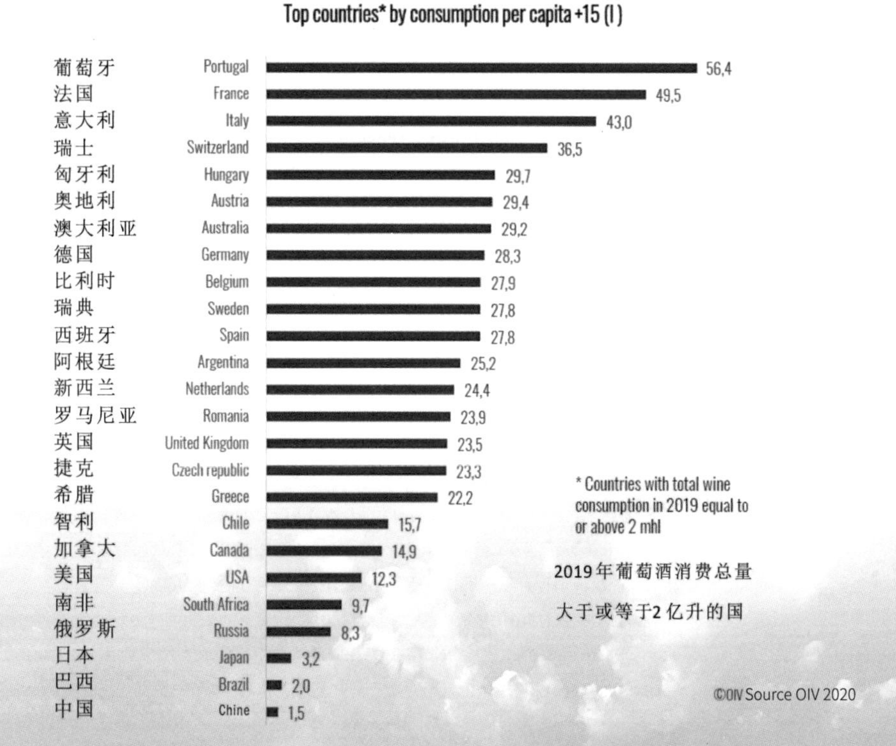

Coucher de soleil sur le vignoble de Saint Emilion (Bordeaux été 2021)
圣埃米利永葡萄园日落 （波尔多 2021 年夏）

2 La viticulture et la production de raisin

2.1 Depuis quand produit-on du raisin ? et quelques lignes sur l'Histoire mondiale du vin

Depuis quand produit-on du raisin ?

Pour nos nombreux ampélographes comme le professeur Pierre Gallet, les premiers représentants de la famille des vitacées seraient apparus à l'ère secondaire, à la fin du crétacé, même si les datations exactes de fragments de feuilles de cissus et d'ampelosis sont du début de l'ère tertiaire, à l'éocène inférieur (65 millions d'années).

Le berceau de la vigne sauvage est bien multiple, les scientifiques évoquent : l'Asie (Chine et Japon), l'Amérique du Nord (Alaska et États-Unis), ainsi que l'Europe (Portugal, Croatie, Italie et France).

Puis avec l'évolution du monde, la modification des continents, des changements climatiques, de nombreuses espèces sont apparues dans de multiples pays. Il y a 25 millions d'années avant Jésus-Christ (av. J.-C.), lors de la période du miocène, les plus nombreuses variétés apparaissent, on a pu les identifier dans les minéraux notamment le calcaire.

Il s'agit bien évidemment de vignes sauvages, qui vont être détruites par les séries de glaciations entre 6 millions d'années et 13 000 ans av. J.-C.

Avec le réchauffement de la terre, les vitacées asiatiques vont s'étendre, mais on trouve aussi la présence de la plante dans certains refuges forestiers autour de la Méditerranée et de la Transcaucasie.

2.1.1 L'origine du vin et son premier développement

A quelle date débute l'élaboration du vin ? Et le mythe de Noé

L'homme, l'homo erectus, lors de son apparition sur la terre entre 2,5 et 3 millions d'années av. J.-C. va commencer par consommer les fruits sauvages de la vigne vitis sylvetris. Puis au néolithique, autour de 6000 av. J.-C., l'homme, l'homo sapiens devient agriculteur avec vitis vinifera. Des raisins entassés dans un réceptacle auraient fermentés pour donner le premier vin.

Les vestiges les plus anciens datant de cette époque ont été découverts dans une zone proche du Mont Ararat en Transcaucasie. Dans la bible la genèse [9-20], c'est sur ce mont que « Noé s'appliquant à l'agriculture, commença à labourer et à cultiver la terre et il planta une vigne. Ayant bu le vin, il s'enivra et paru nu sous sa tente ». Beaucoup d'historiens qualifient aujourd'hui la Géorgie comme le berceau mondial du vin. Ce pays regorge de vestiges anciens.

Quelle est l'origine du mot vin ?

- Le mot « vin » (wine, вино, wein, vino) des langues européennes pourrait provenir du géorgien « gvino ».
- Pour certains historiens, « vin » est issu de l'hébreu « ioun », qui signifie « faire

2 葡萄的种植、生产与葡萄酒产业

2.1 葡萄生产始于何时？世界葡萄酒发展概述

葡萄生产始于何时？

粉藤和蛇葡萄属植物出现的确切年代是从第三纪早期到下始新世（距今 6500 万年）。但对于许多像皮埃尔 · 加莱教授这样的葡萄种植学家来说，第一批葡萄科植物可能在第二纪的白垩纪末期就出现了。

科学家们提及的野生葡萄树的发源地有很多，如亚洲（中国和日本）、北美洲（阿拉斯加和美国）以及欧洲（葡萄牙、克罗地亚共和国、意大利和法国）。

此后，随着地球的演变、陆地的变迁以及气候的变化，世界各地陆续出现了不同的葡萄品种。公元前 2500 万年的中新世时期，葡萄品种的出现到达顶峰。今天可以在矿物质中、尤其是石灰石中发现遗迹。

这些显然都是野生葡萄树，不过它们在公元前 600 万年至公元前 13000 年之间的一系列冰川作用中遭到了破坏。

随着全球气候变暖，亚洲的葡萄科植物蔓延开来，同时地中海沿岸和跨高加索地区的某些森林栖息草屋周围也有此类植物生长。

2.1.1 葡萄酒的起源及其早期发展

葡萄酒的酿造起源于何时？有关诺亚的传说

在公元前 300 万年至公元前 250 万年间，当时生活在地球上的直立人，就已开始食用葡萄（vitis sylvetris）野果了。随后大约在公元前 6000 年左右的新石器时代，即被称为智人的人类，曾是欧亚葡萄的种植者。葡萄果粒堆积在一起发酵后，产生了第一代、最原始的葡萄酒。

这个时期最古老的遗迹是在跨高加索地区的亚拉腊山附近被发现的。圣经的《创世纪》[9-20] 篇中描述说，在这座山上，“诺亚致力于发展农业，耕种土地，而且种植了葡萄树。喝完葡萄酒后，他醉了，赤身裸体地出现在帐篷中。”如今，许多历史学家将格鲁吉亚作为世界葡萄酒的发源地。在那里可以看到与葡萄酒有关的古迹。

葡萄酒一词的起源是什么？

- 欧洲语言中的“葡萄酒”一词（法文为 vin），可能来自格鲁吉亚语的“gvino”（在英、俄、德、意等不同国家，分别写为 wine、вино、wein、vino）。
- 在某些历史学家看来，“葡萄酒”一词来源于希伯来语的“ioun”，意为“使……

effervescence ». Pour d'autres, le terme « vin » viendrait du sanscrit « véna », aimé ou aimable en sanscrit védique (langue indoeuropéenne).

- Pour Arnaud Immélé, œnologue alsacien, auteur de « La 4ème Dimension du Vin ou le Secret des Grands Vins, un nouveau Défi de la Mondialisation » (2015, Ed. Armand Colin), la source étymologique du mot « vin » remonterait à plusieurs millénaires avant le début de l'ère chrétienne ; et « véna » n'était pas le produit de la vigne, mais un breuvage d'initiation, sans doute issu de la fermentation d'une plante aux vertus psychotropes. Dès l'origine, la fonction fondamentale du vin est indiquée par sa dénomination : c'est plutôt un produit chamanique et non une boisson culturelle. On peut rappeler que le vin a précédé l'écriture de 3000 ans et donc le considérer par extrapolation comme un vestige de la communication non écrite et non verbale, issu d'une civilisation historique très avancée.

La première migration de la vigne, sa culture et l'élaboration du vin débute vers l'Ouest avec son implantation en Egypte dans le delta du Nil.

2 000 ans av. J.-C., la culture de la vigne fait partie du quotidien des dessins et iconographies retrouvés dans les tombeaux des rois et reines. A cette époque les premiers pressurages se faisaient avec des outres en peau de bêtes.

La mythologie égyptienne raconte que « le Dieu Osiris apprit aux hommes à cultiver la vigne et à conserver le vin ». Sous l'Ancien Empire, le vin est strictement réservé à Pharaon et à son entourage. Il est produit dans le Fayoum ou dans le Delta, deux régions favorables à la pousse de la vigne, ou importé de pays étrangers comme la Palestine.

Le pharaon possédait sa propre vigne, dont une partie de la production était utilisée pour les rites funéraires, le vin étant une composante indispensable du culte des divinités. L'autre partie était réservée pour sa table.

Dans les rites funéraires de l'Egypte ancienne, le défunt royal était momifié et placé dans un tombeau avec tous ses effets personnels (armes, trésors et nourriture), afin qu'il puisse en jouir dans l'au-delà. Les jarres de vin faisaient partie du lot. Sur ces jarres destinées à l'après-vie du pharaon, le vin est appelé « sang de vie », pour la résurrection.

De tout temps, le vin est une boisson réservée aux dieux, puis aux rois et aux moines, la clé d'accès aux connaissances réservées. Dans l'Egypte ancienne, avant la décadence des dynasties tardives, le vin était sacré et réservé à des rituels. Le peuple buvait de la bière.

Après l'Egypte, la Grèce

Selon M. Lecoutre, professeur d'histoire, l'expansion de la vigne est réelle sous le régime des Mycéniens entre les XVIIème et XIVème siècles av. J.-C. A cette époque, il était recommandé de le couper avec de l'eau pour assouplir l'alcool. Les Grecs usaient du vin selon un protocole précis : le symposium ou symposion. L'objet du symposium est d'accéder à une ivresse maîtrisée pour s'approcher des dieux.

Canthare avec une illustration d'Éros et un joueur de lyre ancien récipient 420- 410 av. J.-C. pour boire le vin Provenance : Athènes, actuellement au musée du Louvre à Paris

带有爱神和琴师图案的双耳杯，公元前 420—410 年的饮酒器皿，来自雅典，现藏于巴黎卢浮宫博物馆。

产生气泡”。另一些史学家则认为，“葡萄酒”这个术语可能来自梵语的“véna”，在吠陀梵文（印欧语）中，是“被人喜爱的”或“令人愉悦的”之意。

- 法国阿尔萨斯产区著名的酿酒学家阿尔诺 · 伊美莱，曾著有《葡萄酒的第四维度或伟大葡萄酒的秘密，全球化的新挑战》（2015 年，阿尔芒 · 柯林出版社）。他认为，“葡萄酒”一词的词源可以追溯到基督教时代开始前的几千年。“véna”并非葡萄树的产物，只是一种秘术性质的饮料，可能由一种具有某种兴奋神经的植物发酵而来。从一开始，葡萄酒的基本功效就由其名称表示出来：它更像是一种萨满教巫医的产品，而非文化意义上的饮料。我们在此强调，在文字出现前3000 年，葡萄酒就已经存在了。由此推论，该词是非常先进的历史文明中的非文字和非语言交流的产物。

历史上，葡萄种植及其文化第一次向西迁徙，起始于古埃及尼罗河三角洲地区的葡萄种植及葡萄酒的酿造

在古埃及国王、王后陵墓中发现的图画和肖像画表明，早在公元前 2000 年，种植葡萄就已经是当时日常生活的一部分了。那时，葡萄的压榨是在动物皮袋中完成的。

古埃及神话告诉我们，澳西里斯神（Osiris）教会了人类种植葡萄，保存葡萄酒。在古埃及，葡萄酒是专供法老及其家人使用的。所用的葡萄产自法尤姆或尼罗河三角洲，这两个有利于葡萄生长的地区，或者从巴勒斯坦等国进口。

法老拥有自己的葡萄园，出产的葡萄酒一部分用于各类丧葬礼仪，因为葡萄酒是祭祀神灵时必不可少的。另一部分葡萄酒则供法老用餐时饮用。

在古埃及的葬仪中，已故王室成员被制成木乃伊，与他所有的个人物品（武器、珍宝和食物）一起下葬，以便在另一个世界享用。葡萄酒罐便属陪葬品之一。这些法老在另一个世界使用的酒罐上，葡萄酒被称为“生命之血”，法老饮用后可以复活。

葡萄酒最开始是一种供神灵享用的饮料，随后也供国王和僧侣饮用，是进入知识大门的标志。在古埃及的末代王朝衰亡之前，葡萄酒是神圣的，而且是祭祀专用。平民只能喝啤酒。

继古埃及之后，是古希腊

根据勒古特先生的陈述，在公元前 17 世纪至公元前 14 世纪的古希腊麦锡尼文明时期，葡萄种植获得了真正意义上的大面积推广。当时，人们提倡在葡萄酒里兑水，以弱化酒精带来的影响。希腊人只在特定的社交场合才饮用葡萄酒：“会饮（symposition 或 symposium）”，这是当时希腊社会特有的一种功能性社会活动。其目的是通过进入一种可控的微醉状态来接近神灵。

Peinture murale d’une chambre funéraire d’un inconnu 1500 av. J.-C.
公元前 1500 年无名墓室中的壁画

Dans la mythologie grecque, Dionysos est le dieu de la vigne, du vin et de ses excès, de la folie et la démesure, ainsi que du théâtre et de la tragédie. Il est le fils de Zeus et de la mortelle Sémélé. Il fut élevé dans la cuisse de Zeus, et il fut donc irradié et initié bien avant sa naissance. Il est dit que dès son enfance, il découvrit la vigne, la cultiva et inventa le vin qu'il voulut faire connaitre au monde.

De nombreux philosophes vantaient les mérites de cette boisson divine. SOCRATE, philosophe grec du Vème siècle av. J.-C. expliquait : « Le vin adoucit et tempère le caractère, il apaise les soucis de l'esprit (...), il ranime nos joies et il est l'huile de la flamme agonisante de la vie. Si nous le buvons modérément et par petites gorgées à la fois, le vin se répand dans notre poitrine comme la plus douce des rosées matinales. »

Les Grecs vont développer la vigne dans le bassin méditerranéen : L'Italie, puis la Gaule (France) à partir de Massalia (Marseille) 600 ans av. J.-C. A la fin du Vème siècle av. J.-C., la consommation du vin se concentre dans les colonies grecques du sud de la Gaule, mais la cervoise (bière) et l'hydromel (boisson à base de miel) restent les boissons préférées des Gaulois.

La ruée vers l 'Est

En même temps que la ruée vers l'Ouest, depuis le Proche Orient et la perse, la vigne cultivée se propage vers l'Est. On note la présence de la vigne Vitis vinifera, en Inde 500 av. J.-C., puis avec la route des caravanes à travers l'Asie centrale, elle arrive en Chine 250 ans av. J.-C.

2.1.2 La colonisation romaine, deuxième étape du développement

Au Ier siècle av. J.-C.

La conquête romaine débute dans la plaine narbonnaise 120 ans av. J.-C. Les Romains continuent le développement de la vigne et de l'olivier. Grâce aux succès militaires dans le sud, les Romains vont imposer aux contrées barbares leur culture et leurs deux productions : le vin et l'huile d'olive. Cela se concrétise par la création en Gaule narbonnaise d'un vaste vignoble exploité par des colons romains, dans des villages fortifiés. Les vinifications et le stockage du vin se font 1 ou 2 ans dans des récipients de terre cuite appelées « dolia », la conservation dans des amphores de 26 litres, puis le transport en outre en peau de chèvre. Le tonneau apparaitra 60 av. J.-C. A cette époque, le vin avait du mal à se conserver, les élaborateurs rajoutaient soit de l'eau de mer (le sel évitait une détérioration bactériologique mais évidemment modifiait fortement le goût), soit l'amélioraient avec des plantes aromatiques et du miel.

Bacchus chez les romains a remplacé Dionysos, le dieu du Dieu du vin grecs, mais l'esprit aussi. La consommation du vin est pour les réjouissances, les festivités... l'ivresse et les débordements. Les « bacchanales », initialement des fêtes religieuses de l'Antiquité, qui furent introduites en Italie, servirent de prétexte aux orgies et aux désordres les plus extravagants.

Au Ier siècle ap. J.-C.

Selon Pline l'Ancien, l'un des premiers agronomes reconnus de cette époque, les Romains n'envisageaient pas la culture de la vigne au-delà de la ligne noire sur la carte. Au nord de cette ligne, la température est trop basse pour les vignes arrivant de la zone chaude de la méditerranée. Mais les Romains vont bouleverser l'histoire de la viticulture. Rome accorde aux allobroges du Dauphiné, la citoyenneté romaine, donc le droit de planter de la vigne. Ils développent leur nouvelle variété : l 'Allobrogica. Parallèlement, les Bituriges vibisci

在古希腊神话中，狄俄尼索斯是葡萄树之神，葡萄酒和酗酒之神，也是疯狂和过度之神，及戏剧、悲剧之神。他是宙斯和凡人赛墨勒之子。他在宙斯的大腿中成长，因此早在降世前就受到了启蒙教育及关照。据说他从小就发现并开始种植葡萄，并且发明了希望全球都知晓的葡萄酒。

那个时期的许多哲学家都极力吹捧这种神奇饮料。公元前 5 世纪的古希腊哲学家苏格拉底写道："葡萄酒能滋润和抚慰人们的情绪，舒缓心灵的烦恼……，它把欢乐带回我们身边，使我们恢复生机和活力，它是灯油，可以重燃即将熄灭的生命之火。如果我们适度地饮用它，一次只饮一小口，葡萄酒便会如最甘甜的晨露般渗入我们的肺腑。"

希腊人在地中海盆地广泛种植葡萄：葡萄首先进入了意大利，随后在公元前 600 年又从马赛进到高卢（法国）。公元前 5 世纪末，葡萄酒的消费主要集中在被希腊占领的高卢南部，但那时的高卢人最爱喝淡啤酒（啤酒）和蜂蜜水（以蜂蜜为基础的饮料）。

葡萄园向东蔓延扩张

在一路向西急速发展的同时，人工种植的葡萄也从近东和波斯湾往东方传播。大家都知道，印度早在公元前 500 年就已经有欧亚葡萄了。随后，葡萄随着进入中亚的商队，在公元前 250 年前后抵达了中国。

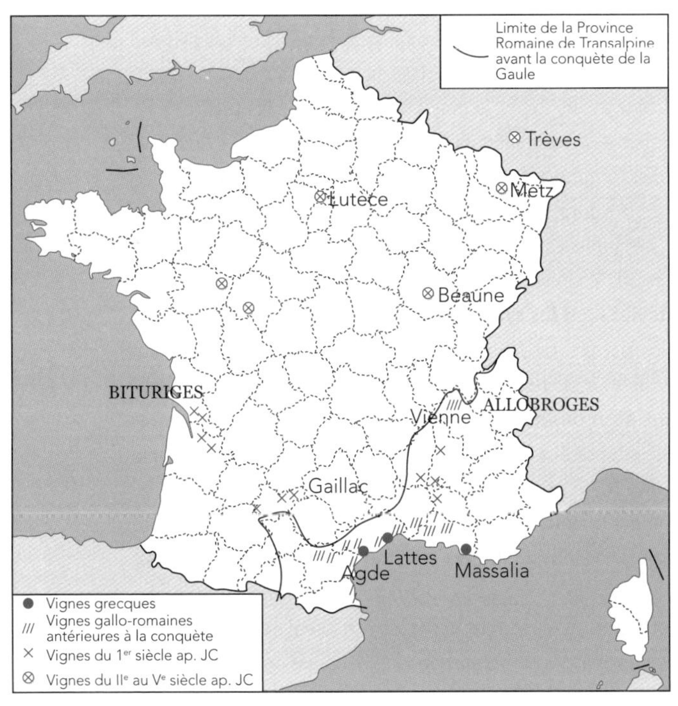

Vignoble de la Gaule V avant JC au V après JC Carte de Gilbert Garrier « Histoire sociale et culturelle du vin » editions Bordas 1995

公元前 5 世纪至公元 5 世纪的高卢葡萄园，由吉尔贝·加里耶提供，摘自《葡萄酒社会与文化史》中的，博尔达斯出版社，1995

2.1.2 罗马殖民时期，葡萄酒的第二个发展阶段

公元前 1 世纪

罗马帝国从公元前 120 年开始，从纳尔榜平原进入高卢，并在那里继续种植葡萄和橄榄。罗马人在南部获胜后，便将其文化以其两种产品强行在所谓的蛮族土地上推广。这两种产品就是：葡萄酒和橄榄油。罗马殖民者在纳尔榜高卢的一些筑有防御工事的村庄开垦了大片葡萄园，从而实现了在高卢推广葡萄酒的目标。葡萄酒在一些被称为"dolia"的陶器中酿制，并在 26 公升的瓮中储存 1、2 年，然后用山羊皮袋进行运输。酿酒桶出现在公元前 60 年。当时，葡萄酒很难保存，酿酒者要么在葡萄酒中加入海水（海水中的盐可以杀菌，但不可避免地改变了酒的口感），要么用一些芳香植物和蜂蜜来对葡萄酒进行口味改良。

罗马人的酒神巴克斯取代了希腊人的酒神狄俄尼索斯，但二者其实是同一位神祇。在罗马，饮用葡萄酒是为了愉悦、庆祝，甚至是醉酒和放纵。"酒神节"起初是古代社会的宗教节日，进入意大利后，就变成了狂欢和奢靡放纵的借口。

公元 1 世纪

古罗马著名学者老普林尼是公认的、历史上最早的农学家之一。他认为罗马人

profitent de leur position commerciale pour aussi développer un vignoble à Bordeaux leur cépage le Biturica. Puis avec les perfectionnements de l'ampélographie et la nécessité de s'assurer la fidélité des populations situées aux frontières de l'empire romain menacées par les tribus barbares, la vigne se développe sur la Gaule du Nord.

Roger Dion dans son ouvrage « Histoire de la Vigne et du Vin en France » de 1959 a parfaitement résumé ce changement : « Une viticulture bravant les climats froids était en train de ravir au monde méditerranéen, le privilège qu'il avait jusqu'alors de produire les vins les plus recherchés du grand commerce »

2.1.3 La religion, troisième étape du développement du vin

Du Vème au Xème siècle : le début du Moyen Age

A la chute de Rome en 476, le développement de la vigne va prendre une autre vocation que l'on peut considérer comme dualiste. En Europe de l'Ouest et du Nord, le développement du christianisme va favoriser la plantation des vignobles monastiques et religieux, car le vin est considéré dans l'évangile comme partie intégrante de la foi. Alors que la méditerranée perd progressivement et pour longtemps son caractère de centre du monde viticole en grande partie à cause de l'extension de l'Islam. Il est important de rappeler, qu'avant l'avènement de l'Islam en Arabie, la consommation des boissons fermentées comme le vin, la bière et l'alcool de palme était prisée. Durant les premiers siècles de l'Islam, ces boissons euphorisantes n'étaient pas interdites. Mais très vite, les excès, la consommation dans les tavernes et la production essentiellement contrôlée par les chrétiens et les juifs, verront l'interdiction de la consommation de l'alcool pour les musulmans pendant la prière (verset 46/43 de la sourate IV), puis dans la vie tout court (Verset 7/5 de la sourate V). (cf. Stéphane Valter, « Quelques Réflexions sur les boissons fermentées en Islam », 2013, Université du Havre, Normandie)

La vigne et le vin deviennent les symboles de la religion chrétienne

On peut rappeler les paroles de Jésus-Christ lors de son dernier repas au moment de la Sainte Cène, inscrites dans les évangiles et que chaque prêtre prononce maintenant au moment de la communion appelée également eucharistie : « Car, je vous le dis, je ne boirai plus désormais du fruit de la vigne, jusqu'à ce que le royaume de Dieu soit venu. [...] Il prit de même la coupe, après le souper, et la leur donna, en disant : Cette coupe est la nouvelle alliance en mon sang, qui est répandu pour vous. » Luc [22-18]. Il y a également le moment où « Le vin ayant manqué, la mère de Jésus lui dit : Ils n'ont plus de vin [...] Or, il y avait là sic vases de pierre, destinés aux purifications des Juifs, et contenant chacun deux ou trois mesures. Jésus leur dit : Remplissez d'eau ces vases. Et ils les remplirent jusqu'au bord. [...] Quand l'ordonnateur du repas eut goûté l'eau changée en vin [...], [il] dit : Tout homme sert d'abord le bon vin, puis le moins bon après qu'on s'est enivré; toi, tu as gardé le bon vin jusqu'à la fin » Jean [2-3]

De nos jours la Bible contient 440 citations à la vigne, au vin ou aux vignerons, 75% sont positives alors que 25% sont des mises en garde ou condamnations quand à un usage de vin sans discernement. Dans la religion chrétienne, Le vin est le symbole de l'âme car c'est le sang qui transporte l'âme et le Christ a enseigné que le vin est son sang. (cf. Evelyne Malnic, « le Vin et le Sacré, l'Usage des hédonistes, croyants et libre-penseurs », 2018, Ed. Féret.)

起初并不打算越过阿尔卑斯山去种植葡萄，因为“那里的气候极其可怕”，对于来自炎热的地中海地区的葡萄而言，这条线以北的温度过低不利于葡萄树生长。但最终，罗马人还是打破了葡萄种植的历史。罗马授予多菲内（法国东部旧省名）的阿洛布罗热人罗马公民的称号，使后者获得了种植葡萄的权利。他们开发出自己的新葡萄品种：阿罗布罗吉卡葡萄（即黑皮诺葡萄）。同时，比图里吉人利用其便利的商业位置在波尔多的葡萄园开发出他们的葡萄品种比图里卡。此后，随着葡萄种植学的发展，及为了确保受到蛮族威胁的罗马帝国边境人民对其的忠诚，北部高卢也开始种植葡萄了。

罗杰 · 狄翁在其 1959 年出版的著作《法国葡萄和葡萄酒历史》中完美地总结了这种变化：“过去，生产市面上最受欢迎的葡萄酒是地中海地区的特权。但现在适合对抗严寒气候的葡萄种植正在抢夺这种特权。”

2.1.3 宗教传播时期，葡萄酒的第三个发展阶段

公元 5 世纪至 10 世纪：中世纪的开端

随着公元 476 年罗马的陷落，葡萄园的发展承担起了双重使命。在西欧和北欧，基督教的发展有利于修道院和教会葡萄园的开发。在福音书中，葡萄酒被认为是信仰不可缺少的组成部分。地中海地区便逐渐失去了葡萄酒世界中心的地位，这在很大程度上是由于伊斯兰教的扩张。需要提醒的是，在伊斯兰教问世于阿拉伯世界之前，人们就已经很喜欢饮用发酵饮料，比如葡萄酒、啤酒和棕榈酒了。在伊斯兰教早期传播的几个世纪中，这些令人欣快的饮料没有被禁止。但是很快，由于民众经常过量饮酒，喜欢在一些小酒馆喝酒，以及酒的生产主要控制在基督徒和犹太人手中，伊斯兰教便禁止穆斯林在祈祷时饮酒（苏拉第四章，第 46/43 节），随后规定在日常生活中禁止饮酒（苏拉第五章，第 7/5 节）。（见斯特凡 · 瓦尔特 2013 年在法国诺曼底勒阿弗尔大学发表的文章《对伊斯兰发酵饮料的一些思考》）

葡萄和葡萄酒成为基督教的象征

人们还记得耶稣基督在最后的晚餐时所说的话，这些话被记载在《福音书》中。现在每位教士在领圣餐，也叫圣体圣事时也会唱这句祷文：“因为，我告诉你们，从今以后，我不会再喝葡萄酒了，直到神的国度来临……晚饭后，他照样拿起酒杯，把酒杯给他们，说道：这杯酒是用我的血所立的新约，我的血为你们而流。”（《路加福音 [22-18]》）还有这样的场景：“由于葡萄酒喝完了，耶稣的母亲对他说：他们没有葡萄酒了……，然而，那里有六口石缸，按照犹太人的洁净规矩，是用来净化犹太人的，每口石缸可以盛两三桶水。耶稣对他们说：把这些缸装满水。他们便倒满水，直到缸口。……当宴会的组织者尝了变成葡萄酒的水后……，他说：人人都是先喝好酒，等宾客喝足了，再喝不好的酒；而你，却把好酒留到如今。”（《约翰福音》[2-3]）（见艾薇琳娜 · 马尔尼克的著作《葡萄酒与神圣的概念对享乐主义者、信徒和自由思想家的用途》，2018 年，费雷莱出版社出版。）

如今，《圣经》中有 440 处提到葡萄、葡萄酒或葡萄种植者，其中 75% 是积极肯定的，25% 则是对不加区分地使用葡萄酒的一些警告或谴责。在基督教义中，葡萄酒是灵魂的象征，因为它是承载灵魂的血液，耶稣基督说过，葡萄酒是他的血。

Le vin inscrit son message directement dans le corps, il est ingéré, une partie de ses éléments sont fixés par le sang et imprègnent toutes les cellules du corps. On pourrait parler de mémoire du corps, par opposition à la mémoire du cerveau. Jésus donne le mode opératoire lors de la dernière cène. Il est regrettable pour les chrétiens modernes, que lors du concile de Constance, en 1416, l'Eglise supprime aux fidèles le droit de boire le vin consacré. Il semblerait que par cette modification forte du rituel, cette religion de pouvoir a voulu limiter le transfert de la connaissance. (cf. Evelyne Malnic, « le Vin et le Sacré, l'Usage des hédonistes, croyants et libre-penseurs », 2018, Ed. Féret.)

A partir du XIème au XVème siècle : du milieu à la fin du moyen âge

L'essor économique des pays septentrionaux, de la Flandre en particulier provoque un accroissement des vignobles du Nord de l'Europe, puis de nouveaux des pays méditerranéens : Italie, Espagne, sud de la France. Durant cette période, les seigneurs vont développer la culture des vignes sans améliorer les vinifications. Les vins produits étaient d'abord blancs puis clairets (vinum clarum en latin). Mais il était souvent de piètre qualité et généralement aromatisé avec des épices et édulcoré avec du miel. A partir du XIIIème siècle, il y a la naissance de l'hypocras, dont on verra apparaitre de nombreuses recettes, souvent à base de cannelle et de gingembre. Les vins rouges étaient peu colorés (appelés clairet) et souvent avec un fort taux d'acidité volatile… les rendant plus proches du vinaigre que du vin. A la fin du moyen âge, l'évolution des goûts passe en faveur des vins rouges (vinum rubeum purum en latin), qui représentent, cette époque 10% de la production.

Parallèlement à cette viticulture aristocratique, les moines continuent la culture des vignobles autour des monastères qu'ils ne cessent de créer. (Lecoutre M.) L'un des plus beaux vignobles médiévaux est certainement celui du clos de Vougeot dont le monastère fut fondé au début du XIIème siècle. Gros consommateurs de vins de 0,57 à 1,55 l/jour (cf. Michel Rouche, « la Faim à l'Epoque Carolingienne », 1973, PUF revue historique 250), les moines avaient également un vrai savoir-faire de vins de qualité dans de nombreux diocèses médiévaux (Bourgogne, Alsace, Loire, Vallée du Rhône…).

2.1.4 L'essor du commerce et de la consommation du vin, quatrième étape du développement du vin

Entre la fin du XVIème siècle et XVIIème-XVIIIème siècles - Modification du vignoble européen et notion de qualité

Le vin devient un aliment et pour certains un médicament quotidien pour tous les Français. Plusieurs dates ou époques vont marquer ces siècles de modifications en profondeur du vignoble européen et de la qualité des vins :

En 1579, la Hollande acquiert son indépendance et devient la première puissance maritime de l'Europe. Le vin puis les alcools deviennent de véritables enjeux commerciaux. Cela se concrétise par :

- la création de vins blancs moelleux, grâce à la découverte de la mèche hollandaise (mèche de soufre brulée dans la barrique pour libérer le $SO2$) dans les vignobles français (Sauternais et Anjou) et Hongrie (Tokay)
- la création du marché des eaux de vie à la fin du XVIème début du XVIIème siècle, avec un essor au XVIIIème siècle des Cognac et Armagnac, par le développement des grandes maisons de négoce. Lors des longs voyages maritimes, l'eau devait saumâtre et le vin… du vinaigre donc impropre à la consommation. L'alcool de vin (appelé eau de vie ou Brandy) soignait et vieillissait parfaitement dans les cales des bateaux.

Suite aux rivalités entre les pays, à la fin du XVIIème siècle, il y aura une interdiction de commercialisation des vins français en Angleterre. Les vins du Bordelais très prisés dans ce pays vont être fortement pénalisés et il y aura deux conséquences :

（见艾薇琳娜 · 马尔尼克的著作《葡萄酒与神圣的概念对享乐主义者、信徒和自由思想家的用途》，2018 年，费雷莱出版社出版。）

葡萄酒被认为可以直接在身体中记录信息。当它被饮用后，其一部分元素融入血液中，并渗透到人体所有的细胞中，从而形成与大脑记忆相对的身体记忆。耶稣在最后的晚餐中就曾给出葡萄酒的运作模式。令近代基督徒感到遗憾的是，在 1416 年的康斯坦茨宗教会议上，教会剥夺了信徒们饮用圣酒的权利。基督教似乎希望通过强制修改礼仪来限制知识的传播。

从 11 世纪到 15 世纪：中世纪中晚期

欧洲北部国家尤其是弗兰德（今荷兰）的经济飞跃促进了欧洲北部葡萄园的增长，随后，在地中海沿岸国家如意大利、西班牙、法国南部，也出现了新的葡萄园。在此期间，领主们发展了葡萄栽培技术，但酿酒技术没有改进。最先酿造出来的是白葡萄酒，接着是淡红色葡萄酒（拉丁文为 vinum clarum）。但那时的酒质量通常很差，需要用香料提香，加蜂蜜调味。从 13 世纪开始出现了肉桂滋补酒，这种酒有许多酿造方法，通常是以桂皮和生姜为基础进行酿制。红葡萄酒则颜色较浅淡（被称为淡红色葡萄酒），通常含有很高的挥发性酸，品尝起来让人觉得在喝醋，而不是喝红酒。中世纪末期，人们的口味转移到了红葡萄酒（拉丁文为 vinum rubeum purum）上，占当时葡萄酒产量的 10%。

在贵族栽种葡萄的同时，僧侣们也继续在他们不断修建的修道院旁边种植葡萄（勒古特 M.）。中世纪最美的葡萄园之一当然是用围墙围住的伏旧园，其中的修道院建于 12 世纪初。作为葡萄酒的大宗消费者，僧侣们每天饮用 0.57 至 1.55 升葡萄酒（见米歇尔 · 鲁什，于 1973 年，在 PUF 历史评论 250 号出版的小册子《加洛林时期的饥饿》）。中世纪许多教区（勃艮第地区、阿尔萨斯地区、卢瓦尔河谷、罗纳河谷等）的僧侣都掌握了酿造优质葡萄酒的技术。

2.1.4 葡萄酒贸易与消费的兴起，葡萄酒的第四个发展阶段

16 世纪末至 17、18 世纪：欧洲葡萄园的变革和品质观念的出现

葡萄酒成了所有法国人的饮料，甚至成为某些人的日常用药。以下几个时期标志着欧洲葡萄园的深入改革和葡萄品质的变革：

1579 年，荷兰独立，成为欧洲第一大海上强国，葡萄酒以及后来的烈酒成了名副其实的贸易商品，并通过以下途径实现：

- 得益于在荷兰发现的用于熏酒桶的浸硫布条（浸硫布条在酒桶中燃烧后可以释放二氧化硫），法国（苏玳和安茹）和匈牙利（托卡伊）的葡萄园创制出了甜白葡萄酒。
- 随着大型贸易公司的发展，16 世纪末、17 世纪初出现了烧酒市场，18 世纪干邑白兰地和雅文邑白兰地也随之兴起。在长途海上旅行中，由于水是咸的，而葡萄酒又会变酸，不适宜饮用。而葡萄酒（白兰地）中的高浓度酒精可以用于治疗疾病，葡萄酒在船舱中可以完美地变成陈酿。

17 世纪末英法成为对手后，英格兰禁止在境内销售法国葡萄酒。原本在英国很受欢迎的波尔多葡萄酒受到严厉处罚，出现了以下两种新情况：

- La création du Porto, par les Anglais (bourgeoisie et noblesse) afin de consommer un nouveau vin plaisant à leur palais, puis développement de l'ensemble des Vins Doux Naturels (VDN) du bassin méditerranéen.
- l'augmentation de la qualité des vins de Bordeaux pour emporter d'autres marchés afin de remplacer celui d'Angleterre.

Au milieu du XVIIème siècle, contrairement à la légende, le moine cellérier de l'abbaye bénédictine d'Hautvillers Dom Pérignon, ne va pas inventer le champagne, mais va améliorer les assemblages des champagnes en associant les raisins blancs et rouges de qualité (Pinot noir), réaliser des vins purs (qualité du pressurage, collage, fermentation en jus clair) et en quelque sorte, industrialiser et maitriser la champagnisation.

Au XVIIIème, on bascule dans le « bon boire » et le « bien boire », servir et boire un « bon vin » un attribut de la noblesse. On commence à les répertorier, les apprécier et les classer. Les grands crus sont élaborés pour des consommateurs de qualité, les aristocrates qui invitent leurs convives avec des mets de choix et une vaisselle et verrerie adéquate en cristal. De nombreux tableaux l'ont immortalisé comme celui de Jean François de Troy et son « déjeuner d'huitres » en 1735, qui fut créé pour décorer à Versailles, la salle à manger des petits appartements de Louis XV (photo musée Condé p61).

L'extension du vignoble mondial et les maladies cryptogamiques

Les XVIIème et XVIIIème siècles sont marqués par l'extension du vignoble mondial par les missionnaires et les colons de l'occident chrétien :

- Les conquérants espagnols introduisent la vigne au Pérou (1527), au Chili et en Argentine (1700).
- En 1654, les colons hollandais plantent les premiers ceps en Afrique du sud dans la région du Cap, puis les Français en 1688, vont développer le vignoble, essentiellement les protestants chassés d'Europe au moment des guerres de religion.
- Au XVIIème siècle, les missionnaires jésuites installés au Mexique introduisent la vigne en Amérique du Nord, à l'époque, uniquement plantée par vitis Labrusca.
- En 1788, les immigrants français apportent la vigne en Australie.

Au XIXème siècle, la colonisation de certains pays par des européens permet la création de vignobles. Par exemple, en Algérie, les Français créent un vignoble de toute pièce dans un pays musulman à partir de 1830. Avec à peine 30 000 Ha en 1880, ce vignoble prend de l'ampleur au moment du phylloxéra dans le Languedoc, on compte 200 000 Ha en 1906 et 400 000 Ha en 1939. La Tunisie n'aura que 25 000 Ha en 1956 à la décolonisation et le Maroc 60 000 Ha, car la période phyloxerrique passée, les vignobles des colonies perdent un peu de leurs attraits (Lecoutre.M)

Au XIXème siècle, arrivée des maladies de la vigne

Entre le XVIIème et le XIXème siècle, le déplacement entre les différents continents des cépages de différentes origines sous différents climats va voir l'apparition de nombreuses maladies viticoles. On peut citer les trois principales et leurs dates d'identification en Europe : l'oïdium en 1845, le mildiou de la vigne (Plasmopara viticola) en 1878, le Phylloxéra en 1863 (cf. Legros P., « L'invasion du Vignoble par le Phylloxéra », 1993 dans le Bulletin N°24 de l'Académie des Sciences et Lettres de Montpellier). Les agronomes et différents scientifiques vont « devoir plancher » sur de nombreuses formules à base de soufre et de cuivre pour les combattre... La plus longue technique sera celle pour le Phylloxera, découverte par Jules Emile Planchon en 1875, avec le greffage de plants

Le déjeuner d'huîtres 1735
油画《牡蛎午餐》，存于法国孔德博物馆

- 为了能饮用一种口感愉悦的新酒，英国人（资产阶级和贵族）创制出了波尔图甜酒，接着开发了地中海盆地的天然甜葡萄酒（VDN）。
- 为了抢占其它市场，从而取代英国市场，法国波尔多葡萄酒的品质得到提升。

17 世纪中叶，与传说的内容相反，唐 · 培里侬，这位欧维乐的本笃会修道院负责管理储藏室的修士并未发明香槟酒，但是却通过混合优质白葡萄品种和红葡萄品种（黑皮诺），提高了香槟酒的混酿水平，通过采用高质量压榨法、用下胶法过滤杂质、在清澈明亮的葡萄汁液中发酵等方法，生产出了纯净的葡萄酒。几乎可以说，他把香槟酿造法工业化了，而且精准地掌握了香槟酿造法。

18 世纪，人们在“喝好酒”和“很好地喝酒”之间摇摆不定，提供并且饮用上好的葡萄酒成为贵族的一种标志。人们开始对葡萄酒进行记录、评估和归类。特级酒是专为贵族、高品质消费者而酿制的，他们用精美的菜肴和配套的水晶餐具及水晶玻璃杯款待宾客。许多经典画作使这样的宴饮场景流传不朽，比如让 · 弗朗索瓦 · 德 · 特鲁瓦在 1735 年画的《牡蛎午餐》就是为了装饰路易十五在凡尔赛宫的小公寓中的餐厅而创作的。

葡萄园在世界范围的扩张和真菌病

西方基督教传教士和殖民者在 17 世纪和 18 世纪完成了葡萄园在世界范围内的扩张：

- 西班牙于 1527 年将葡萄树引入秘鲁，于 1700 年引入智利和阿根廷。
- 1654 年，荷兰殖民者在南非的好望角地区种植了第一批葡萄。随后，法国新教徒于 1688 年开拓了葡萄园，这些人在宗教战争期间被驱逐出欧洲。
- 17 世纪，定居在墨西哥的耶稣会教士将欧洲葡萄树引入了北美，当时的北美只有美洲葡萄。
- 1788 年，法国移民将葡萄树带到了澳大利亚。

19 世纪，某些欧洲国家的殖民统治为世界其它国家的葡萄园的创建提供了机会。比如，法国人从 1830 年起在阿尔及利亚这个穆斯林国家从零开始一点一点地创建了葡萄种植区。1880 年，阿尔及利亚的葡萄种植面积仅为 3 万公顷。在法国朗格多克的根瘤蚜虫害时期，这里的葡萄园得到扩张。1906 年，葡萄种植面积为 20 万公顷，1939 年达到了 40 万公顷。相比之下，突尼斯在 1956 年，脱殖时期仅有 2.5 万公顷葡萄园，摩洛哥，也仅有 6 万公顷葡萄园。（勒古特 M.）

19 世纪，葡萄树病虫害的到来

17 世纪至 19 世纪，不同起源的葡萄品种在世界各大洲不同的大陆之间迁移。在不同的气候条件下，葡萄树开始受到病虫害的威胁了。我们可以根据保罗 · 勒葛洛的信息列举以下三种主要的疾病及其在欧洲出现的日期：1845 年的（由粉孢菌引起的）白粉病，1878 年的霜霉病（Plasmopara viticola），1863 年的根瘤蚜

européens (Vitis Vinifera) sur les plants américains (Vitis Labrusca) qui sera expliqué dans le chapitre suivant. Tout le vignoble européen va être replanté avec les nouvelles pratiques viticoles et donc voir la disparition de nombreux vignobles, et la concentration sur les meilleurs terroirs viticoles.

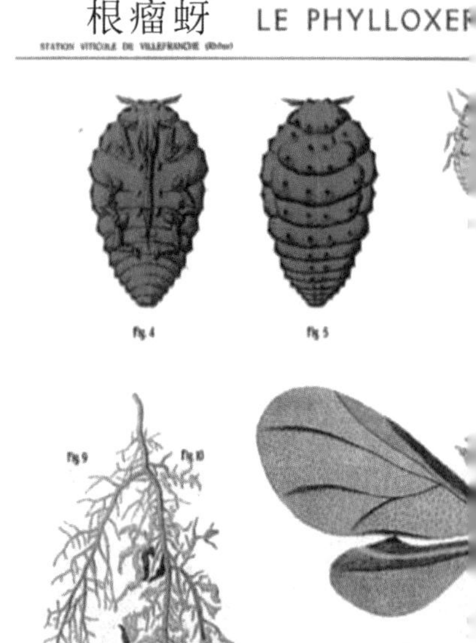

A la fin du XIXème siècle et au XXème siècle, les avancées de la science et la réglementation

En 1857, Louis Pasteur (1822–1895), pionnier de la microbiologie, a démontré que la fermentation est liée à la présence d'éléments vivants. En poursuivant ses recherches sur le raisin, il observe que le fait de chauffer le vin à 50-55 °C pendant quelques minutes améliore sa conservation. Cette méthode qu'il découvre, portera le nom de « pasteurisation ». En 1863, Napoléon III lui demande d'étudier en profondeur les processus d'altération du vin. Il publiera en 1866, ses « Études sur le vin », recueil de ses recherches, qu'il a, entre autre, réalisées dans sa propre parcelle de vigne dans le Jura à Arbois, le lieu de sa naissance. Ses études couronnées par le Comité central agricole de Sologne et par le jury de l'Exposition universelle de 1867, ont contribué à rendre le vin sain, à la suite de ses travaux, l'aromatisation va être considérée comme une fraude. De nombreux professionnels du vin considèrent que Louis Pasteur fut « le père de l'œnologie moderne ». Pour Pasteur : « le vin est le breuvage le plus sain et le plus hygiénique » et « il y a plus de philosophie dans une bouteille de vin que dans tous les livres ».

Les contrefaçons, la surproduction et les qualités inégales des vins vont obliger les pouvoirs publics à prendre des mesures pour contrôler, puis hiérarchiser le monde viticole en France. En 1905, est créée la première loi valorisant l'identité territoriale et interdisant de modifier l'origine géographique du vin au moment de sa vente. En 1908, certaines régions vont bénéficier de la première délimitation géographique reconnue par l'état. En 1919, sont créés les vins d'appellation d'origine, prémices des premières appellations d'origine contrôlée (AOC) en 1936. (Chapitre 1). Parallèlement en 1924, 24 pays créent l'Organisation internationale de la Vigne et du Vin sans les Etats-Unis d'Amérique en pleine prohibition (1920-1933), ni la Chine, qui n'ont toujours pas ralliés l'OIV en 2021.

Au XXIème siècle, le vin est devenu un enjeu culturel, sociétal, gastronomique et j'aime conclure cette présentation de l'Histoire mondiale du vin par une phrase du docteur Guyot, le célébre ampélographe français, pleine d'espoir et de bon sens. Il y a un siècle, le Docteur Guyot a judicieusement affirmé : « L'extension de la vigne à tous les pays de la terre, là où elle peut mûrir ses fruits est un bienfait social, une conquête pour l'humanité, et c'est un devoir pour tout homme qui connaît la vigne, sa culture et l'art de faire le vin, de vulgariser ce qu'il en sait de meilleur. »

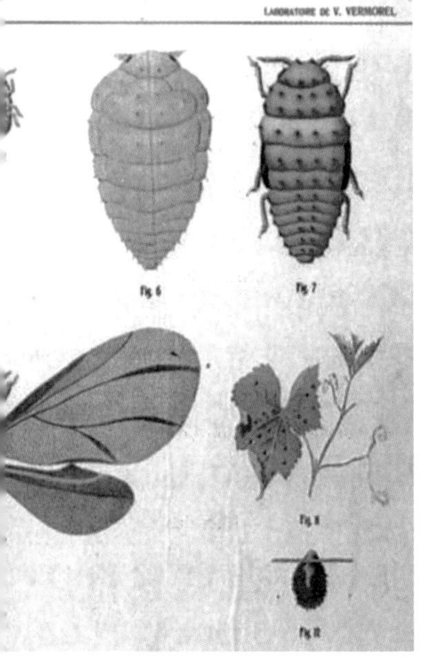

虫病。（见保罗 · 勒葛洛教授于 1993 年，在蒙彼利埃科学与文学院第 24 号公报上发表文章《根瘤蚜入侵葡萄园》）。农学家和不同学科的科学家们“绞尽脑汁”想出了以硫和铜为基础的配方，来对付这些病虫害。花费最长时间的技术是针对根瘤蚜虫病的研究。这项技术是在 1875 年由朱尔斯 · 埃米尔 · 普朗松发现的，主要是把欧洲的欧亚葡萄（Vitis Vinifera）嫁接在美洲葡萄（Vitis Labrusca）的砧木上。具体如何嫁接，将在以后的章节中进行讲解。整个欧洲的葡萄园都采用了这种新方法来重栽葡萄。不少葡萄园因此消失了，保存下来的葡萄园则集中在最适于葡萄种植、生长的最佳领域、土地上。

19 世纪末和 20 世纪，科学研究的发展与葡萄酒的管理

1857 年，微生物学的开拓者路易 · 巴斯德（1822—1895）论证出发酵与活性元素存在关联。在其有关葡萄的科研实验中，他观察到，只要用几分钟将葡萄酒加热到 50 至 55 摄氏度，就能改善葡萄酒的保存质量。他发明的这种方法，被称为“巴氏灭菌法”。1863 年，拿破仑三世请他深入研究葡萄酒变质的过程。1866 年，他出版了《葡萄酒研究报告》，该研究报告汇编是他诸多的科研实验之一。其有关葡萄酒的实验均是在其出生地、阿尔布瓦的汝拉山区里，自己的小葡萄园里做的。其科研成果使葡萄酒更为健康，获得了索洛涅中央农业委员会和 1867 年“万国博览会”评审团的大奖。根据他的研究成果，从此以后，给葡萄酒提香的做法就被视为舞弊行为了。许多葡萄酒专业人士认为路易 · 巴斯德是“现代葡萄酒工艺学之父”。巴斯德提出：“葡萄酒是最健康、也是最卫生的饮品，一瓶葡萄酒中的哲学比所有书籍中的哲学还要多。”

此后，葡萄酒造假、过量生产以及质量参差不齐促使法国政府开始采取各种措施，控制法国葡萄酒领域并开展分级管理。1905 年，法国颁布了第一部承认产地价值的法律，禁止在出售葡萄酒时改变葡萄酒的地理来源。1908 年，国家首次认可了地理划界，使行业从中获益。1919 年创建了原产地标识葡萄酒，这也是我们在第一章曾解释过的、1936 年首批确定的法定产区葡萄酒的前身。1924 年，24 个国家共建了国际葡萄与葡萄酒组织。当时，中国和实行全面禁酒的美国（1920 至 1933 年）都不是成员国，但至 2021 年，它们仍未成为该国际组织的成员国。

进入 21 世纪，葡萄酒承载了文化的、社会的、美食的意义。在此，本书作者借用法国著名葡萄种植学专家、医学博士吉约先生的一句话，对本章世界葡萄酒史的概述作小结。早在一个世纪前，吉约医学博士就已经用充满希望和富有常识的话语明智地指出：“葡萄在地球上广泛生长，能够收获成熟的葡萄果实，是该国政府赋予其民众的一种社会福利，是人类征服世界的标志；对于所有了解葡萄及其文化、了解酿酒艺术的人来说，普及他所知道的最美好的东西是一种责任。”

2.2 Les grandes familles de cépages

2.2.1 L'ampélographie et l'origine des cépages

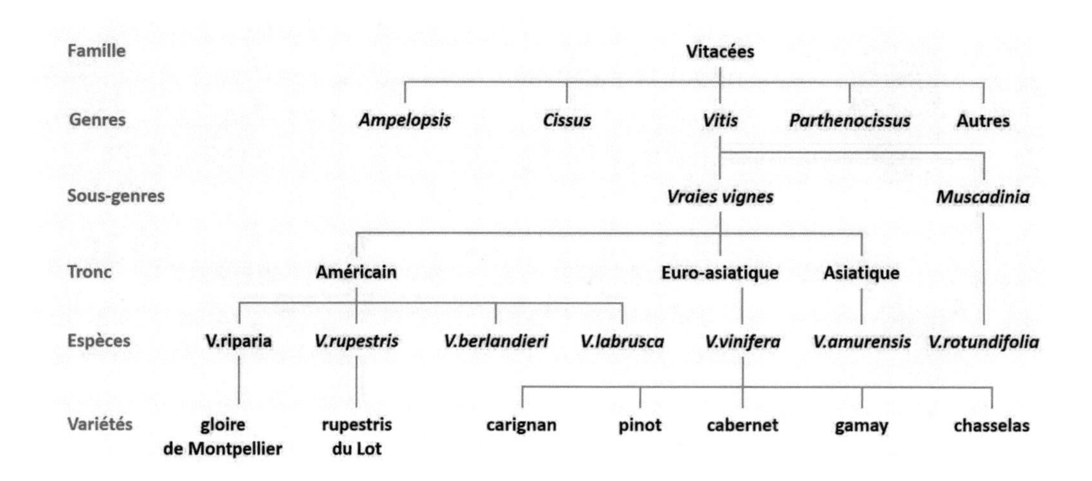

Figure : Famille des Vitacées (sources : Evelyne Malnic, journaliste et spécialiste du vin bio et du vin nature)

La vigne, une liane appartient à la famille des Vitacées, comprend 19 genres parmi lesquels, on peut en citer 2 importants et très différents : le genre Parthenocissus qui correspond aux vignes vierges et le genre Vitis des vignes cultivées.

Le genre Vitis, qui nous intéresse est partagé en 2 sous genres : les Vraies vignes et Muscadinia.

Le sous genre Muscadinia comprend 3 espèces du Mexique et du Sud-est des Etats-Unis, mais seule l'espèce Vitis Rotundifolia est encore cultivée donnant des variétés blanches, rouges ou noires dont les raisins sont essentiellement consommés frais ou en confiture. Les vins qui en sont issus sont très particuliers et pas toujours appréciés des consommateurs.

Le sous genre des vraies vignes regroupe l'essentiel des cépages aujourd'hui cultivés dans le monde et on peut pour plus de clarté les répertorier par zone de production :

- En Amérique du Nord les différentes espèces, dont les plus importantes sont Vitis riparia, Vitis ripestris, Vitis berlandieri et Vitis labrusca, ne donnent pas de raisins de qualité mais servent aujourd'hui de porte-greffes pour les cépages européens issus de l'espèce Vitis vinifera sensible au phylloxera.
- En Europe et en Asie occidentale, on ne retrouve qu'une unique espèce, Vitis vinifera dont sont issus la quasi-totalité des cépages actuellement cultivés pour les vins. Elle présente cependant une grande sensibilité aux maladies cryptogamiques et bien sûr au phylloxera.
- En Asie orientale, il existe plus d'une vingtaine d'espèces, mais la plus courante très résistante au froid qui a servi de géniteur à de nouvelles variétés se dénomme Vitis amurensis.

La variété de la vigne, appelée « cultivar » par les botanistes, ce dénomme usuellement cépage par la profession viticole. A l'intérieur d'une variété, donc d'un cépage, on différencie maintenant des clones (souvent identifiés par des numéros) qui possèdent

2.2 葡萄品种大家族

2.2.1 葡萄种植学和葡萄品种的起源

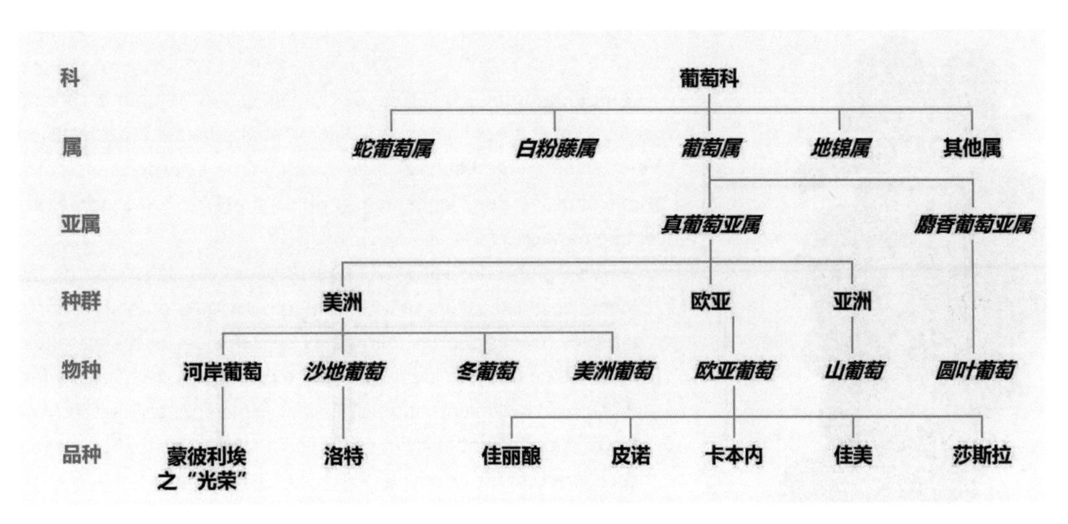

摘自有机葡萄酒，自然葡萄酒记者艾薇琳娜·马尔尼克的资料图：葡萄科家族

葡萄树是一种藤本植物，属于葡萄科家族。该家族分 19 个属，我们可以列举 2 个重要且非常不同的属：与野生葡萄对应的地锦属，与人工种植的葡萄对应的葡萄属。

我们所关注的葡萄属分为 2 大亚属：真葡萄亚属和麝香葡萄亚属。

麝香葡萄亚属包括墨西哥和美国东南部的 3 个葡萄种，但是只有圆叶葡萄仍在培育中，产出白色、红色或黑色的葡萄品种。其消费方式主要是作为应时水果或制果酱食用。使用该品种葡萄酿造的葡萄酒口味非常特殊，并不总受消费者欢迎。

真葡萄亚属由目前世界上栽培的大部分葡萄品种组成，可以明确按生产地区对这些葡萄品种进行分类：

- 在北美洲不同种类的葡萄中，最重要的河岸葡萄、沙地葡萄、冬葡萄和美洲葡萄无法产出优质的葡萄，目前主要给来自于欧亚葡萄种的欧洲葡萄树充当砧木，来对付葡萄园的根瘤蚜病。
- 在欧洲和西亚，只有欧亚葡萄这一个葡萄种，是目前酿葡萄酒所需的葡萄品种来源。然而它对真菌病、根瘤蚜病等葡萄叶病虫害极其敏感。
- 在东亚，有二十多个葡萄种，其中被称为山葡萄的葡萄种，是一种能作为众多新葡萄种传种者的、最常见且特别耐寒的葡萄种。

法文中，普通人在谈及的葡萄树的各种品种时，称葡萄树的品种为“variété”（意即不同种类的葡萄），植物学家则习惯使用“栽培品种（cultivar）”的称呼，在葡萄种植行业内则通常称葡萄品种为“cépage”。在一个品种内，包括在种植行业所称的品种内，现在还可以区分为不同的“克隆品种（clone）”， 克隆品种经常用号码识别、显示。每个克隆品种具有相同的口感特性，但在产量、抵抗不同真

Feuille et grappe de raisin du cépage chardonnay
霞多丽葡萄叶和葡萄串

les mêmes caractéristiques organoleptiques mais possèdent des objectifs de production, de résistance aux maladies cryptogamiques différentes. Par exemple, le clone 220 du cépage chenin de l'espèce Vitis vinifera présentera de légères différences culturales de la vigne et organoleptiques dans les vins qu'un autre clone du même cépage.

L'Ampélographie est l'étude des cépages, dont le nom est formé par les 2 mots grecs : ampelos « vigne » et graphein « écrire ». Selon Alain Reynier, ingénieur agronome, œnologue et professeur, cette étude poussée des vignes et vignobles s'intéresse à 3 domaines complémentaires :

- La description des variétés et des espèces de vigne, afin de les identifier, grâce à leurs caractères morphologiques ou de caractères internes révélés par des marqueurs biochimiques et moléculaires. Pour pleinement les identifier, l'OIV a relevé 128 descripteurs (en 2009) sur ces différents organes. En effet, le même cépage est souvent identifié localement sous des noms différents. Il est donc important de connaître aussi les synonymes.
- L'étude de l'évolution et des relations entre cépages ;
- L'appréciation des aptitudes et des potentialités des cépages, des porte-greffes et des cépages et des espèces dont ils sont issus.

2.2.2 Les raisins de table, les raisins de cuve et les autres produits de la vigne et du vin

Les raisins frais sont des fruits consommés à table comme peuvent l'être les pêches, les poires ou les pommes. Dans l'hémisphère nord ils sont récoltés d'août à septembre, et dans l'hémisphère sud, de décembre à février. Ils sont issus de variétés spéciales, plus grosses avec une chair pulpeuse et parfois exempte de pépin (apyrène). On peut citer :

- Le cépage kyoho avec 365 000 Ha (90% en Chine)
- le cépage sultanina avec 273 000 Ha
- le cépage red globe avec 165 000 Ha (Chine, USA, sud de l'Europe)
- Le cépage cardinal

Seules quelques variétés peuvent être consommées en raisins et en vin. Par exemple : chasselas et le muscat d'Alexandrie.

Les raisins secs sont issus de raisins frais qui ont subi une dessiccation connue depuis la plus haute antiquité dans les pays viticoles du bassin méditerranéen. La production est plus importante dans les pays où la religion musulmane est importante : du Moyen-Orient jusqu'à l'Asie centrale.

- Le cépage sultanine, sultanina ou sultanum
- le cépage corinthe noir
- le cépage malaga

Les jus de raisin sont consommés sous forme de boissons. Ils sont produits de façon industrielle avec des cépages aromatiques, mais aussi de plus en plus chez les vignerons

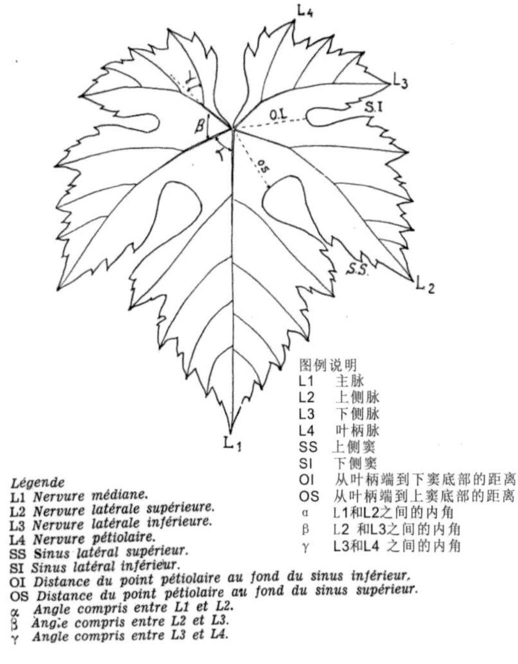

Schéma d'une feuille de vigne selon Pierre Galet
根据皮埃尔·加莱的描述绘制的葡萄叶

菌病等方面存在差异。例如：同属于欧亚葡萄种、诗南葡萄，220 号克隆品种 的葡萄酒会与其它号码克隆品种的葡萄酒有一些略微的差别。

葡萄种植学是研究葡萄品种的学科，其法文的词源来自两个希腊词：ampelos“葡萄树”和 graphein“书写”。根据法国植物学家，酿酒学家，大学教授阿兰 · 雷尼尔先生的说法，这项对葡萄树及其种植理论的深入研究，涉及到三个相辅相成的领域：

- 为辨别不同的葡萄品种和葡萄类属所进行的描述。可通过描述其形态特征或由生化和分子标记所测定的内部特征来进行。为了能够进行准确的辨别分析，国际葡萄与葡萄酒组织于 2009 年针对葡萄实体的不同部分的描述列出了 128 种说明。因为在葡萄酒领域，同一葡萄品种在不同地区，往往有不同名称，所以掌握葡萄品种的别名非常重要。
- 葡萄演化及不同品种之间关系的研究。
- 对葡萄品种的能力和潜力的评估，以及对砧木、葡萄品种及其来源的正确认识、评估。

2.2.2 食用葡萄、酿酒葡萄及使用葡萄生产的副产品和葡萄酒

新鲜葡萄指可以和桃子、梨子或苹果一样，作为应时水果食用的葡萄。该类葡萄每年在北半球的收获期为 8 月至 9 月，南半球则为 12 月至 2 月。可食、应时葡萄源自特殊的品种，果粒大且果肉柔软，有时是无籽的（无核）。值得一提的有：

- 巨峰葡萄，全球种植面积为 36.5 万公顷（90% 在中国）。
- 苏丹娜葡萄，全球种植面积为 27.3 万公顷。
- 红地球葡萄，全球种植面积为 16.5 万公顷（中国、美国、南欧）。
- 卡迪纳尔葡萄。

只有很少的葡萄品种既可以应时食用也可以用来酿酒。可以列举的葡萄品种有：莎斯拉葡萄和亚历山大麝香葡萄。

葡萄干是新鲜葡萄，在经过干燥加工而成的。自上古时代起，这种干燥技术在地中海盆地的葡萄种植国就已众所周知了。葡萄干在信仰伊斯兰教的国家的生产规模更大，如从中东到中亚的伊斯兰教国家。

- 苏丹娜葡萄干。
- 黑柯林托葡萄干。
- 马拉加葡萄干。

葡萄汁以饮料的形式被消费。通常选用芳香葡萄品种通过工业化方式生产。现在越来越多的葡萄种植者刻意采用限制糖分的葡萄品种（每升约 160 克，即 9% 酒

avec des cépages qu'on limite volontairement en sucre (environ 160g/l, soit 9 % vol en puissance), afin d'avoir une acidité naturelle, et éviter trop de lourdeur sucrée. Les vignerons pasteurisent leur jus filtré ou non, et même parfois le gazéifie par un prestataire de service. Cela devient une pratique courante depuis une dizaine d'années avec l'avènement en famille de l'oenotourisme et la diversification de la clientèle.

Les moûts concentrés sont le résultat de la concentration à chaud de jus de raisin. Ils peuvent ensuite être utilisés dans l'industrie agroalimentaire ou également par les négociants et caves coopératives pour la chaptalisation, voire l'édulcoration de certains vins de France.

Les gelées ou confitures de raisins. Lorsque la concentration est poussée à son extrême, on peut obtenir une confiture ou gelée de raisin, voire une pâte plus épaisse. C'est le cas de produits ensuite utilisés dans la cuisine comme le « Pekmez » en Turquie ou les Churchkhela en Géorgie (photo) qui deviennent alors des nutriments énergétiques.

Le vin puis ses sous-produits nobles ou pas :

- le vin,
- l'alcool de vin appelé également eau-de-vie de vin ou brandy est consommée en alcool de bouche (ex AOP Cognac) ou peut servir à renforcer le Vin Doux Naturel,
- Le vinaigre,
- les marcs de raisin distillés donnent un alcool de bouche appelé de l'eau de vie de marc, ou sert pour l'alimentation pour le bétail, ou tout simplement un alcool neutre. Sinon séchés, ils peuvent être utilisés comme compost ou engrais. On peut également en extraire les pépins, puis produire de l'huile de pépins de raisin.
- les vinasses de vin correspondent au résidu de la distillation du vin. C'est le vin appauvri en alcool dans lequel on récupère le tartre ou la glycérine, ou bien il peut aussi servir d'engrais.
- Les lies de vin, qui sont fournies à la distillerie dans le cadre des prestations viniques permettent d'en extraire de l'alcool, des levures, ou du tartre.

Les feuilles de vigne ont un usage multiple. Dans le bassin méditerranéen, elles sont consommées dans l'alimentation humaine. En Grèce, au Liban et en Syrie, elles sont farcies avec du riz ou de la viande. En France, à l'automne, les feuilles de vigne de cépages rouges particulièrement de cépages teinturiers, sont récoltés pour en extraire les anthocyanes qui seront ensuite vendues comme base des médicaments à l'industrie pharmaceutique.

Les sarments, voire les souches. Lors de l'arrachage, en brûlant chauffent des habitations, ou tout simplement parfument des pièces de bœuf d'un fumet délicat.

2.2.3 Les cépages et leurs portes-greffes

Le rôle du porte-greffe

Comme nous l'avons vu dans le chapitre précédent, le porte greffe est issu d'une vigne d'espèce américaine résistante au phylloxéra qui porte la variété européenne : Vitis vinifera.

精量），以便获得自然的酸度、避免甜度过重。而在生产过程中，酒农们会对过滤或未过滤的果汁进行巴氏杀菌，有时服务行业经营者甚至给果汁充气。近十年来，随着葡萄酒之旅的旅游线路的兴起，及游客多样化，向家庭式旅游发展以来，提供葡萄汁或充气葡萄汁作为饮料已成为一种常见的做法。

浓缩葡萄浆汁是葡萄汁热浓缩的结果。它们后续可以用于农产食品加工行业，也可以被批发商和酿酒合作社用于加糖，甚至用于法国某些葡萄酒的甜味化。

葡萄果冻或果酱，即当葡萄汁浓度达到极限时，可以得到的葡萄果酱或果冻，甚至更厚的膏状物。这类产品可用于烹饪，如土耳其的“葡萄蜜糖”，或是格鲁吉亚产的“丘尔其赫拉”能量营养棒（如图）。

Churchkhela en Géorgie
格鲁吉亚的“丘尔其赫拉”能量营养棒

葡萄酒及其贵重或普通的副产品：
- 葡萄酒。
- 葡萄烧酒也叫做葡萄白兰地或白兰地，可以像干邑产区受保护的原产地标识烧酒那样来饮用，或者用来加强天然甜葡萄酒。
- 葡萄醋。
- 蒸馏葡萄渣，它们或制作被称作果渣白兰地的烧酒，或成为家畜的饲料，或简单制作成中性烧酒。干燥的葡萄渣则可用作堆肥或肥料。另外还可以摘除葡萄籽来生产葡萄籽油。
- 葡萄酒糟是葡萄酒蒸馏的残留物。在酒精弱化的葡萄酒中可回收酒石或甘油，也可以用作肥料。
- 葡萄酒渣滓，可以被提供给生产酒精的蒸馏厂，用来从中提取酒精、酵母或酒石。

葡萄叶有多种用途。在地中海盆地地区的某些国家，葡萄叶被作为食物消费。在希腊、黎巴嫩、叙利亚，人们用它们包着大米或碎肉食用。在法国，秋天在采摘红葡萄时、会特别染采摘红葡萄品种的叶子，用来提取花青素。这些花青素可作为某些药物的原料卖给制药厂。

葡萄枝，或拔出的葡萄树根，燃烧后可以取暖，或用来熏烤牛肉块增加香味。

2.2.3 葡萄品种及其砧木

砧木的作用

我们在前面章节提到过把欧亚葡萄品种嫁接到一种美国葡萄种上来抵抗根瘤蚜。这种可抵抗根瘤蚜的美国葡萄品种被称为“砧木”。

Photos pépinière de jeunes plants greffés avec la cire cicatrisante
用愈合蜡接枝的幼苗苗圃

Afin de faire le bon choix de compatibilité entre le cépage et son porte-greffe, il est important de connaître précisément:

- **Les critères liés au sol**

La nature de son sol par une analyse, de la texture, de la profondeur, de sa composition notamment en calcaire, du régime hydrique de la parcelle, des nutriments existants (fer, sels, azote...), et l'existence possible de maladies sur la parcelle.

- **Les critères liés à l'objectif de production**

Le type de vigueur du porte-greffe souhaité afin d'équilibrer l'ensemble des deux greffons, en tenant compte du régime hydrique du sol.

La précocité du porte-greffe peut accélérer le débourrement du greffon

- **La résistance aux maladies et parasites** du porte-greffe.

En France, les porte-greffes les plus utilisés sont le S04, 41 B, R 110, fercal, RU140, et P 1103. Les pépiniéristes viticoles réalisent une multiplication de ces espèces américaine dans des parcelles dédiées à cela. L'hiver, lors de la taille, ils vont utiliser des bouts de rameau, et venir greffer le cépage européen (voir schéma ci-joint). Le porte-greffe est planté dans le sol pour développer des racines, les bourgeons qu'il porte sont éliminés comme sur le schéma, le greffon avec son bourgeon fructifère, lui donnera un rameau, qui à terme portera des raisins.

les différents cépages

Il y a deux groupes principaux donnant des cépages de raisins de table ou à vinifier :

- **Le groupe d'Asie orientale** compte environ 55 espèces, mais ce nombre est plus réduit pour la viticulture en 2020.
- **Le groupe eurasiatique** est constitué par une seule espèce, Vitis vinifera L., qui réunit la plupart des variétés de Vitis dans le monde. On distingue chez Vitis vinifera la sous-espèce sylvestris (les lambrusques), qui correspond au compartiment sauvage de la vigne, de la sous-espèce vinifera le compartiment cultivé. On compte aujourd'hui dans le monde environ 6 000 cépages cultivés pour la seule espèce Vitis vinifera (OIV 2017) qui, avec les traductions des synonymes, peuvent porter pas moins de 40 000 noms.

Lorsque l'on étudie les statistiques et les chiffres de l'OIV dans les tableaux et graphiques ci-après, on constate que 3 cépages rouges de cuve (cabernet Sauvignon, merlot et syrah) dominent dans le monde. Et 2 cépages blancs de cuve sont plantés en quantité les plus importantes, le chardonnay s'illustre dans de nombreux pays, ce qui contraste avec l'airen essentiellement planté dans 3 pays.

Pousse du Bourgeon dans une pépinière de plant de vigne
葡萄树苗圃中的发芽情况

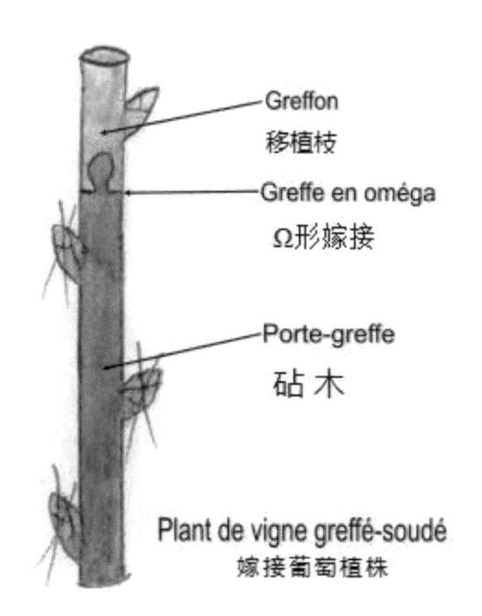

为了使每个葡萄品种与其砧木之间有良好的兼容性，必须准确了解：

- **与土壤相关的信息**

  分析其土壤性质、结构、深度、成分特别是石灰石成分、地块的水体系、现有营养物质（铁、盐、氮等）以及土壤里可能存在的疾病。

- **与产量相关的信息**

  所需砧木类型，以便平衡两种移植物的组合，同时考虑土壤的水分体系。

  砧木早熟可加速移植枝的发芽。

- **砧木对疾病和寄生虫的抵抗力**

  法国最常用的砧木是 S04、41 B、R 110、Fercal、Ru140 和 P 1103。葡萄苗培育者在专门的地块上繁殖这些美国物种。他们会在冬天修枝期间用树枝的末端来移植欧洲葡萄品种（见所附图表）。砧木种入土壤后发展其根系，发的芽则被割除，如图所示。具有结果芽的移植枝将生出树杈，最终长出葡萄。

不同葡萄品种

新鲜、可应时食用的葡萄品种或酿酒用葡萄品种主要来自两个种群：

- **东亚种群**约有 55 个葡萄品种，但在 2020 年，栽培的数量大幅减少。
- **欧亚种群**仅有一个葡萄品种，即欧亚葡萄。它汇集了世界上大多数葡萄属的品种。在欧亚葡萄品种中，我们可以区分对应野生葡萄的森林亚种（欧洲野葡萄）和对应栽培葡萄的欧亚亚种。根据 2017 年国际葡萄与葡萄酒组织提供的数据，目前，全世界唯一的欧亚葡萄种，约有 6000 种不同的栽培葡萄品种。算上别名及不同的译名，这同一品种可能有不少于 40000 个名称。

在研究国际葡萄与葡萄酒组织的图表中所列举的统计数据时，可以看到 3 种酿酒红葡萄品种在世界上占优势（赤霞珠、美乐和西拉）。2 种酿酒白葡萄品种种植量最大，其中霞多丽在很多国家都有种植，而与之对比，艾伦品种主要在 3 个国家种植。

Variété[13]	Couleur	Destination	Surface (ha)	Tendance[14]
Kyoho	Noir	Table	365 000	↑ *
Cabernet Sauvignon	Noir	Cuve	341 000	↗
Sultanina	Blanc	Table, séchage et cuve	273 000	↘ *
Merlot	Noir	Cuve	266 000	→
Tempranillo	Noir	Cuve	231 000	↑
Airen	Blanc	Cuve、Brandy	218 000	↓
Chardonnay	Blanc	Cuve	210 000	↗
Syrah	Noir	Cuve	190 000	↑
Red Globe	Noir	Table	159 000	↗ *
Garnacha Tinta / Grenache Noir	Noir	Cuve	163 000	↘
Sauvignon Blanc	Blanc	Cuve	123 000	↑
Pinot Noir / Blauer Burgunder	Noir	Cuve	112 000	↑
Trebbiano Toscano / Ugni Blanc	Blanc	Cuve, Brandy	111 000	↘

Tableau et graphique : Chiffres et source OIV 2017 des principaux cépages dans le monde

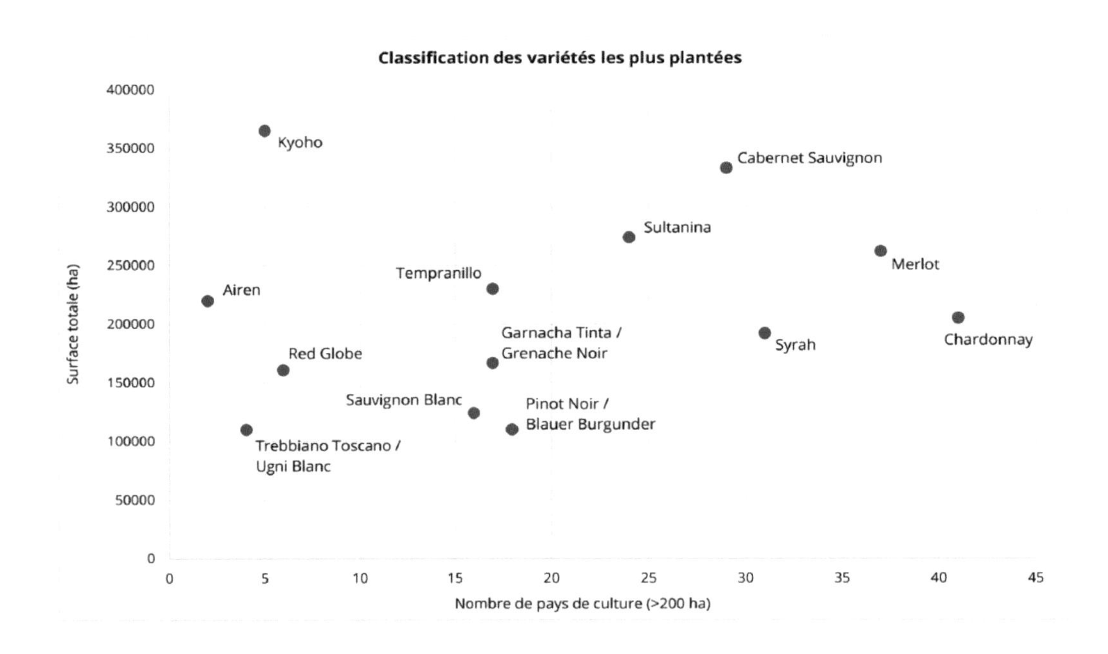

葡萄品种	颜色	用 途	面积（公顷）	趋 势
巨 峰	黑	应时食用	365 000	↑
赤霞珠	黑	酿酒	341 000	↗
苏丹娜	白	食用，做葡萄干及酿酒	273 000	↘
美 乐	黑	酿酒	266 000	→
丹 魄	黑	酿酒	231 000	↑
艾 伦	白	酿酒、白兰地	218 000	↓
霞多丽	白	酿酒	210 000	↗
西 拉	黑	酿酒	190 000	↑
红地球	黑	食用	159 000	↗
红歌海娜 / 黑歌海娜	黑	酿酒	163 000	↘
长相思	白	酿酒	123 000	↑
黑皮诺 / 布洛勃艮德	黑	酿酒	112 000	↑
托斯卡纳特雷比奥罗 / 白玉霓	白	酿酒、白兰地	111 000	↘

图表：2017 年国际葡萄与葡萄酒组织统计的世界主要葡萄品种数据

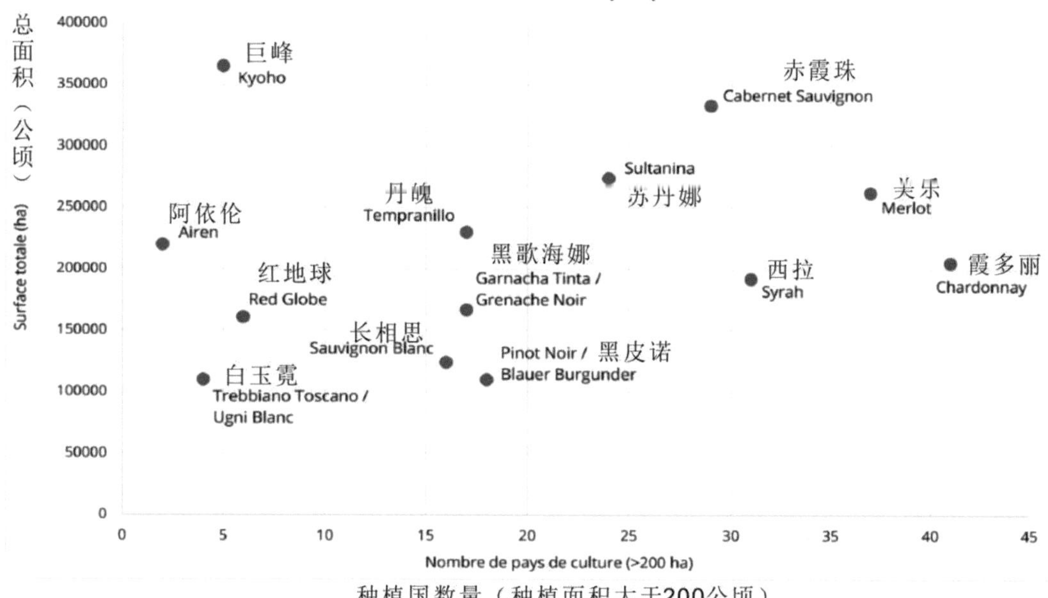

2.2.4 Les principaux cépages blancs

Le chardonnay

Cépage chardonnay
霞多丽葡萄品种

Ampélographie

La variété est assez homogène et les différences essentielles concernent la productivité plus ou moins prononcée et la composition organoleptique des raisins. L'apex en croissance est étalé et de couleur vert-jaune. La feuille est de taille moyenne, arrondie, vert sombre, peu tourmenté, avec un sinus petiolaire en U ouvert à fond. La grappe est de taille moyenne, tronco-conique avec une aile marquée et juste compacte. La baie est de couleur jaune-dorée et la peau de consistance moyenne. La pulpe est compacte et parfois muscatée.

Son origine

Le chardonnay est issu du croisement du gouais blanc et du pinot noir. Son nom viendrait de celui d'une commune de Saône et Loire en Bourgogne (France)

Ses synonymes (cf. Galet P, ampélographe, professeur de l'Université de Montpellier, décédé en 2020, « Dictionnaire encyclopédique des cépages et de leurs synonymes », 2015, Ed. Libre et Solidaire)

Pinot Blanc, pineau blanc, chardenet, chardonner, chardenai, chardenay, chatenait, morillon blanc à Paris, auvergnat blanc dans le Loiret, melon d'Arbois dans le Jura, arnoison en Touraine, petit chatey en Champagne, weisser eulander en Allemagne, shardonne en Croatie.

Sa localisation et production en France et dans le monde (chiffres OIV 2015)

Il s'agit d'un des cépages blancs majeur dans le monde, avec une surface de 210 000 Ha, Il est le plus international des cépages blancs dans 41 Pays...

Les principaux pays producteurs sont : la France 51 000 Ha, l'Italie 20 000 Ha et l'Espagne, mais aussi les États-Unis 43 000 Ha, l'Australie 21 000 Ha et le Chili 12 000 Ha. En Chine, il y a une surface de 3 000 Ha, ce qui est important pour un pays qui a peu de cépages blancs.

En France c'est le cépage historique de la Bourgogne et de la Champagne, on le retrouve toutefois dans les vins de fines bulles d'autres régions françaises et aussi des vins tranquilles.

Les conditions de production végétale et les résistances aux maladies

Le rendement du chardonnay est faible à modéré, il est compris entre 25 à 80 Hl/Ha. Le cépage est peu sensible au mildiou. Mais il est atteint facilement par l'oïdium et la pourriture grise, et son débourrement précoce l'expose aux gelées.

Les Clones

31 clones ont été agréés et d'autres sont en cours, on peut citer : Chardonnay R8, VCR4, VCR6, VCR10, VCR11, ISV1, ISV4, ISV5, SMA108, SMA123, SMA127, SMA130, ISMA105, STWA95-350, STMA95-355 ; Clones français: Inra-Entav 75, 76, 95, 96, 117, 121, 132, 277, 548, 809.

Les types de vins produits

Il présente des grappes et des baies de petite taille, mais de grande qualité avec un très beau potentiel pour élaborer des vins blancs aromatiques secs, des effervescents et même des eaux de vie. Il a aussi une très bonne aptitude au vieillissement, tant en vins blancs secs en Bourgogne notamment qu'en vins de fines bulles (Champagne).

Les arômes spécifiques du cépage

Arômes de fleurs : acacia,

Arômes de fruits blancs et jaunes : pomme, poire, et pêche,

Arômes de vinification et de vieillissement : Fruits secs (noisette), miel, beurre et caramel au lait, vanille et boisé.

NB : Le cépage Chardonnay a son concours mondial, qui a lieu tous les ans en France, en Bourgogne.

2.2.4 主要的白葡萄品种

霞多丽

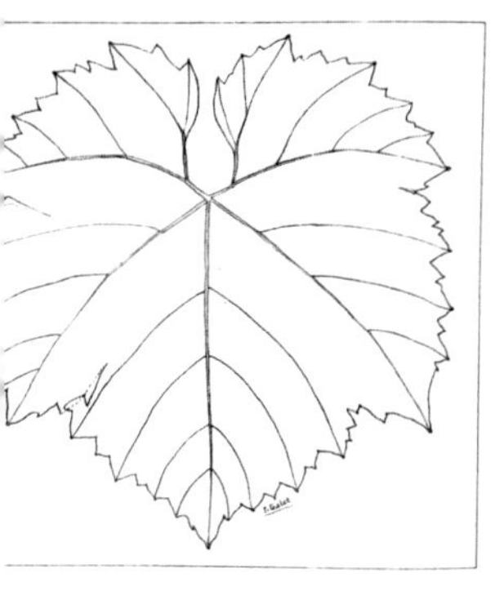

Dessin d'une feuille de chardonnay P. Galet
皮埃尔·加莱提供的霞多丽叶子绘图

葡萄品种及外观综述

该品种葡萄外观及特性基本一致，主要区别在于产量的大小，以及葡萄口感成分的差异。生长中的叶尖舒展，呈黄绿色。叶片中等大小，呈圆形，暗绿色，很少参差不齐，具有完全开放的 U 形叶柄窦。葡萄串大小适中，截锥形，有明显而紧凑的翼瓣。浆果颜色为金黄色，果皮坚固程度一般。果肉紧致，有时会有麝香味。

起源

霞多丽是黑皮诺和白高维斯杂交的后代。它的名字来源于法国勃艮第地区索恩河与卢瓦尔河交汇处的一个城镇。

别名（本节所列各葡萄品种别名，均摘自 2020 年去世的葡萄品种学家、蒙彼利埃大学教授皮埃尔·加莱教授所著《葡萄品种及其同义词百科词典》，2015 年自由与团结出版社出版。详见本书参考文献。）

在巴黎被称为白皮诺、莎当妮、夏敦埃、夏多内、雪当利、夏奈特或白莫瑞兰；在卢瓦雷被称为白奥弗涅；在汝拉山产区被称为阿布瓦香瓜；在都兰产区被称为阿诺森；在香槟产区被叫做小查特；在德国被称为白爱兰德；在克罗地亚共和国被称为沙顿 。

在法国和世界各地的种植分布及产量（2015 年国际葡萄与葡萄酒组织的统计数据）

霞多丽是世界上主要的白葡萄品种之一，全球种植面积达 21 万公顷，41 个国家种植霞多丽，该葡萄品种是最国际化的白葡萄品种。

其主要生产国包括法国 51 000 公顷，意大利 20 000 公顷，西班牙及美国 43 000 公顷，澳大利亚 21 000 公顷和智利 12 000 公顷。中国种植面积为 3 000 公顷，这对于一个白葡萄品种很少的国家来说占比已经非常大了。

在法国，它是勃艮第和香槟地区历史悠久的葡萄品种，不过法国其他地区也使用该品种酿造起泡酒和平静酒。

生长条件和抗病能力

霞多丽的产量为低至中等，介于 25 至 80 百升 / 公顷之间。该葡萄品种不太会感染霜霉病，但是很容易感染白粉病和灰霉病，并且出芽早容易遭受霜冻。

克隆品种

目前认可的有 31 个克隆品种，其他克隆品种还在确认中。我们可以列举如下：霞多丽 R8，VCR4，VCR6，VCR10，VCR11，ISV1，ISV4，ISV5，SMA108，SMA123，SMA127，SMA130，ISMA105，STWA95-350，STMA95- 355；法国克隆品种：Inra-Entav 75、76、95、96、117、121、132、277、548、809。

葡萄酒类型

霞多丽结出的葡萄串和浆果小但是品质高，在酿造芳香型的干白、起泡酒、甚至是白兰地方面极具潜力。在酿造勃艮第的干白葡萄酒和优质气泡酒（香槟）方面，它也有极佳的陈酿潜力。

该品种的特殊香气

花卉的香气：金合欢。

白色和黄色水果的香气：苹果、梨和桃子。

由酿造和陈酿带来的香气：干果（榛子）、蜂蜜、黄油和牛奶焦糖、香草和木香。

重要信息：霞多丽葡萄有其世界大奖赛，每年都在法国的勃艮第举行。

Le sauvignon blanc

Cépage sauvignon blanc
长相思葡萄品种

Ampélographie

Les jeunes feuilles sont petites, tourmentées et légèrement frisées, avec un lobe profond, les sinus latéraux étroits et à fonds aigus, sinus pétiolaire en lyre plus ou moins ouvert. Les grappes sont petites, et tronconiques, compactes, parfois ailées. Les baies sont petites, ovoïdes, plutôt verte à la récolte, mais d'un beau jaune d'or à maturité complète. La pellicule est épaisse et la pulpe assez fondante.

Son origine

L'origine du cépage est assez controversée. Le sauvignon blanc est bien français, mais deux régions se partagent son origine : le Val de Loire avec le sancerrois et la région bordelaise.

Ses synonymes (Galet P)

Blanc fumé dans la Nièvre, blanc doux dans le Libournais, fumé blanc en Australie et en Californie, muskatani silvanec en Croatie et Slovénie, gros sauvignon en Russie

Sa localisation et production en France et dans le monde

Avec 123 000 Ha en 2015, ce cépage est en progression constante, il est cultivé dans de nombreux pays. 30 000 Ha en France, 20 500 Ha en Nouvelle-Zélande, et aussi au Chili, en Afrique du Sud.

En France, si on le retrouve dans de nombreuses régions (Provence, Languedoc, Bourgogne...), deux régions dominent la production, la vallée de la Loire avec ses blancs secs réputés et particulièrement la région du centre avec les Pouilly Fumé, Sancerre, Quincy. mais aussi les Touraine sauvignon 9 911 Ha en 2018, soit 31% de la surface nationale. L'autre grande région est plus au sud avec les vins blancs secs (Graves, Bordeaux blancs) ou vins liquoreux Bordelais (Sauternes, Barsac, Loupiac...) où le Sauvignon est assemblé avec le sémillon et la muscadelle.

Les conditions de production végétale et les résistances aux maladies

Le sauvignon à un débourrement moyen mais une floraison précoce et une période de maturité longue. C'est une variété de cépage de grande vigueur à faible fertilité portant des grappes de petite taille très sensible à la coulure, à l'oïdium est au black-rot. Elle est, par contre, moins sensible au mildiou et à la pourriture grise. Ses rendements sont compris entre 50 et 100 Hl/Ha.

Les Clones

Il y a de nombreux clones avec des productions différentes : on peut citer le 530 avec un rendement (Hl/Ha) assez limité, ou les 108, 159, 240, 241, 242, 316, 317, 376, 377, 379, 531, 619, 905, 906, avec des productions moyennes à élevées.

Les types de vins produits

Il est essentiellement produit en vin blanc sec frais, tonique avec une pointe d'acidité. Ce cépage remporte de nos jours un grand succès avec ses arômes variétaux très thiolés, facilement identifiables, mais on le vinifie également en vins liquoreux dans la région de Bordeaux.

Les arômes spécifiques du cépage

Arômes de fleurs et de végétaux : genêt, buis, fougère verte,

Arômes de fruits : Fruits exotiques, agrumes (pamplemousses, citrons jaunes et verts), cassis,

Arômes de sous maturité : pipi de chat, bourgeon de cassis, groseilles à maquereaux.

NB : Le cépage Sauvignon blanc a son concours mondial, qui a lieu tous les ans en France dans une région différente. En 2017, les jurés ont dégusté 900 échantillons provenant de 24 pays.

长相思

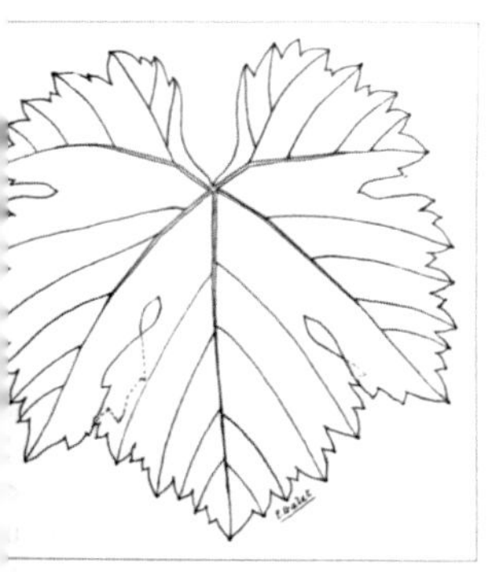

Dessin d'une feuille de sauvignon blanc P. Galet
皮埃尔·加莱提供的长相思叶子绘图

葡萄品种及外观综述

幼叶小，参差不齐并略微卷曲，有裂片，侧窦狭窄，底部尖锐，里拉竖琴状的叶柄窦或多或少张开。果实体积小，呈截锥形，紧凑，有时有翼瓣。浆果小，呈卵形，收获时呈绿色，而完全成熟时呈美丽的金黄色。果皮很厚，果肉多汁。

起源

该葡萄品种的起源颇具争议；它确实起源于法国，但有两个地区：卢瓦尔河谷的桑塞尔罗伊斯和波尔多地区。

别名

在涅夫勒省被称为烟熏白葡萄；在里布奈地区被称为甜白葡萄；在澳大利亚被称为白烟熏葡萄；在克罗地亚和斯洛文尼亚被称为麝香葡萄；在俄罗斯被称为大苏维翁。

在法国和世界各地的种植分布及产量

2015 年，该葡萄品种在全球的种植面积为 123 000 公顷，且在不断增长，许多国家都种植该品种。法国的种植面积为 30 000 公顷，新西兰为 20 500 公顷，在智利和南非也有种植。

法国的许多地区，如普罗旺斯、朗格多克、勃艮第等地区都种植长相思，但有两个地区占主导地位。卢瓦尔河谷以其著名的干白葡萄酒为主，特别是中部地区的普伊 · 富美、桑塞尔、昆西等著名葡萄酒。2018 年都兰地区长相思的种植面积为 9911 公顷，占全法国种植面积的 31%。

另一个较大的种植地区在法国南方，干白葡萄酒（格拉夫，波尔多白葡萄酒产区）或波尔多甜葡萄酒（苏玳、巴尔萨克、卢皮亚克等）产区，该产区的长相思是与赛美蓉和麝香葡萄调配的。

植物生长条件和抗病能力

长相思的花蕾大小中等，但开花较早，成熟期较长。这是一个生长旺盛的、低繁殖力的品种，果实体积小，容易受到败育菌的侵袭，易感染白粉病和黑腐病。不过它不易感染霜霉病和灰霉病。其产量在 50 到 100 百升 / 公顷之间。

克隆品种

有很多产量不同的克隆品种：比如克隆 530 号的产量有限，具有中等至高等产量的克隆品种号码是 108、159、240、241、242、316、317、376、377、379、531、619、905、906。

葡萄酒类型

长相思主要用于生产新鲜的、带有淡淡酸味的干白葡萄酒。今天，这种葡萄品种获得了巨大的成功，其硫醇化的品种香气非常容易辨认，在波尔多地区也用来酿造极甜型葡萄酒。

该品种的特殊香气

花草香：金雀花、黄杨木、绿色蕨类。

水果香气：热带水果、柑橘类水果（柚子，黄色和绿色柠檬）、黑加仑。

未成熟的香气：猫尿、黑加仑芽、醋栗。

重要信息：长相思白葡萄品种有其世界大赛，每年在法国不同的地区举行。2017 年，评判员总共品尝了来自 24 个国家的 900 个样品。

Le riesling

Cépage riesling (photo CIVA)
雷司令葡萄品种（阿尔萨斯葡萄酒行业协会供图）

Ampélographie

La feuille est de taille moyenne, arrondie presqu'entière, Le limbe est épais, ondule, de couleur vert sombre, la base des nervures est rouge-violette. Le sinus pétiolaire est en V ferme parfois avec les bords chevauchants. La grappe est petite compacte trapue. La baie est de taille moyenne-petite, sphérique de couleur jaune-ambrée. La peau est consistante et la pulpe juteuse et assez aromatique.

Son origine

Cépage originaire de la vallée du Rhin, il a ensuite été diffusé aux autres pays du nord et du centre de l'Europe.

Ses synonymes

Raisin du Rhin en France ; Le crouchen en Australie, Rajnai rizling en Hongrie; Renski rizling en Slovénie; Rhine Riesling à Chypre ; Riesling renano en Italie; petit Rhin en Suisse ; pfefferl, hochleimer, kleinriesling en Allemagne.

Sa localisation et production en France et dans le monde en 2015

Avec 24 000 Ha, l'Allemagne est le plus grand pays producteur de riesling (23,3 % de la surface en cépage du pays), mais en retrouve également dans de nombreux pays tempérés : l'Italie (700 Ha), La Nouvelle Zélande, l'Australie (3 000 Ha) la Chine (2 000 Ha), aux USA, Canada, en Bulgarie (1 500 Ha). En France, les 3 492 Ha (en 2018) sont essentiellement concentrés en Alsace, les surfaces depuis 20 ans n'évoluent plus.

Les conditions de production végétale et les résistances aux maladies

Le riesling résiste bien aux froids hivernaux et sa remise à fruit est bonne après une gelée de printemps. Son époque de débourrement est moyenne ainsi que son époque de floraison. Il est moyennement producteur. Il requiert des zones bien exposées et ventilées pour éviter les dommages excessifs liés au Botrytis, dont il est sensible, comme aux vers de la grappe.

Les Clones

R2, VCR3, ISV3, ISVF1T et les clones français de l'Inra-Entav : 49, 1089, 1090, 1091, 1092, 1094, 1096 et 1097.

Les types de vins produits

Ce grand cépage produit des vins blancs secs extrêmement typés retranscrivant parfaitement la minéralité de son terroir, mais après une concentration par le Botrytis cinéréa, il donne de magnifiques vins tendres à liquoreux.

Les arômes spécifiques du cépage

Arômes de fleurs : chèvrefeuille, acacia ;

Arômes de fruits : agrumes (citron jaune, pamplemousse...) ;

Arômes d'évolution : hydrocarbures (lampe à pétrole).

雷司令

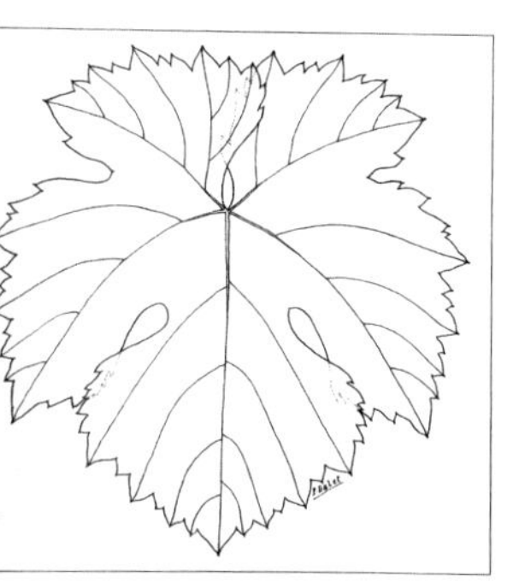

Dessin d'une feuille de riesling P. Galet
皮埃尔·加莱提供的雷司令叶子绘图

葡萄品种及外观综述

叶片中等大小，几近圆形，叶厚，呈波浪状，深绿色，叶脉的基部呈红紫色。叶柄窦呈 V 型，有时边缘重叠。果实体积小、紧凑、短粗。果粒中小，呈球形和黄琥珀色。果皮坚固，果肉多汁且颇有芳香。

起源

最初来自莱茵河谷，然后被推广到北欧和中欧的其他国家。

别名

在法国被称为莱茵河葡萄；在澳大利亚被称为克罗青；在匈牙利被称为拉吉奈雷司令；在斯洛文尼亚被称为伦斯基雷司令；在塞浦路斯和意大利被称为莱茵河雷司令；在瑞士被称为小莱茵河；在德国则被称为浦非、何克拉美或者克兰雷司令。

在法国和世界各地的种植分布及产量（2015 年国际葡萄与葡萄酒组织的统计数据）

德国是世界上雷司令的最大生产国，该品种 2015 年的种植面积为 24 000 公顷（占该国葡萄种植面积的 23.3%），但在许多温带国家也可以找到这个葡萄品种：澳大利亚（3 000 公顷），中国（2 000 公顷），保加利亚（1 500 公顷），意大利（700 公顷）。另外美国、加拿大、新西兰也种植雷司令。2018 年，该品种在法国的种植面积为 3 492 公顷，主要集中在阿尔萨斯产区，20 年以来该面积都没有变化。

生长条件和抗病能力

雷司令可抵抗冬季的严寒，春季霜冻后其结果良好。它的发芽及开花期均适中。产量一般，种植区域需要有良好的日照和通风条件，以防止由贵腐菌所引起的损失。该品种还比较容易受到虫害。

克隆品种

R2，VCR3，ISV3，ISVF1T；法国葡萄品种和克隆品种选择项目中的法国克隆品种：49、1089、1090、1091、1092、1094、1096 和 1097。

葡萄酒类型

该著名葡萄品种可以酿造出极具特色的干白葡萄酒，能完美地再现其风土的矿物质。在灰霉菌的作用下糖分浓缩后，它能酿造出从半干型到极甜型的优质葡萄酒。

该品种的特殊香气

花香：金银花、金合欢。

水果香气：柑橘类水果（黄柠檬、葡萄柚等）。

演变香气：碳氢化合物（煤油灯）。

Le chenin

Cépage chenin
诗南葡萄品种

Ampélographie

Les feuilles possèdent trois ou cinq lobes, avec un sinus pétiolaire peu ouvert ou à lobes légèrement chevauchants, des dents moyennes à côtés convexes, une forte pigmentation anthocyanique des nervures, un limbe bullé et à la face inférieure. Les grappes sont de taille moyenne, coniques avec un ou deux ailerons, assez compactes ; baies petites à moyennes, ovoïdes ou légèrement elliptiques, pellicule fine jaune doré à pleine maturité, croquantes, pulpe dense.

Son origine

L'origine de ce cépage est très controversée : certains historiens suggèrent comme région natale le sud-ouest, d'autres le val de Loire et particulièrement l'Anjou. Le docteur Maisonneuve à la fin du XIXème siècle a même évoqué la mutation du pineau d'Aunis (appelé chenin noir) en chenin blanc. Mais au 1er congrès international du chenin en 2019, Jean-Michel Boursiquot, spécialiste en vin a confirmé que le chenin avait bien pour parents le savagnin et la sauvignonasse. Connu depuis le IXème siècle, le cépage s'est développé au XIVème siècle autour d'un lieu appelé Mont Chenin en Touraine (Vallée de la Loire en France) qui lui aurait donné son nom.

Ses synonymes

Il en existe une soixantaine : plant d'Anjou, pineau de la Loire, verdurant, gamet blanc à Entraygues, tite de crabe dans les Landes, gros pineau dans la région de Vouvray, cruchinet dans le sud-ouest, rouxalin ou roxalin, steen en Afrique du sud, pinot blanco en Argentine, shanin en Bulgarie, sherry en Australie

Sa localisation et production en France et dans le monde

En 2010, le cépage chenin était le 24ème des cépages mondiaux et en 2018, il y avait 33 000 Ha plantés dans le monde. L'Afrique du Sud est le producteur le plus important avec 19 000 Ha en 2015, les USA avec 3 200 Ha en 2013, en Espagne (100 Ha en 2010), en Argentine, en Thaïlande, en Suisse.

Selon les sources d'Interloire (2018), les 9 700 Ha français sont essentiellement concentrés dans la Loire (92 %), les 8 % restant l'étant dans le Languedoc-Roussillon, pour notamment les AOP de fines bulles Blanquette de Limoux...

Les conditions de production végétale et les résistances aux maladies

Le cépage est fertile, il faut donc une taille assez courte. Le débourrement est précoce et la floraison rapide, par contre la véraison est décalée de 2 à 3 semaines après le chasselas et la maturité de troisième époque est tardive. Il est exigeant et difficile à cultiver. Il est particulièrement sensible à la pourriture grise, à l'oïdium et aux maladies du bois. Il résiste mieux en revanche au mildiou et au black rot.

Les Clones

Il y a plus de 300 clones installés dans un conservatoire du vignoble de l'Anjou (Montreuil Bellay) depuis 1996. En France, les treize clones agréés de chenin portent les numéros 220, 278, 416, 417, 624, 880, 982, 1018, 1206, 1207, 1208, 1209 et 1286.

Les types de vins produits

Ce cépage produit une multitude de vins : des vins blancs secs acidulés à structurés, des vins tendres à liquoreux, des vins de fines bulles, et même des vins doux naturels en Afrique du sud et des eaux de vie.

Les arômes spécifiques du cépage

Arômes de fleurs et végétaux : tilleul, verveine, citronnelle ;

Arômes de fruits : coings en gelée ou confiture, agrumes (pamplemousse) et fruits exotiques (mangue);

Arômes de surmaturité et d'évolution : miel et épices douces (muscade, clou de girofle).

诗 南

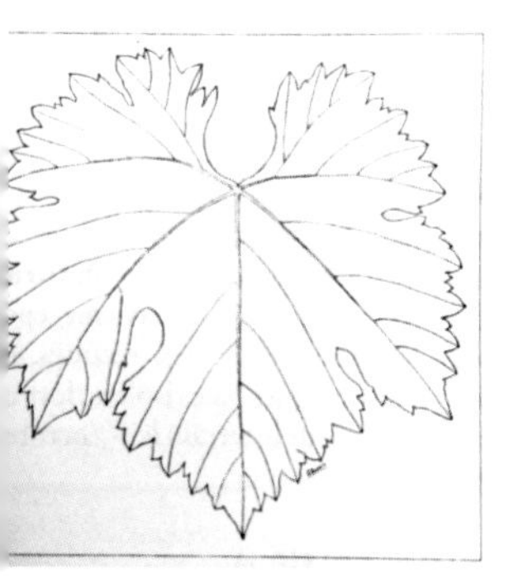

Dessin d'une feuille de chenin P. Galet
皮埃尔·加莱提供的诗南叶子绘图

葡萄品种及外观综述

叶子有三到五个裂片，叶柄窦稍开或裂片略有重叠，页齿中等大小且侧面凸出，叶脉花青素色素沉淀强烈，叶片鼓泡且在下面。葡萄串体积中等，圆锥形，有一或两片副翼，相当紧凑。浆果体积小至中等，卵圆形或略椭圆形，完全成熟时葡萄皮呈金黄色，口感松脆，果肉密实。

起源

白诗南的起源是有争议的。一些历史学家认为它发源于西南地区，其他人则认为它来自卢瓦尔河谷，尤其是安茹地区。梅松尼夫医生在 19 世纪末期甚至提出白诗南是从黑诗南演变来的。但是在 2019 年第一届国际诗南大会上，葡萄酒种植学专家 JM. 布西格确认诗南是萨瓦涅和苏维浓纳斯葡萄品种的后代。该葡萄品种自 9 世纪以来就广为人知，于 14 世纪前后在法国卢瓦尔河谷的都兰产区诗南山周边地区得到发展，并因此而得名。

别名

大约有 60 个别称，比如：在昂特赖格产区被称为安茹葡萄苗、卢瓦尔河皮诺、维度昂或白加迈；在郎德产区被叫做小螃蟹；在武弗雷产区被称为大皮诺；在法国西南产区被称为十字花科；在南非被称为鲁克萨兰、罗克萨兰或者斯汀；在阿根廷被称为白比诺；在保加利亚被称为沙宁；在澳大利亚被称为雪利。

在法国和世界各地的种植分布及产量

白诗南葡萄在 2010 年成为世界上第 24 大葡萄品种。2018 年，该葡萄品种全球的种植面积为 33 000 公顷。根据 2015 年国际葡萄与葡萄酒组织的统计数据，产量最高的国家是南非共和国，种植面积 2015 年为 19 000 公顷，美国为 3 200 公顷（2013 年），西班牙为 100 公顷（2010 年），另外阿根廷、泰国和瑞士也种植白诗南。

根据 2018 年卢瓦尔河谷葡萄酒跨行业协会的数据资料，法国 9 700 公顷的白诗南主要集中在卢瓦尔河谷（占 92%），剩余的 8%集中在朗格多克-鲁西永地区，是出产利慕布朗克特起泡酒的原产地。

生长条件和抗病能力

该葡萄品种繁殖力强，因此需要频繁修剪。出芽早，开花快，但成熟会比莎斯拉葡萄晚 2 至 3 周，第三阶段的成熟期则很晚。鉴于如此苛刻的条件，该品种较难种植。它还特别容易感染灰霉病、白粉病和木质疾病。不过，它有一定的抵抗霜霉病和黑腐病的能力。

克隆品种

自 1996 年以来，安茹葡萄园（蒙特勒伊贝莱）的收藏馆中已经培育了 300 多个克隆品种。在法国，13 种获得了诗南克隆品种的编号为：220、278、416、417、624、880、982，1018、1206、1207、1208、1209 和 1286。

葡萄酒类型

该葡萄品种可酿造出多种葡萄酒：略带酸味至层次感强烈的干白葡萄酒，半干型至极甜型葡萄酒，起泡葡萄酒，还有南非的天然甜葡萄酒和白兰地。

该品种的特殊香气

花草香：青柠、马鞭草、柠檬草。

水果香气：果冻或果酱中的榅桲、柑橘类水果（柚子）和热带水果（芒果）。

过度成熟和发展的香气：蜂蜜和甜香料（肉豆蔻、丁香）。

Le muscat Blanc

Cépage muscat Blanc
麝香白葡萄品种

Il existe de très nombreuses variantes du cépage « muscat Blanc », le muscat à Petits grains et le muscat d'Alexandrie sont les plus importantes.

Ampélographie (muscat à petits grains)

La feuille est de taille moyenne, pentagonale-orbiculaire, tri ou pentalobée avec des dents très prononcées. Le limbe est mince, de couleur vert fonce, lisse voire glabre. La face inferieure de la feuille est presque glabre. Le sinus pétiolaire est en lyre ou en V. La grappe est moyenne, semi-compacte, cylindrico-pyramidale, ailée. La baie est moyenne, ellipsoïdale, de couleur jaune-ambre, elle se détache facilement, la peau est consistante, la pulpe est charnue avec des saveurs typiquement muscatées.

Son origine

D'origine grecque, le muscat à petits grains, cultivé depuis l'antiquité dans le bassin méditerranéen a probablement été introduit en France par les romains par Narbonne, il y a plus de 2000 ans. Le muscat d'Alexandrie est d'après des analyses génétiques, issu d'un croisement entre le Muscat à petits grains blanc et l'Heptakilo.

Ses synonymes

En France, le muscat B possède de nombreux synonymes en rajoutant le lieu de production, et à l'étranger : moschoudi proïmo et mochato Samou en Grèce ; moscatel en Espagne et au Portugal, moscato en Italie ; muskat zuti en Croatie.

Sa localisation et production en France et dans le monde

En France la production du muscat à petit grains est toujours en constante augmentation : 7540 Ha en 2018, contre 6058 en 1998, et 3032 en 1968 (source web plantgrape), par contre la production du muscat d'Alexandrie varie assez peu (2142 Ha en 1958, pour 2409 Ha en 2018)

Dans le monde (année 1999 source : www.muscats-du-monde.com) la plus grande surface est en Italie 13 533 Ha avec le muscat à petits grains, l'Espagne avec 3870 Ha de muscat d'Alexandrie, l'Uruguay avec 1742 Ha de muscat de Hambourg, la Grèce, l'Argentine, l'Afrique du sud, l'Ukraine, Chypre...

Les conditions de production végétale et les résistances aux maladies

Avec une époque de débourrement et de maturité, assez précoce, le muscat a une production constante et régulière, mais une sensibilité aux maladies : à l'oïdium, au Botrytis, à la pourriture grise et aux carences magnésiennes et potassiques. Ce cépage à également une bonne résistance aux froids hivernaux.

Les Clones

Muscat Blanc à petits grains R2, VCR3, VCR221, VCR315, CN4, CVTCN16, CVTAT57, ISV5, MB25BIS et parmi les 13 clones français de l'Inra-Entav 154 à 157, 452 à 455, 576 à 579 et 826.

Les types de vins produits

En France, on les retrouve dans le sud pour rentrer dans la composition des Vins Doux Naturels (VDN) comme les Rivesaltes, mais aussi dans la vallée du Rhône pour les vins de fines bulles comme la Clairette de Die, et même en Alsace pour les vins blancs secs très aromatiques et quelques vendanges tardives (vin blanc moelleux et liquoreux). Dans le monde, le muscat d'Alexandrie est en production plus importante et il est utilisé aussi comme raisin de table frais ou raisin sec (Malaga), mais aussi pour la distillation au Chili et au Pérou (eau de vie de vin appelée : Pisco).

Les arômes spécifiques du cépage

Arômes de fleurs : magnolia, seringat, jasmin... et de nombreuses fleurs blanches entêtantes.

Arômes de fruits : raisin de muscat, fruits exotiques (litchi, pomelo, mangle...).

麝香白葡萄

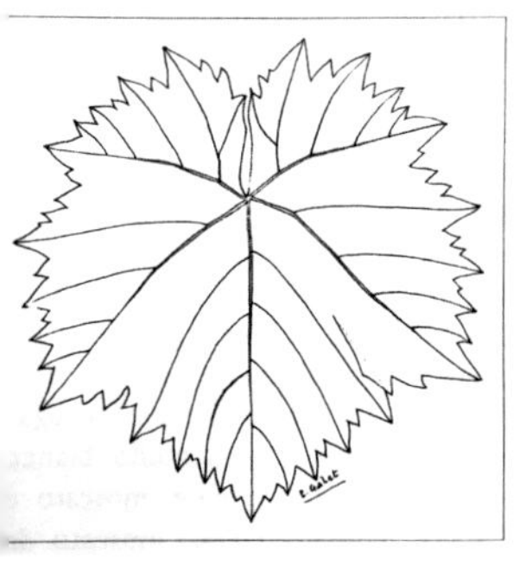

Dessin d'une feuille de muscat Blanc P. Galet
皮埃尔·加莱提供的麝香白葡萄叶子绘图

麝香白葡萄有很多变种，其中最重要的是小粒麝香白葡萄和亚历山大麝香葡萄。

小粒麝香白葡萄品种及外观综述

叶片中等大小，成五边环形，三角或五角且有非常明显的锯齿。叶子片薄，呈深绿色，光滑无毛。叶子底面几乎无毛。叶柄窦呈里拉竖琴状或V形，葡萄串体积中等，半紧凑，呈圆柱—金字塔形，有翼瓣。果粒中等，椭圆形，黄琥珀色，容易脱落，果皮坚固，多肉且带有典型的麝香味道。

起源

这种小粒麝香白葡萄来自古希腊，地中海盆地地区在古时就开始了该品种的种植。2000 多年以前，罗马人从法国的纳博讷市将其引进到法国。根据基因分析，亚历山大麝香葡萄是小粒麝香白葡萄与埃塔吉洛葡萄杂交的结果。

别名

在法国，一般习惯在麝香白葡萄的别称前加上产地名。在其他国家，麝香白葡萄的称呼和拼写方式略有不同：在希腊被称为麝香白葡萄和萨摩斯岛的麝香白葡萄；在西班牙和葡萄牙被拼写为 moscatel；在意大利被拼写为 moscato；在克罗地亚被拼写为 muskat zuti。

在法国和世界各地的种植分布及产量

法国的小粒麝香白葡萄的产量一直在不断增加：根据 plantgrape 网站的信息，法国 2018 年小粒麝香白葡萄的种植面积为 7 540 公顷，而 1998 年为 6 058 公顷，1968 年为 3 032 公顷。亚历山大麝香葡萄的种植面积变化很小（1958 年为 2 142 公顷，而 2018 年为 2 409 公顷）。

世界上种植小粒麝香白葡萄面积最大的国家是意大利，拥有 13 533 公顷的小粒麝香白葡萄。西班牙有 3 870 公顷的亚历山大麝香葡萄，乌拉圭有 1 742 公顷的汉堡麝香葡萄。希腊、阿根廷、南非、乌克兰、塞浦路斯也有种植。（数据来源于 1999 年，网站：www.muscats-du-monde.com）

生长条件和抗病能力

麝香葡萄的出芽期和成熟期相当早，产量恒定且规律，但容易患病：白粉病、灰霉病、灰腐病、镁和钾缺乏症。但该品种具有良好的抗冬寒能力。

克隆品种

小粒麝香白葡萄 R2，VCR3，VCR221，VCR315，CN4，CVTCN16，CVTAT57，ISV5，MB25BIS 以及 13 个法国克隆品种：法国葡萄品种和克隆品种选择项目的 154 至 157、452 至 455、576 至 579 和 826。

葡萄酒类型

在法国南方，不仅用这种葡萄来酿造天然甜葡萄酒，例如里韦萨特天然甜酒，罗纳河谷还用来酿造克莱雷得迪产区的优质气泡酒。在阿尔萨斯地区，甚至用该品种来酿造芳香型的干白葡萄酒和一些晚收的甜型和极甜型白葡萄酒。在世界范围内，亚历山大麝香葡萄的产量更大，用作应时的食用葡萄或用来做葡萄干（马拉加品种），智利和秘鲁用该品种制作蒸馏葡萄酒（白兰地，被称为皮斯科酒）。

该品种的特殊香气

花香：玉兰、山梅、茉莉花等，以及许多令人陶醉的白色花朵的香味。

水果香气：麝香葡萄、热带水果（荔枝、葡萄柚、芒果等）。

2.2.5 Les principaux cépages rouges

Le merlot

Cépage merlot
美乐葡萄品种

Ampélographie

La variété est assez hétérogène, les clones qui la composent se différencient entre eux par la fertilité et la forme des grappes. La feuille est de taille moyenne, pentagonale à 5 lobes. Le limbe est ondul et bullé, vert plutôt pale, relativement tourmenté. Le sinus petiolaire est gonflé et en U, les dents sont anguleuses. La grappe est de taille moyenne, pyramidale, ailée plus ou moins clairsemée. La baie est de taille moyenne, ronde, de couleur bleue-violette ; la peau est moyennement consistante, pruinée et la pulpe est juteuse et douce avec plus ou moins de saveurs herbacées.

Son origine

On ne connait pas exactement les origines de ce cépage initialement bordelais, mais c'est un descendant du cabernet franc. Son nom merlot noir vient du patois « petit merle ». Avant le XIXème siècle, c'était un cépage secondaire, surtout dans cette région, et c'est à la fin du XXème siècle, qu'il va prendre toutes ses lettres de noblesse sous l'impulsion de critiques œnophiles comme le célèbre Robert Parker. On peut le considérer comme un cépage à la mode, même si dans le bordelais, les vignerons se posent de nombreuses questions compte tenu du changement climatique... son degré alcoolique excessif pouvant devenir un frein à la consommation.

Ses synonymes

Sémillon rouge ou semilhou rouge dans le Médoc, bégney à Cadillac, merlo en Italie (Vénétie), bigney rouge en Roumanie

Sa localisation et production en France et dans le monde

Avec 266 000 Ha, ce cépage, produit dans 37 pays (OIV 2015), est le 4ème des cépages les plus plantés au monde.

On le retrouve en Italie (24 000 Ha), aux Etats Unis, (21 000 Ha), en Roumanie (12 000 Ha), au Chili (12 000 Ha), en Australie (8 000 Ha), en Chine (7 000 Ha), en Afrique du Sud (6 000 Ha), en Hongrie (2 000 Ha).

En France, c'est le premier des cépages avec 112 000 Ha, essentiellement concentré dans le sud-ouest et surtout sur Bordeaux où il s'est développé à une très grande vitesse depuis les 30 dernières années.

Les conditions de production végétale et les résistances aux maladies

Ce cépage est vigoureux, mais sensible aux gelées d'hiver et de printemps, aussi à la sécheresse. Quant aux maladies, il est très sensible au mildiou de la grappe, au black-rot et au botrytis sur grappe, ainsi qu'aux attaques de cicadelles qui provoquent des grillures de la feuille. Les rendements moyens sont de 40 à 60 Hl/Ha, mais peuvent atteindre facilement 100 Hl/Ha dans des terrains profonds.

Les Clones

Il y a dans le monde de nombreuses sélections clonales de merlot R3, R12, R18, VCR1, VCR101, VCR103, VCR488, VCR489, VCR490, VCR494, ISVFV2, ISVFV4, ISVFV5, ISVFV6, ERSAFVG350, ERSAFVG351, ERSAFVG352, ERSAFVG353, et les Clones français de l'INRA-ENTAV : 181, 184, 343, 347, 348, 447, 519.

Les types de vins produits

Le merlot donne des vins ronds, puissants, riches en alcool et en couleur, avec des tanins souples et veloutés. Il est très souvent utilisé en assemblage avec le cabernet sauvignon et cabernet franc comme en bordelais, pour un meilleur équilibre.

Les arômes spécifiques du cépage

Arômes de fleurs et de végétaux : violette ;

Arômes de fruits : pruneau, framboise, cassis.

2.2.5 主要的红葡萄品种

美 乐

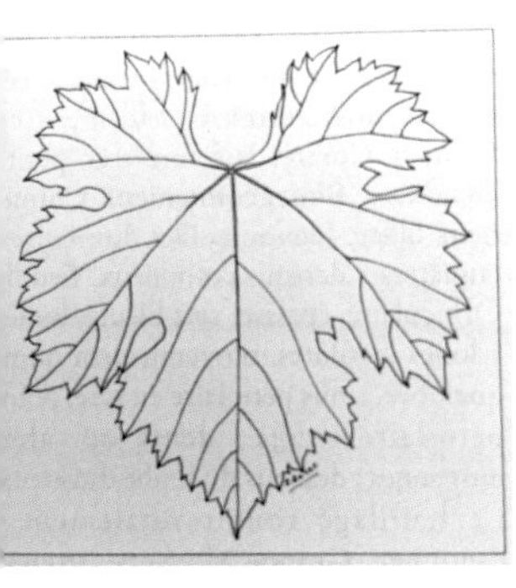

Dessin d'une feuille de merlot P. Galet
皮埃尔·加莱提供的美乐叶子绘图

葡萄品种及外观综述

该品种非常异质，每个克隆品种在繁殖力和葡萄串的形状方面都互不相同。葡萄叶中等大小，五边形，有5个裂片。叶子呈波浪状，气泡状，淡绿色，相对参差不齐。叶柄窦膨胀呈U形，锯齿多角。葡萄串大小中等，呈金字塔形，有翼瓣，串距稀疏。粒果中等，圆形，蓝紫色。果皮一般坚固，带果霜，果肉多汁，带有或多或少的草本味道。

起源

我们不知道这种始于波尔多的葡萄品种的确切来源，但它是品丽珠的后代。它的名字"黑美乐"来源于土话"小乌鸫"。在19世纪以前是次要的葡萄品种，尤其是在波尔多产区。到了20世纪末期和21世纪，在著名的葡萄酒评论家如罗伯特·帕克的推动下，美乐打响了名头。虽然在波尔多地区，葡萄种植者会担忧气候变化影响美乐的生长，但它仍被认为是一种时尚的葡萄品种。但其过高的酒精含量可能会抑制今后的消费量。

别名

在法国梅多克产区被称为红色赛美蓉；在卡迪拉克产区被称为贝尼；在意大利（威尼托产区）被称为梅洛；在罗马尼亚被称为红色比格尼。

在法国和世界各地的种植分布及产量（2015年国际葡萄与葡萄酒组织的统计数据）

该葡萄品种是世界上种植量第四大的葡萄品种，在37个国家种植，总面积达266 000公顷。意大利（24 000公顷），美国（21 000公顷），罗马尼亚（12 000公顷），智利（12 000公顷），澳大利亚（8 000公顷），中国（7 000公顷），南非（6 000公顷），匈牙利（2 000公顷）。在法国，它的种植量排第一，占地112 000公顷，主要集中在法国西南地区，特别是在波尔多产区。近30年来，美乐在该地区发展迅速。

生长条件和抗病能力

该品种生命力旺盛，但不耐冬季和春季的霜冻以及干旱和疾病。它很容易受霜霉病、黑腐病和贵腐病的侵害，同时容易受到叶蝉攻击导致叶子焦枯。其平均产量为40至60百升/公顷，但在深层土壤环境中很容易达到100百升/公顷。

克隆品种

世界上有很多精选的美乐克隆品种：R3，R12，R18，VCR1，VCR101，VCR103，VCR488，VCR489，VCR490，VCR494，ISVFV2，ISVFV4，ISVFV5，ISVFV6，ERSAFVG350，ERSAFVG351，ERSAFVG352，ERSAFVG353，法国克隆品种：181，184，343，347，348，447，519。

葡萄酒类型

美乐可以酿造出口感圆润有力的葡萄酒，富含酒精，颜色丰富，单宁柔顺。在波尔多产区经常把它与波尔多的赤霞珠和品丽珠调配在一起，以达到产区红酒口味的完美平衡。

该品种的特殊香气

花草香：紫罗兰。

水果香气：西梅、覆盆子、黑加仑。

Le cabernet Sauvignon

Cépage cabernet Sauvignon
赤霞珠葡萄品种

Ampélographie

La variété est assez homogène, les différences concernent la forme des grappes et la vigueur. L'apex en croissance possède des nuances roses marquées. La feuille est de moyenne taille et pentagonale. Le sinus petiolaire est ferme à bords chevauchants, et le sinus inférieur en forme de cœur.

Son origine

Elle se confond avec celle du Cabernet franc, mais grâce aux analyses du génome, il a été prouvé que le Cabernet Sauvignon Noir est un croisement ancien de Sauvignon Blanc avec le Cabernet franc Noir. Il est originaire du Bordelais en France.

Ses synonymes

Bidure (bois dur en patois), Vidure, Petite Vidure, Vidure Sauvignonne, Marchoupet à Castillon-la-Bataille, Carbouet dans le Bazadais, Sauvignon, par abréviation dans le Médoc, Bouchet à Saint- Emilion, Bouchet Sauvignon dans le Libournais et Sauvignon Béarn en Béarn, Bourdeos Tinto en Roumanie, Kaberne Sauvinjon en Russie.

Sa localisation et production en France et dans le monde

Avec 341 000 Ha en 2015 (OIV), il s'agit du deuxième cépage le plus planté au monde, soit 4% de la production mondiale. On le retrouve essentiellement, en Chine (60 000 Ha), au Chili (43 000 Ha), aux Etats-Unis (41 000 Ha), en Espagne (20 000 Ha), en Argentine (15 000 Ha), en Australie (25 000 Ha) et en Afrique du Sud (12 000 Ha).

En France, avec 48 000 Ha, il est largement diffusé, beaucoup dans le Bordelais où il apporte de l'ossature aux vins rouges, mais également dans la vallée de la Loire (Anjou villages...) et dans le Languedoc (pour l'IGP Vin de pays de cépage).

Les conditions de production végétale et les résistances aux maladies

C'est un cépage moyennement vigoureux, qui s'adapte au climat chaud ou de toute façon asséchant et ventilé. Dans les régions septentrionales, il préfère les terrains bien exposés en coteaux avec de nombreux cailloux en surface, ou argileux et bien drainés en plaine. Il n'accepte pas les terrains fertiles et humides, qui induisent un aoutement insuffisant, et les climats qui manquent de chaleurs où sa maturité sera incomplète. Il possède une époque de débourrement tardive, et de maturité moyenne. Il est assez peu sensible aux maladies, sauf à l'oïdium, aux maladies du bois (Esca, Eutypiose), donc la durée de vie est réduite sur la vigne. Le cépage est sensible au dessèchement de la rafle bloquant ainsi au cours de la maturité, l'évolution de la grappe.

Les Clones

Ce cépage vinifié dans le monde possède de très nombreux clones, si l'on souhaite une production limitée : 169, 191, 412, ou moyenne à élevée : 170, 337, 338, 341, 410, 411, 1124, 1125, dans le cas d'une production élevée à très élevée, on privilégiera les clones 15, 216, 217, 218, 219, 267, 269, 339, 685.

Les types de vins produits

Il s'agit d'un cépage dense et riche, qui peut être élaboré en vin rosé, notamment en Cabernet d'Anjou, une AOP de rosés tendres (demi-secs). Mais il est plus utilisé seul ou en assemblage, comme dans le Bordelais, avec le merlot et le cabernet franc pour donner des vins rouges très colorés, charpentés et souvent avec une ossature tannique conséquente.

Les arômes spécifiques du cépage

Arômes de fleurs, végétaux et d'épices : cèdre et épices,

Arômes de fruits : cassis, mûre,

Arômes de sous maturité : bourgeon de cassis, poivron vert (IBMP : 3 isobutyl – 2 méthoxypyrazine).

赤霞珠

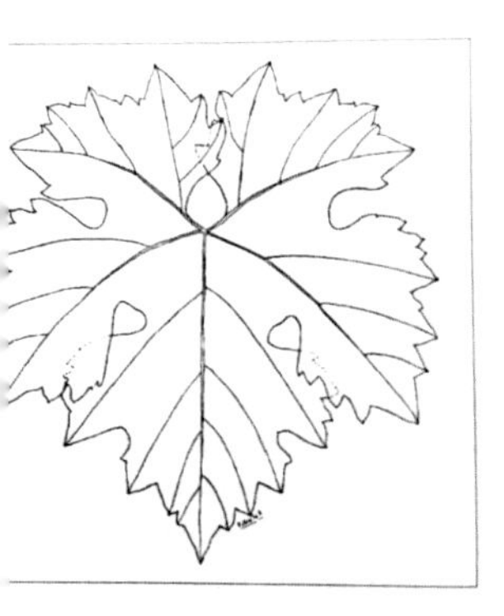

Dessin d'une feuille de cabernet Sauvignon P. Galet
皮埃尔·加莱提供的赤霞珠叶子绘图

葡萄品种及外观综述

该品种基本同质，个别差异主要在于葡萄串的形状及其活力。正在生长的葡萄串尖端呈现出明显的桃红色。葡萄叶的大小中等，且呈五边形。叶柄窦边缘重叠，十分坚固，内部呈心形。

起源

赤霞珠容易与品丽珠混淆。但是基因分析表明，赤霞珠是由长相思白葡萄和品丽珠黑葡萄杂交而成的一个古老的葡萄品种，起源于法国波尔多产区。

别名

在卡斯蒂隆拉巴泰尔产区被称为比图尔(在方言里是硬木的意思)、维图尔、小维图尔、苏维翁·维图尔、马尔库佩特；在巴扎斯被称为卡布埃；在梅多克产区被简称为苏维翁；在圣埃美隆被称为布歇；在利布尔讷被称为布歇苏维翁；在贝阿恩被称为贝阿恩苏维翁；在罗马尼亚被称为布尔多斯· 廷托；在俄罗斯被称为解百纳·苏维翁。

在法国和世界各地的种植分布及产量（2015年国际葡萄与葡萄酒组织的统计数据）

赤霞珠是世界第二大葡萄品种，根据国际葡萄与葡萄酒组织的数据，2015 年其种植面积为 34.1 万公顷，占全球葡萄产量的 4%。主要分布在中国（6 万公顷）、智利（4.3 万公顷）、美国（4.1 万公顷）、西班牙（2 万公顷）、阿根廷（1.5 万公顷）、澳大利亚（2.5 万公顷）和南非（1.2 万公顷）。

赤霞珠在法国的种植面积为 4.8 万公顷，且分布广泛。主要分布在波尔多产区，法国红葡萄酒的重要产地。同时，在卢瓦河谷产区（安茹村庄品牌产区）和朗格多克-鲁西永产区（受保护的原产地标识 / 地区餐酒）均有分布。

生长条件和抗病能力

赤霞珠是一种风格较强劲的红葡萄品种，可以适应炎热气候，或者干燥、通风的条件。在北部地区，它更喜欢表面覆盖有很多石头的坡地土壤，或含黏土的土壤以及排水良好的平原。它不喜欢肥沃和潮湿的土壤，因为该类土壤影响其充分生长。它也不接受热量不足的气候，这种气候会导致其成熟不完全。其萌芽期较晚，成熟期适中。除了白粉病和葡萄树病害（葡萄藤猝倒病菌导致的埃斯卡真菌）以外，它对病害不是很敏感。这些病害会缩短葡萄树的寿命。该品种对茎干变干很敏感，因为这会阻止葡萄串在成熟过程中的发育。

克隆品种

赤霞珠在全球拥有众多的克隆品种，169，191，412 品种属低产品种；170, 337, 338, 341, 410, 411, 1124, 1125 品种的产量适中或较高；15, 216, 217, 218, 219, 267, 269, 339, 685 品种的产量非常高。

葡萄酒类型

该品种口味浓郁且丰富，可以用于酿造桃红葡萄酒，尤其是在安茹地区的受保护原产地半干型桃红葡萄酒中十分多见。不过在波尔多产区该品种的葡萄多通过单酿或者调配的方法来酿造红葡萄酒，产品富有浓郁的色彩、健壮的酒体和丰富的单宁结构。

该品种的特殊香气

花草的香气及香料：雪松和香料。

水果的香气：黑加仑和桑葚。

未成熟的香气：黑加仑的嫩芽，青椒（分子植物生物学研究所：3- 异丁基 -2 甲氧基吡嗪）。

Cépage pinot noir
黑皮诺葡萄品种

Le pinot noir

Ampélographie

Les feuilles sont de tailles moyennes, mais épaisses, de couleur vert foncé, très grossièrement bullées, et très faiblement lobées. Le sinus pétiolaire est en lyre étroite, les dents sont ogivales. Les grappes sont petites, cylindriques, rarement ailées, compactes et à pédoncule ligneux, très dur. Les baies sont petites, sphériques ou légèrement ovoïdes, avec une couleur noir bleuté ou violet foncé, recouvertes d'une pruine abondante, et avec une pellicule épaisse, assez riche en matières colorantes, et la pulpe est peu abondante.

Son origine

De nombreux historiens pensent que ce cépage serait autochtone de l'Est de la France et plus particulièrement de la Bourgogne, ou déjà les Romains le découvrent produit par les gaulois. Les agronomes Columelle et Pline l'Ancien, ont cité Vitis allobrogica, même si cela n'a pu être prouvé avec exactitude, Jean-Michel Boursiquot, agronome, et enseignant à SupAgro Montpellier, avec ces collègues chercheurs de l'INRA de Montpellier ont démontré que le pinot noir a créé deux grandes familles de cépages : les Sérines et les Noiriens. Dans la première famille nous trouvons les cépages : la syrah, la roussanne, la marsanne, la mondeuse. Dans la deuxième famille, le chardonnay, le gamay et le romorantin.

Les synonymes

Pinot en Italie ; pinot nero en Hongrie, en Roumanie, en Australie et en Nouvelle-Zélande ; savagnin noir en Hongrie.

Sa localisation et production en France et dans le monde

Avec 112 000 ha en 2015 (OIV), cette variété est surtout dans les régions de Climat frais en Europe : Allemagne (12 000 Ha), Italie, Suisse, Roumanie, Hongrie, Espagne et dans certains pays du Nouveau Monde : États-Unis (25 000 Ha), Nouvelle-Zélande, Australie (5 000 Ha), Chili, Argentine, Afrique du Sud et en Chine (1 000 Ha)

En France, la production est importante (32 000 Ha) surtout en Bourgogne et en Champagne, mais on le retrouve dans la vallée de la Loire (1 703 Ha Centre Loire, Touraine et Anjou soit 7,1 % de la surface française) et en Alsace.

Les conditions de production végétale et les résistances aux maladies

Le cépage a un débourrement et une maturité précoce, mais une vigueur et une production moyennes. Il est sensible à l'oïdium, au mildiou, à la pourriture grise et aux cicadelles.

Les Clones

Production limitée : 777, 828, 1184, 1185, 1196,1197. Production moyenne à élevée : 111, 113, 114, 115, 162, 165, 386, 521, 667, 743, 779, 780, 792, 870, 871, 872, 927, 943. Production élevée à très élevée : 236, 292, 375, 388, 389, 459, 583, 665, 666, 668, 829.

Les types de vins produits

Ce cépage donne dans les zones tempérées des vins rouges généralement, assez peu colorés, avec une pointe d'acidité et une grande complexité aromatique. On les caractérise d'une grande finesse surtout sur les grands terroirs bourguignons. On retrouve cette élégance dans les vins rosés et surtout dans les vins de fines bulles « les blancs de noirs » et les rosés de champagne et de nombreuses autres régions et pays du monde.

Les arômes spécifiques du cépage

Arômes de fleurs : violette,

Arômes de fruits : cerise, mûre,

Arômes d'évolution : cerise à l'eau de vie (Kirschées), cuir et truffe.

黑皮诺

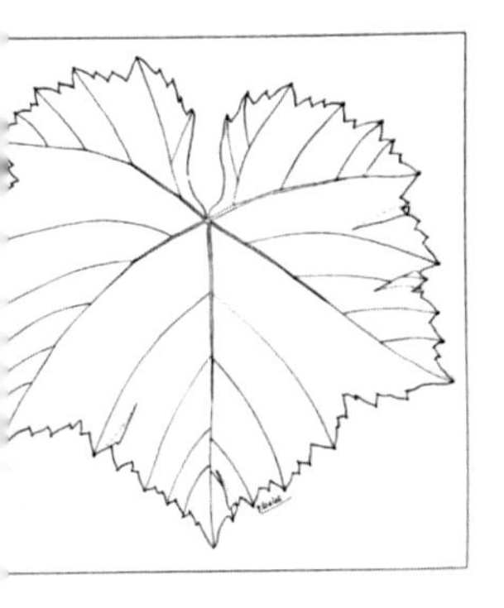

Dessin d'une feuille de pinot noir P. Galet
皮埃尔·加莱提供的黑皮诺叶子绘图

葡萄品种及外观综述

叶子大小适中，但较厚，呈深绿色，叶片有气泡感及细薄的裂片。叶柄窦呈里拉竖琴形，叶缘有尖的锯齿。葡萄串较小，呈圆柱形，果粒排布紧密，由坚硬的、木质葡萄柄连接，极少有分枝。果实颗粒小，球形或略带卵圆形，呈蓝黑色或深紫色，果皮呈深紫红色，较厚，富含色素，果肉较少。

起源

许多历史学家认为，该葡萄品种原产于法国东部，尤其是勃艮第地区。或者可以说高卢人在罗马人以前，早已开始种植这种葡萄了。农学家科鲁梅尔和老普林尼就曾提到阿洛布罗热葡萄品种。尽管这一说法尚未得到证实，著名农学家、蒙彼利埃大学教师让 · 米歇尔 · 布西格与蒙彼利埃国家农学研究所的一些研究人员一起证明出，黑皮诺产生了两大家族的葡萄品种：赛兰家族和努瓦里昂家族。第一个家族包含西拉、瑚珊、玛珊和梦杜斯等。第二个家族，包括霞多丽、佳美和罗莫朗坦等。

别名

在意大利被称为皮诺；在匈牙利、罗马尼亚、澳大利亚和新西兰被称为黑皮诺；在匈牙利被称为黑萨瓦涅。

在法国和世界各地的种植分布及产量（2015 年国际葡萄与葡萄酒组织的统计数据）

根据国际葡萄与葡萄酒组织 2015 年的数据，黑皮诺葡萄品种在世界上的种植面积已达到了 11.2 万公顷，并主要分布在欧洲的气候凉爽地段。如：德国（1.2 万公顷），意大利，瑞士，罗马尼亚，匈牙利，西班牙和一些新世界葡萄酒生产国：美国 （2.5 万公顷），新西兰，澳大利亚（5 000 公顷），智利，阿根廷，南非和中国（1 000 公顷）。

在法国，勃艮第和香槟产区的黑皮诺产量很大（3.2 万公顷），卢瓦河谷和阿尔萨斯产区也种植该葡萄品种（其中，卢瓦河中部产区、都兰产区和安茹产区种植面积为 1 703 公顷，占法国总种植面积的 7.1%）。

生长条件和抗病能力

该品种具有较早的萌芽期和成熟期，但活力和产量中等。并易受白粉病、霜霉病、灰腐病和葡萄叶蝉的侵害。

克隆品种

产量有限的品种：777, 828, 1184, 1185, 1190，1197；产量中高等的品种：111, 113, 114, 115, 162, 165, 386, 521, 667, 743, 779, 780, 792, 870, 871, 872, 927, 943；产量高到极高的品种： 236, 292, 375, 388， 389, 459, 583, 665, 666, 668, 829。

黑皮诺葡萄酒类型

该葡萄品种通常生长在温带地区用于酿造颜色较浅的红葡萄酒，酸度较高但香气丰富。其特点为精巧细腻，尤其是勃艮第产区。葡萄酒爱好者可以在桃红葡萄酒中，尤其是在起泡酒“黑中白香槟”、香槟产区的桃红葡萄酒以及世界上许多其他地区和国家的该类葡萄酒中，享受到黑皮诺葡萄酒的优雅。

该品种的特殊香气

花卉的香气：紫罗兰。

水果的香气：樱桃，桑葚。

演变香气：白兰地渍樱桃，皮革和松露。

Le cabernet franc

Cépage cabarnet franc
et pierre de silex
品丽珠葡萄品种与燧石

Ampélographie

Sa feuille est orbiculaire, vert clair, fortement quinquelobée, avec des sinus latéraux à fond aigus et étroits, avec parfois une dent au fond. La grappe est petite cylindro-conique, lâche, parfois ailée et de couleur noir bleuté.

Son origine

Dans la famille des cabernets, le cabernet franc serait, d'après de nombreux ampélographes, le père... Mais il est plus discret que son fils le cabernet sauvignon. C'est certainement un descendant du Biturica, mais la légende explique qu'il pourrait être le descendant du txakoli noir, du Pays Basque espagnol avec qui il présente une forte analogie génétique, et que des pèlerins de Saint Jacques de Compostelle auraient ramené sur Bordeaux. Son nom viendrait de Carmenet (latin Carminium = carmin rouge)

Ses synonymes

Etant l'un des plus anciens cépages français de nombreux synonymes définissent ce cépage, comme par exemple bouchy à Madiran, bouchet ou gros bouchet, à Saint-Emilion et à Bergerac, gros cabernet, carmenet, grosse vidure ou cabernet blanc dans le Médoc, mais aussi Achéria dans le Pays Basque, Arrouya proparte à la périphérie du Jurançonnais, capbreton, sable rouge ou Messange rouge dans le vignoble des sables landais, breton en Anjou et en Touraine.

Sa localisation et production en France et dans le monde

On le retrouve dans une vingtaine de pays. Sa production de 45 000 Ha dans le monde se répartit essentiellement en Chine (3 000 Ha), en Hongrie, en Australie, en Nouvelle-Zélande, en Argentine, aux Etats-Unis (Californie).

Mais, c'est la France, avec 33 000 Ha, qui en cultive le plus : le Bordelais et La vallée de la Loire avec 16 369 Ha (source Interloire 2019) est le plus grand producteur, ensuite c'est la région de Bordeaux et du sud-ouest, puis le Languedoc pour certaines AOP et quelques IGP vin de pays de cépage. C'est un cépage avec de belles perspectives de développements avec le réchauffement climatique.

Les conditions de production végétale et les résistances aux maladies

Avec un débourrement moyen, et une maturité tardive, ce cépage vigoureux confère aux vins une belle acidité, mais par contre nécessite un palissage, afin d'éviter de la pourriture grise. Il est également sensible au mildiou, à l'oïdium, au black-rot, aux cicadelles (insectes) et aux carences en magnésie.

Les Clones

Il y a de nombreux clones avec des productions diverses, limitées : 214, 326, 327, 1156, 1166, 1167, 1204, moyennes à élevées : 215, 312, 393, 394, 395, 396, 409, 543, 544, 623, 678, 1203, beaucoup plus élevées : 210, 211, 212, 213, 330, 331, 332, 542, 545, 622.

Les types de vins produits

Selon les régions viticoles, ce cépage a la particularité d'avoir plusieurs visages. Il est communément vinifié en rosé sec et bien évidemment en vin rouge souple et structuré. Dans la vallée de la Loire, de nombreux vignerons en Anjou élaborent des rosés tendres, et certaines maisons de fines bulles de Saumur, Touraine mousseux, Crémant de Loire rosés et des Crémants blancs de noirs. C'est un cépage qui confère en assemblage avec le merlot et le cabernet sauvignon à Bordeaux de la finesse et de l'élégance, mais vinifié seul dans certaines propriétés de Saint-Emilion, j'ai eu la chance de goûter des vins exceptionnels au Château Figeac ou au Château Cheval Blanc.

Les arômes spécifiques du cépage

Arômes de fleurs et de végétaux : Iris, violette, réglisse (bâton de),

Arômes de fruits : framboise et fraises fraiches à maturité et arômes compotés à très forte maturité,

Arômes de sous maturité : Poivron vert (pyrazine), fougère verte, lierre.

品丽珠

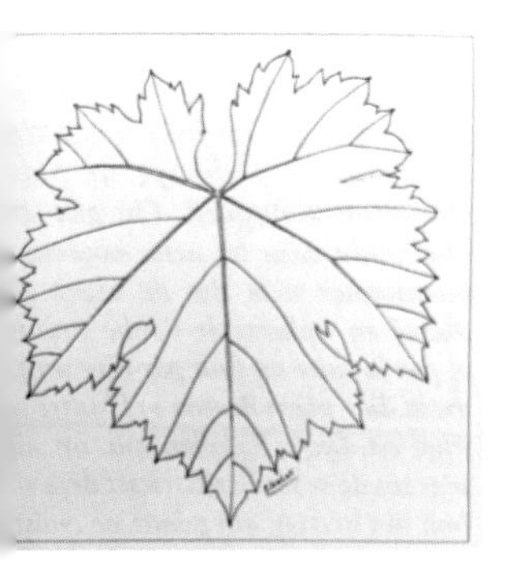

Dessin d'une feuille de cabernet franc P. Galet
皮埃尔·加莱提供的品丽珠叶子绘图

葡萄品种及外观综述

叶子呈心脏形，浅绿色，分成 5 瓣，裂刻深，叶窦呈矢形，叶缘锯齿锐利。葡萄串呈圆锥形，有时会出现分枝，果粒排布稀疏，呈蓝紫色。

起源

根据多位葡萄种植学家的分析，在卡本内葡萄家族中，品丽珠可以被视为“父辈”。不过，它比作为“晚辈”的赤霞珠低调。品丽珠很有可能是比图里卡的后代。但传说，它可能是西班牙巴斯克地区黑查科丽葡萄品种的后代，因为两者的基因非常相似。这一品种可能是由圣雅克 · 德孔波斯特拉的朝圣者带到了波尔多。它的名字来源于卡门内（拉丁语中卡门尼奥 Carminium = 胭脂红）。

别名

作为法国最古老的葡萄品种之一，品丽珠红葡萄拥有众多的别名。例如在马迪朗产区被称为宝奇；在圣埃美隆产区被称为布塞或者大布塞；在贝尔热拉克产区被称为大卡本内或卡本内；在梅多克产区被称为大维杜尔或白卡本内；在巴斯克产区被称为阿基利亚；在朱朗松周边被称为阿鲁娅；在朗德沙地产区被叫做卡布勒通、红砂或者红梅桑格；在安茹和都兰产区则被称为布列塔尼。

在法国和世界各地的种植分布及产量（2015 年国际葡萄与葡萄酒组织的统计数据）

全球有二十多个国家种植品丽珠，其 4.5 万公顷的全球种植总面积主要分布在：中国（3 000 公顷），匈牙利，澳大利亚，新西兰，阿根廷，美国（加利福尼亚州）。品丽珠在法国的种植面积最广，达到 3.3 万公顷。其中，波尔多产区和卢瓦河谷产区为最主要的生产地，根据 2019 年卢瓦尔河谷的葡萄酒贸易组织的数据，种植面积为 1.636 9 万公顷，然后是大波尔多产区、西南产区、朗格多克部分受保护的原产地产区和一些具有受保护的地域标识的地区。在全球气候变暖的背景下，这一葡萄品种具有广阔的发展前景。

生长条件和抗病能力

该葡萄品种萌芽适中，成熟期较晚，生命力较强，赋予葡萄酒良好的酸度。但前提是照料得当，做好整枝，以防止其受灰腐病侵害。它还易受霜霉病、白粉病、黑腐病、蝉（昆虫）和氧化镁缺乏症的侵害。

克隆品种

品丽珠有多种克隆品种，其中：产量低的品种有 214，326，327，1156，1166，1167，1204。产量中高等的品种有 215，312，393，394，395，396，409，543，544，623，678，1203。产量更高的品种有 210，211，212，213，330，331，332，542，545，622。

葡萄酒类型

这一葡萄品种在不同的产区生产不同种类的葡萄酒。品丽珠主要用来酿造干型桃红葡萄酒，也有柔顺的、层次丰富的红葡萄酒。卢瓦尔河谷，安茹地区的许多葡萄园出半干型桃红葡萄酒，索米尔产区的一些酒庄酿造起泡酒，如都兰起泡酒、卢瓦尔河谷桃红、或黑中白起泡酒。在大波尔多产区，该品种在与美乐、赤霞珠调配后，能酿造出精致而优雅的葡萄酒。但在圣埃美隆产区的一些酒庄，它被用来单酿，作者很幸运曾在飞卓酒庄或白马酒庄品尝过一些非凡的单酿美酒。

该品种的特殊香气

花草香：鸢尾，紫罗兰，甘草茎。

水果的香气：新鲜成熟或过熟的覆盆子和草莓。

未成熟的香气：青椒（吡嗪），绿色蕨菜，常春藤。

Le grenache noir

Cépage grenache
黑歌海娜葡萄品种

Ampélographie

Le cépage présente des feuilles moyennes, cunéiformes, vert clair, très brillantes, quinquelobées avec un sinus pétiolaire en lyre. Les grappes sont moyennes à grandes, de forme tronconique, ailées, compactes. Les baies sont moyennes, sphériques, noires, avec une pellicule assez épaisse.

Son origine

Le grenache noir ou garnacha tinta est une variété de raisin noir d'origine espagnole, de la région d'Aragon ou de Catalogne qui aurait été introduit dans le sud de la France au Moyen Âge.

Ses synonymes

Alicante de Pays, roussillon, sans pareil en France ; garnacha, garnacho, aragonais, granaxa en Espagne ; garnacha en Australie, en Nouvelle Zélande et au Brésil.

Sa localisation et production en France et dans le monde

Avec 163 000 ha en 2015, selon OIV, ce cépage est majoritairement cultivé en France et en Espagne (62 000 Ha) puisque ces deux pays représentent 87 % de la surface mondiale. On le retrouve également au Portugal, en Israel, à Chypre, en Algérie, au Mexique...

En France, avec 81 000 Ha c'est la 3ème production nationale. Il est essentiellement recommandé dans les départements méditerranéens pour des AOP diverses : Châteauneuf du Pape, Côtes du Rhône, Languedoc et de nombreux VDN : Rivesaltes, Maury, Rasteau.

Les conditions de production végétale et les résistances aux maladies

Le cépage a un débourrement et une maturité moyenne, avec un cycle végétatif long. C'est pour cela qu'on le trouve plus en zone chaude. Il est très sensible à l'excoriose et la pourriture grise et peu sensible à l'oïdium et aux acariens. Sa production est élevée.

Les Clones

Selon le type de production, on choisira un clone différent, si on la souhaite limitée : 136, 362, 435, 435, 513, 1064,1065, 1212, plutôt moyenne à élevée : 135, 137, 139, 433, 434, 515, 516, et dans le cas d'une production élevée à très élevée : 70, 134, 224, 287, 517, 814.

Les types de vins produits

Les vins rouges de grenache noir sont très alcoolisés, très colorés et parfois un peu nerveux. Ils sont essentiellement utilisés en assemblage, avec la syrah, le mourvèdre, le carignan ou le cinsault pour un meilleur équilibre. On élabore également beaucoup de Vins Doux Naturels (VDN) du fait de sa forte capacité à l'oxydation (madérisation/rancio) en assemblage avec le grenache gris notamment.

Les arômes spécifiques du cépage

Arômes d'épices : épices douces,

Arômes de fruits : cassis, mûre, cerises, pruneau (fruits frais très murs ou confiturés)

Arômes au vieillissement (notamment des VDN) : épices, cerises à l'eau de vie, cacao, café torréfié, garrigue, toasté.

黑歌海娜

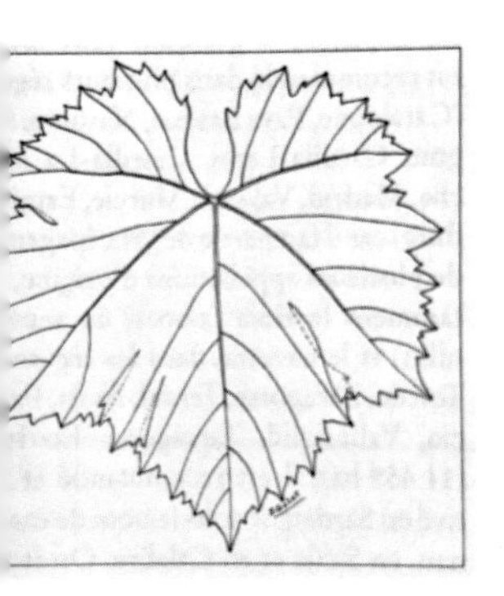

Dessin d'une feuille de grenache noir P. Galet
皮埃尔·加莱提供的黑歌海娜叶子绘图

葡萄品种及外观综述

叶子大小中等，呈楔形，浅绿色，透亮，分成5瓣，裂刻深，叶柄窦呈闭合椭圆形。葡萄串中等或较大，呈锥台形，有分枝且果实排布紧密。葡萄颗粒大小适中，呈球形，黑色，果皮较厚。

起源

黑歌海娜或者加尔纳恰红葡萄是一种起源于西班牙阿拉贡或者加泰罗尼亚地区的黑葡萄品种，据说早在中世纪时期就被引入了法国南部。

别名

帕伊阿利坎特是法国鲁西永产区对该葡萄品种独一无二的特有称呼；在西班牙，有加尔纳恰、加尔纳歌、阿拉贡、格拉纳夏等不同称呼；在澳大利亚、新西兰和巴西被称为加尔纳恰。

在法国和世界各地的种植分布及产量（2015 年国际葡萄与葡萄酒组织的统计数据）

2015 年黑歌海娜在全球的种植面积为 16.3 万公顷，主要分布在法国和西班牙（6.2 万公顷），占全球总种植面积的 87%。另外该品种在葡萄牙、以色列、塞浦路斯、阿尔及利亚和墨西哥等国家也有种植。

在法国，黑歌海娜的种植面积为 8.1 万公顷，排法国酒生产的第三位。它主要分布在法国地中海省份的一些受保护原产地产区，例如教皇新堡产区、罗纳河谷产区、朗格多克产区和许多天然甜葡萄酒产区（如里韦萨特产区、莫里产区和拉斯多产区）。

生长条件和抗病能力

黑歌海娜葡萄品种的种植周期长，萌芽期和成熟期适中。因此多生长于气候炎热的地区。它易感胞外病和灰腐病，但对白粉病和螨虫不太敏感。其产量较高。

克隆品种

根据不同的产量需求，可以选择不同品种的黑歌海娜。在需要限制产量时，可选用以下克隆品种：136，362，435，435，513，1064,1065，1212。产量中高等的品种：135，137，139，433，434，515，516。产量高到极高的品种：70，134，224，287，517，814。

葡萄酒类型

使用黑歌海娜酿造的红葡萄酒酒精度高，色泽较深，酒力较强劲。它主要与西拉、慕合怀特、佳丽酿或者神索混酿，以增强其平衡度。同时，得益于它较强的氧化能力（马德拉葡萄酒色味化 / 陈化），它与灰歌海娜混合后可酿造天然甜葡萄酒。

该品种的特殊香气

香料的香气：口味较轻的甜香料。

水果的香气：黑加仑，桑葚，樱桃，或熟透的、用来做李子果酱的熟李子的味道。

陈化的香气（尤其是天然甜葡萄酒）：香料，白兰地樱桃，可可，焙烤咖啡，灌木丛，焦味。

Cépage syrah
西拉葡萄品种

La syrah

Ampélographie (Galet P)

Les feuilles de taille moyenne, sont bullées et gaufrées au point pétiolaire, tourmentées, souvent ondulées, moyennement lobées avec les sinus latéraux à fonds aigus et étroits, sinus pétiolaire en lyre, plus ou moins fermée ; dents ogivales, moyennes. Les grappes sont de taille moyenne, de forme cylindrique, parfois ailées, et compactes. Les baies ovoïdes, petites, présentent une couleur noir-bleuté avec une pruine abondante, et une peau fine mais résistante (Galet P).

Son origine

On a longtemps évoqué 3 hypothèses : la possibilité de l'arrivée du cépage de la ville de Chiraz en Iran en 1224 à Hermitage par le chevalier Stérimberg qui lui aurait donné son nom. Un développement de la syrah au IIIème siècle grâce aux largesses de l'empereur Probus désireux de coloniser toute la Gaule, et la troisième hypothèse émet une origine rhodanienne. Cette dernière semble la plus crédible, car les études génétiques de 2008 de Jean Michel Boursiquot sur le cépage, confirme qu'il est issu d'un croisement entre la mondeuse blanche de Savoie et le dureza noir de l'Ardèche.

Ses synonymes (Galet P)

Sirah, syra, schiras, sirac, serine, sereine en France, hermitage en Nouvelle-Zélande, shiraz en Australie, balsamina en Argentine, durif en Californie.

Sa localisation et production en France et dans le monde

Avec 190 000 Ha, ce cépage, produit dans 31 pays (OIV 2015), est le 8ème des cépages les plus plantés au monde. En Australie (40 000 Ha soit le 1er cépage planté), Espagne (20 000 Ha), Argentine (13 000 Ha), Afrique du sud (11 000 Ha), aux Etats-Unis (9 000 Ha), au Chili (8 000 Ha), au Portugal (6 000 Ha), en Chine (1 000 Ha). En France, la culture de la vigne a explosé à partir de 1958 pour atteindre en 2015, 64 000 Ha. Elle est essentiellement positionnée dans la vallée du Rhône où le cépage est vinifié seul dans les crus septentrionaux ou en assemblage dans la partie méridionale. On le retrouve en forte proportion dans le Languedoc-Roussillon.

Les conditions de production végétale et les résistances aux maladies

Il a un débourrement moyen et une vigueur importante, avec une production moyenne. Il est peu sensible aux maladies mais fortement aux cicadelles. Il a une maturité très rapide qui nécessite une grande vigilance pour éviter une surmaturité, qui donne des vins lourds.

Les Clones

Il a été référencé plus de 600 clones dans le monde, et plus de 50 en France, dont les principaux sont : avec une production limitée : 470, 1140, 1141 et avec une production moyenne à élevée : 524, 747.

Les types de vins produits

Il donne des vins rouges de grande qualité, très coloré, riche en tanins, au parfum rappelant la violette ayant fait la réputation des vins des AOP prestigieuses de la vallée du Rhône Nord (Hermitage, Cornas, Côte-Rôtie...). C'est un cépage complémentaire du grenache dans les vins d'assemblage.

Les arômes spécifiques du cépage

Arômes de fleurs et d'épices : Violette, poivre noir et d'épices douces,
Arômes de fruits et de végétaux : mûre, olive noire, truffe noire et thym,
Arômes au vieillissement : réglisse noire, cacao et végétal sec, et cuir.

西拉

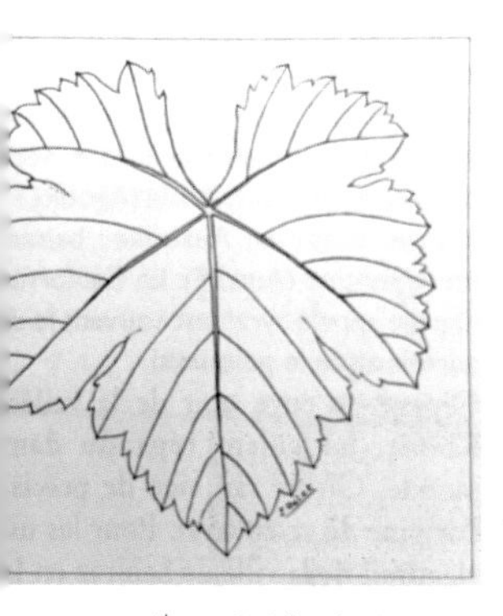

Dessin d'une feuille de syrah P. Galet
皮埃尔·加莱提供的西拉叶子绘图

葡萄品种及外观综述

叶子大小中等，叶面呈小泡状，叶柄尖有凹凸花纹，形状不规则，通常呈波浪形，裂片适中，横向窦基部尖锐而狭窄，叶柄窦呈里拉竖琴形，叶片边齿较钝。葡萄串大小中等，呈圆柱形，有时有分枝。果粒排布紧密、颗粒较小，呈卵球形，蓝黑色，表面覆盖白霜，果皮薄但有韧性。

起源

长期以来，一直存在着三种起源推断：第一种说，1224 年，骑士斯泰林伯格将设拉子品种带到了伊朗，并给它起了“埃米塔日”这个名字，意为隐士小屋。其二是得益于罗马帝国普罗布斯皇帝的慷慨，他对全高卢的垦殖推动了西拉在 3 世纪的发展。第三个假说则说它起源于罗纳河。最后这个假说似乎是最可靠的，因为让 · 米歇尔 · 布尔西科在 2008 年对葡萄品种进行的基因研究时证实了西拉品种是由萨瓦的白梦杜斯与阿尔代什的黑杜瑞莎杂交所得。

别名

西拉在法国也被称为席拉、西拉斯、西拉科、塞里娜；在新西兰被称为塞雷娜埃米塔日；在澳大利亚被称为设拉子；在阿根廷被称为巴尔萨米娜；在美国加利福尼亚州被称为杜瑞夫。

在法国和世界各地的种植分布及产量（2015 年国际葡萄与葡萄酒组织的统计数据）

国际葡萄与葡萄酒组织 2015 年的数据指出，西拉是世界第八大葡萄品种，在全球的总种植面积为 19 万公顷，分布在 31 个国家：澳大利亚（4 万公顷，是澳大利亚种植面积第一的葡萄品种），西班牙（2 万公顷），阿根廷（1.3 万公顷），南非（1.1 万公顷），美国（9 000 公顷），智利（8 000 公顷），葡萄牙（6 000 公顷），中国（1 000 公顷）。自 1958 年起，西拉在法国的种植面积逐步扩大，并于 2015 年达到了 6.4 万公顷，主要分布在罗纳河谷产区，用于单酿，这一品种在法国南部产区用于混酿，在朗格多克-鲁西永分布极广。

生长条件和抗病能力

西拉萌芽期适中，生命力强，产量中等。它不易感染疾病，但易受葡萄叶蝉的侵害。它成熟迅速，因此需要保持高度警惕，以避免其过熟，而导致葡萄酒口感沉重。

克隆品种

西拉在全世界的克隆品种有 6000 多种，在法国有 50 多种，包括：产量有限的品种：470，1140，1141。产量中等到高的品种：524，747。

葡萄酒类型

这一葡萄品种酿造出来的红葡萄酒品质高，色泽丰富，富含单宁，略带紫罗兰的香味。罗纳河谷北部拥有十分著名的受保护原产地产区（埃米塔日，科尔纳斯，罗帝丘）。它在与歌海娜葡萄品种混酿的葡萄酒中扮演补充葡萄品种的角色。

该品种的特殊香气

花卉和香料的香气：紫罗兰，黑胡椒，甜香料。

水果和植物的香气：桑葚，黑橄榄，黑松露和百里香。

陈化的香气：黑甘草，可可，蔬菜干和皮革。

2.3 Le cycle de la vigne et le travail du viticulteur

1 La taille de la vigne au Chateau de la Mulonniere en Anjou (2021)
法国西部安茹产区穆罗涅尔酒庄工作人员修剪葡萄树时的照片 (2021)

La taille des ceps de vignes se déroule tout l'hiver lorsque la végétation est au repos et la sève descendue. C'est à ce stade que le vigneron oriente la qualité de la vendange du millésime suivant, et qu'il maîtrise ses rendements. Chaque bourgeon sauvegardé donne un rameau supportant 1 ou 2 grappes de raisins.
葡萄树的修剪，需在冬季，葡萄树进入休眠期至伤流期前进行。该阶段的工作将决定来年葡萄的质量和产量。在保存下来的每个葡萄树芽上，会结出一到两串葡萄。

2 Le débourrement
葡萄萌芽

Au printemps (fin mars, début avril), aux premiers réchauffements du soleil, la sève remonte dans les ceps avec la température. On assiste alors au débourrement progressif des bourgeons, en quelques jours. La pousse des rameaux progressive sera d'autant plus rapide que la température sera élevée.
初春返暖时期（3 月底、4 月初），随着气温的逐渐升高，葡萄树内液体开始流动。几天内，葡萄树慢慢长出新芽。这些嫩芽会逐渐生长，其速度与温度回升的速度比起来，有过之而无不及。

3 Les chaufferettes antigel
防寒加热器

Au cours de « l'éclosion » de la vigne, en avril et en mai, les bourgeons et les jeunes pousses sont très sensibles aux températures négatives, qui peuvent détruire les tissus végétaux. Les vignerons protègent avec des chaufferettes au fuel, des éoliennes ou par aspersion d'eau, leurs vignes.

四月至五月，葡萄树进入花蕾期，芽孢和嫩枝对摄氏 0° C 以下温度十分敏感。为预防在这段时间内出现的倒春寒，冻死葡萄树的嫩芽，葡萄种植者会使用燃料加热器、风力涡轮机或洒水来保护葡萄生长系统。

4 La floraison
开花

La Floraison a lieu selon les cépages de fin mai à mi-juin et détermine la date des vendanges à 100 jours. Cette étape est cruciale, il est important durant cette période de fécondation de 5 à 10 jours que le temps ne soit pas trop pluvieux, ni trop froid, sinon les capuchons floraux ne pourront pas s'extraire, et la floraison sera incomplète : phénomène de coulure.

不同的葡萄品种的开花期不同，通常是五月底至六月中。葡萄树开花后的 100 天可以采摘葡萄。这一阶段至关重要，在授粉的 5 至 10 天内，天气不宜阴雨和寒冷，否则会因花的柱头无法伸出，而导致授粉不全，落花现象。

5 Le traitement des vignes au printemps et été
春夏季葡萄树的管理

A partir du débourrement et jusqu'à la fin de la véraison, les vignerons doivent entretenir leurs vignes. Ils réalisent des traitements phytosanitaires afin de combattre les différentes maladies (oïdium, mildiou...) et certains insectes. Ils épointent également les rameaux afin de limiter le développement de la vigne et ils désherbent avec des produits ou en grattant.
在葡萄树从萌芽到开始成熟阶段，葡萄种植者必须对葡萄树进行植物检疫，以防止其受不同疾病和昆虫的侵害（白粉病、霜霉病等）。他们也会修剪葡萄树枝以限制葡萄树的生长，使用一些化学药品或物理方法来清除杂草。

6 L'effeuillage des vignes
疏剪葡萄树叶

Le climat n'étant pas tous les ans propice à une bonne maturité des raisins, les viticulteurs ont mis en place, des méthodes culturales pour favoriser cette maturité et éviter une dégradation des baies par une eau pluviale intense et stagnante. L'effeuillage qu'il soit manuel, mécanique ou thermique se fait sur la face soleil levant en juillet.
由于每年气候不都有利于葡萄的成熟，葡萄种植者会采取一些措施来促进葡萄的成熟，以防因过量降雨、滞水使葡萄受损。7 月，葡萄种植者会在日出的时候，采用人工、机械或物理热学的方法疏剪葡萄树叶。

7 L'éclaircissage des vignes
葡萄树的疏苗

La taille en vert ou éclaircissage est réalisé manuellement en juillet ou août avant la fin de la véraison afin de limiter la charge en raisin aux normes Hl/Ha de l'A.O.P ou IGP. Le vigneron en profite pour équilibrer les grappes sur l'ensemble du cep.

7 月或 8 月，即葡萄进入成熟期前，在一些受保护原产地或受保护的地理标识的葡萄产区，葡萄种植者会进行修剪绿果或疏苗以控制单位面积内葡萄的产量。葡萄种植者借此机会来平衡整个葡萄藤中的葡萄串。

8 La véraison des raisins
葡萄开始成熟

Au cours du mois d'août, les cépages en France finissent leur véraison. La couleur apparaît grâce à la synthèse des anthocyanes. Plus le soleil sera brillant et intense plus la véraison sera rapide

8 月份，法国葡萄品种成熟期结束。由于花色素苷的结合，葡萄颜色显现出来。阳光越强烈，葡萄就成熟得越快。

9 La maturation finale des raisins
葡萄的最终成熟

Les vendanges ne seront déclenchées qu'après une vérification (contrôle de maturité avec dégustation des baies et analyse de l'acidité totale et des sucres) de la maturation optimale des raisins. Le but étant chaque année de récolter des raisins sains et mûrs.

经检验（通过品尝检测葡萄的成熟度及分析其总酸度和糖分），葡萄达到最佳成熟度后，种植者才开始采摘葡萄。目标是每年收获健康、成熟的葡萄。

2.4 Les modes de production

On définit la viticulture, comme l'ensemble des activités qui concernent la culture de la vigne. La viticulture est complexe et tient compte de nombreux paramètres afin que la vigne puisse produire des raisins de table ou de cuve sur de nombreuses années (de 30 à 60 ans).

Ces surfaces viticoles peuvent être exploitées selon différents modes culturaux. Je développerais dans ce chapitre les 4 modes principaux : la viticulture conventionnelle, en Lutte raisonnée, biologique et en biodynamie, afin de vous expliquer les enjeux techniques, scientifiques, écologiques et économiques.

2.4.1 La viticulture conventionnelle

La viticulture conventionnelle est jusqu'à maintenant la technique la plus courante. Elle utilise tous les moyens légaux de culture pour obtenir des fruits sains et sucrés :

- une taille manuelle ou mécanique,
- une régulation du sol par apports d'engrais naturels ou de synthèse,
- des traitements phytosanitaires pour combattre des maladies et des désherbants de contact ou systémiques,
- des insecticides afin d'éviter une destruction du feuillage ou des baies de raisins.

Cette liste des produits rentre dans un codex européen avec des doses maximales et des contraintes d'utilisations, qui se durcit chaque année un peu plus. Mais aujourd'hui, les viticulteurs soucieux de leur environnement, de la sécurité des produits et de leurs collaborateurs souhaitent pour l'essentiel, produire des vins sains sans oublier la valorisation des aspects patrimoniaux, historiques, culturels, écologiques et paysagers de leurs vignobles hérités de leurs aïeuls et à transmettre à leurs enfants... alors ils tendent inévitablement vers une viticulture durable.

Selon l'OIV, la viticulture durable est une approche globale à l'échelle des systèmes de production de raisins, associant à la fois pérennité économique des structures et des territoires, l'obtention de produits de qualité, la prise en compte des exigences d'une viticulture de précision.

La viticulture utilisant généreusement des produits phytosanitaires de synthèse en grande quantité sans discernement, s'estompe en Europe et j'espère qu'elle va totalement disparaitre dans les prochaines années, au profit d'une viticulture plus saine et durable. La production intensive qui pollue et appauvrie les sols n'a plus sa place quelque soit le pays producteur. Aujourd'hui, la profession est bien sur une prise de conscience environnementale globale, augmentée par la pression des journalistes, les changements climatiques et de la nouvelle génération de viticulteurs qui accélère les réformes. Des départements français (Maine et Loire), ou des appellations (Saumur Champigny, Patrimonio...) font appliquer des restrictions plus dures encore, comme l'interdiction du désherbage total, ou la limitation des intrants chimiques. La viticulture façonne les paysages et devient également une porte d'entrée et une vitrine de la propriété viticole... Un environnement sain et beau, pour un oenotourisme de qualité véhiculant des valeurs positives.

Les outils se sont également modernisés car la dispersion de pesticides est un problème environnemental et de santé publique... pour les hommes qui les utilisent et les populations avoisinantes. Les appareils de traitement avec des panneaux récupérateurs avec des doses plus faibles et mieux ciblées vont bien évidemment dans le bon sens.

2.4 各种葡萄种植生产方式

葡萄种植是指与葡萄栽培有关的所有活动。葡萄种植生产很复杂，因为要使葡萄树能在多年内（30 至 60 年）生产出食用葡萄或酿酒葡萄，必须考虑到许多因素。

葡萄种植区可以根据不同的种植方法进行开发。本章将详细介绍 4 种主要的葡萄种植、生产方式：常规葡萄种植、合理防治种植、有机种植和生物动力种植，以便解释其技术、科学、生态和经济作用。

2.4.1 常规葡萄种植

常规葡萄种植是迄今为止使用最普遍的技术，它通过各种合法的栽培手段生产出健康、甜美的葡萄：

- 手动或机械修剪。
- 通过添加天然或合成肥料来调节土壤。
- 采用病虫害防治手段，来对抗病害、以及接触性或系统性除草剂的负面作用。
- 使用杀虫剂来预防葡萄叶或果粒受损。

欧洲已经制定了上述可使用产品的清单，规定了最大使用剂量和使用限制。管理规定一年比一年严格。今天的葡萄种植者也普遍关注他们的生产环境、产品安全、合作者的健康，大家都希望能生产出符合卫生条件的葡萄酒，同时重视葡萄园在遗产、历史、文化、生态和景观方面的价值提升。葡萄园继承了前辈的传统，将其传给子孙，因此他们也自然会倾向于发展可持续的葡萄种植。

Travail du sol dans le vignoble Bordelais
波尔多葡萄园的耕作

按照国际葡萄与葡萄酒组织的观点，将机构和地区的经济可持续发展联系起来，获得优质产品，考虑精密栽培的要求，已经成为全球范围内葡萄生产系统的普遍做法。

在葡萄种植中盲目采用大量病虫害防治合成产品的做法正在欧洲逐渐消亡。希望这种方式在未来几年内彻底消失，从而使葡萄种植健康发展、更具可持续性。无论哪个生产国，都不应该再保留那种污染和贫化土壤的集约化生产方式。如今，各种媒体的宣传报道、气候变化，加速了赋予改革的新一代葡萄种植者的压力，全面关注生产环境已经成为葡萄酒生产行业的共识。法国的一些省份（曼恩省和卢瓦尔省）或产区（索谬尔-尚皮尼，巴特里摩尼欧等）已经采用了严格的规定，例如完全禁止使用化学除草剂以及限制使用化学产品。葡萄种植塑造了地区景观，也成为葡萄酒产地的门户和橱窗。健康美丽的环境可以为葡萄酒旅游业的良好发展传播积极的价值。

过去使用农药对环境和公共卫生产生了威胁，特别是影响了使用农药的人和附近居住人群的健康。如今葡萄种植的工具已实现了现代化。用带回收板的设备来处理葡萄可以实现低剂量药物的使用及精准的操作，成为葡萄种植生产的正确发展方向。

2.4.2 La viticulture en lutte raisonnée et la viticulture en Haute Valeur Environnementale (HVE)

Une définition précise avec un décret européen (n° 2002-631 du 25 avril 2002) régie ce mode cultural.

« L'agriculture raisonnée correspond à des démarches globales de gestion d'exploitation qui visent, au-delà du respect de la réglementation, à renforcer les impacts positifs des pratiques agricoles sur l'environnement et à en réduire les effets négatifs, sans remettre en cause la rentabilité économique des exploitations. Les modes de production raisonnée en agriculture consistent en la mise en œuvre de moyens techniques dans une approche globale de l'exploitation. Au-delà des impératifs de la sécurité alimentaire des produits agricoles, qui s'imposent à toutes les productions, les modes de production raisonnée peuvent faciliter la maîtrise des risques sanitaires et contribuer à l'amélioration du bien-être animal. Ils permettent également de contribuer à l'amélioration des conditions de travail. »

La viticulture en Lutte raisonnée consiste à raisonner sa culture sur le long terme avec un cahier des charges plus restrictif, qui demande un certain raisonnement incluant :

- La gestion du sol et la fertilisation avec des études sur les terroirs, pour adapter parfaitement les cépages et porte-greffes, puis les techniques culturales aux sols (amendement possible, comprendre les contraintes d'alimentation hydrique de la plante et raisonner l'utilisation précise de compost organique ajouté après analyse physico chimique des sols).
- désherbage chimique uniquement sous le cavaillon et travail des inter-rangs en grattant pour aérer le sol ou par enherbement pour réaliser une concurrence et ainsi ralentir la vigueur de la plante, limiter les rendements, lutter contre l'érosion des sols, limiter les montées de l'eau par la sève et favoriser la biodiversité.
- La limitation d'intrants (à la vigne comme dans les chais) par l'usage raisonné de produits phytosanitaires homologués sur vigne, et des produits œnologiques. Tous les produits phytosanitaires utilisés en conventionnel ne sont pas homologués en lutte raisonnée, et leurs doses sont également plus faibles, grâce notamment à un suivi météorologique plus pointu par des stations météo individuelles par zone ou exploitation viticole permettant de mieux cibler les jours, la dose et la technique de traitement. Les viticulteurs plus techniciens ont remplacé certains insecticides par des hormones (phéromones) évitant ainsi un développement de l'espèce grâce à la confusion sexuelle. La limitation des produits passe également par l'efficacité et la sécurité de la pulvérisation.
- Un travail très poussé sur « l'outil végétal » par la mise en place les éclaircissages et les effeuillages manuels, mécaniques ou thermiques pour faire rentrer la lumière dans les souches, et limiter la charge par cep.
- La limitation des effluents et la gestion des déchets
- Une réflexion permanente pour pérenniser voire améliorer la performance de leur exploitation.
- La préservation de l'environnement viticole et la valorisation des paysages. (Paysage de la cote de nuit en Bourgogne)
- le label en Lutte raisonnée passe obligatoirement par un contrôle systématique et annuel des pratiques de l'exploitation tant à la vigne, qu'au chai afin de pouvoir afficher sur les étiquettes cette pratique.

2.4.2 合理防治种植和高环境价值

以下是欧洲法令（2002 年 4 月 25 日第 2002-631 号）对该种植法所下的精确定义。

“合理防治种植是指涉及经营管理的全面措施，不仅要遵守法规，还要加强农业活动对环境的积极影响并减少负面影响，同时还应确保经营开发的经济收益。农业合理防治种植要求在全部经营开发活动中采用符合上述要求的各种技术手段。除了满足对所有生产都至关重要的农产品食品安全要求以外，合理防治方法还便于控制健康风险，有助于改善动物生存条件。 它们同样有助于改善人的工作条件。”

合理防治种植在于葡萄种植的长期合理化，同时制定严格的规范要求，这就要求具备足够的合理性，包括：

- 在对土壤进行研究的基础上，进行管理和施肥，以完全适应葡萄品种和砧木。根据土壤的性质采用相应的耕作技术（比如尝试改良土壤，了解植物供水的限制因素， 在对土壤进行理化分析后合理地、精确地添加有机堆肥）。
- 仅在葡萄植株之间无法犁到的地面进行化学除草，在行间刮土使土壤通气，或通过行间植草来产生竞争，减弱葡萄的活力，限制产量，以防水土流失，限制葡萄液流上升输送水分，促进植物的多样化发展。
- 使用合规的葡萄病虫害防治、酿造产品来合理限制外来物的投入（在葡萄园和酒窖中）。传统上使用的病虫害防治产品并非都符合合理防治种植的要求。由于在区域或葡萄园设立的个人气象站提供了高精度的气象监测，从而可以更准确地确定打药的日期、剂量和处理技术，上述产品的使用剂量也少了很多。技术更强的葡萄种植者已经用激素（外激素）代替了某些杀虫剂，从而通过造成交配混乱影响相关物种的成长。另外喷洒的效率和安全性也降低了对防治产品的使用。
- 一项大量开展的“植株工具”工作是实施手动、机械或热能梳果或疏叶，从而将光线照射到葡萄树根，限制每棵葡萄树的负荷。
- 废水限制与废物管理。
- 始终思考如何延续和改善耕作效果。
- 保护葡萄酒的生长环境，为产区景观增值。（见 107 页勃艮第产区夜丘的景观照片）

Capsule de phéromone pour la confusion sexuelle
用于引发交配混乱的外激素胶囊

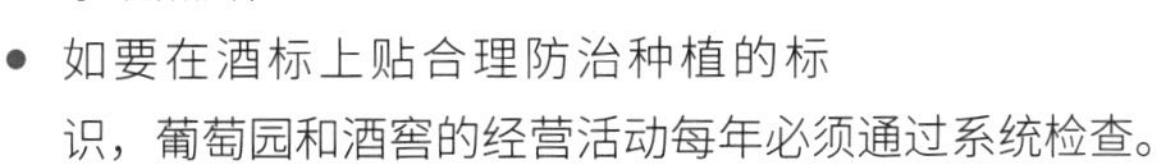

- 如要在酒标上贴合理防治种植的标识，葡萄园和酒窖的经营活动每年必须通过系统检查。

Viticulture labélisée Terra Vitis

Terra Vitis est né dans le vignoble du Beaujolais en 1998, grâce à l'action de vignerons engagés pour la protection de l'environnement. Ils ont une charte très précise et rigoureuse confirmant que dans leur travail, ils respectent des engagements pour le consommateur et pour les générations futures. Le but est de « Protéger la vie de la terre, Conduire la vigne de manière raisonnée, tous les jours, se remettre en question, de se soucier du bien-être au travail de ses salariés, d'avoir une transparence à tous les étages, de la plantation jusqu'à la bouteille, de toujours se rappeler qu'ils empruntent la Terre aux générations futures ».

La « nouvelle viticulture » labélisée HVE

Mise en place depuis 2012, la certification environnementale est un outil qui participe aux objectifs de double performance écologique et économique du projet agro-écologique pour la France. Elle prend en compte des critères relatifs à la biodiversité, à la stratégie phytosanitaire, à la gestion de l'eau et de la fertilisation. Elle s'inscrit dans une démarche progressive et s'articule en 3 niveaux de certification.

Le niveau 1 respecte simplement la réglementation environnementale.

Le niveau 2 certifie le respect par l'agriculteur d'un cahier des charges comportant des obligations de moyens permettant de raisonner les apports d'intrants et de limiter les fuites dans le milieu.

Le niveau 3 s'appuie sur des obligations de résultats mesurées par des indicateurs de performances environnementales. Un logo a été créé pour ce niveau 3 afin que les viticulteurs qui s'engagent dans ce dispositif puissent valoriser cet engagement auprès des acheteurs. Peu de consommateurs le connaissent, mais les négociants ou acheteurs commencent à le rechercher.

Enherbement de l'inter rang, désherbage sous le cavaillon
行间植草，葡萄树下除草。

2.4.3 La viticulture biologique

L'agriculture biologique est régie au plan européen par le règlement CEE n° 2092/91. Ce mode d'agriculture peut se définir globalement comme un mode de production basé sur :

- la gestion de l'activité microbienne du sol,
- le recyclage des déchets organiques,
- un meilleur équilibre des cultures,
- le respect de l'environnement et des équilibres naturels,
- la recherche d'une production dépourvue de résidus de pesticides.

“土地葡萄”，葡萄种植标识之一

“土地葡萄”标识于 1998 年创设于法国博若莱葡萄酒产区，是那些致力于保护环境的葡萄种植者的努力结果。他们有非常精确和严格的章程，确认他们在工作中尊重对消费者和子孙后代的承诺。其宗旨是“保护地球的生命，以合理的方式管理葡萄园，每天自我反省，重视员工工作的乐趣，实现从种植到装瓶全过程的完全透明，永远牢记地球是向后代借用的”。

Logo Lutte raisonnée
合理防治标识

Logo HVE
高环境价值标识

“高环境价值”，代表“葡萄种植新方式”的特有标识

该环境认证标识创设于 2012 年，是一个有助于法国农业实现生态和经济齐步并进的双重目标的工具。它重视生物的多样性、病虫害的防治策略、水利、施肥等方面管理的各项标准。采用 3 个递进式级别认证。

1 级　仅要求遵守环境保护常规。

2 级　要求土地耕种者对规范的遵守，包括合理控制外来物和限制环境流失的各种必要规章制度。

3 级　要求严格遵守根据为取得环境绩效衡量指标所要求的结果而采取的必要措施。为此，**“高环境价值”**(3 级) 有其特有的标识，以体现葡萄种植者对购买者的相关承诺。目前知道该标识的消费者还不多，但是中间商和买家已经开始对此重视了。

2.4.3 有机种植

有机农业在欧洲受欧盟第 2092/91 号法规约束。以下几个主要方面完全可以概括有机种植法：

- 管理土壤中的微生物活动。
- 回收有机废物。
- 平衡土地使用、种植。
- 尊重环境的自然平衡。
- 追求无农药残留的产品。

En 2017, la surface viticole biologique était de 403 047 Ha (+5% vs 2016), soit 5.70 % des surfaces viticoles mondiales produisant du raisin (de table et pour du vin) et que 72% du vignoble bio mondial est en Espagne, en Italie et en France. En 2014, la production de vin bio était de 7.5 millions d'Hl, pour 10,6 millions d'Hl en 2018, avec l'Italie comme pays le plus important producteur (5 millions avec une forte vente à l'export), puis l'Espagne et la France en 3ème position.

La viticulture biologique en nette hausse

On peut considérer que depuis sa création, il y a 8000 ans, la viticulture biologique a existé, mais c'est après la Seconde Guerre mondiale que l'utilisation massive des produits chimiques dans l'agriculture (les vignobles) s'est imposée pour nourrir les populations. Depuis 15 à 20 ans, on assiste à une véritable prise de conscience pour une viticulture plus saine. La surface viticole bio en France représente en 2018, près de 94 000 Ha de vignes (> 10 000 exploitations Bio et conversion), soit 12 % de la surface viticole, et ce chiffre est en constante et rapide augmentation 20% en 1 an sur l'année 2018 et 65 % d'augmentation des surfaces en conversion biologiques. Lorsque l'on étudie la carte, le Languedoc-Roussillon, la Provence ainsi que la vallée du Rhône méridionale avec leurs conditions climatiques sont toujours leaders, mais la nouvelle aquitaine et la vallée de Loire sont en fort développement.

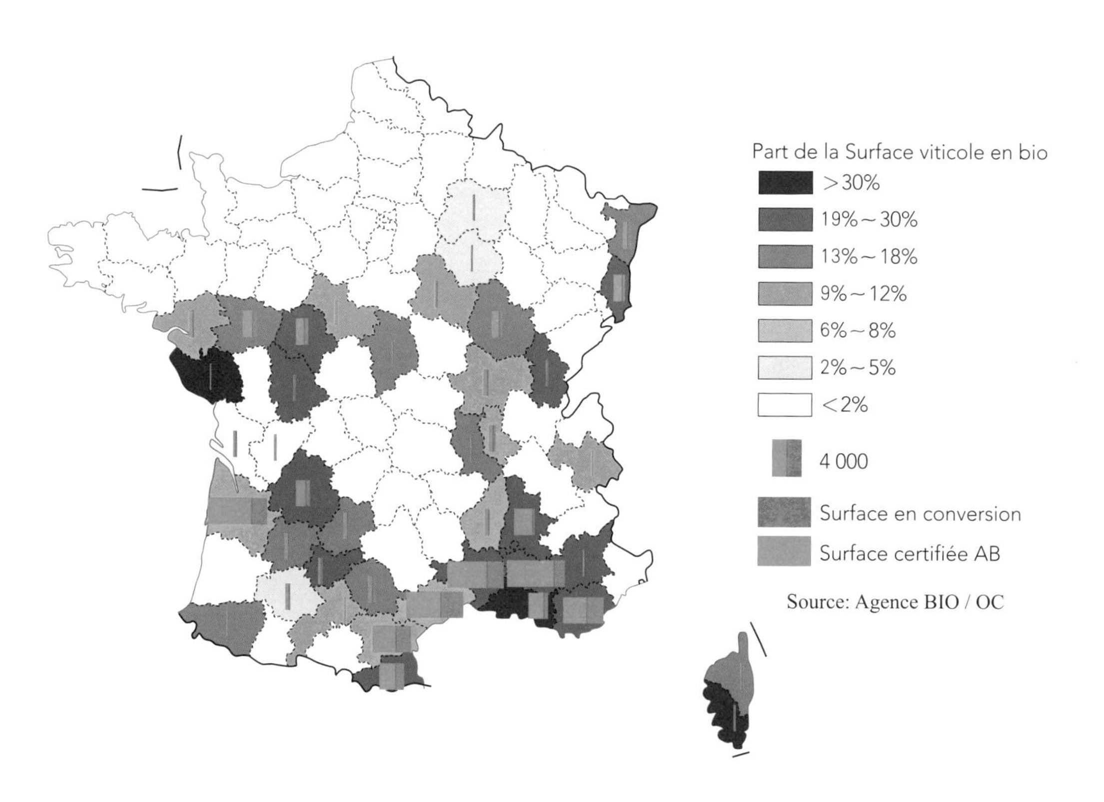

Part de la Surface viticole en bio
法国葡萄有机种植比重

Le vigonble de la Côte de Nuit en Bourgogne (France)
勃艮第产区夜丘的景观

2017 年，全球葡萄有机种植面积为 40.3047 公顷（比 2016 年增长 5%），占世界葡萄树种植面积（包括食用和酿酒葡萄）的 5.70%。世界上 72% 的有机葡萄园位于西班牙、意大利和法国。2014 年，全球有机葡萄酒的产量为 7.5 亿升，2018 年，为 10.6 亿升，其中意大利是产量最高的国家（5 亿升，主要用于出口），其次是西班牙，法国排名第三。

有机葡萄的种植显著增长

应该承认，8000 年来，葡萄的有机种植就一直存在。但是第二次世界大战之后，由于消费的需要，葡萄园中才开始大量使用化学物质。近 15 到 20 年，人们开始真正意识到种植优质、健康的葡萄的重要性。 2018 年，法国有机葡萄的种植面积接近 9.4 万公顷（有 1 万多个有机和有机化葡萄园），占目前葡萄种植总面积的 12%，并且这一数字保持持续快速的增长。2018 年的增长值为 20%，有机化种植面积则增加了 65%。参见相关地图，可以看到朗格多克-鲁西永、普罗旺斯、南部罗纳河谷凭借其气候条件的优势始终是该领域的领先者，但新阿基坦和卢瓦尔河谷正在强劲发展。

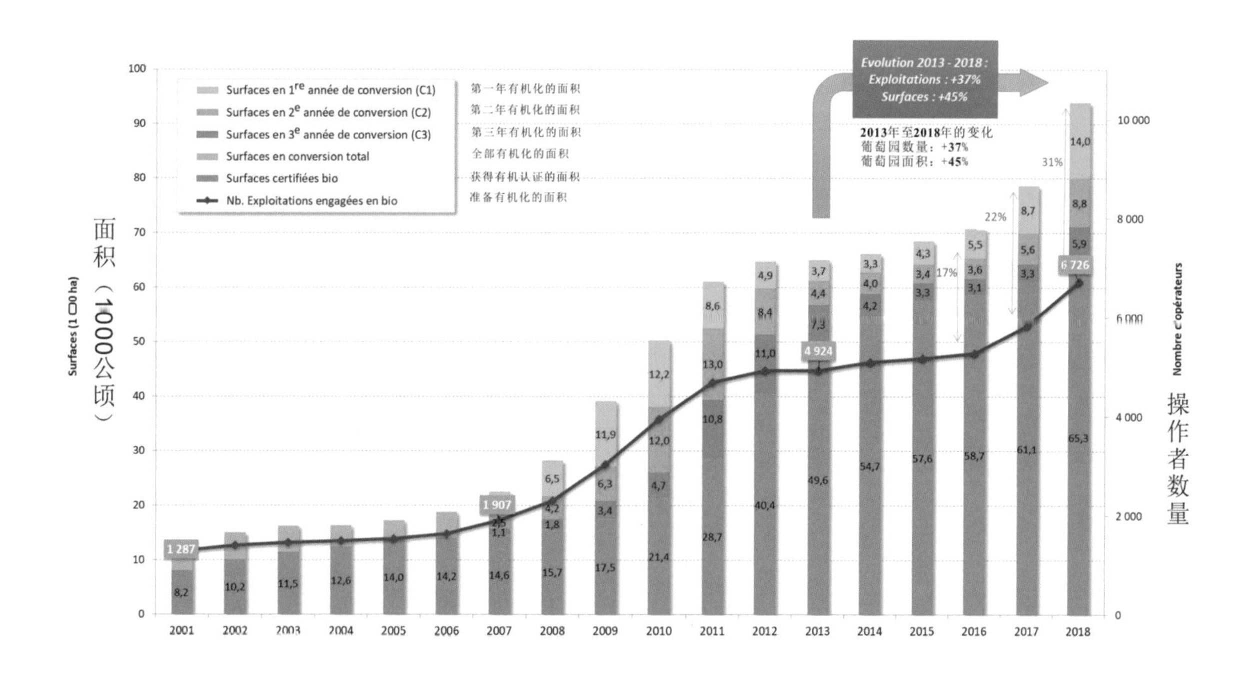

Travail du sol, désherbage dans un terroir de graves à Bordeaux
波尔多大区有机葡萄园的土壤整理和除草工作

Comment peut-on expliquer simplement ce mode de viticulture ?

En viticulture biologique, les vignerons n'utilisent pas de molécules organiques de synthèse, seules les matières premières d'origine naturelle (cuivre, soufre, insecticides d'origine végétale, engrais végétal et animal) sont autorisées. Ce mode exclut l'utilisation d'organismes génétiquement modifiés et les intrants issus d'Organismes Génétiquement Modifiés (OGM). Le but est bien de promouvoir la lutte naturelle entre les espèces et de favoriser la vie des sols, la pérennité des espèces animales et végétales pour avoir un écosystème naturel. Voici plusieurs éléments à respecter dans la conduite du vignoble :

a. Maintenir la fertilité du sol afin de garantir une production régulière en quantité et en qualité sur la durée, pour un développement optimal de la plante et une meilleure expression des "terroirs". Cela passe par un travail du sol, les herbicides sont proscrits, seul les désherbages mécaniques ou thermiques ou les enherbements naturels sont autorisés. Ensuite le viticulteur doit prendre en compte la fertilisation des sols par apports de composts et engrais verts afin d'entretenir l'activité biologique de la terre et maintenir un taux suffisant de matières organiques sans excès pour éviter la vigueur de la plante qui deviendra sensible aux maladies.

b. Lutter contre les maladies de la vigne avec un principe de priorité à la prévention plus qu'au curatif. Toutefois certains produits naturels minéraux (extrait du sol) ou organiques sont autorisés à faibles doses. Contre le mildiou, le viticulteur doit maîtriser la vigueur de plante pour éviter trop de feuillage, bien palisser la vigne pour améliorer la circulation de l'air à travers les rameaux. Il faut également favoriser l'enfouissement des feuilles mortes,

如何简单地介绍葡萄的有机种植？

在种植有机葡萄的时候，种植者不会使用任何有机分子的合成物，只使用自然的原材料（铜、硫、以植物为原料的杀虫剂、动植物肥料）。该种植法也不使用转基因生物和来自转基因生物的投放物。其宗旨是促进物种之间的自然抗争，促进土壤的生命力，使构建自然生态系统的动植物物种能可持续发展。 以下为有机葡萄园管理中几个必须重视的因素：

第一，保持土壤肥力，确保产量和质量的长期稳定，从而实现植株的健康发展以及产区“风土”的最佳特点。包括整理土壤，不使用除草剂，仅开展机械或热能除草或天然植草。另外，葡萄种植者必须考虑通过添加堆肥和绿肥来肥沃土壤，以维持土地的生物活性，并保持足够而不过量的有机质含量，以避免葡萄过度生长、感染疾病。

第二，葡萄树病虫害的防治，以预防为主，治疗为辅。可以使用某些天然矿物质（从土地中提取）或低剂量的有机产品。为了防止霉病，葡萄种植者必须控制植物的生长活力，避免过多的叶子，做好葡萄藤的绑缚，以改善树枝间的空气流通。还要尽快处理枯叶的掩埋，使用铜处理来有效控制霉菌。由于使用铜（一种天然分子）对土壤质量的保持有影响，而且铜会污染土地，因此其使用剂量也逐渐受到限

Élimination des herbes par les moutons en Anjou
安茹产区用绵羊除草

les traitements au Cuivre permettent pleinement de lutter avec force sur le mildiou. Il est à noter que l'utilisation du cuivre (molécule naturelle) n'est pas anodine pour la pérennité et la pollution des sols, c'est pourquoi les doses d'utilisation sont limitées et diminuent dans le temps. La réglementation européenne de 2018 a limité l'utilisation à 4 kg/Ha/an, soit 28 kg/7 ans lissés. Pour l'oïdium, les traitements se font par soufre mouillable et poudrage. Contre le botrytis, il n'y a pas de traitement réel, en prévention on aère le cep, et on peut faire des poudrages de lithotamme : algues marines calcaires qui favorisent la cicatrisation. L'utilisation du cuivre renforce l'épiderme des baies de raisins.

c. Lutter contre les ravageurs de la vigne s'appuie sur des principes suivants : l'observation précise et continue du vignoble, la préservation voire l'emploi de la faune auxiliaire (la présence de typhlodromes permet de réguler le développement des cicadelles vertes...), et l'utilisation de moyens de lutte biologique. Certains domaines ont réimplanté les haies et des murets ou maison de vignes afin de créer différents nichoirs pour ré-introduire les mésanges et chauves-souris qui mangent les chenilles de cochylis avant qu'elles ne deviennent des papillons et détruisent les baies de raisins.

Il est bon de rappeler que la viticulture biologique modifie profondément la structure de l'exploitation avec un besoin de main d'œuvre important, plus de passages pour les traitements de la vigne, plus de travail sur le végétal, plus de surveillance, et des investissements lourds et coûteux dans du matériel spécifique (matériel de travail de sol, d'épandage, de pulvérisation ou de poudrage...) sans oublier une perte de rendements surtout les premières années. Pour tout cela, l'Europe a mis en place des primes à la conversion permettant de compenser en partie des frais et du manque à gagner lors des 3 années de conversion.

Les vins Biologiques existent-ils réellement ?

Oui, depuis 2012, en Europe, grâce au règlement UE N° 203/2012, les raisins biologiques sont maintenant transformés en vins biologiques selon un cahier des charges également très précis et contrôlé par des organismes certificateurs pour utiliser le logo « AB », en France ou le logo européen qui est obligatoire sur les bouteilles. Dans les autres pays comme la Chine, c'est le terme Organic qui figure sur les étiquettes depuis 2005. Dans les recommandations générales : seuls les raisins biologiques peuvent être utilisés, la réglementation française reste prépondérante, il y a une interdiction d'Organismes Génétiquement Modifiés (comme les levures), les intrants autorisés doivent être des produits purs et bio (Sucre ou moût concentré...), et la traçabilité complète des opérations à appliquer. De plus certaines pratiques physiques sont limitées ou interdites (la filtration doit être > 0.2 micromètres, pas d'électrodialyse, thermovinification < 70°c). C'est également la même chose pour des produits interdits (Sulfate d'ammonium, Acide sorbique, PVPP...). Concernant la stabilité des vins, les doses de sulfites sont plus restreintes que pour les vins issus de raisins de l'agriculture conventionnelle (par exemple, 150 mg de SO_2 total/litre dans la réglementation européenne classique pour 100 mg/l pour les vins Bio européens).

Des Salons viticoles spécifiques

Il existe dans de nombreux pays des salons spécifiques aux vins biologiques et souvent bio dynamiques. En France, le plus important a lieu tous les ans à Montpellier (France), la dernière semaine de janvier : Millésime Bio.

制并减少。2018 年的欧洲法规将其使用量限制为 4 千克 / 公顷 / 年，或 28 千克 /7 年的均匀分布。通过可湿性硫粉来处理有机葡萄园中出现的白粉病。因为目前还没有对葡萄孢菌的真正治疗方法，只能让葡萄通风来预防，也可以制作粉末状的石灰藻来促进愈合。铜可以增厚葡萄皮。

第三，防治葡萄害虫的原则是：持续地、仔细地观察葡萄园。保留并借助辅助动物的力量（虫害的存在有利于绿色叶蝉的存活）。使用生物防治手段。在某些种植区，重新建造作为葡萄生长家园的篱笆和矮墙，以安置不同的巢箱，引山雀和蝙蝠来吃掉尚未变成卷叶蛾的毛虫，使葡萄不受侵食。

需要引起注意的是，有机种植很大程度上改变了葡萄园的经营结构，需要大量劳动力、更多的葡萄处理工序、更多的植株打理工作、更多的监控，以及更多的特定设备（土壤处理、撒播、雾化或粉化设备等）。在巨额投资的同时出现了产量下降，尤其是在开展有机种植的头几年。有鉴于此，欧洲各国设立了相应的转换补助金，以部分补偿转换为有机种植前三年的成本和损失。

目前不同的国家使用不同的有机产品标识，比如：

各地区认证标识：Les logos: 欧洲认证标识 européen 法国认证标识 français 美国认证标识 américain 日本认证标识 japonais 中国认证标识 chinois

有机葡萄酒真的存在吗？

可以肯定，自 2012 年以来，欧洲就根据欧盟法规第 203/2012 号的要求，开始把有机葡萄酿造成有机葡萄酒了。在欧洲，获得有机葡萄酒证书要通过专门的认证机构，根据详细的技术规范来进行审核。法国的认证标识为“AB”（即有机农业），或欧洲的认证标识，都必须贴在酒瓶上。在其他国家和地区，比如中国，自 2005 年起便开始使用有机产品标识了。取得有机葡萄酒认证标识的基本要求是：只能使用有机葡萄。相比而言，法国的法规禁止使用转基因生物（例如酵母），所有许可的投放物必须是纯生物制品（糖或浓缩葡萄浆汁），所有操作都要有可追溯性。此外，某些物理方法也受到限制或禁止（过滤孔隙必须大于 0.2 微米，不能进行电渗析，热浸渍酿造应小于 70 摄氏度等）。还有一些产品也被禁止使用了（硫酸铵、山梨酸、交联聚维酮等）。在葡萄酒的稳定剂的使用方面，亚硫酸盐的使用剂量，与传统的葡萄制造的葡萄酒相比，受到了很大的限制（例如，传统欧洲法规规定二氧化硫用量限制为 150 毫克 / 升，欧洲有机葡萄酒限量为 100 毫克 / 升）。

专门的葡萄酒展

在许多国家和地区，都有专门的有机和生物动力葡萄酒展。法国最重要的有机葡萄酒展是每年一月的最后一周在法国南方蒙彼利埃市举行的“年份有机葡萄酒展”。

2.4.4 La viticulture en biodynamie

Comment expliquer la biodynamie ?

En 1924, lorsque des agriculteurs allemands inquiets des phénomènes de dégénérescence sur les plantes cultivées et de l'emploi de substances chimiques de synthèse, ils firent appel à Rudolf Steiner. Ce philosophe et scientifique d'origine autrichienne, définit alors les bases des techniques biodynamiques dans son « Cours aux Agriculteurs ». La culture biodynamique est une pratique qui utilise les forces de vie. En partant de ce principe, son originalité est non seulement de renforcer la vie du sol dans sa typicité toujours différente, en l'imprégnant de compost de matière animale et végétale, mais aussi par l'utilisation de différentes préparations (des baumes homéopathiques) afin d'aider le végétal à se nourrir de lumière et de chaleur pour améliorer sa photosynthèse.

Les bases de la biodynamie

Afin de travailler et traiter naturellement la vigne, d'entretenir son sol, le viticulteur utilise deux outils : les préparations et le calendrier biodynamique.

Enfouissement de la corne de vache
掩埋牛角粪

- Les préparations de plantes ou de minéraux mélangés au compost, permettent suivant la situation géographique d'un vignoble, ou les caractéristiques de l'année, d'agir en intensifiant les forces d'en bas (vie du sol) ou les forces d'en haut (lumière, chaleur). Ces décoctions ou tisanes sont préparées dans un dynamiseur en cuivre ou en bois. Par exemple, les 2 silices (quartz) favorisent chaque année, la verticalité à la plante et augmentent la dureté de son port, les bouses de corne renforcent la vie souterraine en allongeant et densifiant les racines, les infusions de prèles bloquent la germination des œufs de mildiou, un traitement d'une plante appelée « valériane » possèdant une haute concentration en phosphore pour réchauffer la plante en cas de froid trop prononcé. Le cynorrhodon très riche en vitamine C, sert comme anti oxydant contre les maladies cryptogamiques.
- Le calendrier bio-dynamique édité chaque année, suit les rythmes terrestres et lunaires, car les rythmes solaires organisent la vie de la plante renaissant par sa graine, donc les rythmes lunaires conduisent au fruit. Les douze constellations du zodiaque sont classées selon quatre éléments : la Terre (violet), l'Eau (bleu), l'Air-la lumière (jaune) et le Feu-la chaleur (rouge), et selon le calendrier, le positionnement des planètes dicte le travail du vigneron de la terre au vin.

Logos des 2 organismes labels en biodynamie dans le monde
世界上现有的两个有机认证组织的徽标

2.4.4 生物动力种植

如何理解生物动力?

早在 1924 年，当德国农民担忧所栽种的植物退化、以及使用合成化学物质对土壤产生的负面影响的时候，便去求助鲁道夫 · 斯奈德先生。这位祖籍奥地利的哲学家和科学家在其“给农民的课程”中确定了生物动力技术的基础。生物动力种植是一种利用生命力的实践。其独创性在于，通过动植物成分的渗透增强不同类型土壤的生命力，并且使用不同的备料（一种使用自然资源的疗法）帮助植物通过光照和热量来滋养自己，从而改善其光合作用。

生物动力的基础

葡萄种植者采用两个工具来自然地耕种和处理葡萄树，保持土壤状况：备料和生物动力日历。

- 与堆肥混合的植物或矿物质备料，可以根据葡萄园的地理位置或每年的气候特性，来加强来自土壤的生命（下方的力量）或来自上方的力量（光线、热量）。这些汤剂状的备料要在铜制或木制的搅拌器内浸泡调制好。例如，每年使用 2 种二氧化硅（石英）可提高植物的垂直度并增加其形态的硬度，牛角粪可通过延长和致密根部来增强植物地下部分的生命力，使用缬草（高浓度的磷）进行处理可以在严寒时令温暖植物，富含维生素 C 的蔷薇果是抗真菌疾病的抗氧化剂。
- 每年发布的生物动力日历都遵循地球和月球的节律。可以说太阳节律使植物生命产生种子、进行繁殖，而月球节律则引导、陪伴植物果实的发展。黄道十二星座根据以下四个要素分类：地（紫色）、水（蓝色）、气一光（黄色）和火一热（红色），酿酒师根据日历中行星的位置开展从种植到生产葡萄酒的工作。

Dynamiseur en cuivre pour les préparations des solutions (La Paleine en Anjou)
制备溶液的铜搅拌器，安茹帕丽尔酒庄

3 Les types de vin et leurs méthodes de production

3.1 La maturité des raisins et les vendanges

Rappel sur la physiologie du grain de raisin

Il est important de rappeler qu'une grappe de raisin est composée de rafle (partie ligneuse) et des grains de raisin (appelés baies). Les grains sont accrochés à la rafle par le pédicelle. Le grain est composé d'une pellicule, qui comprend la couleur (anthocyanes pour les raisins rouges ou flavones pour les raisins blancs), les arômes et précurseurs d'arômes et tanins. A l'intérieur du grain il y a 2 pépins de raisins et 3 zones avec des concentrations en sucres différentes. La zone la plus intéressante étant la zone jaune intense, plus riche en sucres et moins acide.

La maturation des raisins (exemple sur le cépage chenin en 3 photos de l'évolution de la couleur de la baie)

葡萄的成熟度（照片以白诗南葡萄品种为例）

1er septembre
9月1日

15 septembre
9月15日

30 septembre
9月30日

3 葡萄酒类型及其生产方式

3.1 葡萄的成熟过程及采摘季节

Photo d'une grappe de raisin cépage Sapéravi (Géorgie)
一束晚红蜜葡萄（格鲁吉亚）的照片

葡萄果粒的生理特征

所有的葡萄果粒（即果实）均通过花梗生长在木质的葡萄梗上，形成类似左图上的葡萄串。每颗葡萄的果皮，由包含了颜色（红葡萄的花青素或白葡萄的黄酮）、香气以及香气和单宁的前体组成。每颗葡萄有 2 个葡萄籽和 3 个糖浓度不同的区域。最有价值的区域是图中深黄色、含糖丰富且酸性较低的果肉部分。

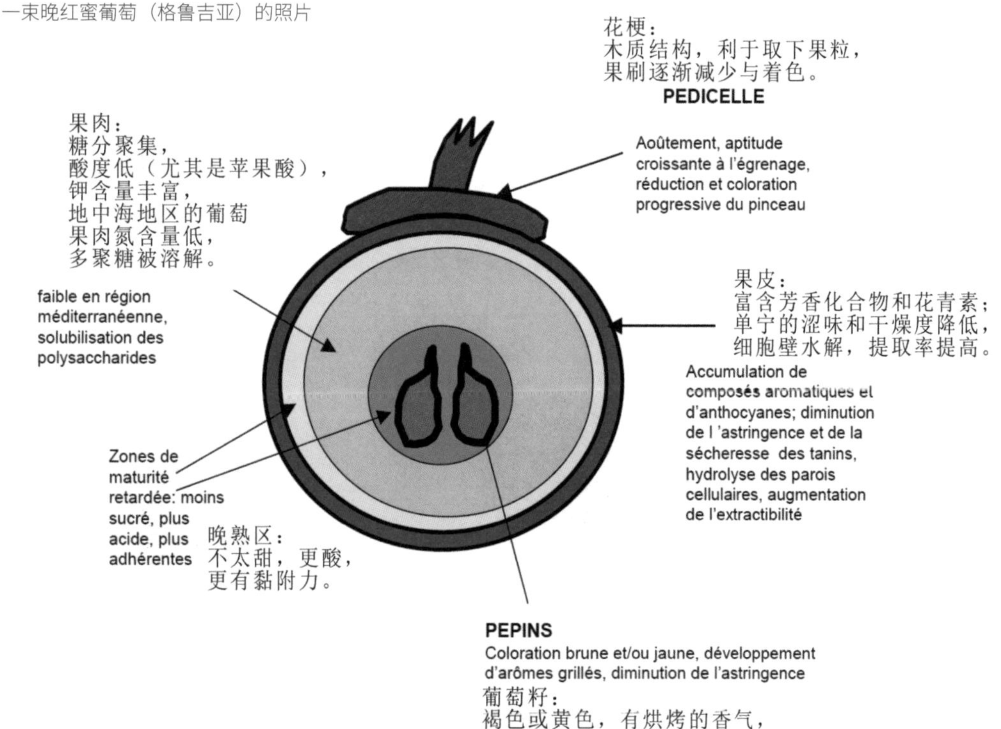

Schéma du grain de raisin selon J. Rousseau et D.Delteil (revue française d'œnologie N°183)
J. 卢梭和 D. 德尔代伊的葡萄图（法国酿酒学评论杂志，第 183 期）

On voit parfaitement sur les photos l'évolution de la maturité du cépage Chenin blanc sur 6 semaines avec : une baisse de l'acidité, une augmentation des sucres, et augmentation de la couleur, puis des arômes...

Sur l'ensemble de la maturité on peut tracer 2 courbes : une pour l'acidité A et une pour la concentration en sucres B pour déterminer ainsi, selon le profil de l'année, si l'on est sur un grand millésime ou un petit potentiel...

Plus la saison est précoce, ou dans une région chaude, plus le vigneron a de la chance de récolter tôt ses raisins, à belle maturité avec une grande richesse en sucres, une couleur soutenue, une acidité plus faible donc moins mordante et surtout des arômes de fruits murs. C'est bien comme cela que l'on détermine le potentiel d'un grand ou petit millésime (si l'arrivée de la pluie détériore les raisins à peine mûrs, mais qui doivent alors être récoltés)

Le contrôle des maturités

Pour définir la date optimale des vendanges, le technicien va réaliser un suivi à la vigne régulièrement de ses raisins. Ce contrôle de maturité consiste à évaluer la qualité de la vendange sur souche, de l'état sanitaire des raisins (pourriture, dégradation ou pas), et un prélèvement de quelques grains environ 100 à 200 par parcelle afin de procéder à des analyses physicochimiques au chai : la concentration en sucres donc potentiellement du taux d'alcool, l'acidité du raisin, et le pH correspondant. Cette analyse est complétée d'une dégustation des grains pour juger, l'équilibre des saveurs : sucré, amer et acide, puis la qualité des tanins avant la perception des arômes.

Contrôle de maturité sur grains de raisins rouges.
对红葡萄果粒进行成熟度监控

114 页的照片展示了白诗南这种葡萄在成熟阶段 6 周内的发展过程：酸度下降，糖分增加，颜色加深，然后是香气变化。

在整个成熟阶段，我们可以绘制两条曲线，一条用来说明酸度，另一条表现出糖分的浓度。于是便可根据年份曲线，确定哪一年是葡萄酒的好年份或潜力很小的年份。

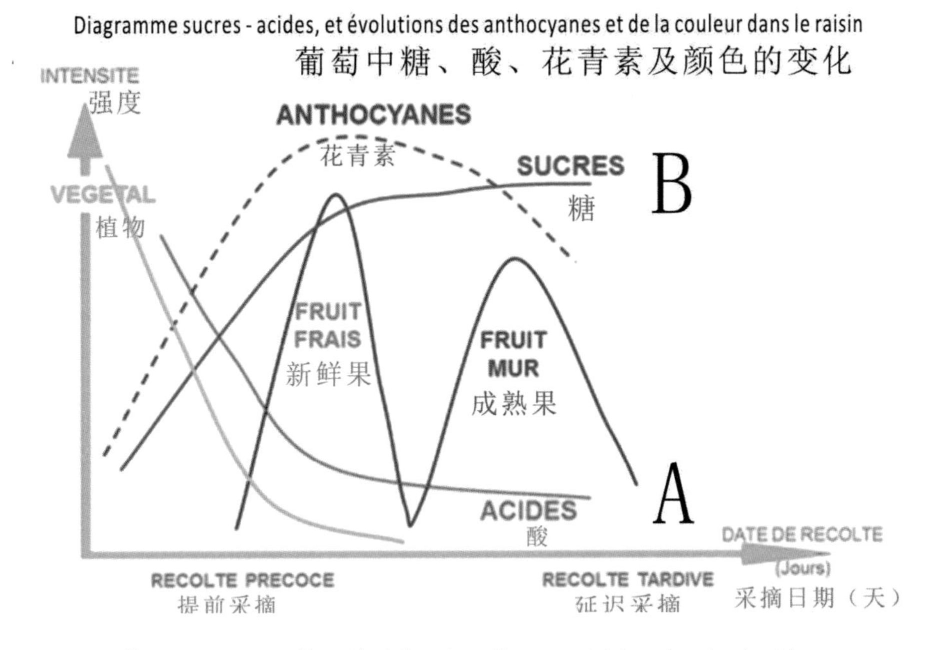

Diagramme sucres- acides, et évolutions des anthocyanes et de la couleur dans le raisin
葡萄中糖、酸、花青素及颜色的变化

遇到葡萄早熟的年份，或是在炎热的地区，葡萄种植者就要早收葡萄。特别成熟的葡萄，糖分高，酸度较低，颜色持久，而且口感不涩，成熟的水果香气浓重。这些都是我们判断葡萄酒的年份好坏，及产酒潜力的标准（要知道一场大雨就可以毁掉即将收获的葡萄）。

成熟度控制

为了确定最佳的采摘日期，技术人员会定期在葡萄园中监控葡萄。这种对葡萄成熟度的控制，是指评估每株葡萄的收成质量及其健康状态（是否腐烂或变质），还要在每块地摘取约 100 至 200 粒葡萄来做样品，在酿酒的酒窖中进行理化分析，推断糖分的浓度（即未来的葡萄酒的酒精含量）、葡萄的酸度以及相应的酸碱度。此外还可以通过品尝果粒来评估味道，实现进一步分析、判断葡萄的甜、苦、酸度，以及在闻香前判断单宁的质量。

3.2 Les vins blancs secs

La récolte

Les vendanges peuvent être manuelles ou mécaniques. La récolte à la machine à vendanger sera plus rapide et le vigneron choisira, selon la météo, son heure dans la journée ou la nuit. Pour les raisins blancs, on favorise la nuit, si les journées sont chaudes. Cependant, la récolte manuelle a l'avantage du tri. Les vendangeurs, bien formés peuvent éliminer les grappes dégradées, ne ramasser que les raisins sains, et laisser les grains verts jugés moins murs pour attendre une date ultérieure de récolte. Dans la benne, la vendange est protégée par une légère dose de soufre afin d'éviter une oxydation des arômes et un développement bactérien. Dans le même but, une sorte de gaz protecteur type CO2 présenté sous forme de glace (Carboglace) est utilisé par certains vignerons ou dans les vendangeoirs.

La maturité des raisins

Selon la typicité du vin recherchée, le vigneron choisit sa date de vendange tardivement afin d'obtenir des raisins très murs, donc riches en sucres (avec un degré potentiel > 13 % vol), avec une couleur plus jaune or, et des arômes de fruits blancs cuits. C'est dans cet esprit qu'un certain nombre de vignerons français élabore avec un cahier des charges très pointu des vins blancs secs, issus du cépage Chenin, amples sans acidité et avec des arômes de fruits blancs compotés.

Ou bien, pour vendre au printemps, un vin simple et frais, il récolte à « juste maturité » des raisins avec un potentiel en alcool de 11 à 12% vol, d'une couleur jaune vert, avec une acidité tonique renforcée par une impression aromatique d'agrumes.

Récolte manuelle par les étudiants de LP œnotourisme pour la cuvée ESTHUA Rosé d'Anjou 2018
2018 年，昂热大学旅游学院葡萄酒与旅游发展专业学士毕业班的学生在人工采摘葡萄

Chenin récolté à belle maturité (14% vol)
熟透的白诗南葡萄 (14% vol)

Chenin récolté à sous maturité (10% vol)
"初熟"的白诗南葡萄 (10% vol)

3.2 干白葡萄酒

采摘

可以采取人工或机器采摘葡萄。使用机器采摘葡萄速度快。葡萄种植者可以根据天气、在白天或夜晚采摘葡萄。如果天气炎热，一般倾向于在夜间采摘白葡萄。人工采摘的好处是可以在采摘的同时拣选葡萄。训练有素的采摘者可以剔除变质的葡萄，只采摘健康的葡萄，并且留下认为不太熟的绿色果实，过一段时间再摘。

为避免香气氧化和细菌滋生，一些葡萄种植者或葡萄采摘者，用少量硫来保护存放在葡萄桶里刚采摘的葡萄。有时也会使用二氧化碳干冰形态的保护性气体，来防止香气氧化。

葡萄的成熟过程

根据计划酿造的葡萄酒的特性，如果酿酒师希望获得熟透的葡萄，便可选择晚采摘。熟透的葡萄含糖丰富（潜在酒精度可能超过 13% vol），酿造出的酒呈金黄色，有煮熟的白色水果的香气。 根据该指导思想，卢瓦尔河复兴协会的一些酿酒师开发了用白诗南葡萄品种酿造的、特殊规格的干白葡萄酒。该类白葡萄酒，口感丰富而无酸度，充满炖熟的白色水果的香气。

有时为了在春季销售口味单一、充满新鲜感的白葡萄酒，便采摘“初熟”的葡萄。这样酿造的葡萄酒潜在酒精度为 11 至 12%vol，酒体呈黄绿色，飘着柑橘类水果的香气，进一步增强了酸度的印象。

Récolte à la machine à vendanger
使用葡萄采摘机采摘葡萄

Les Zones viticoles et l'enrichissement

Dans le cas d'un millésime où la concentration en sucres naturels est trop faible, le vigneron aura le droit selon la région dans laquelle il se trouve en Europe de rajouter du sucre : cela s'appelle la chaptalisation (initiée par Mr Chaptal).

Il peut alors utiliser les sucres suivants pour combler le sien :

- du saccharose (issu de canne à sucre ou betterave)
- du moût concentré de raisins ou du moût concentré rectifié de raisins

Le pressurage direct des grains de raisin ou La macération pelliculaire

Usuellement les vignerons pressent directement les raisins, une fois que le pressoir horizontal est plein. Pourtant des recherches œnologiques ont permis de confirmer que les arômes et précurseurs d'arômes se situaient, dans certains cépages blancs en concentration dans la pellicule et non dans la pulpe. La macération pelliculaire des raisins blancs durant une nuit, dans leur jus, facilite donc l'extraction dans les cellules de la couleur, des arômes et d'une structure plus veloutée. Cette technique est maintenant employée pour de nombreux cépages blancs comme le melon B, chenin, chardonnay, et parfois le sauvignon.

Le débourbage

Selon la technique de pressurage et la pression, les moûts de raisin, à la sortie du pressoir peuvent être très bourbeux (opaques), une clarification s'impose afin d'éviter des déviations aromatiques dans le vin (caractère végétal, terreux, lourd...). Les débourbages peuvent être soit réalisés par centrifugation, soit par sédimentation naturelle au froid pendant 18 à 24h afin d'éviter tout départ en fermentation. On peut également accélérer la sédimentation par collage (bentonite, caséine, gel de silice...), mais cette technique plus rapide élimine également des composés aromatiques ou structuraux nécessaire à la structure gustative du vin. Les vignerons doivent prendre un grand soin du moût de raisin, car c'est bien lui qui va définir la qualité et la finesse du vin blanc.

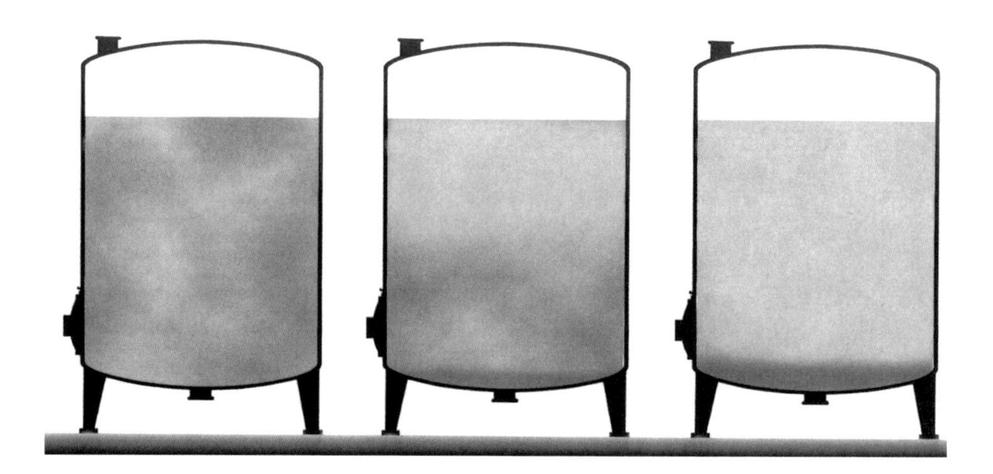

Evolution du débourbage avec la descente progressive des bourbes (grises)
沉淀过程变化与沉淀物的下降

使用葡萄酒加糖的产区（加糖酿酒法）

如果葡萄生长的年份不好或者葡萄本身所含的糖浓度太低，欧洲的酿酒师有权根据其所处的地区标准，在酿酒时添加糖分：这被称为“加糖酿酒法”（由查普塔尔先生首创）。

可以使用以下糖来补充葡萄的糖分：

- 蔗糖（从甘蔗或甜菜中提取的）
- 浓缩葡萄浆汁或精制浓缩葡萄浆汁

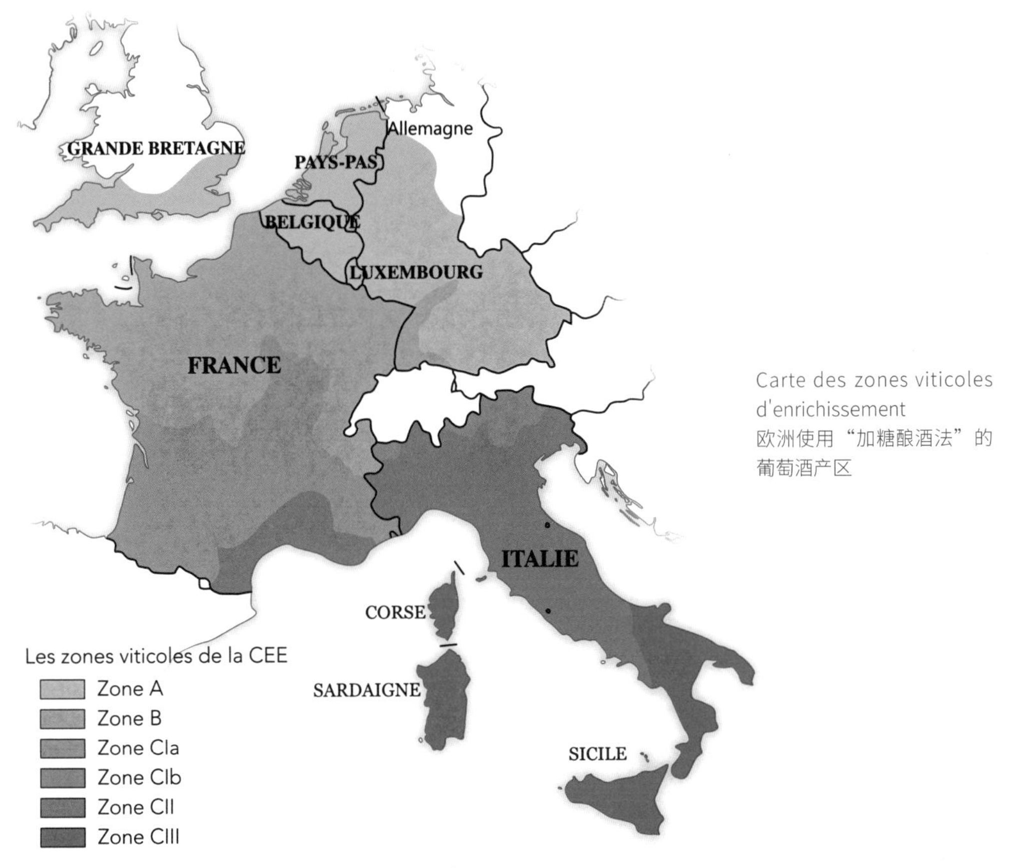

Carte des zones viticoles d'enrichissement
欧洲使用“加糖酿酒法”的葡萄酒产区

直接压榨葡萄浆果或浸皮

通常，一旦水平压榨机装满了葡萄，酿酒师便开始进行压榨工作了。但是酿酒学研究已经证实，香气和香气前体主要集中在某些白葡萄的果皮中而不在果肉中。若将白葡萄浸皮一个晚上，将有助于提取其颜色、香气和更柔滑的结构。现在，该技术已用于许多白葡萄品种，例如勃艮第香瓜、诗南、霞多丽，有时甚至是长相思。

澄清

根据压榨技术和压力的不同，刚压榨出的葡萄汁有时会非常浑浊（不透明）。因此有必要进行澄清，以避免葡萄酒中的香气偏差（在酒中出现其它植物、土壤的味道，使口感厚重）。为避免酒过早开始发酵，澄清可在 18 到 24 小时之间，通过离心法或自然冷沉降进行。通过下胶（使用膨润土、酪蛋白、硅胶等）可以加速沉淀，但是这种速度快的方法也会带走葡萄酒口味结构所必需的芳香或结构化合物。酿酒师必须特别留意自己的葡萄浆汁，因为葡萄浆汁是决定白葡萄酒的品质及细腻口味的重要因素。

La fermentation alcoolique

Après un levurage avec des microorganismes sélectionnés pour un meilleur rendement alcool-sucres (16,5 g/l de sucre donnent 1%vol), le moût de raisin devra être maintenu en fermentation à des températures basses de 15 à 18°c afin de sauvegarder toute la riche complexité aromatique libérée par le cépage sur les 2 à 6 semaines que dure habituellement la fermentation alcoolique. Selon les levures utilisées, le vinificateur pourra plus facilement révéler des arômes spécifiques des cépages ou des notes fermentaires (amyliques, thiolées...)

La fermentation Malo lactique

Traditionnellement, certains cépages comme le chardonnay en Bourgogne, on pratique cette seconde fermentation : la Malo lactique. Elle correspond à la transformation de l'acide malique (diacide à l'arôme de pomme) en acide lactique (momo-acide à l'arôme de caramel au lait, de beurre...) grâce aux bactéries lactiques. Cela permet sur certains cépages (chenin, chardonnay) vinifiés en vin de « garde » de diminuer l'acidité naturelle du vin et d'augmenter sa complexité aromatique avec des notes lactées. Il s'agit véritablement d'un choix stratégique.

L'élevage sur lies fines

Très pratiquée sur le Melon et la Folle blanche dans la région nantaise, cette technique permet d'enrichir l'expression aromatique et structurale des vins grâce à l'autolyse des levures pendant plusieurs mois après la fermentation alcoolique : arômes de noisettes, amandes, brioches, petits gâteaux au beurre...

Les vignerons de Bourgogne réalisent également et pour les mêmes raisons, cet élevage sur le chardonnay. Certains accélèrent le phénomène en remettant en suspension ces lies par technique de bâtonnage.

L'élevage et la fermentation en barriques

Un élevage ou une fermentation en barriques permet d'oxygéner graduellement le vin et de capter dans les couches superficielles du bois les arômes de vanille de boisé, réglissé et des notes de torréfaction. Le passage en barriques permet également d'apporter de la structure, du corps au vin blanc.

Les vins dit « oranges »

Il s'agit d'une technique très ancienne du Caucase (Géorgie), qui consiste à laisser macérer et fermenter les raisins blancs avec parfois même la rafle pendant plusieurs jours, semaines voire mois. Dans ce pays, dont les vins sont prisés en Chine, les raisins blancs souvent du cépage rkatsiteli macèrent dans des jarres en terre cuite (Qvevri ou Kvevri) en forme d'œuf avec une petite extrémité conique, jarres qui ont été directement enfouis dans le sol de la cave afin de garder la fraicheur. Cette pratique ancestrale, datant certainement de près de 8000 ans, a été inscrite en 2013 au patrimoine mondial immatériel sur la liste culturelle par l'UNESCO.

Chai de Qvévri au Château Zegaani en Kakhétie, province de Géorgie (photo prise en 2019)
格鲁吉亚卡赫蒂省的泽佳倪酒庄，摄于 2019 年

酒精发酵

酒精发酵开始前，应选择具有高质的酒精—糖转换量酵母（16.5 克 / 升的糖产生 1% 的酒精度）。然后将葡萄在 15 至 18° C 的低温下进行酒精发酵。 这样做，能保证在通常持续 2 至 6 周的酒精发酵过程中，保留葡萄品种释放出的所有丰富的芳香复杂性。酿酒师可以通过使用不同的酵母菌株，来更好地展现不同葡萄品种的特定香气或发酵风味（戊醇、硫醇等）。

苹果乳酸发酵

传统上，在某些白葡萄的酿酒过程中，例如勃艮第的霞多丽，会进行第二次发酵，即苹果乳酸发酵。即在乳酸菌的作用下，苹果酸（具有苹果香气的二酸）转化为乳酸（具有牛奶焦糖、黄油等香气的一元酸）。这可以降低葡萄酒的天然酸度，增加香气的复杂性，给酒带来乳酸风味，从而将某些葡萄品种（诗南、霞多丽）酿制为“陈酿”。 当然这是一种酿酒的策略选择。

酒泥培养

该技术广泛应用于南特地区的香瓜和白福儿葡萄品种上。在酒精发酵后几个月的酵母自溶作用下，这种技术能丰富葡萄酒的芳香和结构，带来榛子、杏仁、黄油味面包、各种黄油味饼干的香气。出于相同的原因，勃艮第的葡萄种植者也在长相思、诗南和霞多丽品种上运用这种方式进行陈酿。 一些人通过使用搅桶技术将酒泥翻起来加速发酵。

酒在橡木桶中培养、发酵

使用橡木桶来发酵、培养葡萄酒效果最佳。因为木桶起到使葡萄酒逐渐氧化的作用，而且葡萄酒可以在木桶的木质表层捕获木质香草、甘草的香气和烘烤味。另外使用木桶培养、发酵还可以使白葡萄酒酒体丰富、更具有结构感。

所谓的橙色白葡萄酒

一种来自高加索地区（格鲁吉亚）、非常古老的酿酒技术把白葡萄甚至连带果梗连续几天、几周甚至几个月在陶罐中进行浸泡和发酵。格鲁吉亚的葡萄酒在中国很受欢迎。这类酒通常使用白羽葡萄品种。该品种的葡萄在呈圆锥蛋形、罐口小于罐体的陶罐（克维乌里酒缸）中浸泡。为保持酿酒的温度，这类陶罐被直接埋在酒窖的土中（见照片）。

这种古老的习俗可追溯到约 8000 年前，2013 年被联合国教科文组织列为世界非物质文化遗产。

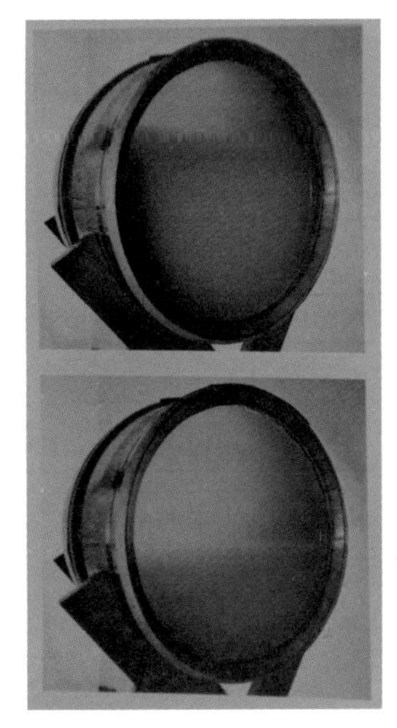
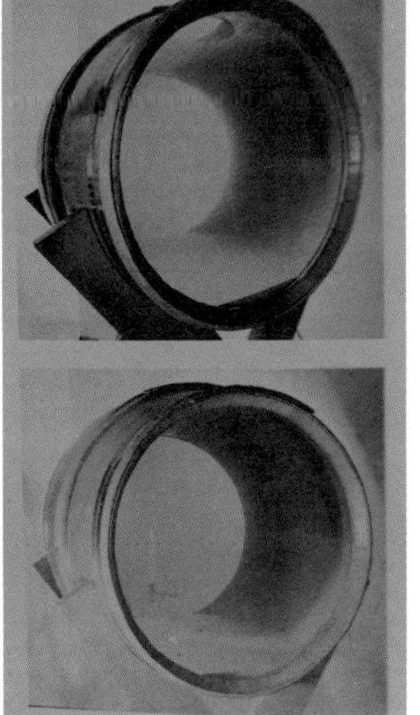

La technique de séjour sur lies des Muscadet(s) photos de M. Plassard livre de François Midavaine *Grand Bernard des vins*

蜜思卡岱酒泥培养技术，照片由 M. 布拉萨提供，摘自弗朗索瓦·米塔维所著《葡萄酒的大贝尔纳》。

Schéma récapitulatif de la vinification des vins blancs secs

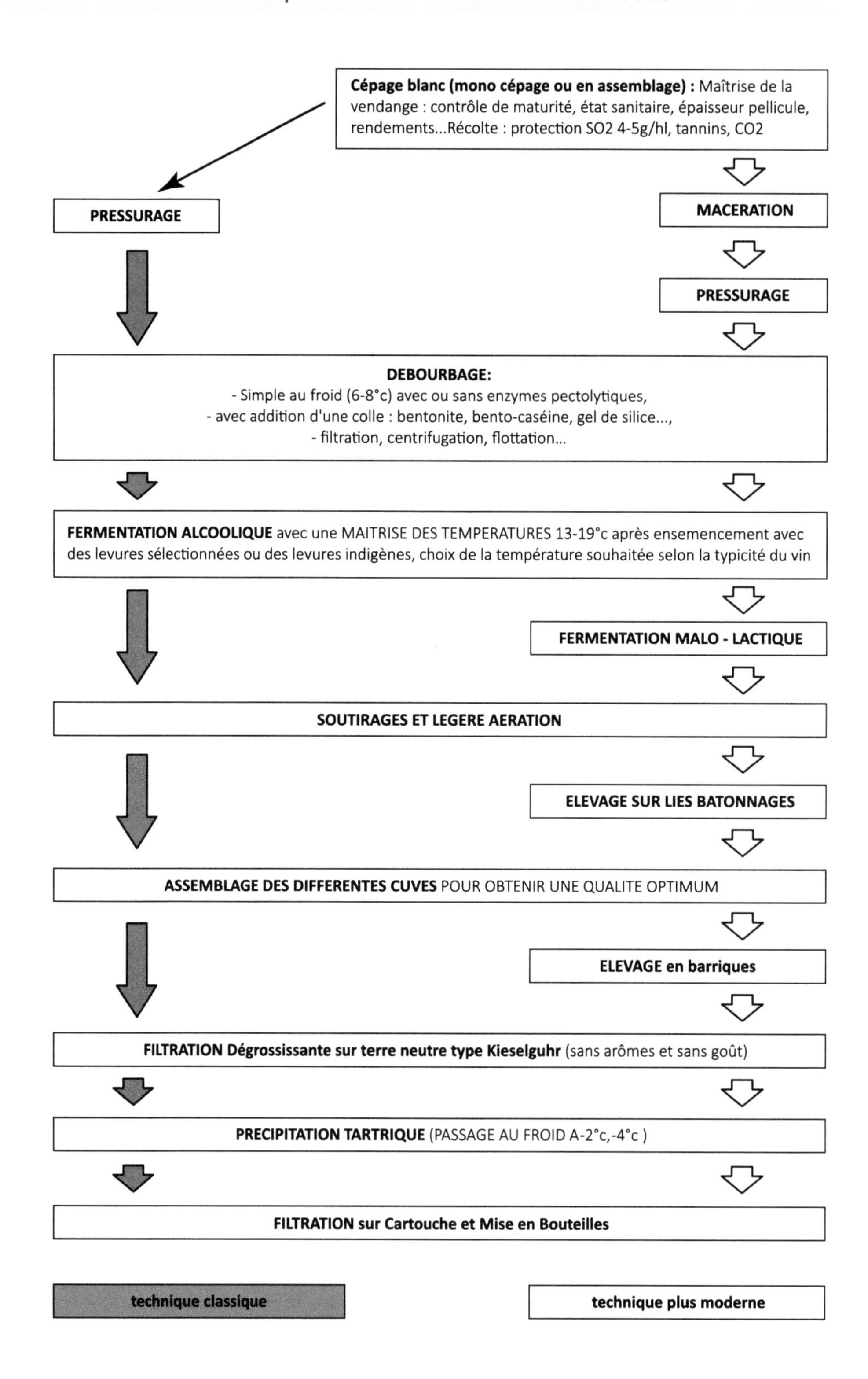

干白葡萄酒酿造解析概要图

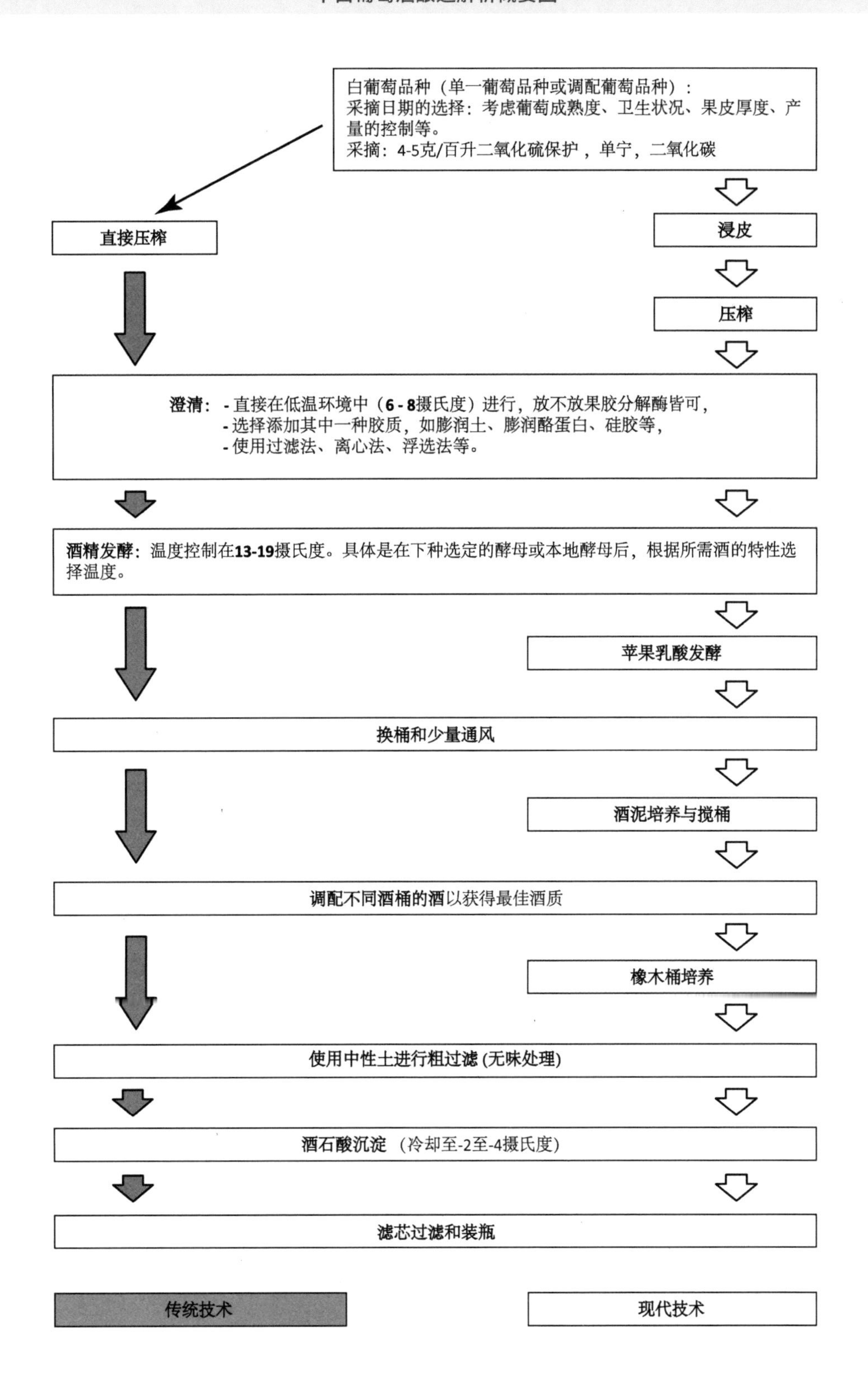

3.3 Les vins blancs moelleux et liquoreux

3.3.1 Les 4 modes de concentration

Raisin congelé par Cryoextraction
低温萃取冷冻葡萄

Dans le monde, il existe quatre techniques pour concentrer naturellement les raisins :

- Le passerillage, consiste à un desséchement du raisin uniquement par le soleil et le vent. Contrairement à la pourriture noble, cette déshydratation naturelle concentre à la fois la sucrosité des raisins mais également l'acidité, sans modifier véritablement la complexité variétale du cépage. Les vins issus de ce type de vendanges sont de teinte plus serin avec des arômes de fruits exotiques frais et cuits très riches, une bouche très friande, suave avec une acidité tonique. Ces vins sont très agréables en pleine jeunesse. Certains vignerons peuvent favoriser ce système en coupant des rameaux afin de concentrer plus rapidement en bloquant la sève irriguant le cep.
- Le dessèchement sur la paille (appelé vin de paille),
- la congélation des raisins sur souche (appelé aussi vin de glace), le principe est simple, le vigneron attend que les températures extérieures naturelles deviennent négatives pour que l'eau dans le raisin se congèle, et qu'ensuite le raisin encore congelé, ne libère uniquement que le jus très sucré du raisin, l'eau restant sous forme de cristaux de glace, d'où le terme Ice Wine ou vin de glace. Il est à noter que la congélation des grains après récolte, appelée également Cryo-extraction, est une méthode plus artificielle mais qui donne un résultat assez proche. C'est une technique pratiquée dans de nombreux pays, en Chine notamment.
- et la pourriture noble, est un phénomène beaucoup plus complexe, qui nécessite plus de dispositions, qui se pratique dans des régions mondiales (Tokay en Hongrie, Sauternes, Alsace et vallée de la Loire en France...)

Les 7 facteurs nécessaires au développement du Champignon microscopique : Botrytis cinerea

1. Des vignes préférentiellement âgées vont permettre une meilleure concentration des raisins ;

2. Un sol (et sous-sol) très pierreux va réfléchir dans la journée, le soleil et la chaleur, et ainsi favoriser une constance de température entre le jour et la nuit, favorable à la croissance du champignon ;

3. Des coteaux pentus orientés sud/sud-ouest acceptent jusqu'au soir le maximum d'ensoleillement ;

4. La présence d'une rivière en bas de coteau, apportera l'humidité matinale sous forme de brouillard, nécessaire au développement du Botrytis cinerea ;

5. Un cépage adapté comme le chenin (mais également le sémillon, le gewurztraminer...) avec une pellicule, ni trop épaisse pour que le mycélium du champignon puisse se nourrir de l'eau de la baie, ni trop fine pour éviter que le même micro-organisme en rentrant dans le raisin ne provoque sa destruction... Sinon la pourriture noble deviendrait alors grise !

3.3 甜型和超甜型白葡萄酒

3.3.1 四种葡萄浓缩模式

世界上有四种自然浓缩葡萄的技术：

- 藤上风干，即依靠阳光和风的自然作用将葡萄晾干。与贵腐不同的是，这种自然脱水方式既浓缩了葡萄的甜度，也浓缩了酸度，但不会改变葡萄品种的复杂性。用这种葡萄酿制的葡萄酒裙具有更加黄亮的色彩，带有新鲜的热带水果香及丰富的烘焙香气。该类葡萄酒入口香甜，口感甘美并带有令人振奋的酸度。在酒龄年轻时口感非常好。为促进这种风干，一些葡萄种植者会切断细枝，以便造成葡萄植株的浆液堵塞，从而加速浓缩。
- 麦秆上风干（也称为麦秆酒）。
- 葡萄树上的果粒自然冰冻（也称为冰酒）。原理很简单，葡萄种植者等室外温度降至零下，葡萄中的水份自然冻结。由于从仍然冻结着的葡萄会自然流出非常甜的葡萄汁，而剩余的水份呈冰晶留在葡萄粒中，用由此而获得的葡萄汁所酿成的酒得名“冰酒”。另外还有一种被称为“冷冻一提取”的人工操作的方法，该技术是将采摘后的葡萄果实人工冷冻，以取得与前者接近的效果。许多国家运用该技术，尤其是在中国。
- 还有贵腐，是一种需要很多条件的复杂现象，世界上某些产区采用该技术生产超甜型白葡萄酒。比如匈牙利著名的托卡依葡萄烧酒、法国苏玳、阿尔萨斯和卢瓦尔河谷等产区的某些超甜型白葡萄酒。

Chenin passerillé
风干的白诗南葡萄

微生真菌（灰霉菌）发展的 7 要素：

1. 通常是老葡萄树的果实的浓缩度高；

2. 土壤（包括地下）里有很多石头，可以在白天里反射、保存阳光和热量，以缩小白天和黑夜之间的温差，有利于真菌的生长；

3. 南向一西南向的坡地葡萄园在日落前都能享受到充足的日照；

4. 坡地葡萄园下如果有河流，晨雾则会给葡萄树带来灰霉菌发展所必需的湿气；

5. 葡萄品种需具有薄厚合适的葡萄皮，比如白诗南（还有赛美蓉、琼瑶浆等）。皮既不能太厚，方便真菌菌丝汲取浆果中的水分，也不能太薄，使葡萄粒产生腐烂，贵腐变成了灰腐，彻底摧毁了葡萄果粒；

Grains de chenin Botrytisés en pourriture noble
呈贵腐态的白诗南葡萄果粒

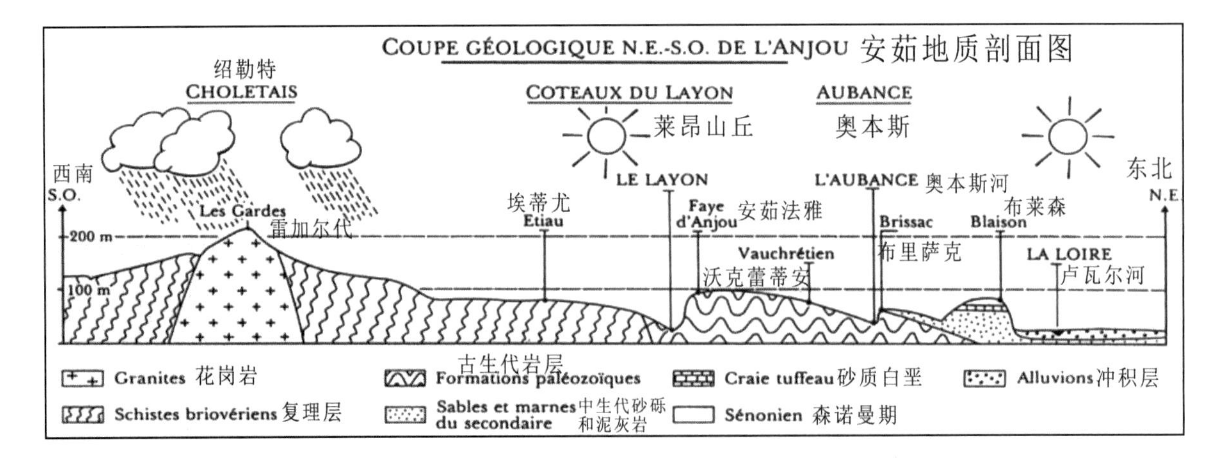

6. Un rendement et une quantité, Kg / Ha en raisin raisonnable,

7. Une pluviométrie annuelle raisonnable (< 550 mm d'eau) grâce à une topographie stoppant les nuages gorgés d'eau comme on le voit sur la coupe géologique de l'Anjou.

Le rôle, les stades et les effets de la pourriture noble

Le Champignon microscopique va se développer lentement à l'extérieur de la baie de raisin. Au tout début, plusieurs tâches circulaires de conidies (spores) sur la pellicule confirment le développement du champignon. Progressivement, le botrytis la colonise totalement, diminuant son épaisseur et modifiant aussi sa couleur qui vire du jaune au marron, puis au violet. Il injecte également à l'intérieur du grain, en transperçant la pellicule, un mycélium pour se nourrir de l'eau, ce qui va provoquer un flétrissement du grain, et augmenter la concentration en sucres. La synthèse d'enzymes va rendre la pellicule poreuse, donc amplifier doublement le phénomène d'évaporation de l'eau. On appelle les grains rendus à ce stade, grains « pourris pleins ». Ils sont ronds encore gonflés avec une pellicule marron. Puis progressivement de jour en jour, le grain se concentre, apparaît tout ridé, comme ratatiné, le terme utilisé est maintenant de grains « rôtis ».

3.3.2 La vinification des vins blancs moelleux

Les vendanges par tris successifs

Tout commence par une récolte pointilleuse du cépage botrytisé en pourriture noble, suite à une observation, jour après jour de l'évolution des grains de raisins afin de prévoir la date de récolte optimale. La pourriture noble étant rarement complète sur une grappe, les vendanges manuelles se feront par tris successifs : par petits morceaux de grappe.

Trois zones sont identifiables sur la photo :

La partie N° 1 de couleur jaune en bout de grappe est coupée et ces raisins avec un potentiel de 12.5% vol sont vinifiés en blanc sec ;

La partie N° 2 de couleur marron- violette est récoltée et les baies avec le potentiel de 17% vol sont vinifiés en blanc moelleux ;

La partie N° 3 de couleur jaune- vert est laissée sur souche et ne sera récoltée que lorsque la pourriture noble l'aura concentrée.

Un pressurage long et délicat (de 3 à 6 h soit le double que pour un vin blanc sec)

Les tris des raisins sont acheminés au chai en benne ou en portoirs en milieu et fin de journée, puis déversés directement et délicatement dans le pressoir sans égrappage.

Un long débourbage

Comme pour les vins blancs secs, le moût sortant du pressoir doit être clarifié afin

6. 合理的葡萄产量和数量；

7. 合理的年降水量（降水小于550毫米）。良好的地形可以阻挡充满水汽的云层，参见左页安茹地区东北—西南向地质剖面图。

贵腐的作用、阶段和影响

微生真菌会在葡萄果粒外慢慢生长。最初阶段，葡萄皮上会出现分生孢子（孢子），呈圆形斑点。之后，灰霉菌逐渐完全侵占葡萄皮，减小其厚度并改变果皮的颜色：从黄色到棕色，最后到紫色。真菌还通过渗透葡萄皮将一种菌丝注入果粒内以吸取水分，从而导致果粒枯萎，增加糖分的浓度。酶的合成使葡萄皮产生很多细孔，使水份蒸发增加一倍。该阶段的果粒被称为"完全腐烂的"果粒。开始时，果粒圆鼓鼓地膨胀着，葡萄皮呈棕色。之后，果粒逐渐萎缩，皱褶密布开始枯萎，该现象在行话中被称为"烤"果粒。

3.3.2 甜白葡萄酒的采摘、酿造

连续拣选采摘法

采摘工作始于适于贵腐态酿造的葡萄品种。经过日复一日地跟踪观察，根据葡萄果粒的生长发育来推测最佳采摘日期。由于很难遇到完全处于贵腐态的整串葡萄，所以必须手工采摘以实现连续拣选，而且要把每串葡萄分成几个小部分进行采摘。

照片上可识别三个部分：

1号是葡萄串末端将被剪掉的葡萄，呈黄色，这些葡萄潜在酒精度为12.5%，适于酿造干白葡萄酒；

2号上的葡萄串，呈棕—紫色。这些浆果潜在酒精度为17%，适于用来酿造甜白葡萄酒；

3号是留在葡萄树上的葡萄，呈黄绿色，要等贵腐浓缩后才能采摘。

长时间的压榨，比干白葡萄酒的压榨时间要长，约3至6小时

把分拣后的小串葡萄装进翻斗车或筐子，在中午和晚上运送到酿酒酒窖，然后不做任何处理，将采摘的葡萄直接慢慢地倒入压榨机。

长时间澄清

为确保甜型白葡萄酒能获得芳香的、特别是没有真菌特性的白葡萄酒，该类葡萄酒的酿制

d'éliminer le plus de bourbes, dans le but d'obtenir des vins blancs aromatiques et surtout nets sans caractère de champignon.

Une fermentation lente

La fermentation alcoolique débute par les levures naturelles (Saccharomyces cerevisiae) présentent sur la pellicule. Elle peut être lente et longue, de plusieurs mois... voire des années, si le moût est issu de grains très concentrés (> 25 % vol). Le vigneron doit être patient, car souvent vers 9 à 10 % vol atteint en début d'hiver, la concentration en sucres encore forte, et la présence de botryticine bloquent la poursuite de la fermentation alcoolique.

L'équilibre du vin et son mutage

Les dégustations régulières au chai permettent d'apprécier l'équilibre gustatif du vin entre les différentes composantes : l'alcool, les sucres résiduels et les acidités (fixes et volatiles), dans le tableau ci-dessous, la première colonne représente le degré alcoolique potentiel exprimé en alcool et en sucres au moment du tri, la deuxième colonne l'équilibre du vin au moment du mutage avec l'alcool acquis et celui restant transformer (exprimé en alcool en puissance et en sucres réducteurs réels), la troisième colonne, la typicité du vin et la quatrième, le rendement du volume par hectare de vigne compte tenu de la concentration en sucre par le Botrytis cinerea. Plus le degré potentiel sera élevé, plus la consommation de l'eau sera forte donc le rendement faible, le prix de la bouteille élevé et le vin parfois déséquilibré.

Degré potentiel	équilibre gustatif	type	rendements
14% vol (234 g/l)	12 + 2 (33.4 g/l)	Demi sec	45 hl/Ha
16% vol (267 g/l)	13 + 3 (66.8 g/l)	Moelleux tendre	35 hl/Ha
18 % vol (301 g/l)	13 + 5 (91.9 g/l)	Moelleux	30 hl/Ha
20 % vol (334 g/l)	13 + 7 (125.3 g/l)	Liquoreux	20 hl/Ha
22 % vol (367 g/l)	12 + 10 (167 g/l)	Liquoreux	18 hl/Ha
24 % vol (401 g/l)	12 + 12 (200.4 g/l)	Liquoreux	15 hl/Ha
30 % vol (501 g/l)	10 + 20 (334 g/l)	?????	5 hl/Ha

Pour bloquer définitivement la fermentation alcoolique d'un vin, et ainsi sauvegarder des sucres naturels, plusieurs méthodes sont utilisées par les vignerons :

- l'addition de sulfites est la plus ancienne, cependant un apport important de SO_2 provoque, un voile aromatique, une agression du bulbe olfactif et parfois des migraines chez certaines personnes sensibles.

与干白葡萄酒的酿制一样，需要澄清从压榨机流出的葡萄汁，以去除大部分杂质。

慢发酵

葡萄皮上带有的天然酵母（酿酒酵母）会启动酒精发酵。如果浆汁来自浓缩度很高的果粒（体积酒精度 > 25%），发酵会很慢，时间会很长，约需数月甚至数年。葡萄种植者必须很有耐心，因为在初冬时酒精度刚接近 9% 至 10%，此时高浓度的糖及灰霉菌的存在会影响酒精发酵。

葡萄酒的平衡以及对其发酵进行中途抑制

在酿酒酒库里定期品尝酿造中的葡萄酒，可以评估不同成分之间的口感平衡状态，包括酒精、剩余糖分和酸度（固定酸和挥发酸）。在下表中，第一列显示的是在拣选采摘时，葡萄的含糖量及其对应的潜在酒精度数。第二列是中途抑制时，葡萄酒已获得的酒精度和仍有待转化的酒精度（后者用可转化酒精度和对应还原糖表示）。第三列是葡萄酒的类型，第四列是经过灰霉菌浓缩糖分后的每公顷葡萄酒产量。潜在酒精度越高，水消耗量越高，产量就越低，每瓶葡萄酒的售价也就会越高。但如果酒精度过高，葡萄酒的味道就会失去平衡，使口味不佳。

Densimètre et jus de raisin moelleux avec un degré potentiel > 20 % vol
糖度计，以及潜在度数超过 20 度的甜葡萄汁。

潜在度数	口感平衡状态	类型	产量
14% vol (234 克 / 升)	12 + 2 (33.4 克 / 升)	半干型	45 百升 / 公顷
16% vol (267 克 / 升)	13 + 3 (66.8 克 / 升)	微甜型	35 百升 / 公顷
18 % vol (301 克 / 升)	13 + 5 (91.9 克 / 升)	甜型	30 百升 / 公顷
20 % vol (334 克 / 升)	13 + 7 (125.3 克 / 升)	超甜型	20 百升 / 公顷
22 % vol (367 克 / 升)	12 + 10 (167 克 / 升)	超甜型	18 百升 / 公顷
24 % vol (401 克 / 升)	12 + 12 (200.4 克 / 升)	超甜型	15 百升 / 公顷
30 % vol (501 克 / 升)	10 + 20 (334 克 / 升)	?????	5 百升 / 公顷

通常葡萄种植者采用以下几种方法来终止葡萄酒的酒精发酵并保留天然的糖分：

- 添加亚硫酸盐是最古老的方法。但添加大量二氧化硫会造成气雾，刺激人的嗅球，有时会诱发某些敏感人群的偏头痛。

- le refroidissement du moût à une température < 10°c au moment du point de mutage, ralenti fortement les levures et permet de diminuer de 50% la dose de SO_2 utilisée.
- une centrifugation couplée au froid permet de soustraire du vin une grande partie des levures, donc de diminuer l'ajout des sulfites.
- une filtration pauvre en germes sur un filtre tangentiel permet, avec une porosité à 0.2 μm, d'éliminer totalement les levures (dont la taille est >1 μm), mais l'action est violente et l'absence de lies ne permet plus un élevage serein et positif dans la durée.

L'élevage des vins

Après le mutage, le vin peut être élevé sur des lies fines au froid, soit en cuve afin de sauvegarder le fruité du cépage, ou bien vieillir en barriques afin d'augmenter la complexité boisée.

Photo Domaine de Bois Mozé
en Coteaux de l'Aubance (Anjou)
摄于（安茹）奥本斯山丘森莫泽酒庄

- 在中途抑制点将葡萄酒冷却到 10 摄氏度以下，这样可以大大减缓酵母的发酵速度，继而减少 50% 的二氧化硫用量。
- 采用加冷离心机可以去除葡萄酒中的大部分酵母来减少亚硫酸盐的添加。
- 采用 0.2 微米孔隙率的切向过滤器，对葡萄酒进行微生物微过滤。这样可以完全去除酵母（酵母体长 >1 微米）。但这种强硬的手法会一并去除酒中的细酒渣，使酿造中的酒失去今后正常、长期发展的可能。

葡萄酒的培养

进行中途抑制处理后，就可以在细酒渣上低温培养葡萄酒了。要么在不锈钢酒桶中培养以保留葡萄品种的果味；要么在大木桶中陈化，以提高复杂的木香。

Schéma récapitulatif de la vinification des vins blancs moelleux

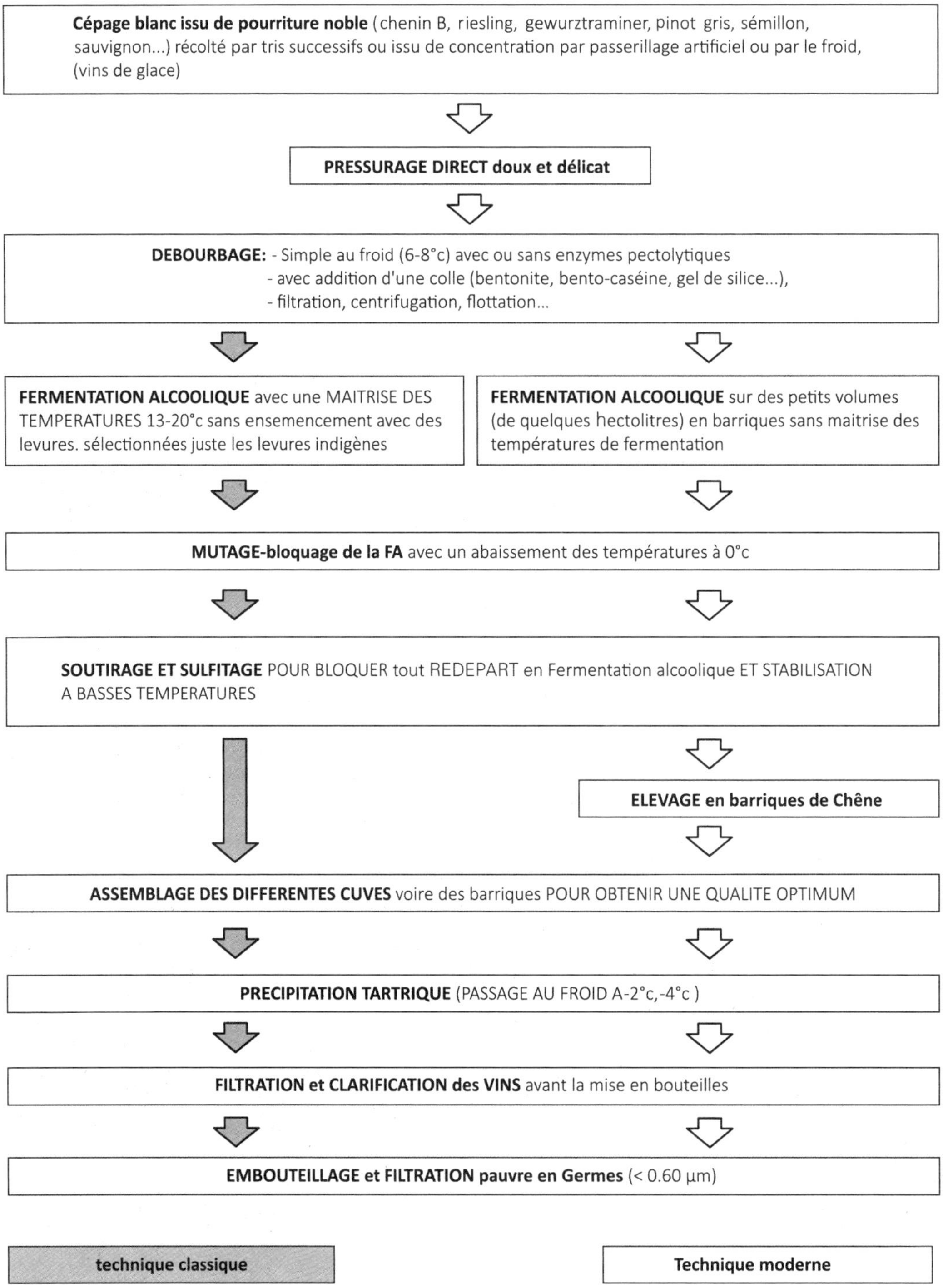

Cépage blanc issu de pourriture noble (chenin B, riesling, gewurztraminer, pinot gris, sémillon, sauvignon...) récolté par tris successifs ou issu de concentration par passerillage artificiel ou par le froid, (vins de glace)

PRESSURAGE DIRECT doux et délicat

DEBOURBAGE: - Simple au froid (6-8°c) avec ou sans enzymes pectolytiques
- avec addition d'une colle (bentonite, bento-caséine, gel de silice...),
- filtration, centrifugation, flottation...

Technique classique	Technique moderne
FERMENTATION ALCOOLIQUE avec une MAITRISE DES TEMPERATURES 13-20°c sans ensemencement avec des levures. sélectionnées juste les levures indigènes	**FERMENTATION ALCOOLIQUE** sur des petits volumes (de quelques hectolitres) en barriques sans maitrise des températures de fermentation

MUTAGE-bloquage de la FA avec un abaissement des températures à 0°c

SOUTIRAGE ET SULFITAGE POUR BLOQUER tout REDEPART en Fermentation alcoolique ET STABILISATION A BASSES TEMPERATURES

ELEVAGE en barriques de Chêne (technique moderne)

ASSEMBLAGE DES DIFFERENTES CUVES voire des barriques POUR OBTENIR UNE QUALITE OPTIMUM

PRECIPITATION TARTRIQUE (PASSAGE AU FROID A-2°c,-4°c)

FILTRATION et CLARIFICATION des VINS avant la mise en bouteilles

EMBOUTEILLAGE et FILTRATION pauvre en Germes (< 0.60 μm)

technique classique **Technique moderne**

甜白葡萄酒酿造解析概要图

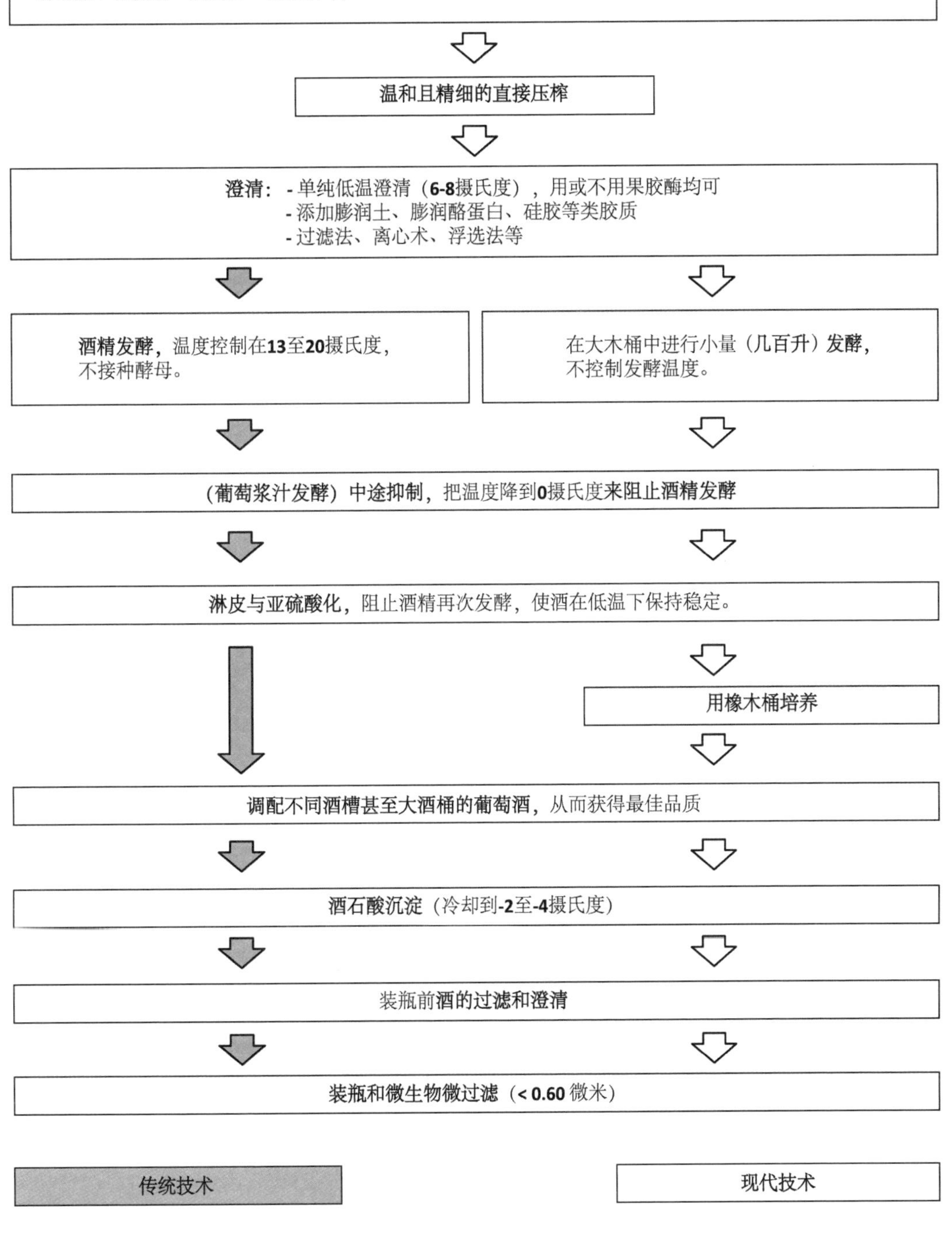

3.3.3 Les régions viticoles mondiales

Un certain nombre de pays maitrisent bien cet incroyable équilibre entre acidité et sucrosité. Australie, Italie, Espagne, Croatie, Hongrie sont autant de pays producteurs de liquoreux. Ceux sont des vins sensuels à la robe dorée, au bouquet complexe donnés par des cépages très différents propres à chaque pays. On retrouve une palette hétéroclite avec les arômes de fruits confits, la fraicheur des agrumes, la suavité du miel et des épices. On peut citer le fameux Tokay hongrois, un des plus anciens vins liquoreux dont les premières traces remontent au XVIème siècle. Vin mythique au nectar riche et complexe où se mêlent des arômes de nougat, de tabac et d'épices. Mais il ne faut pas oublier les Ice Wine du Canada (ou Eiswein) d'Autriche et d'Allemagne, et ceux du nord de la Chine obtenus à partir de raisins vendangés et foulés, gelés. Mais la France reste le pays le plus grand producteur de vins blancs moelleux. Le Sauternes du Château d'Yquem est le vin moelleux le plus réputé et le plus choyé.

Quelques exemples d'Appellations françaises

Sur la vallée de la Loire (15) :

Les Coteaux du Layon, Bonnezeaux, Chaume 1er cru et Quarts de Chaume Grand cru, les Coteaux de l'Aubance, les Coteaux de Saumur puis Vouvray et Montlouis en Touraine.

En Bordelais (4) : les Sauternes, Barsac, Loupiac, Saint croix du Mont...

Dans le Sud-Ouest (12) : Monbazillac, Jurançon, Pacherenc de Vic Bihl...

En Alsace (1) : les Vendanges Tardives et les grains nobles des cépages : riesling, gewurztraminer, pinot gris ou muscat.

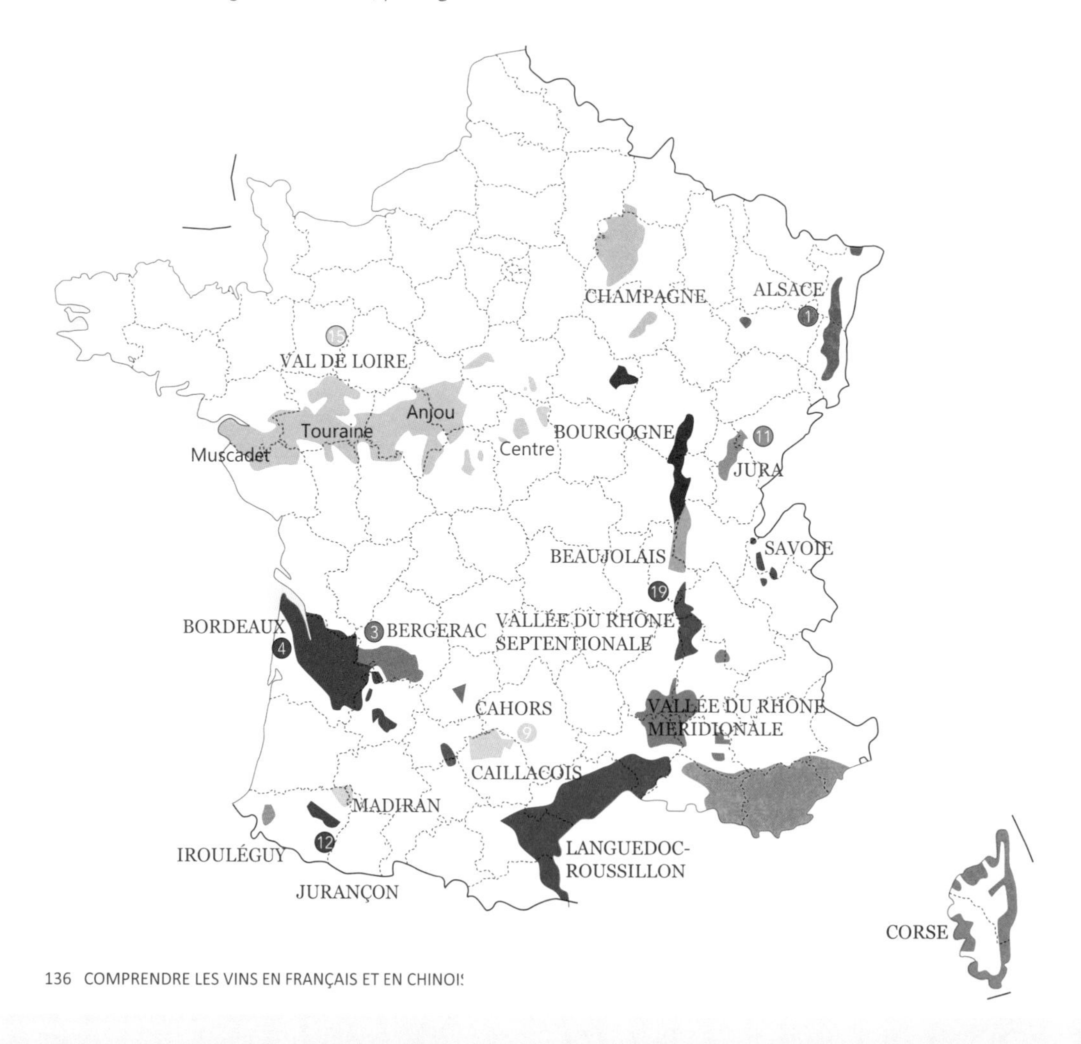

3.3.3 世界葡萄酒产区

一些国家对葡萄酒酸度和甜度的平衡控制得非常出色。澳大利亚、意大利、西班牙、克罗地亚和匈牙利都是超甜型葡萄酒的生产国。这些感染力十足的葡萄酒呈金黄色，带有每个国家特有的不同种类葡萄品种的复杂芳香。可以在其中体会到包括糖渍水果的香味、柑橘类的清爽、蜂蜜的甘甜以及香料味的丰富感觉。匈牙利著名的托卡依酒是最古老的超甜型葡萄酒之一，其历史可追溯到 16 世纪。其神秘的琼浆玉液，丰富且复杂，混合了果仁糖、烟草和香料的味道。还有加拿大、奥地利和德国，以及中国北部产的冰酒。这类葡萄酒是在葡萄采摘后、压榨和冻结而制成的。法国则是生产超甜型白葡萄酒最多的国家，波尔多产区滴金酒庄所产的苏玳酒则是最著名和最受欢迎的超甜型白葡萄酒。

Vallée du Layon en novembre 2018
2018 年 11 月的莱昂谷

法国超甜型白葡萄酒的著名产区

卢瓦尔河谷产区 (15)： 莱昂丘、邦尼舒、肖姆一级、肖姆-卡尔特特级、奥本斯丘、索米尔丘、都兰的武弗雷和蒙特路易等。

波尔多产区 (4)： 苏玳、巴萨克、卢皮亚克、圣十字山。

法国西南部产区 (12)： 蒙巴济亚克、朱朗松、维克-比勒-帕歇汉克等。

阿尔萨斯产区 (1)： 延迟采摘的雷司令、琼瑶浆、灰皮诺或麝香等贵腐葡萄品种。

3.4 Les vins rouges

3.4.1 Les méthodes classiques par macération

La date des vendanges et le mode de récolte

Tous les ans, les vignerons un mois avant la récolte, contrôle chaque semaine, le taux d'acidité, de sucres et l'état sanitaire. Depuis 2018, ces analyses chimiques sont complétées de dégustations précises des pellicules et pépins de raisins afin de déterminer la date optimale de la maturité des polyphénols (tanins...). La récolte est réalisée à la machine à vendanger pour une plus grande réactivité et rapidité ou à la main pour un meilleur tri des raisins sans les abimer et écraser. Depuis 2009, une nouvelle génération de machines à vendanger avec des tables de tri vibrantes permet d'avoir une récolte de grains ronds entiers sans débris de feuilles.

L'égrappage

Les vendanges mécaniques ou manuelles sont systématiquement égrappées afin d'éviter en macération l'apparition de tanins durs et des caractères végétaux (goût de rafle, fougère verte, queue de feuilles) donnés par des pétioles de feuilles ou des bouts de rafles. Des tables de tris (manuelles, vibrantes ou totalement optimisées avec des caméras...) complètent maintenant les érafloirs, pour affiner le nettoyage de la vendange avant cuvaison.

La cuvaison correspond à mettre en cuve des raisins entiers pour les laisser macérer

Les techniques d'extraction de la couleur, des arômes et de la structure se trouvant dans les cellules de la pellicule, vont être différentes selon les cépages et les régions viticoles :

- A l'origine, les vignerons réalisaient **un pigeage aux pieds** du chapeau de marc. Pas très efficace, il revient toutefois dans l'actualité avec quelques vignerons à la recherche de l'authenticité.... Cette méthode est dangereuse avec le dégagement du gaz carbonique et quelque peu obsolète.
- **le remontage à la pompe** du moût du bas de cuve sur le chapeau de marc, pour un lessivage de raisins est le moyen le plus pratiqué dans le monde, mais peut donner, sur certains cépages des caractères tanniques astringents (voir schéma).

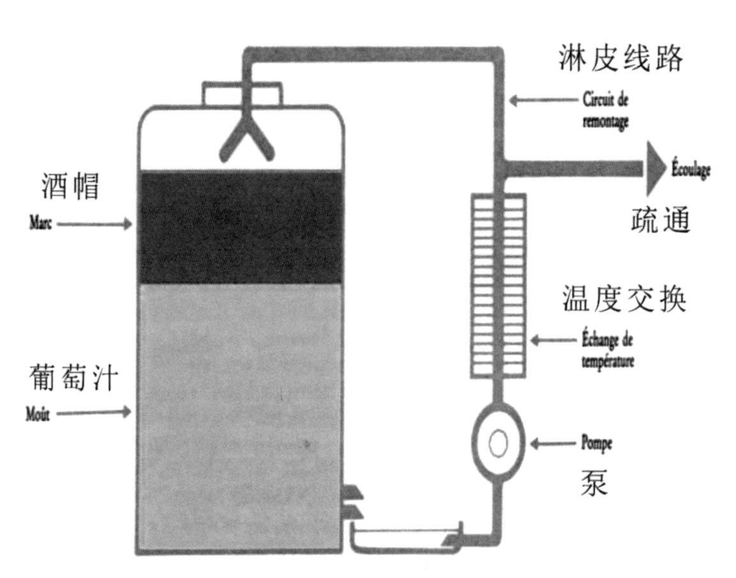

- **Le brassage au gaz** a été créé et développé en Loire dans un centre de recherche sur le vin à Angers. L'injection d'azote et maintenant d'air comprimé filtré à 3 bars de pression, fait remonter délicatement le vin en fermentation du bas vers le haut et extrait graduellement dans un sens, puis dans un autre les composés de la pellicule (couleur, arômes et structure) sans obtenir d'astringence.

3.4 红葡萄酒

3.4.1 传统浸渍法

采摘日期和收获方式

每年在葡萄采摘前一个月，葡萄种植者会每周监测一次葡萄的酸度、糖度和质量状况。自 2018 年以来，他们在使用化学分析手段的基础上，还通过对葡萄皮和葡萄籽的精确品尝来确定多酚（单宁等）成熟的最佳日期。若使用采摘机采摘葡萄，就可以根据葡萄的成熟度及时采摘并提高采摘速度。若希望不损坏、压碎葡萄，拣选成熟的葡萄果粒，可以进行手工采摘。自 2009 年以来，一款新式带振动分拣台的采摘机，能够在收获整颗葡萄圆粒的同时去除葡萄叶碎屑。

果粒与果梗的分离

无论是机械还是手工采摘葡萄，在葡萄浸渍前，要进行果粒与果梗的分离，以避免在葡萄浸渍期间叶柄或果梗给红酒带来硬单宁和其它植物的味道 (葡萄叶或果梗)。现在，分拣台（手动式、振动式或全部用摄像优化的）会与葡萄去梗器配合使用，以便在发酵前仔细清洁收获的葡萄。

装桶、浸泡工作程序

根据葡萄品种和葡萄产区的不同，从葡萄皮细胞中提取颜色、香味和结构的技术也会有所不同：

- 最早，葡萄种植者**用脚把酒帽踩下去压帽**。尽管这种做法不太有效，今天仍有个别追求原汁原味的葡萄种植者延用这种工作方法。该准备法会释放出二氧化碳，有些危险，而且过时了。

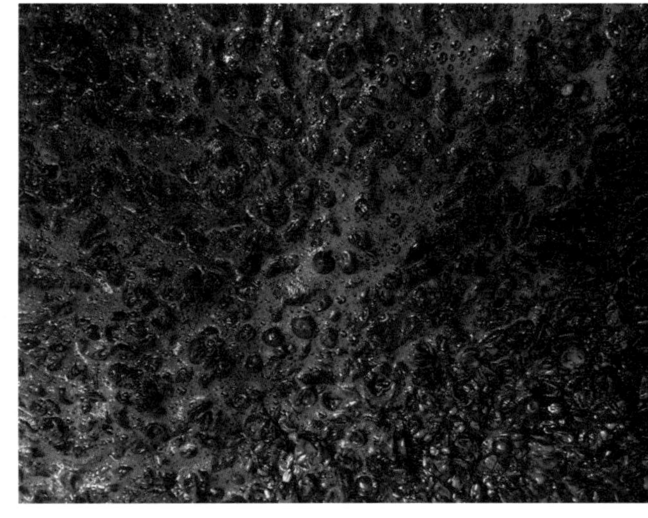

- 目前世界上最常用的方法是**用泵**把葡萄浆汁从酒槽底部抽上来对酒帽进行淋皮，但这种方法可能会使某些葡萄品种的单宁收敛性增强。
- **气体搅拌**是卢瓦尔河产区、昂热市的一个葡萄酒研究中心发明和发展的一种技术。最早采用氮气，现在改为注入 3 巴压强（压强单位）的过滤压缩空气，使发酵中的葡萄酒从下往上慢慢流动，这样可以从一个方向到另一个方向逐渐提取一些成分，但不会增强单宁的收敛性。

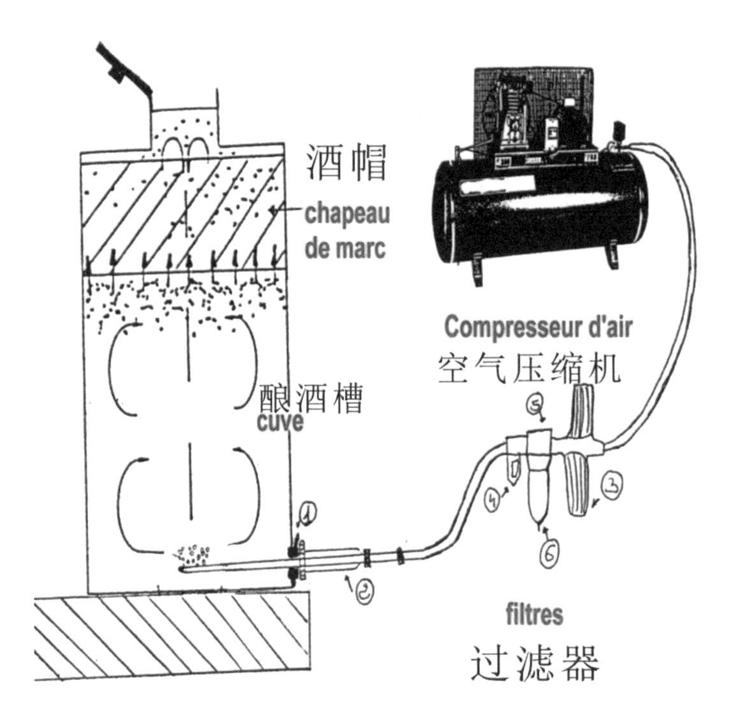

- **la macération marc immergé** est encore plus simple... on laisse se faire les tourbillons convectifs dans la cuve grâce au marc bloqué dans le moût. Le vigneron utilise, soit des grilles vissées au 2/3 haut de la cuve, les plongeant ainsi dans le moût en bouillonnement. La méthode est très zen... Certains grands châteaux bordelais ont inventé des cuves de forme particulière pour que les systèmes convectifs se forment tout seul dans la cuve comme au Château Cheval Blanc à Saint Emilion.
- **la vinification intégrale** consiste à laisser macérer et fermenter dans des barriques de 225 à 600l, les baies de raisins avec le moût. Les barriques sont équipées d'une porte sur le dessus pour piger à la main la vendange et une vanne en bas pour réaliser un délestage par gravité. Ce procédé de micro-vinification permet aux vignerons de sélectionner leurs terroirs, des parcelles spécifiques ou des cépages plus rares et ainsi créer des cuvées haut de gamme souvent étonnantes...

Augmentation de la couleur au cours de la macération
葡萄浆汁的颜色在浸渍过程中逐渐加深

Le décuvage et le pressurage

La longueur de cuvaison sera adaptée à la maturité des raisins, le potentiel qualitatif de l'année, et la structure désirée par le vigneron. Chaque jour, il déguste le vin de chaque macération ; puis il détermine avec l'œnologue, la date de décuvage optimale, son process (à la pompe, par gravité, à la portoir...) et le pressurage. Les jus de goutte et les jus de presses sont séparés afin d'être élevés distinctement, pour être assemblés après l'élevage.

- **葡萄渣浸渍法**更简单。由于葡萄汁聚成团的酒渣，会在酒槽中产生对流旋涡，酿酒者便在酒槽 2/3 高度处使用纽纹栏架，将酒渣压入翻腾的果汁中。这种方法很平和自然。波尔多产区的一些大酒庄还发明了一些特殊形状的酒槽，以便酒槽中自动形成对流系统，比如圣埃米利永的白马酒庄。
- **整体酿造**是在 225 至 600 升的大木桶中浸泡和发酵带果汁的葡萄浆果。酒桶上面留一出口，以便手动测量葡萄数量。用下面的阀门来重力排放出酿造的酒。这种微量葡萄酒酿造方法方便酿酒者对风土、特定地块或稀有葡萄品种进行精选，从而推出高档、令人惊叹的特酿葡萄酒。

放出新酒与压榨

发酵时间的长短取决于葡萄的成熟度，葡萄品种每年的品质潜力及酿酒者所希望取得的葡萄酒的结构。酿酒者会每天品尝各种浸渍的葡萄酒，然后与葡萄酒工艺顾问一起确定放出新酒的最佳日期、处理过程（用泵、靠重力、用框架等）和压榨过程。自流汁和压榨汁将在被分离并单独培养后，再进行调配。

Barriques de vinificqtion intégrale
整体酿造法使用的大木桶

Décuvage au Domaine de Nerleux (49)
卢瓦尔河谷奈尔勒酒庄放新酒

La fermentation Malo lactique

Autant le fermentation Malo lactique est optionnelle pour les vins blancs secs et les vins rosés, autant elle est obligatoire pour les vins rouges afin que ceux-ci puissent être bien stables dans le temps. Elle s'enclenche naturellement à la fin de la fermentation alcoolique par les bactéries lactiques présentes sur la peau du raisin et transforme l'Acide malique en acide lactique descendant ainsi l'acidité totale, ce qui permet de rendre le vin rouge plus digeste.

L'élevage en barriques

Les vins des différents cépages et cuves de macérations sont élevés séparément en cuves ou en barriques. A la fin de la fermentation alcoolique et fermentation malo lactique, les vins de goutte et de presse sont soutirés et fortement aérés puis sulfités de 2 à 5 g/hl. Selon la structure, les vins rouges puissants et charnus sont élevés de plus en plus en barriques. L'objectif est d'affiner les tanins, d'augmenter la complexité avec une touche vanillée et réglissée, tout en aérant le vin, d'une façon ménagée et progressive. Les barriques devront être régulièrement ouillées (re-remplies, car le bois pompe un certain volume) afin d'éviter une oxydation du vin.

Certains vinificateurs dans le monde utilisent en infusion des copeaux de chêne pour "aromatiser" le vin, mais le résultat est loin d'être le même et ces arômes s'estompent vite dans le temps.

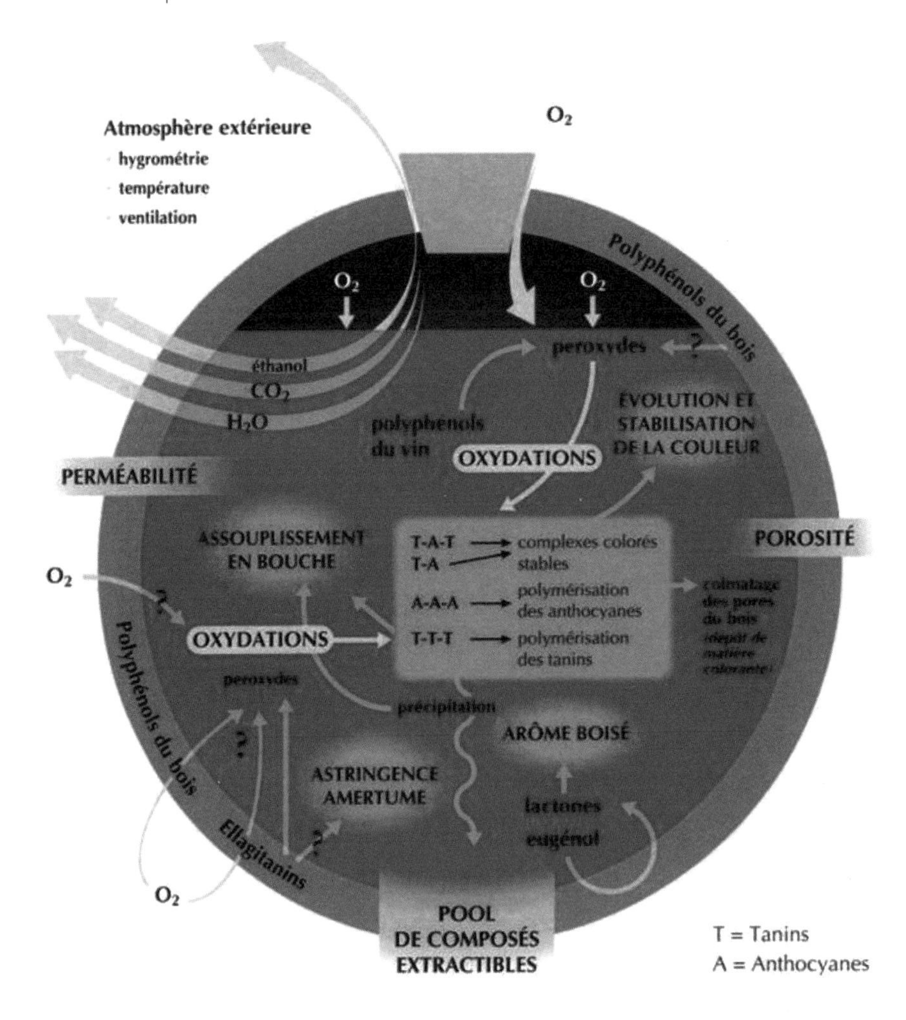

Schéma : les phénomènes d'interactions dans la barrique

乳酸发酵

乳酸发酵并不是酿造干白葡萄酒和桃红葡萄酒的必须环节，但这一环节对于酿造红葡萄酒来说却是必不可少的。这对红葡萄酒的稳定性及长期保存十分重要。葡萄皮上存有乳酸菌，乳酸发酵在酒精发酵结束时自然开始，将苹果酸转化为乳酸，从而降低总酸度，使红酒更易消化。

桶中培养

不同葡萄品种和浸渍桶的葡萄酒要在分开的酒桶或大酒桶中分别培养。当酒精发酵和乳酸发酵结束时，要对自流酒和压榨酒进行换桶并加强透气，然后以 2 至 5 克 / 百升的浓度加硫。由于结构的不同，现在越来越多的口感强劲、丰厚的红葡萄酒是在大酒桶中培养的。这样做的目的是优化单宁，加强香草和甘草等复杂口感，同时以柔和渐进的方式让葡萄酒透气。另外还必须定期添桶以避免葡萄酒氧化（因为木桶会吸收一些葡萄酒）。

世界上有些酿酒师会把橡木屑注入葡萄酒给酒“添香”，但其效果与真正的桶中培养相去甚远，而且这种增加的香气会随着时间流逝迅速消失。

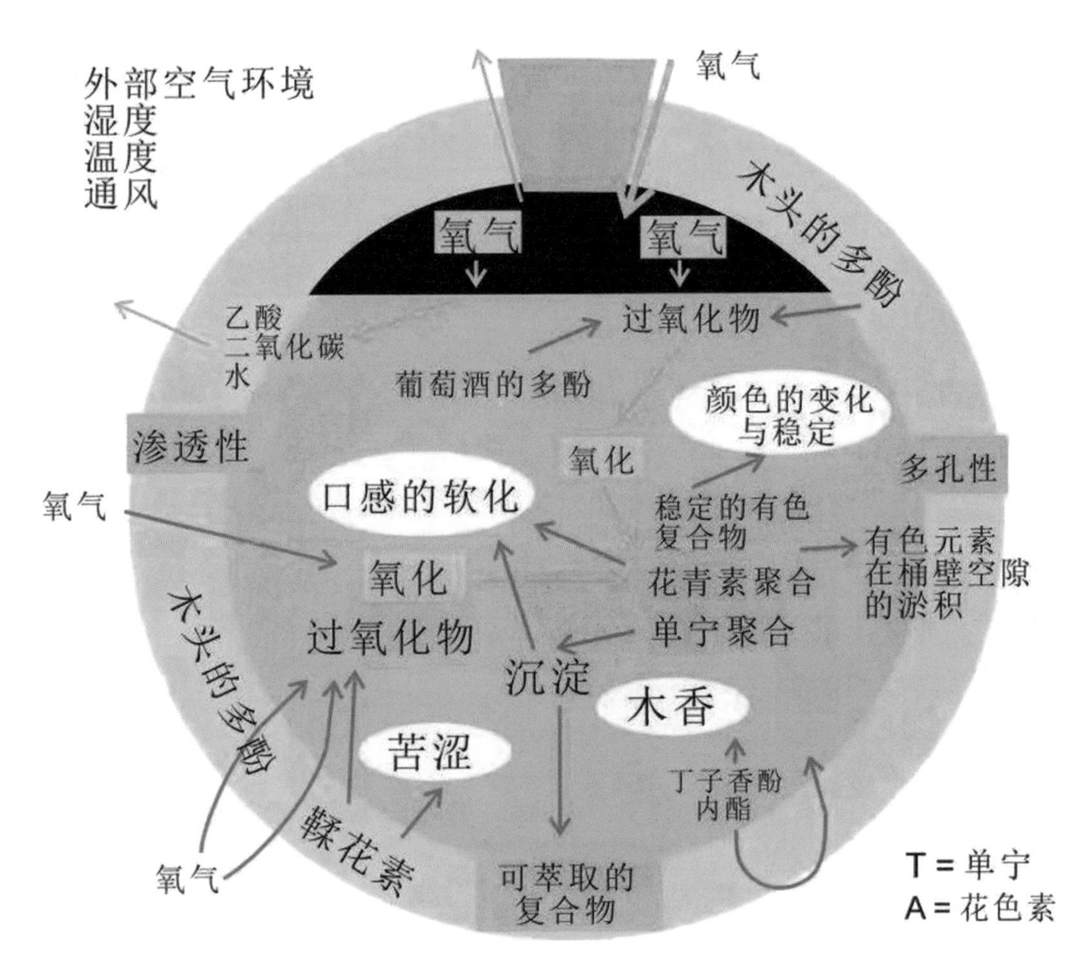

大酒桶中的相互作用现象

La clarification des vins

A la fin du printemps, les vins sont clarifiés, filtrés (sur des terres neutres, ou par filtre tangentiel) ou centrifugés, afin de permettre un élevage serein ou une mise en bouteille précoce pour les vins légers. Certains vignerons préfèrent clarifier leurs vins et affiner la structure par collage (blanc d'œuf, albumine, gélatine...). D'autres, prolongent l'élevage sur lies très longtemps (de 12 à 20 mois) afin que la lie sédimente progressivement, le vin est ensuite mis en bouteille tardivement, avec la mention, « ni collé, ni filtré ». Cette technique a l'avantage de ne pas modifier, ni amaigrir l'ossature du vin, mais la conservation dans le temps, n'est plus totalement garantie... la population microbienne étant conséquente !

La mise en bouteilles

A l'embouteillage, qu'il soit réalisé par le viticulteur, la cave coopérative ou le négociant sur leur propre matériel ou qu'ils demandent à un prestataire de service sur camion mobile de réaliser le travail. Une filtration d'affinage sur plaques de cellulose ou sur cartouches est généralement préconisée. A vouloir rendre totalement cristallin leurs vins, les vinificateurs, ont réalisé dans les années 1990, quelques excès et décharné les structures. Les filtrations d'affinage sont soit douces et lâches, soit totalement proscrites.

3.4.2 La Thermovinification

Le chauffage des raisins sur une vendange à belle maturité permet d'obtenir des vins rouges très colorés, aux arômes bien développés de fruits rouges et noirs caramélisés, mais avec des bouches souples et sans tanin... car il n'y a pas de macération en présence d'alcool. Les techniciens utilisent des unités mobiles qui chauffent directement les raisins grâce à des échangeurs tubulaires, ou bien uniquement le jus. Ensuite la vendange chaude (« les raisins et les jus chauffés ») sera :

1) refroidie rapidement pour que les cellules de la pellicule fragilisée, libèrent rapidement la couleur sans structure (sans tanin) après le pressurage direct ; (--> dans une macération classique on fait une macération et on pressure après, dans ce cas on fait le pressurage directement mais jus arrive bien à l'écoulage du pressoir)

2) macérée à chaud quelques heures (6 à 12h) sans départ en fermentation, avant le pressurage à froid (25-30°c), afin d'extraire plus de rondeur gustative, mais toujours pas de tanins.

Le moût rouge obtenu à la sortie du pressoir est ensuite vinifié comme un rosé sec (débourbage, fermentation alcoolique à basse température, fermentation malo lactique puis filtration et mise en bouteilles précoce). Les vins ont la structure d'un rosé avec la couleur d'un vin rouge...

Deux jus de raisin sans et avec un chauffage de la vendange à 75° c
未经加热的葡萄汁和经 75 摄氏度加热所得到的葡萄汁

葡萄酒的澄清

春季结束时，要对葡萄酒进行澄清、过滤（通过中性土或切向过滤）或离心分离，使葡萄酒逐渐发酵，或让清淡的葡萄酒能及早装瓶。一些葡萄种植者更喜欢通过凝结过滤法（使用蛋清、蛋白质、明胶等）来澄清并优化酒的结构。但有些人会将用酒泥培养的时间拉得很长（从 12 到 20 个月），以便酒渣逐渐沉淀，很晚才进行装瓶，使装瓶后的酒能获“不澄清也不过滤酒”证明。这项技术的优点是不会改变或减弱葡萄酒的结构，但会影响葡萄酒的保存时间，因为在这种情况下装瓶的葡萄酒中会含有不少微生物！

装瓶

装瓶可以由酒农、酿酒合作社或者中间商使用各自的设备进行，也可以请专门的服务供应商进行。服务供应商会使用带有专门设备的卡车来操作。通常在装瓶时建议通过纤维板或滤罐对葡萄酒进行精制过滤。为了使葡萄酒完全清澈，1990 年代有些酿酒师曾过度过滤，削弱了酒的结构。现在的精制过滤则比较柔和宽松，或者根本就不再采用。

3.4.2 加热酿造法

对熟透的葡萄进行加热处理，可获得酒色丰富的葡萄酒。该类酒会带有浓郁的焦糖味、红色和黑色水果的香气。而且葡萄酒的口感会很柔软、没有单宁感，因为加热处理避免了浸渍环节中的酒精发酵。技术人员会用可移动的、管状热交换器直接加热葡萄或是葡萄汁。此后的工作分下面的两个程序：

第一，进行迅速冷却，使葡萄皮变脆，在经受直接挤压后，快速展现出颜色还不产生单宁。

第二，在（25 至 30 摄氏度）冷榨之前，先将葡萄热浸泡 6 至 12 小时，但不开始发酵。这样做可以提取圆润的味道，但仍然不会有单宁。

用红葡萄浆汁，使用酿造干桃红葡萄酒的方式酿造出的红葡萄酒（澄清，低温酒精发酵，乳酸发酵，然后过滤并提早装瓶）具备桃红葡萄酒的结构和红葡萄酒的颜色。

L'appareil de chauffage mobile
可移动加热装置

Schéma récapitulatif de la vinification des vins rouge par macération classique

Vendanges de raisins murs et sains main ou machine

Égrappage total des raisins sans écrasement, en respectant la vendange, puis tri des raisins sur table (on appelle cela une table de tri vibrante) pour une élimination totale des pétioles de feuilles et bouts de rafle, sulfitage de 2 à 7 g/hl

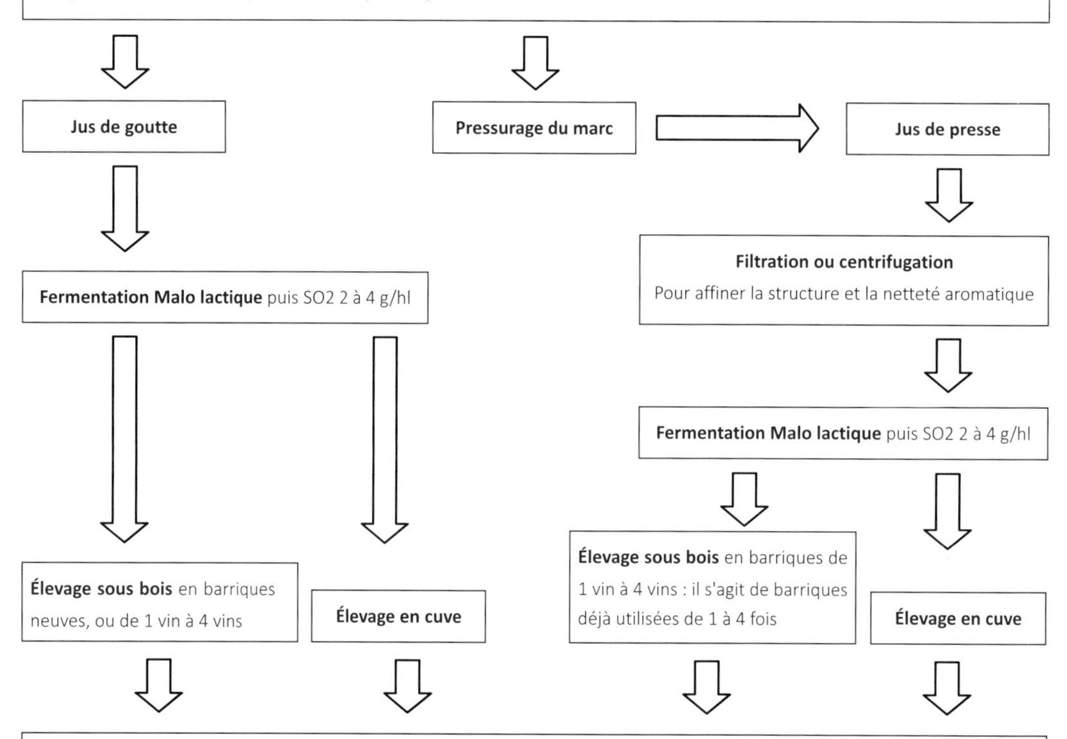

Assemblage de la cuvée, selon la typicité de l'AOC/AOP, le goût des consommateurs et le temps d'élevage et de garde

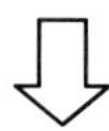

Filtration et Clarification avant la mise en bouteilles

Ajustement du SO2 libre entre 15 et 30 mg/l, filtration sur terre, ou au tangentiel...

浸渍法酿造红葡萄酒操作工序的综述概要图

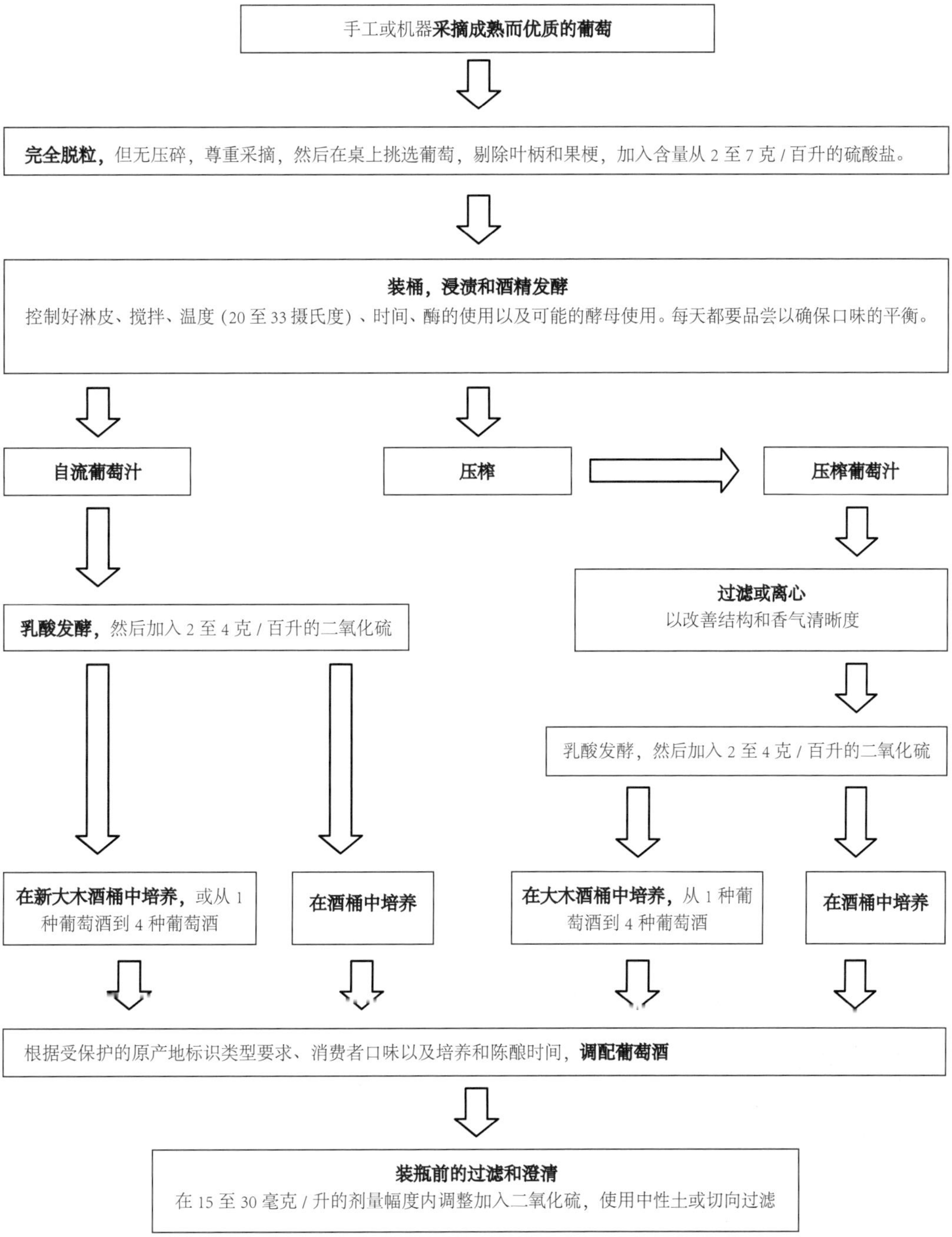

手工或机器**采摘成熟而优质的葡萄**

⇩

完全脱粒，但无压碎，尊重采摘，然后在桌上挑选葡萄，剔除叶柄和果梗，加入含量从 2 至 7 克 / 百升的硫酸盐。

⇩

装桶，浸渍和酒精发酵
控制好淋皮、搅拌、温度（20 至 33 摄氏度）、时间、酶的使用以及可能的酵母使用。每天都要品尝以确保口味的平衡。

⇩

自流葡萄汁

⇩

乳酸发酵，然后加入 2 至 4 克 / 百升的二氧化硫

⇩

在新大木酒桶中培养，或从 1 种葡萄酒到 4 种葡萄酒

在酒桶中培养

压榨 ⇨ **压榨葡萄汁**

⇩

过滤或离心
以改善结构和香气清晰度

⇩

乳酸发酵，然后加入 2 至 4 克 / 百升的二氧化硫

⇩

在大木酒桶中培养，从 1 种葡萄酒到 4 种葡萄酒

在酒桶中培养

⇩

根据受保护的原产地标识类型要求、消费者口味以及培养和陈酿时间，**调配葡萄酒**

⇩

装瓶前的过滤和澄清
在 15 至 30 毫克 / 升的剂量幅度内调整加入二氧化硫，使用中性土或切向过滤

3.4.3 La macération carbonique pour les vins primeurs

Pour cela, les grains de raisins sains, doivent être récoltés à la main et véhiculés en caisses pour éviter tout écrasement. Ils sont ensuite déversés délicatement dans une cuve préalablement saturée en gaz carbonique. A une température élevée (28-33°c) une partie des sucres se transforme en alcool (fermentation intracellulaire d'environ 3 à 5 % vol) à l'intérieur du grain de raisin provoquant une modification physiologique de la baie (couleur marron, augmentation de taille...), mais également organoleptique (apparition des arômes amyliques de bananes et de bonbons acidulés). Après quelques jours (6-12), la macération est décuvée, les raisins pressurés et le jus fini tranquillement sa fermentation alcoolique à basses températures (14-16°c) afin de sauvegarder les arômes produits lors de macération carbonique. La fermentation Malo lactique s'enclenche rapidement afin de diminuer l'acidité naturelle du Gamay. Soutiré puis filtré, le vin est rapidement commercialisé sous la mention primeur ou nouveau le 3ème jeudi d'octobre pour les Vins de pays et le troisième jeudi de novembre pour les appellations ligériennes (Anjou Gamay) ou du Beaujolaises très connues dans le monde.

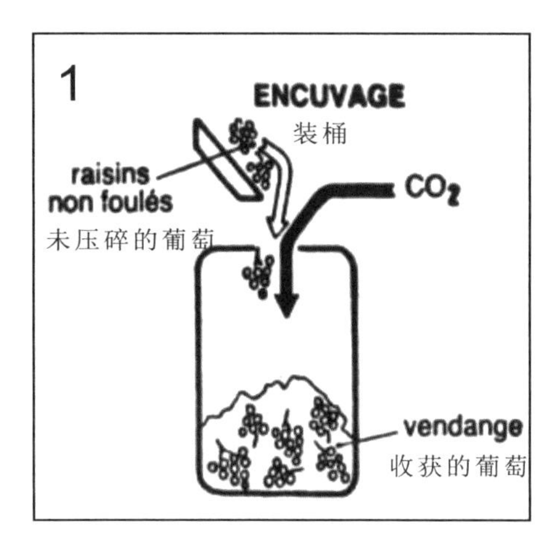

Remplissage cuve :
- Délicat, sans écrasement
- Présence de CO_2
- Chauffage à 30°c

装满桶：
- 轻轻地，别压碎
- 要有二氧化碳
- 加热到 30 摄氏度

Remplissage de la cuve en grappes entières
成串的葡萄装满酒桶

3.4.3 新酒的二氧化碳浸渍发酵

若采用**二氧化碳浸渍来发酵新酒**，必须人工采摘、挑选葡萄，并用板条箱运输来避免压碎葡萄。然后将葡萄轻轻倒入预先充满二氧化碳的桶中。在较高温度下（28 至 33 摄氏度），葡萄所含的部分糖则会转化为酒精（约 3 至 5% vol 的细胞内发酵），从而引起浆果的生理变化（葡萄变成棕色并开始膨胀等），以及感官感觉的变化（出现香蕉和酸味糖果的戊基气味）。约 6 至 12 天后，在浸渍结束后，保证压榨后获得的葡萄浆汁能在低温下（14 至 16 摄氏度）慢慢完成酒精发酵，这样可以保存在浸渍发酵过程中产生的香气。然后乳酸发酵迅速开始，以降低佳美葡萄的天然酸度。经过抽取和过滤，葡萄酒被冠以“新酒”上市，其中地区餐酒在每年十月的第三个星期四上市，卢瓦尔河产区或博热莱产区的新酒则在十一月的第三个星期四上市。

2 **PHASE DE FERMENTATION** 发酵阶段

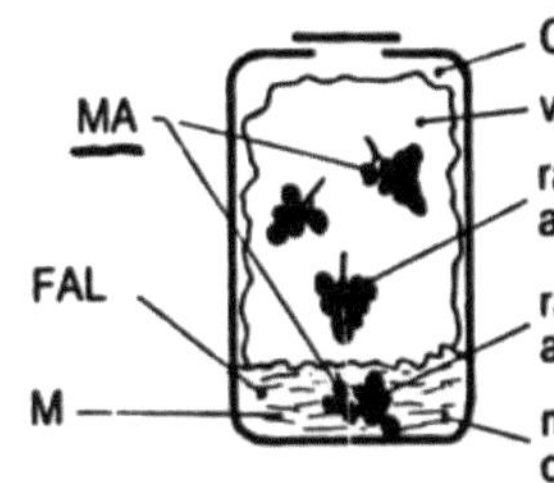

CO_2 二氧化碳

vendange 收获的葡萄

raisins entiers en anaérobiose gazeuse 葡萄完全处于厌氧气体中

raisins entiers en anaérobiose liquide 葡萄完全处于厌氧液体中

moût provenant des raisins écrasés par tassement 葡萄压碎后得到的葡萄汁

- gonflement du grain, changement de couleur
- Températures : 25- 35 °C
- Durée de 6 à 10 jours

- 葡萄粒膨胀，颜色变化
- 温度：25 至 35 摄氏度
- 持续 6 到 10 天

Macération carbonique en grappes entières
成串的葡萄在二氧化碳中浸渍

3 **PRESSURAGE** 压榨

自流葡萄汁的上层 *Supérieur au jus de goutte*

4 **PHASE DE FERMENTATION** 发酵阶段

自流葡萄汁和（或）压榨葡萄汁完成发酵

抽取 **SOUTIRAGES**

- Températures : 25- 22 °C pour fermentation alcoolique
- puis fementation Malo lactique à 20°C

- 温度：18 至 22 摄氏度，可以保存香气并完成酒精发酵
- 然后在 20 摄氏度下进行乳酸发酵

3.5 Les vins rosés secs et tendres (demi-secs)

D'où vient la couleur du vin rosé ?

Les vins rosés s'élaborent avec un vrai savoir-faire et en aucun de l'assemblage d'un vin rouge et d'un vin blanc. Pour obtenir la couleur rosée, on utilise 3 techniques :

- un pressurage direct de raisins rouges, va permettre d'obtenir une robe d'intensité très faible... un vin pâle plus gris que coloré, dans l'esprit des vins de Provence.

- une courte macération de la pellicule rouge avec la pulpe blanche, va libérer plus de pigmentation des cellules de la pellicule, mais aussi plus de velouté et une très légère structure.

- une saignée d'une cuvaison de vin rouge. La technique consiste à surveiller régulièrement d'heure en heure, au robinet dégustateur la couleur, les premières heures de macération, afin d'extraire à la couleur souhaitée atteinte, 10 à 15% de jus avant le début de la fermentation.

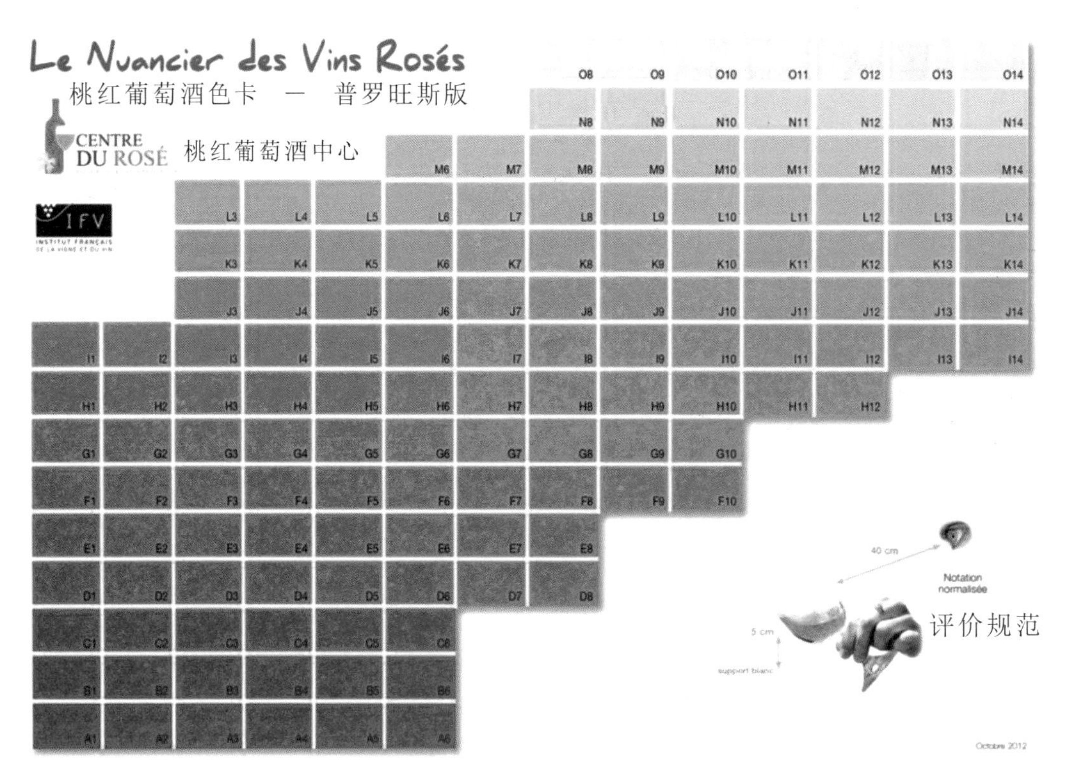

Le nuancier des vins rosés (source Institut du rosé –France par Gilles Masson)
桃红葡萄酒色卡（来源：法国桃红葡萄酒研究所吉尔·马松）

3.5 干桃红葡萄酒与半干（柔顺）桃红葡萄酒

桃红葡萄酒的颜色是怎么得到的呢?

桃红葡萄酒并非是用红葡萄酒和白葡萄酒混合形成的，制造桃红需要真正的专业技术。通常使用以下三种技术来取得桃红的颜色：

- 直接压榨红葡萄，所得的酒色很弱。如根据制作普罗旺斯桃红葡萄酒的理念，所得的葡萄酒的红色非常淡，近似灰色。

- 红色葡萄皮与白色果肉的短暂浸渍，使葡萄皮细胞释放更多的色素，同时带来圆润感和非常轻微的结构。

- 红葡萄酒桶内发酵的中止操作。该技术要求在浸渍的最初几个小时中，通过酒桶上的开关，每个小时都品尝葡萄汁并观察颜色，以便在发酵开始前按照所需的颜色，提取 10%至 15%的葡萄汁。

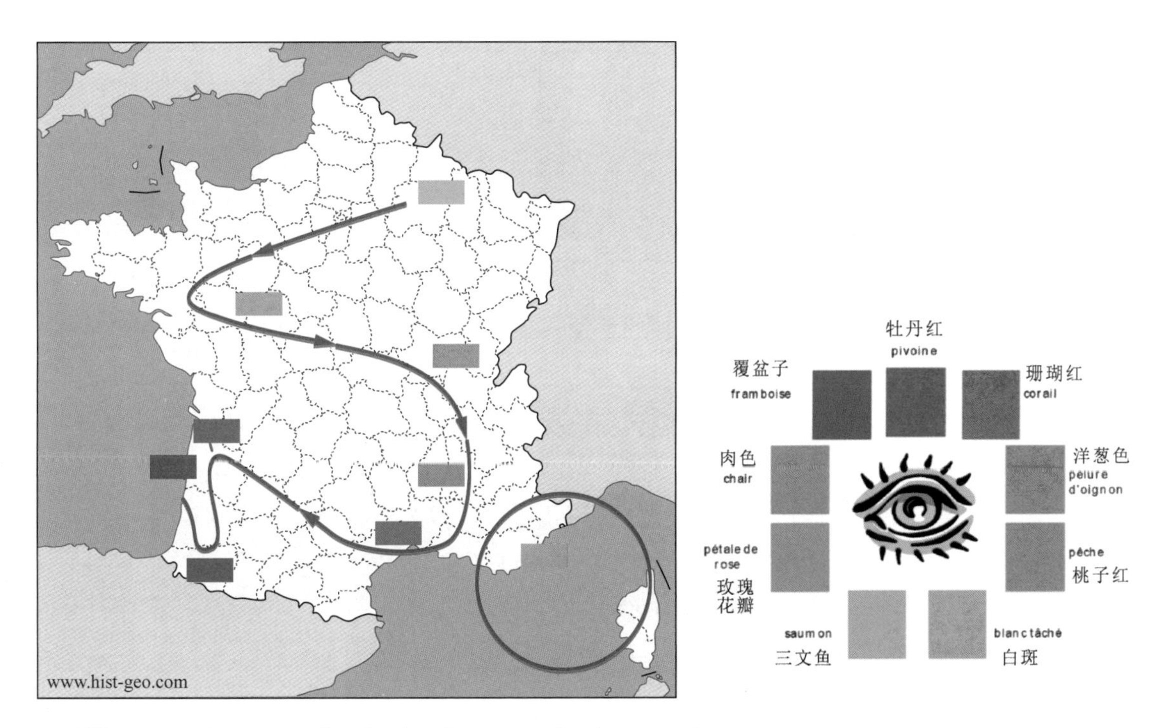

Les différentes couleurs de rosés selon les régions viticoles françaises (Source Institut du rosé – France par Gilles Masson)
法国葡萄酒产区的桃红葡萄酒的不同桃红色（来源：法国桃红葡萄酒研究所吉尔·马松）

Le débourbage

Comme un mout de vin blanc, les moûts rosés doivent être parfaitement décantés afin d'avoir des fermentations alcooliques d'une grande pureté, et la famille d'arômes choisies. Le débourbage pourra se réaliser tout simplement au froid, ou bien être mécanique par filtration, centrifugation ou éventuellement par flottation.

L'élaboration des rosés secs

Pour cette typicité et absence de sucres résiduels, la fermentation alcoolique sera totale pour avoir moins de 3 g/l de glucose et fructose. Dans ce cas, si l'acidité domine dans des régions froides, ce qui peut être agressif, le vin est soit désacidifié chimiquement avec du Bicarbonate de potassium, soit le vigneron déclenche la fermentation Malo lactique ce qui donne généralement des caractères de yaourt à la fraise.

L'élaboration des rosés tendres (demi-secs) et la technique de mutage

Pour les rosés tendres (demi-secs), la fermentation alcoolique est bloquée afin de sauvegarder des sucres résiduels. Dans le but de limiter l'utilisation d'anhydride sulfureux, deux méthodes sont couramment utilisées :

- la plus simple et plus ancienne consiste à refroidir le vin en fermentation à une température < à 10°c au point de mutage, ce qui ralentit la fermentation, épuise les levures et favorise l'action du SO2 ajouté en quantité raisonnable.
- la plus efficace est de filtrer au filtre tangentiel le vin, et ainsi d'éliminer complètement les levures. Cette technique permet de diviser par deux la quantité de soufre rajouté...

Photo de différents échantillons de bouteilles de rosés secs issus de techniques différentes d'élaboration
用于品尝的不同桃红葡萄酒

澄清

像白葡萄酒一样，为保证桃红葡萄酒精发酵的高纯度及所期待的各种香气，必须完全澄清葡萄汁。可以简单地在低温中完成澄清，也可以通过过滤、离心甚至浮选等操作完成。

干桃红葡萄酒的制作

对于这种无残留糖分的葡萄酒，酒精发酵所获得的葡萄糖和果糖总量要少于 3 克 / 升。 在这种情况下，寒冷地区的酒酸度会很明显，甚至很刺激。为此可以使用碳酸氢钾对葡萄酒进行化学脱酸。酿酒师也可以启动乳酸发酵，这通常会给酒带来草莓味酸奶的风格。

Observation d'un jus de rosé avant fermentation alcoolique.
在葡萄浆汁发酵前，对浆汁进行观察。

半干桃红葡萄酒的制作以及发酵的中途抑制技术

对于半干桃红葡萄酒，中止酒精发酵的目的在于保留残留的糖分。为了限制二氧化硫的使用，通常采用的以下两种方法：

- 最简单、最古老的方法：在中途抑制点将正在发酵的酒冷却至 10 摄氏度以下。这会减慢发酵速度，耗尽酵母，并可发挥适量添加的二氧化硫的作用。
- 最有效的方法：通过切向过滤器过滤葡萄酒，从而完全消除酵母。这项技术可以节省一半硫的添加量。

Schéma récapitulatif de la vinification des vins rosés secs et tendres (demi-secs)

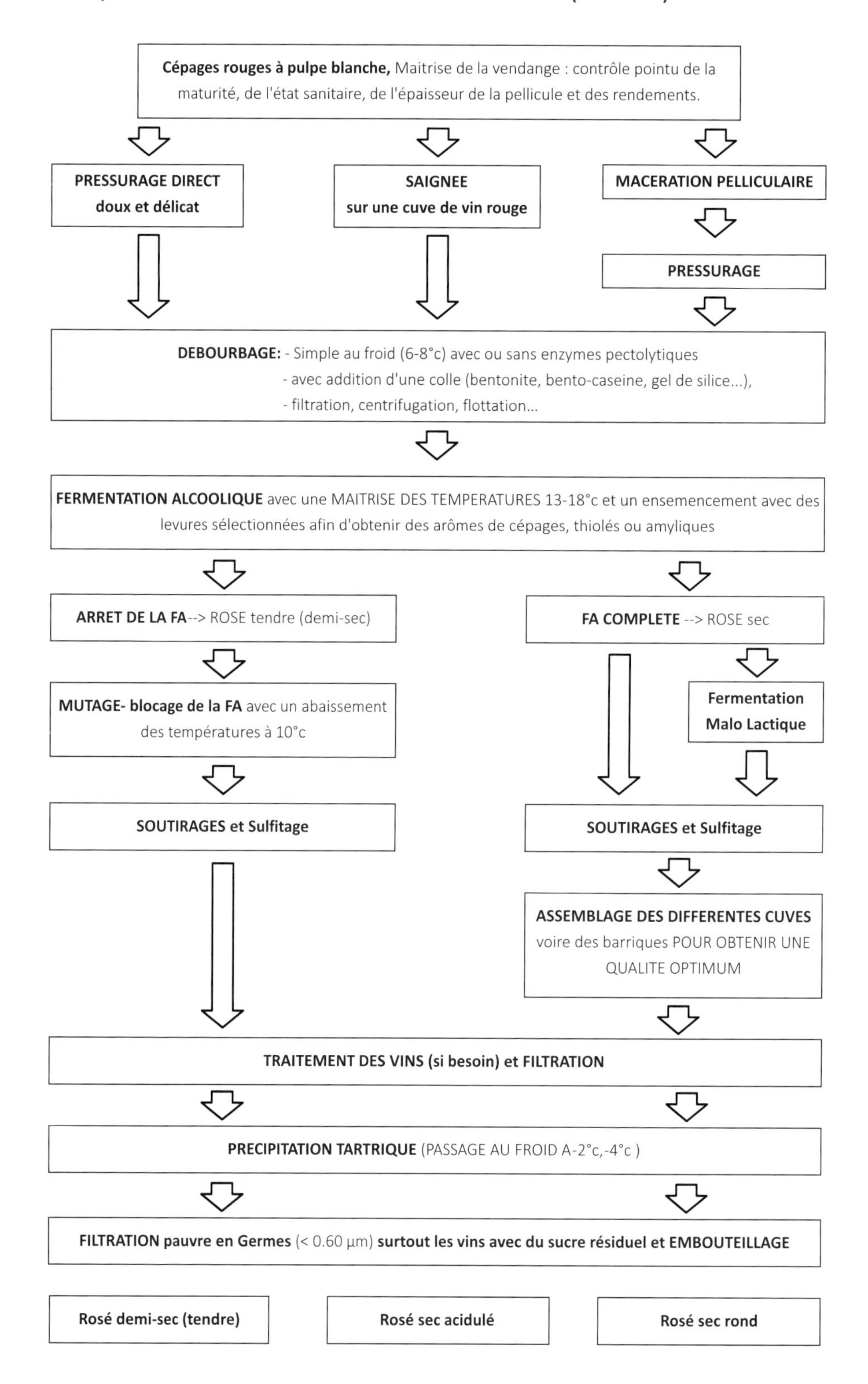

干桃红葡萄酒与半干桃红葡萄酒酿造解析概要图

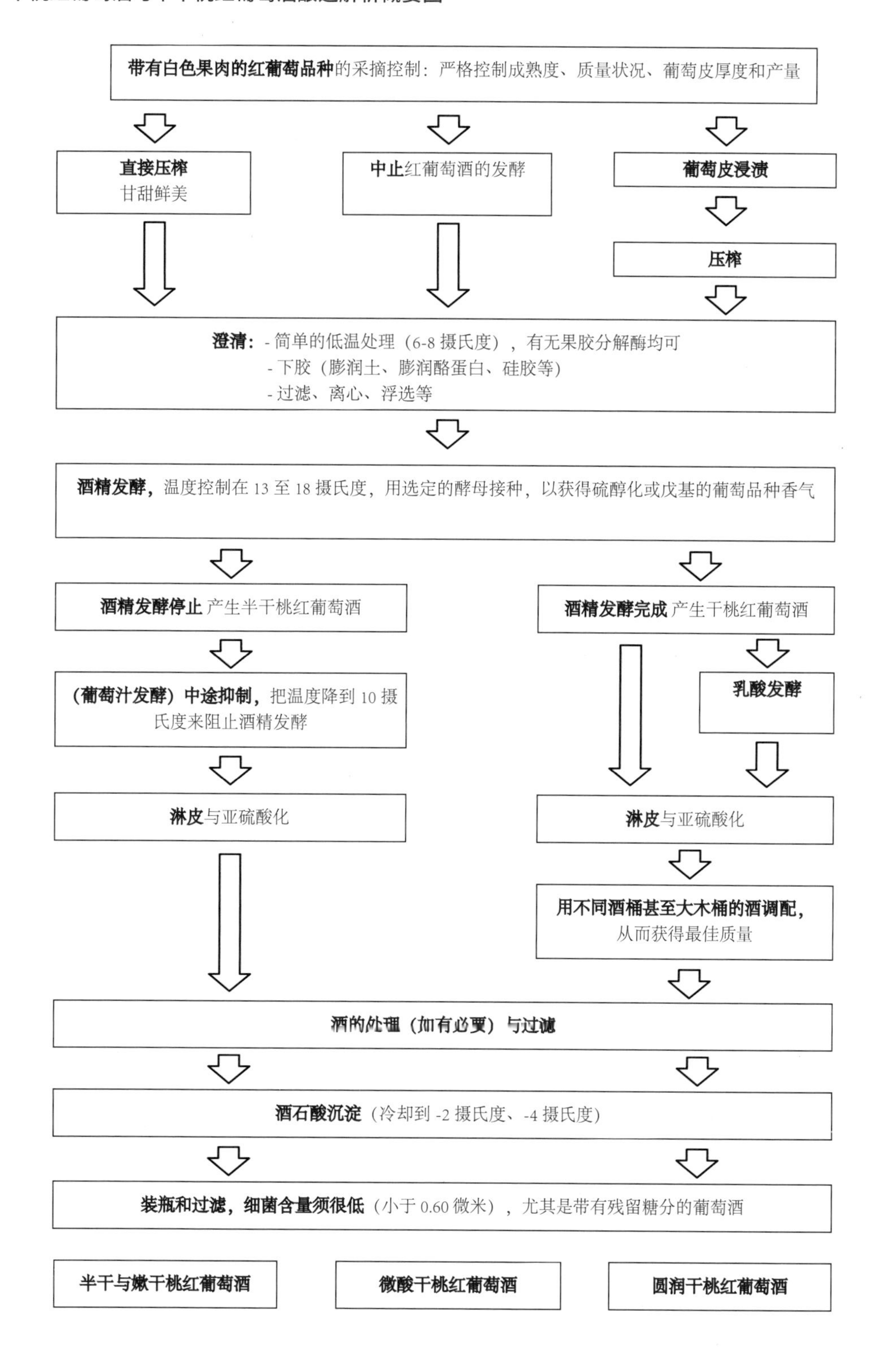

La production des rosés dans le monde

Le vin rosé constitue aujourd'hui 9 % de la production et plus de 10% de la consommation mondiale de vin. en 2017, 70 % des vins rosés sont produits par 4 pays (France 28%, USA 17%, Espagne 15% et Italie 10%) et la production de vin rosé a atteint en 2018 un record historique avec 26,4 millions d'hectolitres! La France est toujours le premier producteur mondial avec 7,5 millions en 2018 pour 6 millions d'hectolitres produits en 2006. (Source France AgriMer)

Il est à noter que depuis 10 ans, il y a un changement des tendances des rosés consommés. On constate une baisse très marquée de la production de rosé à forte coloration et titrant un degré alcoolique souvent supérieur à 13 % vol au profit de rosés de couleur pâle, plus légers. (Masson Gilles)

La consommation des rosés dans le monde

Avec 23,5 millions d'hectolitres de vin rosé consommés en 2017, la consommation mondiale a fortement progressé en 15 ans (+ 28 % entre 2002 et 2017), ce produit est très tendance dans de nombreux pays. La France en 2017 est toujours le premier pays

2002-2017年全球桃红葡萄酒产量的变化
（单位：亿升）

Évolution de la production mondiale de vin rosé entre 2002 et 2017

(en millions d'hectolitres)

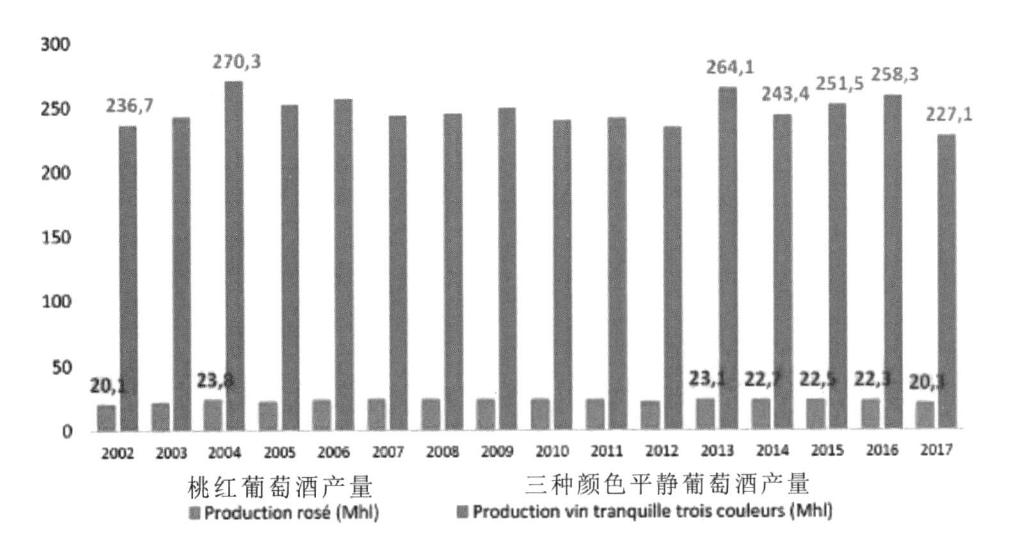

Source : Observatoire du Rosé CIVP / FranceAgriMer, 2018

来源：法国普罗旺斯葡萄酒协会桃红葡萄酒研究所/法国农业、渔业与食品管理局，2018年

全球桃红葡萄酒的生产

桃红葡萄酒的产量占全球葡萄酒产量的 9%，消费量超过 10%。2017 年，70% 的桃红葡萄酒主要是由四个国家生产的（其中法国 28%，美国 17%，西班牙 15% 和意大利 10%）。2018 年，桃红葡萄酒的产量打破了历史纪录，达到了 26.4 亿升！法国一直是世界上桃红葡萄酒的第一大生产国，其 2006 年的产量为 6 亿升，2018 年，为 7.5 亿升。（法国农业、渔业与食品管理局的统计数据）

值得注意的是，10 年来，桃红葡萄酒的消费趋势发生了变化。我们观察到，色泽浓烈且浓度高于 13% 的桃红葡萄酒的产量显著下降，而颜色淡、口味轻的桃红葡萄酒越来越受欢迎。（吉尔·马松）

全球葡萄酒的消费

桃红葡萄酒的消费目前在许多国家非常流行，全球消费量在 15 年里增长了 28%（2002 年至 2017 年）。2017 年，全球共消费 23.5 亿升桃红葡萄酒。法国仍然是桃红葡萄酒第一大消费国。2016 至 2017 年期间，法国桃红葡萄酒的消费量增

2002-2017年全球桃红平静葡萄酒消费量变化
（单位：亿升）

Évolution de la consommation mondiale des vins rosés tranquilles entre 2002 et 2017
(en millions d'hectolitres)

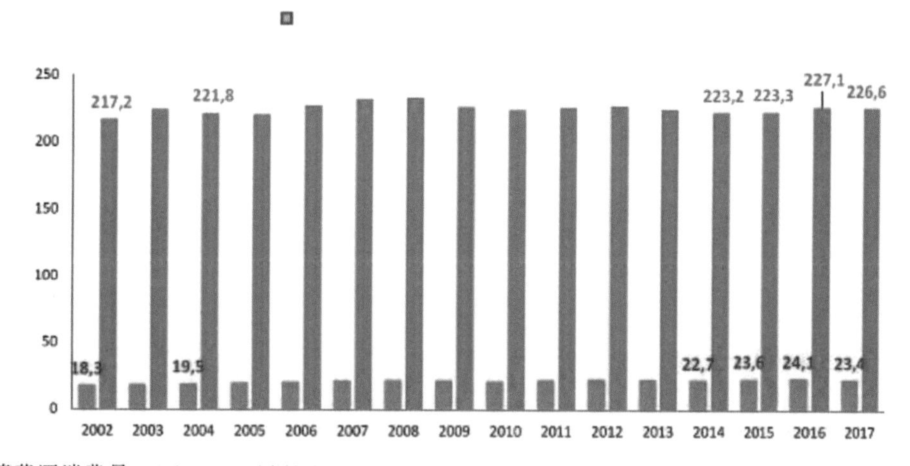

Source : Observatoire du Rosé CIVP / FranceAgriMer, 2018

来源：法国普罗旺斯葡萄酒协会桃红葡萄酒研究所
/法国农业、渔业与食品管理局，2018年

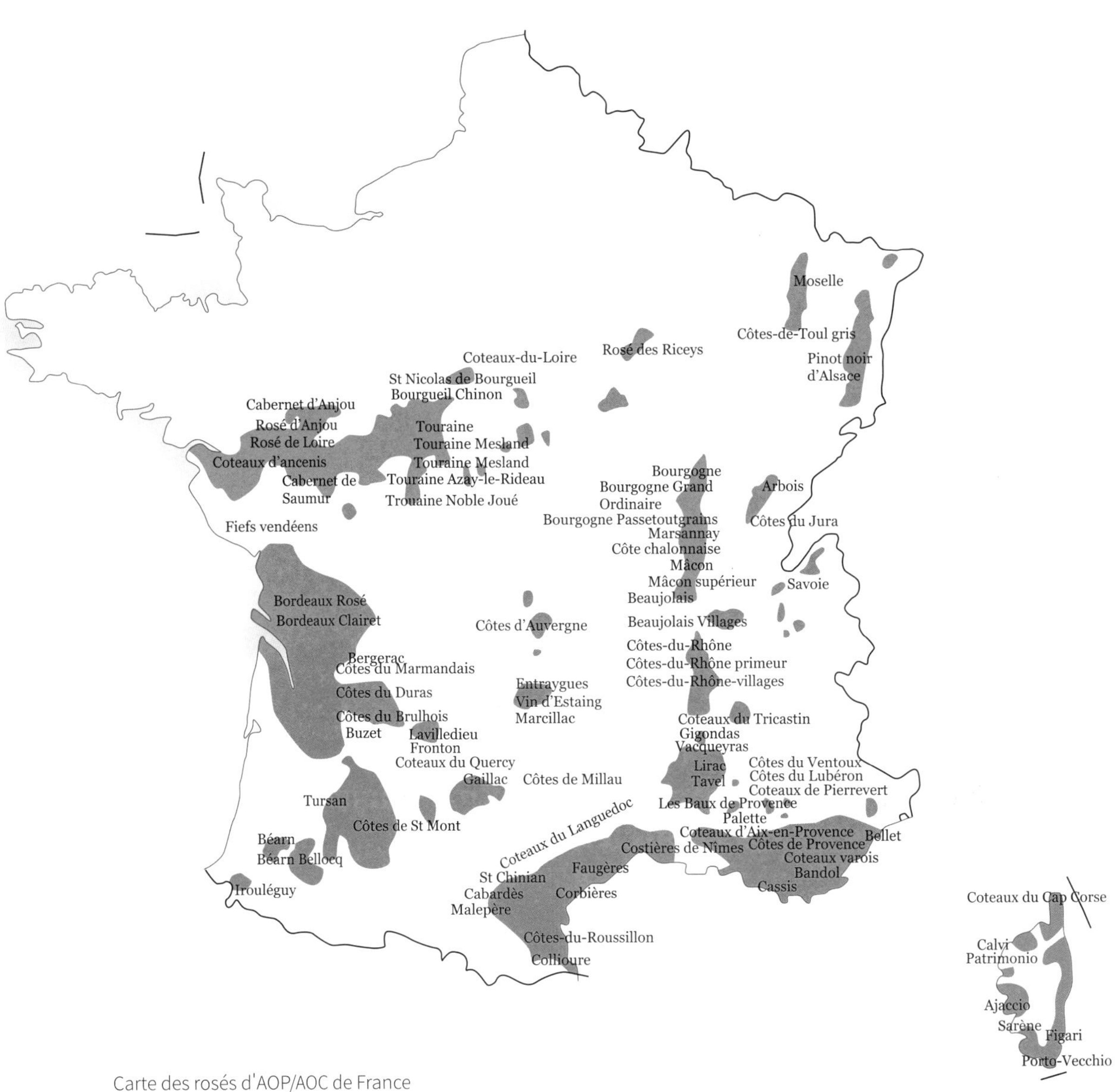

Carte des rosés d'AOP/AOC de France
法国桃红葡萄酒法定产区和受原产区标识保护的产区分布

consommateur de rosé au monde. En effet, avec une hausse de la consommation de + 2,8 % entre 2016 et 2017, la France, avec 36% représente plus du tiers de la consommation mondiale de vin rosé. Si historiquement, les pays d'Europe occidentale sont producteurs et consommateurs de vin, de nouveaux pays émergents comme les Etats Unis (2ème pays consommateur), ou des pays en Amérique du sud. La Chine ne fait que de découvrir ce produit, on ne connait pas les chiffres réels et faibles. Toutefois des exportateurs sont confiants avec les retours des avis des consommateurs chinois sur des rosés tendres notamment comme les Cabernet et rosés d'Anjou.

La production de rosés en France, 1er pays producteur

La production française est répartie sur l'ensemble du territoire... on la retrouve sur l'ensemble des régions productrices de vins rouges...

Les 2 régions plus importantes produisant le plus de rosés sont dans l'ordre, la Provence, puis la vallée de la Loire.

Source CIVP publicité des vins de Provence
普罗旺斯桃红葡萄酒的促销广告

L'ABUS D'ALCOOL EST DANGEREUX POUR LA SANTÉ, À CONSOMMER AVEC MODÉRATION

2017年桃红葡萄酒主要消费国占比
（占全球消费量的百分比）
Les principaux pays consommateurs de vins rosés en 2017
(en % de la consommation mondiale)

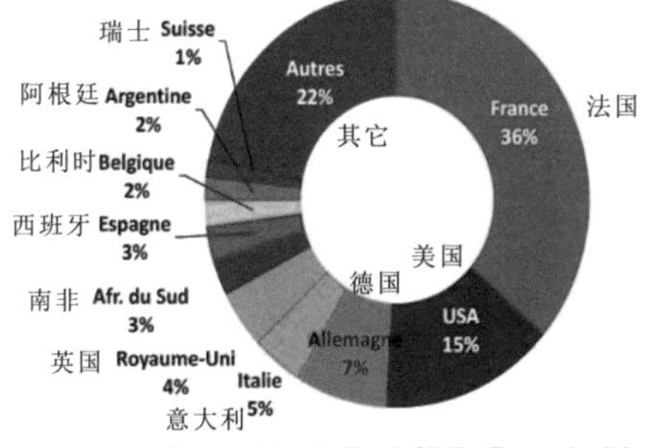

Source : Observatoire du Rosé CIVP / FranceAgriMer, 2018
法国普罗旺斯葡萄酒协会研究所
/法国农业、渔业与食品管理局，2018年

长了 2.8%，法国的桃红葡萄酒的消费量占全球总消费量的 36%，超过了全球消费量的三分之一。长期以来，西欧国家一直是世界桃红葡萄酒的生产和消费国，而美国（第二大消费国）或南美某些国家则是桃红葡萄酒消费的新兴国家。中国目前还处在发现这种产品的阶段，具体消费数据不详但应该很低。不过，中国消费者对于半干桃红葡萄酒的评价反馈，尤其是对赤霞珠和安茹地区的桃红葡萄酒，令一些出口商充满信心。

桃红葡萄酒在法国，第一大生产国的生产情况

法国桃红葡萄酒的生产遍布全国，在所有生产红酒的产区都可以找到。

桃红葡萄酒产量最高的两个重要产区依次是：普罗旺斯产区，卢瓦尔河谷产区。

L'ABUS D'ALCOOL EST DANGEREUX POUR LA SANTÉ, À CONSOMMER AVEC MODÉRATION

3.6 Les vins de liqueur

3.6.1 La définition d'un vin de liqueur européen (VDL)

Est appelé « Vin de Liqueur », un vin qui a subi un mutage à l'alcool en cours de fermentation. Le terme « vin fortifié » est également employé. On obtient des vins doux lorsque le mutage est effectué en début de fermentation et des vins secs lorsqu'il est réalisé en fin de fermentation.

On peut retenir qu'il existe deux grandes familles distinctes :

- **les mistelles, ratafias ou Vins de Liqueur (VDL)**
- **les vins doux naturels (VDN)**

3.6.2 Les mistelles, Ratafias ou VDL français

Définition

En France, une mistelle ratafia ou VDL, est un moût de raisin qui a subi un mutage avant le début de la fermentation alcoolique avec une eau de vie de vin ou une eau de vie de marc. Il existe des AOP mais aussi de nombreux ratafias qui n'ont pas revendiqué l'appellation d'origine, vous les retrouverez dans le tableau de synthèse ci-après.

Pour rappel :

Une eau de vie de vin également appelée Brandy fait partie des spiritueux, elle est obtenue par la distillation uniquement de vin. En France, les plus connues sont l'Armagnac, le Cognac (photo d'une salle des alambics) mais on en trouve dans de nombreuses régions viticoles notamment :

- Eaux-de-vie de vin de la Marne,
- Eaux-de-vie de vin de Savoie,
- Eaux-de-vie de vin de Bourgogne,
- Eaux-de-vie de vin d'Aquitaine,
- Eaux-de-vie de vin de Franche-Comté,
- Eaux-de-vie de vin des Coteaux de la Loire,
- Eaux-de-vie de vin du Bugey,
- Eaux-de-vie de vin du Languedoc.

Chai de distillation à Cognac (France)
法国干邑的蒸馏窖

3.6 利口葡萄酒

3.6.1 欧洲对利口葡萄酒的定义

该类酒是指在发酵过程中加入酒精进行中途抑制而获得的产品。“强化葡萄酒”这一术语也同样使用。在发酵开始时进行抑制会获得甜葡萄酒，而在发酵结束时进行抑制则会产生干葡萄酒。

必须记住，这类产品有两大不同的家族：

- **蜜甜尔酒，甜酒或利口葡萄酒**
- **天然甜葡萄酒**

3.6.2 法国的蜜甜尔酒、甜酒或利口葡萄酒

定义

在法国，蜜甜尔酒或利口葡萄酒是指在未经酒精发酵的葡萄浆汁中加入精酿或渣酿的烧酒所获得的产品。该类酒有一些是法定产区产品，但还有许多酿造者未申请法定产区产品名称，读者可以在后面的汇总表中找到所有的该类产品。

历史回顾：

精酿烧酒（亦称生命之水），又称白兰地，属于烈酒的一种，完全是葡萄酒被蒸馏处理以后才取得的。法国最著名的白兰地是雅文邑白兰地、干邑白兰地（图为某蒸馏室照片），但其他葡萄酒产区也有本地烧酒，例如：

- 马恩精酿烧酒
- 萨瓦精酿烧酒
- 勃艮第精酿烧酒
- 阿基坦精酿烧酒
- 弗朗什孔泰精酿烧酒
- 卢瓦尔产区精酿烧酒
- 布热精酿烧酒
- 朗格多克精酿烧酒

Mais l'eau de vie de vin est produite dans toutes les régions viticoles qui élaborent des vins blancs secs, en Chine notamment. On peut citer dans les plus connues : Brandy de Jerez et brandy del Penedés en Espagne, Brandy Italiano, Aguardente de Vinho dans les différentes régions viticoles du Portugal, et le Pisco au Pérou. Elle titre un minimum de 40 % vol.

Une eau de vie de marc de raisin est obtenue à partir de distillation des marcs (ce sont les matières solides restant après le pressurage du raisin). On élabore des eaux-de-vie de marc dans toutes les régions viticoles du monde. Leur qualité dépend de celle des cépages et des vignobles, mais aussi des soins particuliers apportés à leur conservation, à leur distillation et à leur élevage. En France, les eaux-de-vie de marcs les plus connues sont de Bourgogne, de gewurztraminer (cépage alsacien) et de Champagne mais on en trouve dans de nombreux pays : en Italie (grappa), en Grèce (isipouxo), en Espagne (orujo de Galice). Elle titre un minimum de 37.50 % vol.

Les différents Vins de Liqueur français

Appellation ou dénomination	Couleur	Départements	Eau de vie de mutage
AOP **Pineau des Charentes**	Blanc, rosé ou rouge	Charente et Charente-Maritime	Eau de vie de vin : Cognac
AOP **Floc de Gascogne**	Blanc ou rosé	Landes, Gers, lot et Garonne dans les aires « Bas Armagnac», « Ténarèze » et «Haut Armagnac »	Eau de vie de vin : Armagnac
AOP **Macvin**	Blanc, rosé ou rouge	Jura	Eau de vie de Marc
AOP **Clairette du Languedoc** avec la possibilité de rajouter un nom de commune	Blanc	Hérault	Eau de vie de Marc
AOP **Frontignan VDL**	Blanc	Hérault	Eau de vie de Marc
IGP **Ratafia de Champagne** ou **Ratafia Champenois**	Blanc ou rouge	Marne et Haute Marne	Eau de vie de Marc
Ratafia de Bourgogne	Blanc ou rouge	Côte d'Or, du Rhône, de Saône et Loire et de l'Yonne	Eau de vie de Marc ou de Fine de Bourgogne

Origine du Pineau des Charentes

Selon le syndicat de l'appellation et le décret de l'INAO «l'origine précise du Pineau des Charentes reste quelque peu incertaine, il est dit, selon la légende, qu'il serait le fruit du hasard. En 1589, alors d'Henri IV accède au trône de France, un vigneron aurait ainsi versé par mégarde des moûts de raisin dans une barrique contenant de l'eau-de-vie de Cognac. Ce n'est que bien des années plus tard qu'il découvrit ce vin limpide et ensoleillé. Le Pineau des Charentes était né.»

Dès 1920, la filière s'organise pour obtenir en 1935 le statut de vin de liqueur d'Appellation d'Origine, puis en 1945, l'Appellation d'Origine Contrôlée. La zone de Production englobe l'ensemble de l'AOP de Cognac sur les départements des Charente, Charente maritime et une petite zone de la Dordogne, et des deux sèvres. Mais ils sont plus produits dans les zones des Borderies et des fins bois.

L'élaboration du Pineau des Charentes

Le Pineau des Charentes trouve son élaboration par mutage de moûts de raisins et d'eau-de-vie de Cognac, distillé au moins une année avant. Toutefois, pour pouvoir bénéficier de l'AOC, les moûts de raisins et l'eau-de-vie de Cognac doivent provenir de la même exploitation viticole. La vinification se réalise en 5 étapes :

所有生产干白葡萄酒的产区都生产白兰地，尤其是在中国。最著名的白兰地有：西班牙“赫雷斯”白兰地，佩内德斯白兰地，意大利白兰地，葡萄牙不同葡萄酒产区白兰地和秘鲁皮斯科酒。白兰地的度数不低于 40%。

渣酿白兰地的蒸馏原料是葡萄果渣（葡萄压榨后残留的固态物质）。世界上所有的葡萄酒产区都可以生产渣酿白兰地，其品质不仅由葡萄的品种和产区决定，而且受到储存、蒸馏和培养的特殊方法影响。法国最著名的渣酿白兰地来自勃艮第产区、琼瑶浆产区（阿尔萨斯的葡萄品种产区）和香槟产区。其他国家也有生产，例如意大利（格拉帕酒）、西班牙（加利西亚渣酿白兰地）。渣酿白兰地的度数不低于 37.5%。

法国不同的利口葡萄酒

命名或名称	颜色	省份	白兰地（抑制发酵）
夏朗德皮诺酒（受保护的原产地标识）	白、桃红或红	夏朗德、滨海夏朗德	精酿白兰地：干邑
加斯科涅弗洛克利口酒（受保护的原产地标识）	白或桃红	朗德、热尔、洛特-加龙（下雅文邑区）、泰纳雷泽和上雅文邑	精酿白兰地：雅文邑
麦文酒（受保护的原产地标识）	白、桃红或红	汝拉	渣酿白兰地
朗格多克-克莱雷，可以加入市镇的名字（受保护的原产地标识）	白	埃罗	渣酿白兰地
芳蒂娜利口葡萄酒（受保护的原产地标识）	白	埃罗	渣酿白兰地
香槟果酒（国家地理保护标识）	白或红	马恩和上马恩	渣酿白兰地
勃艮第果酒	白或红	金丘、罗讷、索恩-卢瓦尔、荣纳	渣酿白兰地或精酿白兰地

夏朗德皮诺利口葡萄酒的来源

根据命名联合会和法国国家原产地命名管理局的法令的阐述，夏朗德皮诺利口葡萄酒的起源目前尚未确定，传说其起源十分偶然。1589 年，当亨利四世登上法国王位时，一位酿酒师可能不经意将葡萄浆汁倒入装有干邑白兰地的桶中。数年后，他发现酒水变得清澈明亮。于是，夏朗德皮诺利口葡萄酒就诞生了。

自 1920 年起，夏朗德皮诺利口葡萄酒的相关部门共同努力，在 1935 年获得了利口葡萄酒的原产地命名资格，然后在 1945 年获得了法定产区标识。其生产区域涵盖了夏朗德、滨海夏朗德、小部分多尔多涅以及德塞夫勒的全部受保护的干邑产区，但主要产自其边林区和优质林区这两个子产区。

夏朗德皮诺利口葡萄酒的酿造

夏朗德皮诺利口葡萄酒是指，在未经发酵的葡萄浆汁中加入提前一年蒸馏并陈化的干邑白兰地。但为了获得法定产区标识，葡萄浆汁与干邑白兰地必须来自同一葡萄园。其酿造分 5 个阶段进行：

Vieillissement du Cognac et du Pineau des Charentes à la distillerie Camus
干邑白兰地和夏朗德皮诺酒在卡慕蒸馏厂陈化

1. Les vendanges : récolte à partir au cours du mois de septembre. Le Pineau blanc est élaboré à partir des cépages blancs : Sauvignon blanc, folle blanche, colombard, St Emilion, jurançon, sémillon, blanc ramé, merlot blanc, ugni blanc, montils... Les Pineaux rosés ou rouges sont élaborés à partir des cépages rouges: cabernet franc, cabernet sauvignon, malbec, merlot.
2. Le pressurage : Les moûts de raisins sont pressurés sitôt la récolte terminée pour les Pineaux Blancs et après une phase de macération pour les Pineaux Rosés ou rouges pour extraire la couleur.
3. Le mutage : Les moûts de raisins sont mutés avec l'eau-de-vie de Cognac titrant au moins à 60 % volume et âgée au moins d'un an.
4. Le vieillissement : Le Pineau des Charentes doit vieillir en fûts de chêne où il développera ses derniers arômes. Le Pineau Blanc vieillira 18 mois au moins et les Pineau Rosés ou Rouges vieilliront un peu moins, juste 12 mois.
5. La mise en bouteilles doit bien évidemment avoir lieu dans la région d'origine.

3.6.3 Les Vins Doux Naturels français (VDN)

Définition

Qualifiés de spécialité méridionale, les vins doux naturels (VDN) sont élaborés en Languedoc-Roussillon (Rivesaltes, Maury, Banyuls, Muscat de Mireval, de Frontignan, de Lunel, de Saint-Jean de Minervois), dans le Vaucluse (Rasteau, Beaumes-de-Venise) et en Corse (Muscat du cap corse).

Un VDN est un vin muté dont la fermentation alcoolique est stoppée par addition d'alcool vinique neutre. Ce procédé a pour but d'augmenter la richesse alcoolique du vin tout en conservant une grande partie des sucres naturels du raisin. Suivant le type de VDN élaboré, blanc, rouge ou rosé, le mutage est pratiqué à un stade déterminé de la fermentation alcoolique, avec ou sans macération.

Carte de localisation **(voir p165)**

1. 收获：从 9 月份开始收获。白皮诺是由一些白葡萄品种酿造出来的，包括长相思、白福儿、鸽笼白、圣埃美隆、瑞朗松、赛美蓉、美丽圣法兰西、白梅洛、白玉霓和蒙帝勒等。桃红或红皮诺利口葡萄酒则由一些红葡萄酒品种酿造，包括品丽珠、赤霞珠、马尔贝克和美乐。

2. 压榨：白皮诺是在葡萄采摘后立即压榨成汁，而桃红或红皮诺酒则需将葡萄浸渍一段时间以提取颜色。

3. 抑制发酵：为了防止发酵，将葡萄浆汁与干邑白兰地混合，其中白兰地酒精度不低于 60%，酒龄不少于 1 年。

4. 陈化：夏朗德皮诺利口葡萄酒必须在橡木桶中陈化，才能释放出最后的香气。白皮诺至少陈化 18 个月，桃红或红葡萄酒陈化时间稍短，12 个月即可。

5. 装瓶显然必须在原产地进行。

3.6.3 法国天然甜葡萄酒

定义

天然甜葡萄酒酿造于朗格多克-鲁西永（里韦萨特，莫里，班努，米勒瓦麝香，弗龙蒂尼昂麝香，吕内勒麝香，圣让-米内瓦麝香），沃克吕兹（拉斯多，博姆-德沃尼斯）和科西嘉（科西嘉麝香）等产区，被称为南法特产。

天然甜葡萄酒是一种混合葡萄酒，是通过加入中性葡萄酒酒精以停止发酵。其目的是为了增加酒精的浓度，同时保留葡萄中的大部分天然糖分。根据酿造的天然甜葡萄酒的类型需要（白、桃红或红葡萄酒），酿酒者会在酒精发酵的某一特定阶段进行混合，并决定是否进行浸渍。

地理位置图

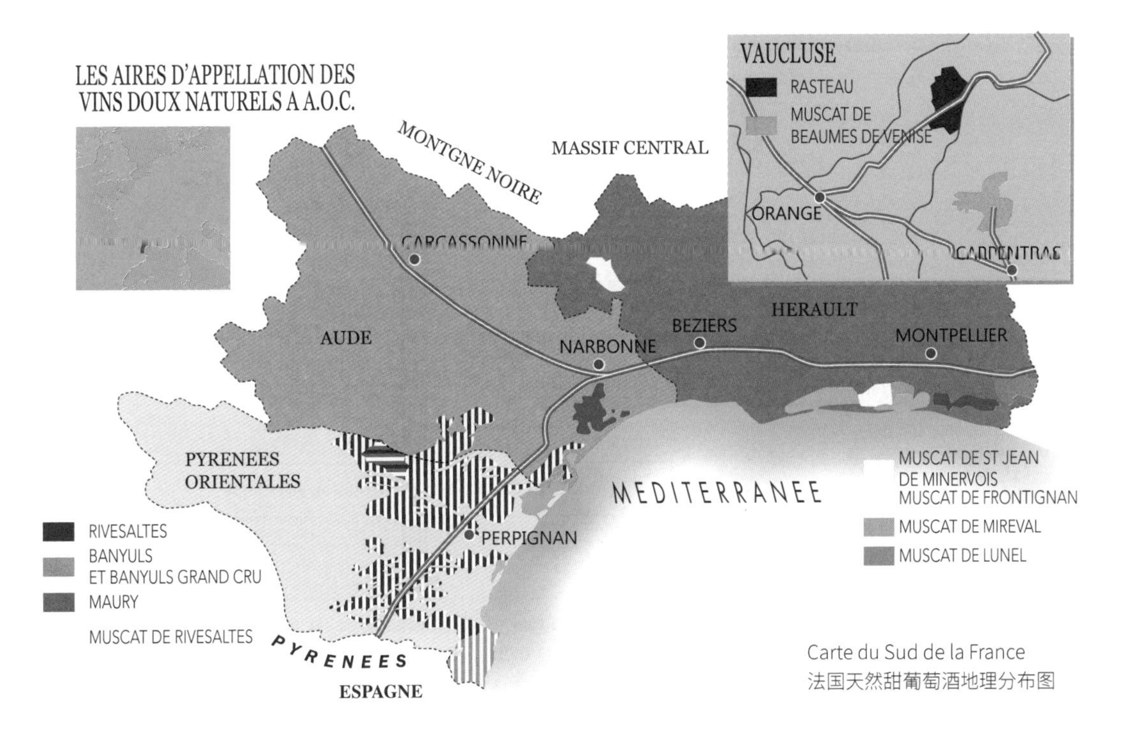

Carte du Sud de la France
法国天然甜葡萄酒地理分布图

Les caractéristiques physico-chimiques des VDN

Après l'élevage, les vins des différentes AOP sont mis en bouteilles.

- Les Vins Doux Naturels blancs ou rouges doivent présenter un taux d'alcool acquis (ou degré réel) de 15% vol minimum et un maximum de 21.5 % Vol d'alcool total.
- Les Vins Doux Naturels blancs ou rouges doivent présenter une richesse en sucre fermentescibles (glucose et fructose) supérieure ou égale à 45 grammes par litre.
- Les Vins Doux Naturels de type Muscats doivent présenter une richesse en sucre fermentescibles (glucose et fructose) supérieure ou égale à 100 grammes par litre.

Schéma récapitulatif de la vinification des Vins Doux Naturels blancs français (Muscat de Saint Jean du Minervois, Muscat de Mireval, Muscat de Frontignan, Muscat de Lunel, Muscat de Beaumes de Venise et Muscat du Cap Corse --> Muscat à petits grains) et le Muscat de Rivesaltes (les 2 cépages Muscat)

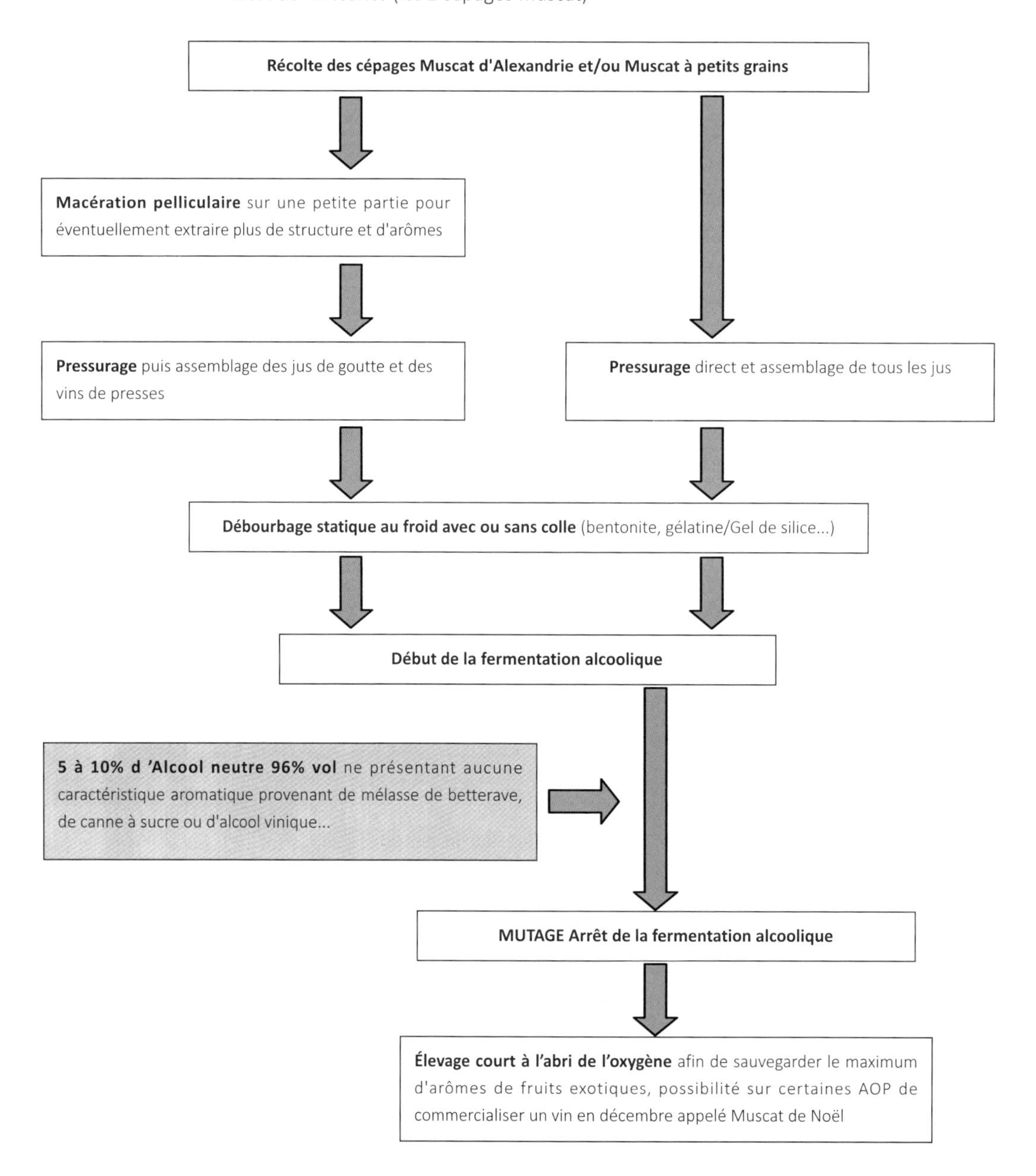

天然甜葡萄酒的特殊物理化学处理特性

不同的具有受原产地保护标识的天然甜葡萄酒在酿造结束后，即被装瓶。

- 白色或红色天然甜葡萄酒的酒精度（或实际度数）必须最低为 15%，最高为 21.5%。
- 白色或红色天然甜葡萄酒的可发酵糖含量(葡萄糖和果糖)必须大于或等于每升45克。
- 麝香天然甜葡萄酒的可发酵糖含量（葡萄糖和果糖）必须大于或等于每升 100 克。

法国天然甜白葡萄酒酿造解析概要图（圣让-米内瓦麝香，米勒瓦麝香，弗龙蒂尼昂麝香，吕内勒麝香，博姆-德沃尼斯和科西嘉麝香 --> 小粒麝香）和里韦萨特麝香（2 个品种的麝香）

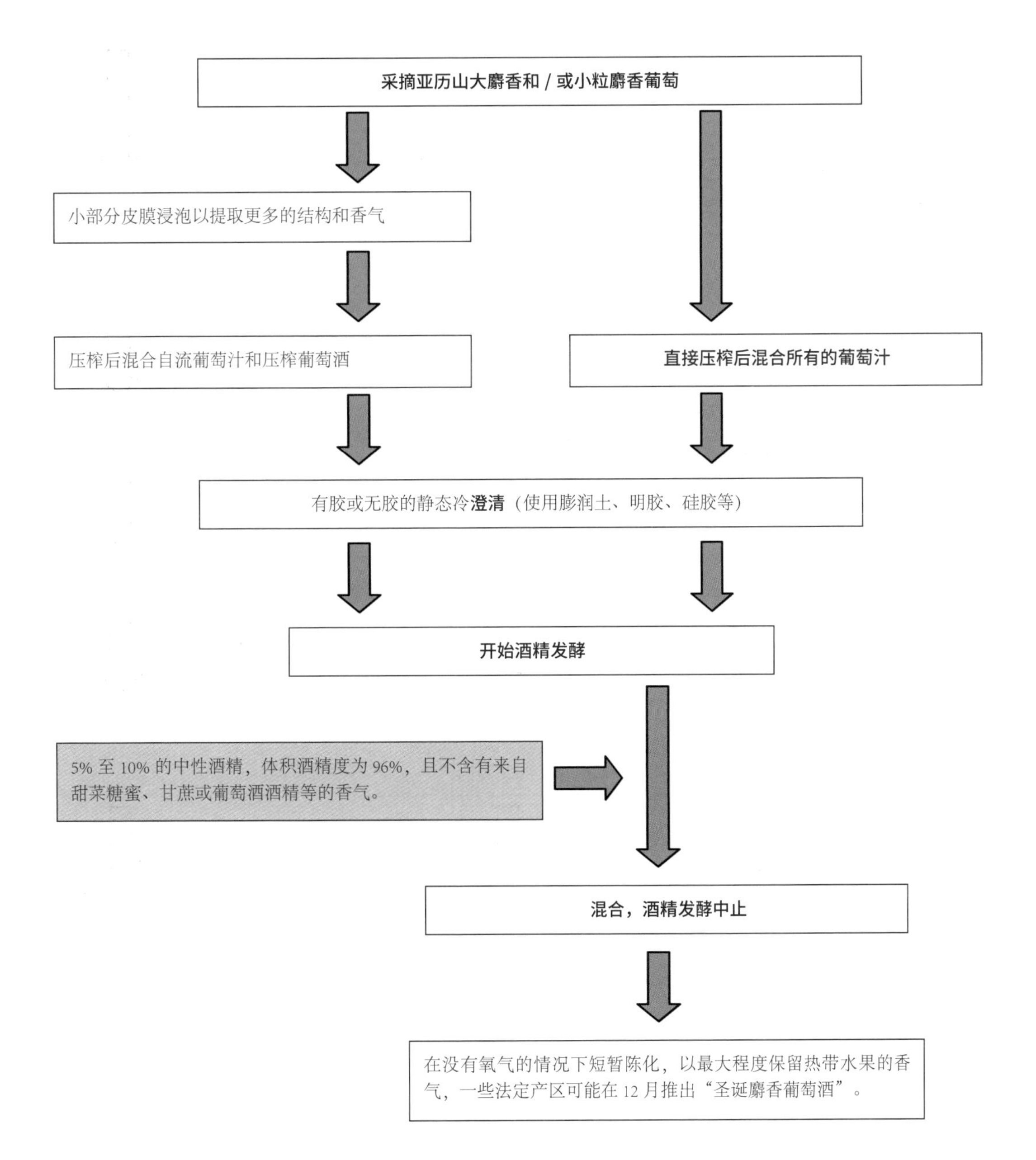

Schéma récapitulatif de la vinification des Vins Doux Naturels rouges Français

(appellations Maury, Banyuls, Banyuls Grand cru), Rasteau, Grand Roussillon et Rivesaltes

Récolte des cépages rouges et gris : Grenache noir, blanc et gris, et accessoirement les Muscat, le Maccabéo, Tourbat, Carignan, Cinsault, Syrah et Listan

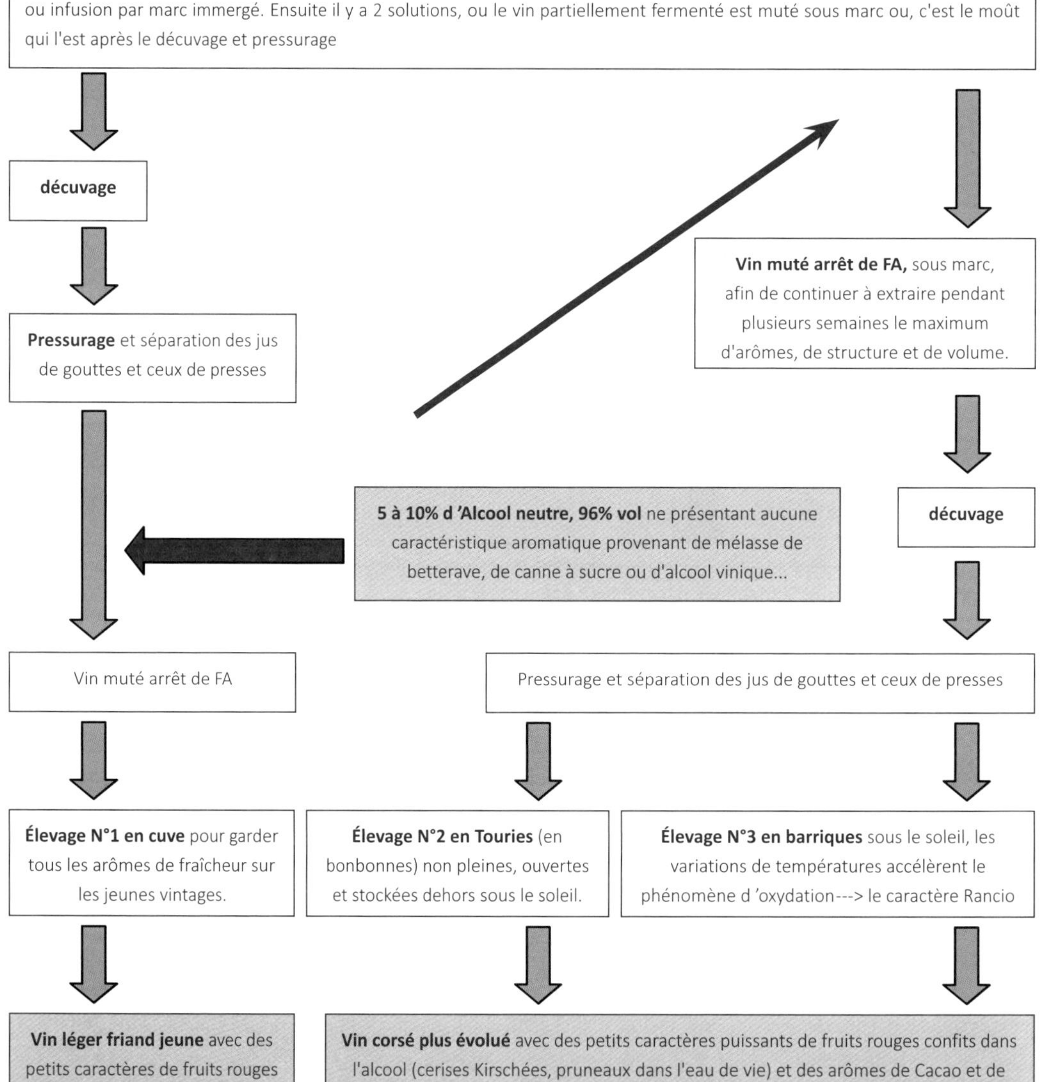

法国天然甜红葡萄酒酿造解析概要图

（莫里、班努、班努列级酒庄），拉斯多，大鲁西永和里韦萨特

采摘红或灰葡萄品种：黑歌海娜，白歌海娜和灰歌海娜，附带麝香，马家婆，托巴，佳丽酿，神索，西拉和丽诗丹

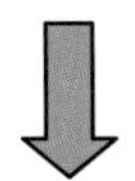

红葡萄品种浸渍及发酵，采用传统的萃取方式，如踩皮，借助输送泵淋皮或酒渣浸泡。下一步有两种解决方案，一种是将部分发酵的葡萄酒在酒渣下中止发酵，另一种直接就是酒槽放酒和和压榨后得到的葡萄汁。

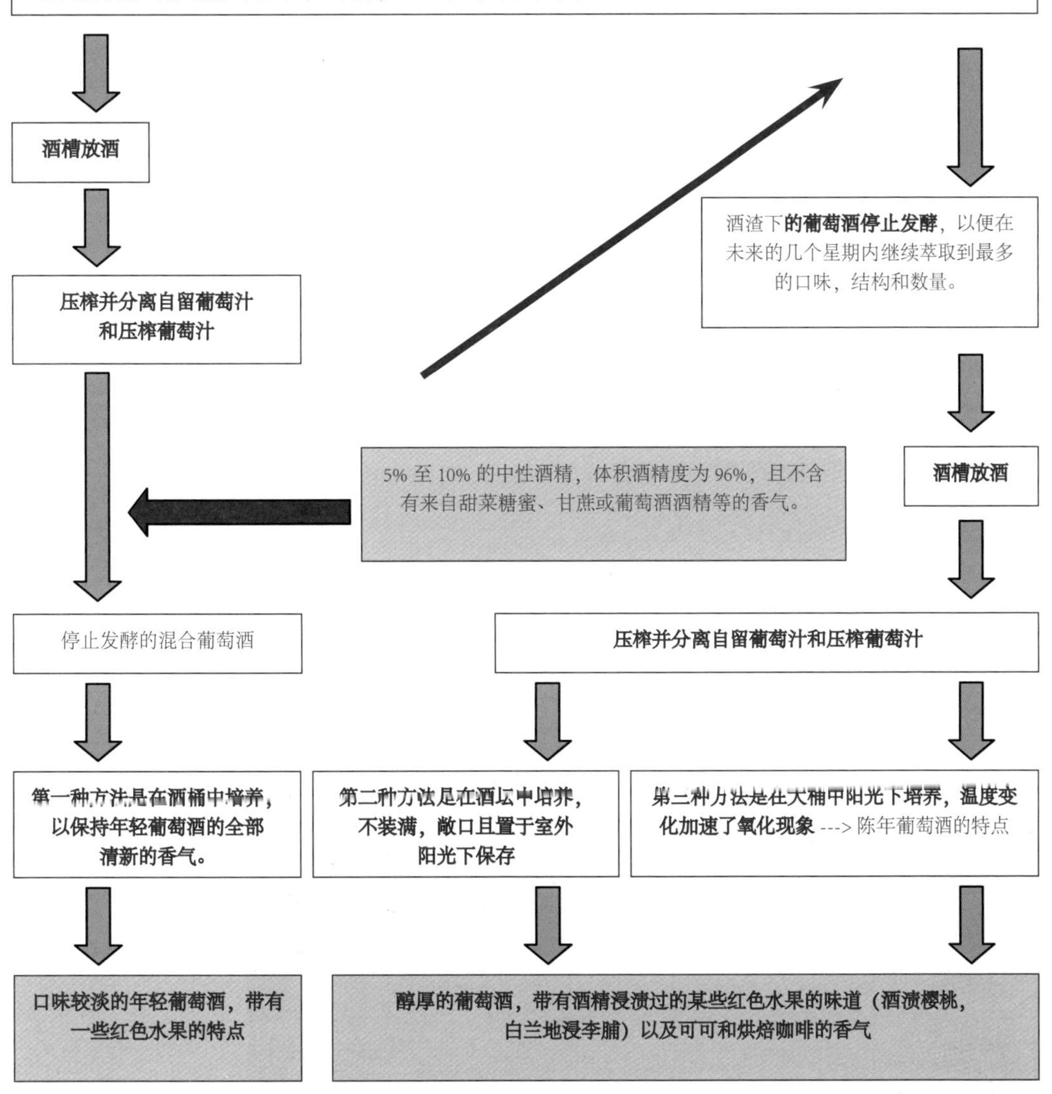

Les caractéristiques Organoleptiques des VDN

La gamme de couleurs est très variée : rouge, grenat, blanc pâle, rosée, tuilée, ambrée... c'est pour cela qu'il y a un vocabulaire précis qui permet de caractériser et de classifier chaque Vin Doux Naturels.

Selon la couleur et la nature des cépages assemblés :

- Vins Doux Naturels « rouges »
- Vins Doux Naturels « grenat »
- Vins Doux Naturels « rosés »
- Vins Doux Naturels « blancs »

Selon la méthode et la durée de l'élevage :

- Vins Doux Naturels « ambré » : Pour les vins blancs, élevage en milieu oxydatif au moins jusqu'au 1er mars de la troisième année qui suit celle de la récolte, la robe du vin prend une teinte jaune orangée.
- Vins Doux Naturels « tuilé » : Pour les vins rouges, élevage en milieu oxydatif, au moins jusqu'au 1er mars de la troisième année qui suit celle de la récolte, la robe du vin prend une teinte orangée, brun acajou.

Selon le temps d'élevage, on ajoute le qualificatif hors d'âge :

- Vins Doux Naturels hors d'âge : Les vins font l'objet d'un élevage au moins jusqu'au 1er septembre de la cinquième année qui suit celle de la récolte.

Selon les conditions d'élevage, on ajoute le qualificatif « rancio »

- Vins Doux Naturels rancio : La mention est réservée aux vins qui en fonction des conditions d'élevage ont acquis le «goût de rancio ». Il s'agit d'un goût de fruit surmuri associé à des arômes d'amandes ou de noix fraiches.

3.6.4 Quelques Vins de Liqueur non français

Grèce : Muscat de Samos
Italie: Marsala en sicile
Chypre : Nana ou Commandaria
Portugal: Porto, Moscatel de Setúbal et Madère
Espagne: Jerez ou Xeres ou Sherry, Montilla Moriles

Vieillissement des vins en Touries en extérieur, au soleil à Maury
莫利地区露天阳光下的坛装陈酿

天然甜葡萄酒的口感特征

天然甜葡萄酒的酒裙色采非常丰富：红色、石榴红、浅白、桃红、砖红、琥珀色，等等。正因如此，才需要用一些精确的词汇来对每种天然甜葡萄酒进行描述和归类。

根据调配的葡萄品种的颜色和特性，天然甜葡萄酒可分为：

- 天然甜“红”葡萄酒
- 天然甜“石榴红”葡萄酒
- 天然甜“桃红”葡萄酒
- 天然甜“白”葡萄酒

根据培养方式和培养年限，天然甜葡萄酒分为：

- 天然甜“琥珀色”葡萄酒：将白葡萄酒在氧化（与空气接触）环境中进行培养，至少要培养到葡萄收获后第三年的 3 月 1 日，此时葡萄酒的酒裙呈橙黄色。
- 天然甜“砖红”葡萄酒：与上述甜白葡萄酒一样，将红葡萄酒也在氧化环境中至少培养至葡萄收获后第三年的 3 月 1 日，此时葡萄酒裙呈橙色，或类似腰果的棕红色。

根据培养时间，可在天然甜葡萄酒前面加上“超龄”这样的修饰语：

- “超龄”天然甜葡萄酒：该类酒至少要培养到葡萄收获后第五年的 9 月 1 日。

根据培养条件，可用“陈年”这样的修饰语：

- “陈年”天然甜葡萄酒：这一称谓专属于那些按照一定培养条件培养出来的，并获得了“陈年味道”的葡萄酒。陈年味道，也就是熟透的水果的味道，同时还有杏仁或新鲜核桃的味道。

3.6.4 其它知名的利口葡萄酒

希腊：萨摩斯岛麝香葡萄酒
意大利：西西里岛马沙拉利口葡萄酒
塞浦路斯：娜娜利口葡萄酒或卡曼达里亚利口葡萄酒
葡萄牙：波尔图、塞图巴尔半岛麝香葡萄酒、马德拉
西班牙：雪利酒（可拼写为 Jerez、Xeres 或 Sherry）、蒙的亚-莫利莱斯

Vieillissement des vins en barriques dehors au soleil à Banyuls
巴纽尔斯地区室外阳光下的大木桶装陈酿

3.7 Les vins de fines bulles (effervescents)

3.7.1 Les catégories différentes

- les vins mousseux sont les vins présentant une pression comprise entre 3 et 6 bars. Par exemple, AOP Champagne, toutes les AOP Crémant, AOP Proseco en Italie, AOP CAVA en Espagne et souvent beaucoup de « sparkling wine ».
- les vins pétillants ont une pression, plus faible entre 1 et 2.5 bars. Par exemple, AOP Montlouis pétillant, certains vins de marque, vino frizzante pour l'Italie, vino con aguja pour l'Espagne, vinho frisante pour le Portugal, perlwein pour l'Allemagne, perlwine ou pearlwine pour l'Angleterre.
- les vins perlants sont des vins dits tranquilles sans pression mais avec juste une impression de gaz carbonique exprimée en g/l. Le seuil de perception d'un homme normal étant 850 mg de CO_2 /l de vin, est considéré comme perlant un vin dont la concentration est > 1 g/l. Par exemple, AOP Muscadet sur lie, Gaillac, mais aussi beaucoup de rosés ou de vins blancs secs...

« Bouteille de vin de la maison Bouvet Saumur Brut », un VMQPRD/AOP
布维酒庄的索米尔干白起泡酒，地区优质多泡酒

Concernant les mousseux, il y a bien 3 statuts :

- les vins mousseux sans aucune réglémentation spécifique, des vins de bas ou moyenne gamme, des vins de marques à petits prix... et une vinification souvent par gazéfication.
- les Vins Mousseux de Qualité (V.M.Q), critères plus stricts pour l'élaboration par méthode de cuve close ou par méthode traditionnelle.
- les Vins Mousseux de Qualité produits dans une Région Déterminée (V.M.Q.R.D) également appelés AOP, avec des critères d'élaborations sévères : méthode traditionnelle ou ancestrale et une durée précise de séjour sur lies.

3.7.2 Les 5 méthodes de vinification

Plusieurs méthodes peuvent être utilisées afin d'obtenir une certaine pression dans les bouteilles de vins, on peut citer, avant d'en expliciter dans le détail, les plus importantes, les techniques suivantes :

- **La gazéification** est tout simplement une compression de CO_2 par barbotage dans la cuve puis dans la bouteille. Cette méthode très simple et peu coûteuse donne des vins sans AOP, ayant peu d'intérêt gustatif.
- **La méthode rurale ou ancestrale** consiste à finir la fermentation alcoolique, débutée dans la cuve, dans la bouteille... sans aucun ajout de sucres.
- **Les méthodes de seconde fermentation :**
  - **la cuve close ou méthode Charmat** correspond à une seconde fermentation en cuve puis une mise en bouteilles sous pression pour le conserver. C'est Monsieur Charmat qui l'a inventée de son nom.
  - **la méthode traditionnelle** appelée aussi en Champagne méthode Champenoise va être explicitée dans les pages suivantes.
- **la mise en bouteilles continue appelée "méthode continue Russe"**

3.7 起泡酒

3.7.1 起泡酒的不同类别

- 多泡酒的气压介于 3 巴至 6 巴之间，比如：法国香槟法定产区的香槟酒，克雷芒法定产区、意大利普西哥法定产区、西班牙卡瓦法定产区的所有起泡酒以及很多英美国家的起泡酒均属该类酒。
- 轻微起泡酒的气压稍小，介于 1 至 2.5 巴之间，比如：蒙路易法定产区的轻微起泡酒，还有一些各国的贴牌起泡酒，意大利轻微起泡酒 (酒标为 vino frizzante)、西班牙轻微起泡酒（酒标为 vino con aguja）、葡萄牙的（酒标为 vinho frisante）、德国的（酒标为 perlwein）、英国的（酒标为 perlwine 或 pearlwine）。
- 汽酒是一些无气压的平静酒，但是能给人一种含有二氧化碳气体的印象，通常用克 / 升来表达其含量。由于一个正常人对葡萄酒中二氧化碳含量的感知阈值（临界值）最低为 850 毫克 / 升，所以二氧化碳含量大于 1 克 / 升的葡萄酒被认为是汽酒。比如：带酒泥培养的密斯卡岱葡萄酒、加亚克酒以及众多桃红葡萄酒或干白葡萄酒都属于这个类型。

多泡酒可分为以下 3 类：

- 无需任何特别章程规定生产的、中低等多泡酒，但要贴牌，通常价格低廉，是使用人工打气法加入二氧化碳的。
- 优质多泡酒 (V.M.Q)，其酿造过程要遵循比较严格的标准，通常会用封闭的酒罐或传统制造法酿造。
- 指定地区优质多泡酒 (V.M.Q.R.D/A.O.P)，其酿造过程需遵循极为严格的标准，使用传统制造法，或者古传制法，必须在酒泥上按规定时间进行培养。

3.7.2 起泡酒的 5 种酿造方法

若需起泡酒瓶中有气，具有一定的压力，在详细介绍最重要的制气方法之前，请各位先了解以下几种加气技术：

- **加气法** 是最简单的葡萄酒加气法。即先在酿酒桶中，随后在酒瓶中用高压注入二氧化碳。这种方法操作简单，价格低廉，主要用于生产非法定产区的起泡酒，对酒的口味变化意义不大。
- **乡村法或古传制法** 在糖分还没有完全转化成酒精前就结束第一次酒精发酵，将酒液装瓶，装瓶后继续完成第一次发酵，且装瓶后不再添加任何糖分。
- **二次发酵法：**
  - **密封酒罐法或夏马法** 指葡萄酒在“密封的酒罐”内进行第二次发酵时开始制气，之后，酒液在压力下装瓶保存过程中继续制气。这项技术以其发明者夏马先生命名。
  - **香槟酒传统制作法** 在香槟酒产区被称为香槟法。在随后的内容中将会详细介绍。
- **持续装瓶法，也称为“俄罗斯持续法”。**

Schéma des différentes méthodes d'élaboration des vins effervescents
les vins de France et du monde (Labruyere L.)

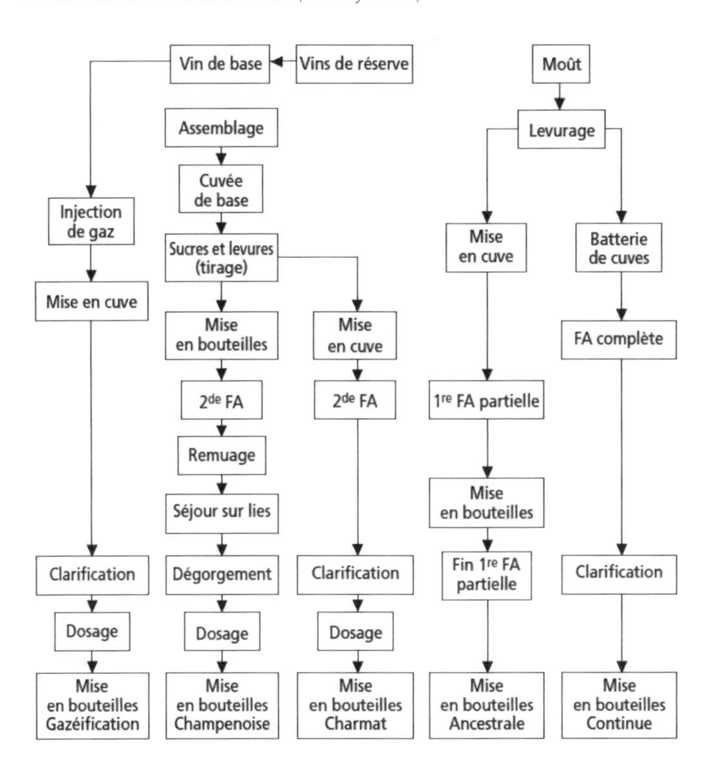

起泡酒的不同酿制方法图表，图片来源于《法国与世界葡萄酒》（L. 拉不吕耶尔）

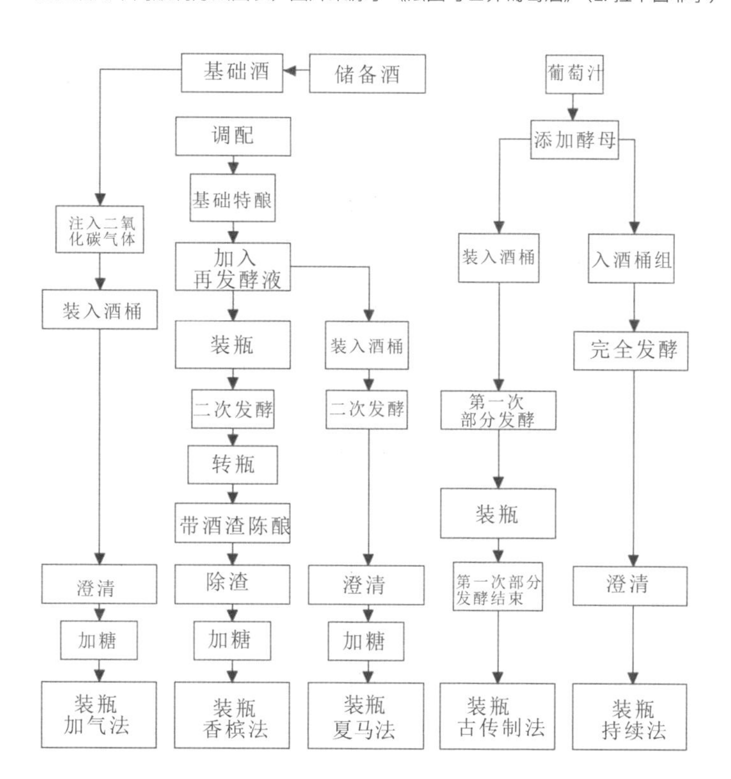

Le vignoble d'Epernay en Champgne (France)
法国香槟地区埃佩尔奈的葡萄园

Schéma récapitulatif de la vinification par la méthode Champenoise

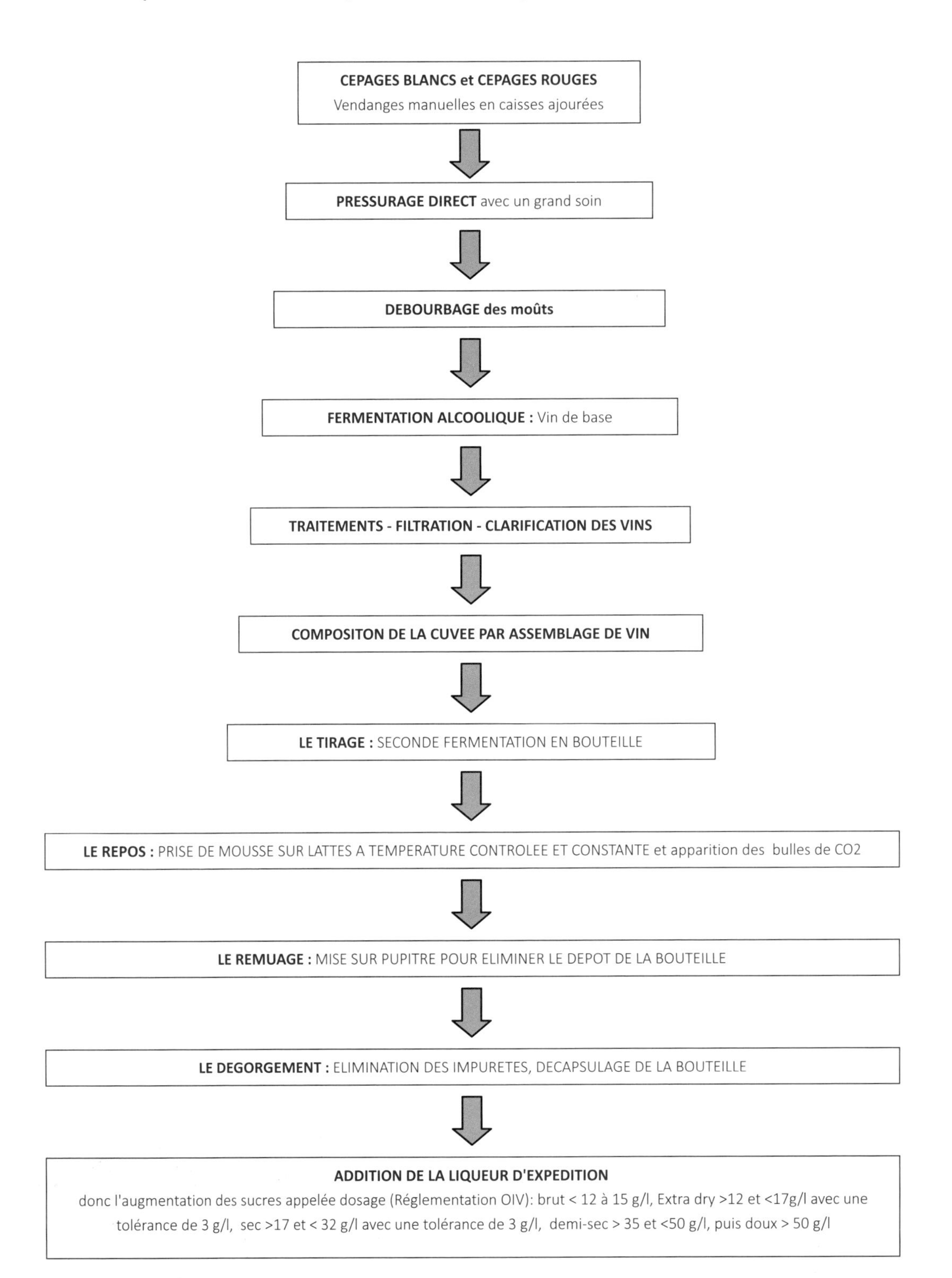

香槟法酿制解析概要图

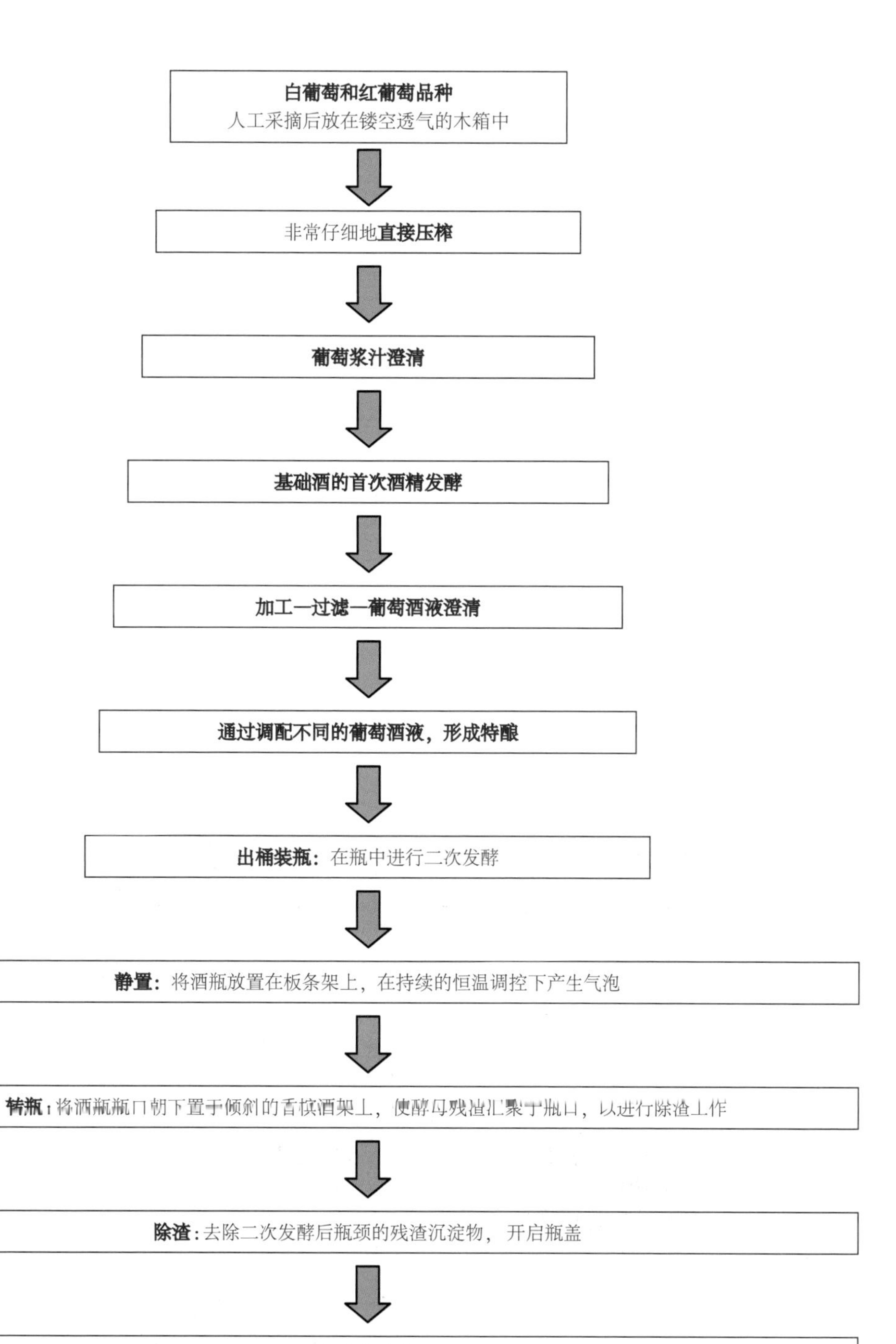
白葡萄和红葡萄品种
人工采摘后放在镂空透气的木箱中
非常仔细地直接压榨
葡萄浆汁澄清
基础酒的首次酒精发酵
加工—过滤—葡萄酒液澄清
通过调配不同的葡萄酒液，形成特酿
出桶装瓶：在瓶中进行二次发酵
静置：将酒瓶放置在板条架上，在持续的恒温调控下产生气泡
转瓶：将酒瓶瓶口朝下置于倾斜的香槟酒架上，使酵母残渣汇聚于瓶口，以进行除渣工作
除渣：去除二次发酵后瓶颈的残渣沉淀物，开启瓶盖
加入补糖液
这一步被称为“补糖”。国际葡萄与葡萄酒组织规定的含糖量标准为：纯天然型：低于 12 至 15 克 / 升；
极干型：12 克至 17 克 / 升，容许有 3 克 / 升的偏差； 干型： 17 克至 32 克 / 升，容许有 3 克 / 升的偏差；
半干型：35 克至 50 克 / 升； 甜型：超过 50 克 / 升

Dans la tradition, les cépages utilisés pour les vins de fines bulles (effervescents), le mode de récolte et de pressurage sont :

Un grand nombre de vins de fines bulles dans le monde sont produits comme en Champagne avec le cépage blanc chardonnay, mais ensuite chaque région française ou chaque pays aura ses spécificités propres avec les cépages locaux, qui apporteront leur palette aromatique et de structure. Les vins de fines bulles blancs peuvent être vinifiés à partir de cépages blancs alors appelé Blanc de Blancs ou de cépages rouges à pulpe blanche. Le vin est alors appelé "Blanc de Noirs". Le mode de récolte sera différent selon le cahier des charges propre à chaque A.O.P., toutefois, un ramassage manuel permettra une sélection des raisins mûrs et sains, évitera une martyrisation des baies, limitera les phénomènes oxydatifs et sauvegardera tous les arômes, sans extraire des caractères végétaux. Dans le cas de raisins rouges à pulpe blanche, une vendange à la main est fortement recommandée afin de n'extraire que les composés de la pulpe et éviter les « robes tachées ».

La précision du pressurage

Afin d'obtenir un vin effervescent avec la plus grande finesse aromatique, le vigneron soigne particulièrement son pressurage. Les pressoirs mécaniques sont donc soit proscrit au bénéfice des pressoirs pneumatiques (type Bucher). Une montée en pression très progressive de la membrane gonflée à l'air comprimé sur un système de drainage, le tout dans une cuve entièrement en inox permet d'obtenir des jus clairs.

La première fermentation alcoolique

Après un débourbage, les jus très limpides sont levurés afin de faciliter la fermentation alcoolique à une température de 16 à 18°c. Tous les sucres transformés, le vin titre de 10,5 à 11,5% vol, selon le taux d'acidité, le vinificateur déclenchera éventuellement une fermentation Malo lactique, grâce à un ensemencement bactérien, pour la diminuer. Tout début janvier le vin, dit « de base », est filtré sur terre dégrossissant.

Pressoir pneumatique en Vallée de la Loire
卢瓦尔河谷的气压式压榨机

传统用来酿造起泡酒的葡萄品种以及相应葡萄采摘、压榨方式如下：

和法国香槟酒产区一样，世界上大部分的起泡酒都是用霞多利这一白葡萄品种酿制的。但法国其他产区或者其他国家也各自有其富含本地特色的葡萄品种，为起泡酒带来不同的香气和结构。用白葡萄酿造的白色起泡酒被称为“白中白”，用白色果肉的红葡萄品种酿制的起泡酒被称为“黑中白”。葡萄的采摘依据每个法定产区自己的标准略有不同。不过，人工采摘更有利于筛选成熟优质的葡萄果粒，避免浆果的损坏，出现氧化情况。这样可以保留所有的香气、避免其他植物特性的掺杂。对于白色果肉的红葡萄品种，最好采用人工采摘，以确保只提取葡萄的果肉成分，避免酒裙不干净。

具体压榨过程

为了获得起泡酒的优质口味，酿酒者特别关注葡萄的压榨。目前通常使用气压式压榨机（布赫型）。该类型压榨机者通过气囊的缓慢充气来实现压榨，还配有排水系统。所有的操作都在一个不锈钢酒罐中进行，从而使所获得的葡萄汁更加清澈。

第一次酒精发酵

葡萄汁去渣澄清后，在清澈的汁液中加入酵母，开始酒精发酵。这一过程的温度控制在 16 至 18 摄氏度。所有的糖转化为酒精后，酒精度为 10.5 至 11.5 度。根据酸度，酿酒师可能会通过接种乳酸菌，对酒液进行乳酸发酵，以降低酸度。一月初，所谓的“基础酒”要先用糙土进行过滤。

Pressoir vertical en Champagne
香槟酒产区的传统垂直式压榨机

La création de la cuvée

Tel un parfumeur, le chef de cave de la maison de négoce ou le vigneron va créer sa cuvée en réalisant l'assemblage dans des proportions bien précises des différents cépages (blancs et rouges), terroirs, millésimes ou méthodes d'élevage (cuves, barriques). Le but est d'obtenir pour une marque les mêmes caractéristiques organoleptiques tous les ans, ou de faire ressortir la quintessence d'une année (cuvée millésimée).

La prise de mousse

Une fois l'assemblage réalisé, le « vin de base » est mis en bouteille avec sa liqueur de tirage composée de : sucre (24 g/l afin d'obtenir les 5 à 6 bars de pression, levures pour cette seconde fermentation, azote et argile neutre, puis la bouteille est capsulée.

La mise sur latte et la seconde fermentation alcoolique

Les bouteilles sont stockées couchées à une température constante de 14°c, généralement dans les caves creusées dans le calcaire (Champagne, Vallée de la Loire...), pendant plusieurs mois. Au cours des premières semaines, les levures vont transformer en alcool, le sucre rajouté à la mise en bouteille et ainsi augmenter le degré alcoolique à environ 12,5-13% vol. En fin de fermentation alcoolique, la disparition des levures par phénomène d'autolyse va modifier les caractères aromatiques du vin. Progressivement l'auto-dégradation des cellules de levures mortes libère des acides animés, générateurs des composés aromatiques (viennoiseries, levains, fruits secs...). Plus le séjour sur lies sera long, plus la complexité aromatique sera importante. Il est vrai qu'en Champagne, les élaborateurs favorisent nettement ce phénomène en conservant sur lattes ou sur pointe (bouteille la tête en bas) très longtemps leurs cuvées, ce qui est beaucoup plus rare dans les autres régions mondiales.

Le remuage des bouteilles

Lorsque la qualité organoleptique souhaitée est obtenue, les bouteilles sont transférées pour être préparées à la vente. Dans un premier temps, le dépôt généré par la seconde fermentation et composé de levures mortes agglomérées par l'argile neutre est détaché de la paroi par deux méthodes :

- La mise sur pupitre, consiste à remuer les bouteilles manuellement chaque jour d'un quart de tour pendant environ 21 jours, afin que le dépôt se retrouve au niveau du goulot proche de la capsule, la bouteille est alors sur pointe.
- Le remuage mécanique grâce à des gyropalettes permet d'obtenir le même résultat plus rapidement (3 à 7 jours) avec beaucoup moins de main d'œuvre, et sans modification qualitative !

dépôt dans le goulot après le remuage
转瓶后的瓶颈酒渣

congélation du dépot
酒渣冷冻

dégorgement
除渣

Remuage des bouteilles sur gyropalettes à Saumur(France Loire Valley)
法国卢瓦尔河谷产区索谬尔螺旋转瓶机转瓶

特酿的制造

和制造香水的调香师一样，葡萄酒贸易公司的酒窖主管或者酿酒师会通过调配的办法来创造出“特酿”。即对不同品种（白葡萄和红葡萄）、不同风土、不同年份或不同培养方式（不锈钢酿酒桶或大木桶）出产的葡萄酒液进行精准比例的调配。使同一个品牌的起泡酒每年都能获得同样的口感，或者突出某一年的精华酒（标有年份的特酿）。

气泡的产生

一旦调配完成，“基础葡萄酒”就被装瓶，加入再发酵液，通常是 24 克 / 升的糖浆（用来获得 5 到 6 巴的气压）、用于二次发酵的酵母、氮和中性黏土的混合物，接着就给酒瓶装上金属帽。

板条架静置和第二次酒精发酵

酒瓶被平放在石灰岩上挖出的酒窖里，在 14 摄氏度左右的恒温下保存数月。（比如香槟地区和卢瓦尔河谷地区）。在最初的几周，酵母会将装瓶时加入的糖转化成酒精，将酒精含量提升至 12.5 至 13 度。在酒精发酵结束时，酵母会自行分解消失、改变葡萄酒的香气。自动降解的死酵母细胞逐渐释放出一些活性酸，从而产生各种香气（甜酥式面包、酵母、干果等）。酒泥陈酿过程越久，香气越丰富。大家都知道，香槟酒产区的酿造者很喜欢把特酿放置在板条架上或者将瓶口朝下很长一段时间。这种做法在世界其他产区比较少见，但也并非完全没有。

转瓶

当起泡酒的口感达到所期待的质量，就可以转瓶，准备出售了。经过瓶中的二次发酵后，首先必须去除那些被中性黏土黏聚的、由死酵母所构成的瓶壁酒渣。可以通过以下两种方法去除酒渣：

- 每天手动，将香槟倾斜架上的酒瓶转瓶 1/4 圈，持续约 21 天左右，以便酒渣能聚集在靠近瓶盖的瓶颈部分，要保持酒瓶口始终朝下。
- 使用陀螺转瓶机转瓶，可以加速转瓶过程，在 3 至 7 天之间完成全过程，这样可以节省人力，但不会影响质量。

Le dégorgement et l'ajout de la liqueur d'expédition

L'opération consiste à éliminer le dépôt de levures afin de rendre parfaitement limpide le vin. Les goulots des bouteilles sur pointe contenant le dépôt, sont plongés dans une saumure à -30°c afin de le congeler, et éviter qu'il ne redescende dans le flacon, lorsqu'il sera retourné. Au décapsulage, la pression expulse le glaçon renfermant le dépôt. Le volume perdu est très vite compensé par quelques millilitres d'une liqueur d'expédition. Celle-ci est composée de vin blanc, de sucre (betterave ou canne à sucre,moût concentré de raisin) et parfois d'esprit de cognac. C'est à cet instant que l'élaborateur oriente la douceur finale de son vin en dosant les sucres du brut zéro sans aucun ajout, au doux avec plus de 50 g/l.

3.7.3 Les Régions viticoles Productrices de Vins de fines bulles (effervescents)

Le marché mondial des vins effervescents

Dans le monde, 5 pays du continent européen produisent 74 % des vins de fines bulles (Chiffres OIV 2014). Les 3 premières productions sont les AOP : PROSECO en Italie, CAVA en Espagne et CHAMPAGNE en France. Bien que la Champagne ne représente que 0,4% du vignoble mondial (34 300 hectares, chiffres 2015 CIVC), les vins effervescents qu'elle produit occupent 13% en volume et 40% en valeur de la consommation mondiale d'effervescents.

Les régions françaises

L'Italie et la France sont les 2 plus grands pays producteurs de vins tranquilles mais aussi effervescents. La France compte près de 40 AOP de fines bulles dont les principales régions sont sur la carte p183:

3.7.4 Le service et la dégustation

Les conseils de service

Les vins de fines bulles (effervescents) sont à consommer très frais 6-7°C afin d'avoir des bulles fines et les plus élégantes. Il est également conseillé de descendre la température

Ustensiles de refroidissement Joly / Monnier
起泡酒冷却器皿，照片由乔力 / 莫尼埃提供

除渣和加入补糖液

这一操作旨在去除酵母杂质，澄清酒液。把带有酒渣沉淀物的酒瓶的瓶口朝下放入零下 30 度的盐水中冰冻起来，以防止酒瓶放正时酒渣倒流回瓶底。开启瓶盖时，强大的气压就会把包裹着酒渣的冰块冲开。然后加入几毫升补糖液，可以将失去的这一部分酒液马上弥补回来。补糖液由白葡萄酒和糖（甜菜、蔗糖或浓缩葡萄浆汁）混合而成，有时会加点白兰地。此时酿酒师要决定他所酿的酒液的最终甜度，甜度范围可以从不加任何调味液的纯天然型，到加糖量超过 50 克 / 升的甜型。

3.7.3 起泡酒产区

世界起泡酒市场

欧洲的 5 个国家生产出了全世界起泡酒市场消费的 74% 的起泡酒（国际葡萄与葡萄酒组织 2014 年统计数据）。其中占据前三位的法定产区是：意大利的普西哥、西班牙的卡瓦和法国的香槟酒产区。尽管法国的香槟地区只拥有世界上 0.4 % 的葡萄园（34 300 公顷，数据摘自香槟酒行业协会 2015 年统计数据），但产量却占全球起泡酒的 13%，消费值占全球的 40%。

法国的起泡酒产区

意大利和法国是全球最大的两个平静葡萄酒和起泡酒生产国。法国共有 40 个起泡酒法定产区，其主要产区见下图：

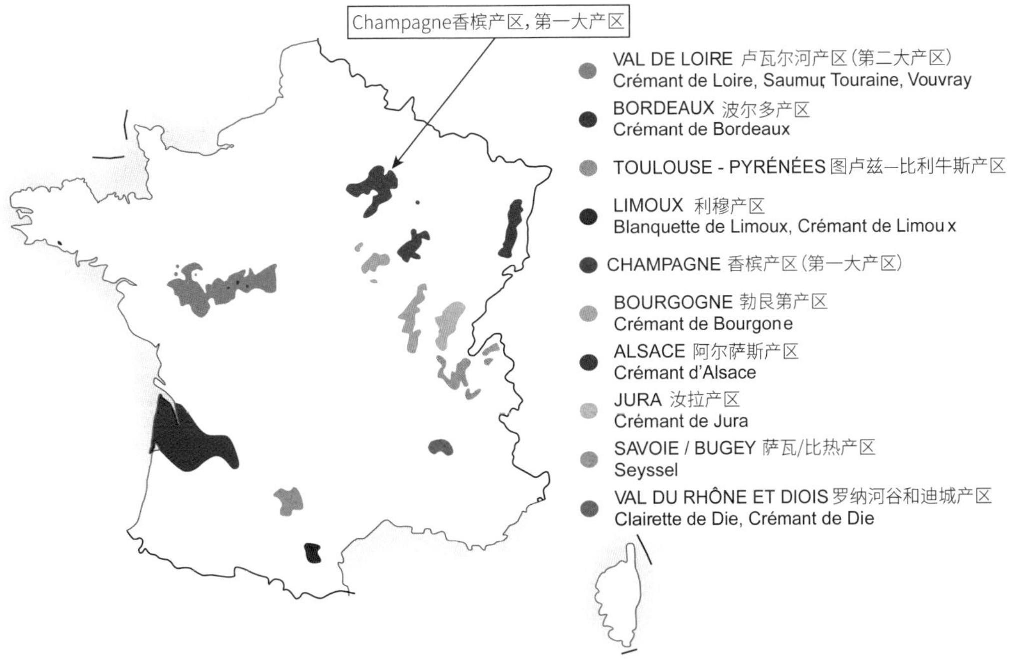

3.7.4 起泡酒的侍酒与品鉴

侍酒建议

要获得起泡酒最细腻、优雅的气泡，建议在 6 至 7 摄氏度饮用起泡酒。最好把酒瓶先放在冰箱内逐步降温，然后放入一个加粗盐的冰桶内，用冰块保持冰凉感。

du vin progressivement au réfrigérateur et finir dans un seau glacé, éventuellement additionné de gros sel pour maintenir la fraîcheur de la glace. En tout état de cause, on évitera 《de frapper》 la bouteille trop brutalement... Le séjour dans un congélateur est à proscrire ! Si vous avez placé une bouteille à refroidir, et que vous ne la consommez pas, éviter les chauds et froids, laissez-la dans votre réfrigérateur jusqu'à une dégustation ultérieure... même si cela doit attendre deux mois.

Evolution de la forme du bouchon au fur et à mesure des années dans la bouteille (1 mois à 5 ans)
香槟酒瓶的软木塞的形状在瓶中会随着时间产生变化，我们可以从左到右，看到从一个月到五年的软木塞。

La conservation

La conservation d'un vin effervescent ne souscrit pas aux mêmes règles que pour un vin tranquille. Une fois 《dégorgée》 et commercialisée, une bouteille de 《méthode champenoise》 doit être consommée rapidement, maximum 3 ans... ! Passer ce délai, le bouchon se 《rétrécit》 et risque de donner un goût désagréable au vin. Sa forme (champignon) très particulière (rappelant une jupe) s'obtient au moment de la compression du bouchon dans la bouteille. Celui-ci est parfaitement hermétique, le gaz est bien emprisonné. Ensuite après quelques années de garde, le liège se durcit et rétrécit, le bouchon devient droit (rappelant le pantalon) et la conservation devient alors douteuse pour deux raisons : le gaz carbonique risque de s'échapper et le vin se met en contact de la partie du bouchon aggloméré risquant le 《goût de bouchon》.

Quant aux vins millésimés de plus de 10 ans, ils sont proposés aux consommateurs après toute cette période en bouteille, mais pas au contact du liège. Le vin s'est bonifié sur ses lies et la capsule 《qui verrouillait》 la bouteille ne risque pas de donner de goûts douteux. Les vins millésimés sont jugés par les élaborateurs de grande qualité dignes de porter leur année de naissance... et le plaisir sera encore plus complexe, si le séjour sur lattes s'allonge. Les arômes de miel, de pâte d'amande se renforcent, et les notes de pains d'épices, de coings et d'abricots confits apparaissent. La bouche s'octroie naturellement de la douceur, l'effervescence est stable... toujours aussi pétillante et tonique.

无论在什么情况下，都要避免太过暴力地“拍打”酒瓶。另外千万别把起泡酒放在冷冻柜里！如果在冰箱里放了起泡酒，但暂时没喝，请将其继续放在冰箱里，等下次品尝时再拿出来，就算要再等上两个月。一定要避免忽热忽冷的温度变化。

起泡酒的保存

起泡酒的保存方式与平静葡萄酒不一样。一旦去除了酒渣，进入到出售环节，一瓶“以香槟法酿造的”起泡酒就必须尽快饮用，其保存期最长不超过 3 年。如果超过了这个期限，软木塞就会缩小，酒液就会变质。起泡酒的软木塞（如香槟酒）的外观比较特殊（蘑菇状，像一条裙子）是由酒瓶中的压力所造成的。软木塞完全密封酒瓶，将气体很好地保存在瓶内。保存几年后，软木会变硬、缩小，瓶塞会变直（从裙子的形状变成直筒裤），这时保持酒质就变得困难了。第一个原因是二氧化碳有逸出的风险；第二，由于部分酒液与瓶塞接触，酒液可能会有“软木塞味”。

那些经过瓶中陈酿超过 10 年的陈年起泡酒，是在酒泥上度过整个陈酿过程的，并不接触软木塞。年份起泡酒被酿酒者视为优质酒，足以配得上该酒起酿的年份。该酒在板条架中放置的时间越长，口感便会越丰富。蜂蜜、杏仁酱的香气会增强，香料蛋糕、木瓜、杏脯的味道也会出现。口感将自然柔软，气泡会很稳定。年份起泡酒的气泡常驻，能长久地散发出活力。

Photo service du champagne Pommery (Congrès des oenologues 2017)
2017 年酿酒师年会时，香槟酒的侍酒服务

4 La dégustation du vin, un art de vivre et une science

4.1. Introduction

De nombreuses définitions peuvent être données de la dégustation, nous en retiendrons simplement deux :

- La première est technique et précise. "Déguster : c'est rechercher des causes ou des origines, les qualités et les défauts. C'est décrire, c'est analyser par l'appareil sensoriel, tous les éléments susceptibles de révéler une appréciation."
- La seconde est beaucoup plus poétique, hédonique et imaginative. "La dégustation a une valeur d'évasion comparable à celle des autres arts. A ce titre, elle est source de culture, car elle enseigne des discriminations, assure le jugement et nous réconcilie avec le monde naturel ; son originalité est de sauvegarder deux sens : l'odorat et le goût." (Max LEGLISE, œnologue bourguignon).

Dans tous les cas, la dégustation est désignée comme une science analytique "à part entière", également appelée ANALYSE- SENSORIELLE et définie pour de nombreux produits par des règles françaises de normalisation (A.F.N.O.R.). Les professionnels doivent donc être formés, et entrainés régulièrement.

Pour obtenir des résultats les plus objectifs et fiables possibles, le dégustateur devra respecter scrupuleusement les règles de discipline des séances de dégustation.

Les règles techniques

- Ne pas fumer, ne pas boire du café ou manger des produits trop marqués au niveau organoleptique, de 1/2 H à 1 H avant la dégustation, afin de ne pas saturer son bulbe olfactif et ses papilles gustatives.
- Ne pas se parfumer avec des solutions trop odorantes pouvant gêner et indisposer les autres dégustateurs durant la séance! Attention également à certains produits pharmaceutiques comme le camphre, et au rouge à lèvres qui se dépose sur les parois du verre, bloque ensuite toute la mousse d'un vin de fines bulles et modifie également le caractère aromatique des vins.
- Ne pas utiliser des savons trop parfumés... les mains soutiennent le verre !
- Ne pas avaler les produits alcoolisés que l'on déguste, sinon une fatigue sensorielle sera rapide ainsi qu'un risque d'euphorie préjudiciable à la dégustation, et à la santé : un dégustateur professionnel comme un œnologue déguste de 80 à 120 vins par jour.
- Ne pas prendre en bouche les vins présentant des défauts trop marqués, sinon ils apporteront un voile aromatique ou gustatif aux échantillons suivants.

Les règles morales

- Ne jamais avoir d'apriori sur l'A.O.C, le millésime ou le viticulteur. Une dégustation à l'aveugle permet de mieux apprécier les valeurs intrinsèques du produit.
- Rechercher la valeur du produit en dehors de ses goûts personnels. C'est évidemment

4 葡萄酒品鉴既是一种生活的享受，也是一门科学

4.1. 前言

有关葡萄酒品鉴的定义很多，在此仅举两例：

- 第一个定义说：“品鉴就是追寻产品的起源或来源及其优缺点。是通过感官描述和分析来呈现评估结果的所有要素。”这个定义技术性很强，也比较精确。
- 第二个则富有诗意、享乐情趣和想象力。“品鉴具有与其它艺术相当的消遣价值。因此，它是文化的来源。品鉴指出偏见，确保判断力，并且使我们再次融入自然世界；它的独创性在于维护两种感觉：嗅觉和味觉。”（马克斯 · 勒格里斯，勃艮第酒区的著名侍酒师）

葡萄酒品鉴一贯被认为是一种特别与众不同的分析科学，被称为感官分析。对于许多产品来说，品鉴的标准由法国标准化规则（法国标准化协会）来进行定义。因此，进行品鉴工作的专业人员必须定期参加理论与实践培训。

为了获得最客观、可靠的品鉴结果，品鉴专业人员在每次品鉴时，都必须严格遵守所有的规则。

比如以下的技术细则：

- 在品鉴前半小时至一小时内，不抽烟、不喝咖啡或食用味道过于强烈的食品，以避免嗅球和味蕾饱和。
- 不喷过于芳香的香水，以避免在品鉴时影响其他品鉴者！同时也要注意樟脑类药品的味道，另外滞留在酒杯壁上的口红会阻碍起泡酒起沫，或改变酒的芳香特性，等等问题。
- 请勿使用太香的香皂洗手，因为大家是要用手来拿酒杯的！
- 请勿吞咽所品尝的酒，否则感官会很快疲劳，并且有可能会带来对品鉴和健康都有害的酒精愉悦感。一般来说，像葡萄酒工艺学家这样的专业品酒人员每天可能会品尝 80 至 120 种葡萄酒。
- 不要品尝有明显缺陷的葡萄酒，否则它们会给接下来要品尝的样酒带来嗅觉或味觉上的干扰。

以及职业道德准则：

- 千万不要对某些法定产区、年份或葡萄园的产品有先入为主的概念，盲品会更好、更客观地评价产品的内在价值。
- 在个人的品味喜好之外寻找产品的价值。这对于专业品酒人员显然是必不可少的，但对每个品酒人员来说，有时候强迫自己做到这一点也是很有意义的。品鉴一种新酒，应该像远离人多的路径，走到一个人迹罕至的地方，去发现一些常见

primordial dans le cas d'une dégustation professionnelle mais à titre personnel, il est parfois intéressant de se forcer, ce qui permet de sortir des chemins battus et de découvrir des vins de vignerons, hors norme.

- Il faut faire l'analyse seul, et dans le calme, l'échange sur les caractéristiques du vin entre les participants se réalise ensuite.

Les 5 sens à développer

Un homme normalement constitué possède cinq sens : **la vue, l'odorat, le goût,** l'ouïe et le toucher. Pour l'analyse sensorielle des vins, les trois premiers sens sont principalement utilisés. Sans mettre les doigts dans son verre afin de tester la viscosité du liquide, on analysera « **le toucher d'un vin** » en bouche... Nos papilles gustatives réagissent comme des doigts... au contact d'une surface lisse, rugueuse, granuleuse, soyeuse... Les commentaires deviennent très imagés. Une étude nationale est d'ailleurs en cours pour définir précisément ce vocabulaire afin qu'il devienne universel entre les œnologues. **L'ouïe**, le dernier sens, est mise en valeur par une tradition ancestrale... l'entre choc des verres « pour trinquer », ceci dans le but simple de faire participer l'oreille au plaisir de la dégustation ou pour une question de survie si on se réfère aux pratiques courantes d'empoisonnement par injection de liquide au XVème siècle... A cette époque, il était recommandé de frapper fortement son verre contre celui de l'autre signataire du contrat afin d'échanger un peu de liquide et ainsi s'assurer de non-contamination de son breuvage... si le partenaire buvait !

Mais certains bruits peuvent également induire des réflexes : l'écho d'un bouchon de Crémant quittant le goulot de sa bouteille bruyamment ne vous fait-il pas saliver ? N'avez-vous jamais réagi lors du débouchage d'une bouteille de vin tranquille et son petit son ou bruit caractéristique ?

L'analyse des cinq sens permet une meilleure compréhension de vos réflexes souvent instinctifs ; mais attention, des éléments peuvent brouiller les cartes...

L'importance du local et des conditions de dégustation est également à prendre en compte pour le plaisir des jurés ou consommateurs :

- La température du local peut perturber ou augmenter le plaisir sensoriel. On recherche idéalement les 20°c.
- La présence d'odeurs parasites de produits de nettoyage, de cire ou d'un parfum formera un obstacle entre le vin et le nez. De la même façon dans une pièce mal aérée, l'accumulation d'éléments volatils des échantillons finira par vous monter à la tête.
- L'éclairage du lieu de dégustation, dans la cave sombre chez le vigneron, le vin rouge que vous venez de gouter et d'acheter n'aura pas la même intensité colorante que dans votre salle à manger sur- éclairée.

Salle de dégustation de la Godeline Angers (France)
昂热市的一个专业品酒室

之外的、葡萄种植者的新葡萄酒。

- 要在安静的环境中对酒进行独自分析，然后才与其他参与者就葡萄酒的特性进行交流。

要培养的五种感觉

一个正常人通常有五种感觉：**视觉、嗅觉、味觉**、听觉和触觉。葡萄酒的“感觉器官反应分析”，主要使用人类的前三种感觉。为了测试酒的黏度，品酒师无需将手指放入酒杯中，只需用嘴来对**“酒进行触觉分析”**。我们的味蕾能像手指一样进行反应。品酒师的嘴，在与光滑、粗糙、颗粒状、丝状的表面接触后，做出的评论就能变得非常形象。法国目前正在开展一项精准定义“触觉”这个词汇的全国性的工作，以成为今后葡萄酒工艺师的统一标准工作词汇。**听觉**，最后一种感觉的体验，则来自祖先的传统习惯。敬酒时碰杯而发出声音，其简单目的就是在品酒时愉悦耳朵。或者说，因为联想到 15 世纪盛行的、使用液体来下毒的做法的话，那么发出碰撞声就是一个让人幸存的一种办法了。在那个时代，在双方签订协议时，双方都猛烈地碰撞一下对方的酒杯，交换一些酒液，这样如果看到对方喝了同样的酒的话，就可以确定自己的酒杯里的酒没有毒。

此外，还有某些声音也会引起品酒者的反应：开启起泡酒时，软木塞的回声不会令人流涎吗？开启平静酒时，您对它特有的小声音从未有过反应吗？

通过对这五种感官的分析，可以更好地了解人的本能反应。但在品鉴时，总会遇到一些干扰因素。

葡萄酒品鉴场所及品鉴环境条件，对于帮助品鉴师或消费者在品酒时获得美好感觉，起着非常重要的作用：

- 品酒场所的理想的温度是 20 摄氏度。品酒地点的温度可能会干扰或增加人类感官的愉悦感。
- 来自清洁产品、蜡或香水的干扰性气味，会在酒与鼻子之间形成障碍。同样地，在一个通风不佳的房间里，酒液样品中的挥发性因素累积起来，会令人感到上头。
- 品酒场所的照明条件对品酒效果也会有影响，在酿酒师的昏暗的酒窖中，您刚品尝和购买的红酒不会有在明亮的客厅里那样的浓烈色彩。

Dégustation au caveau entre Jean Michel Monnier Oenonologe et Franck Gourdon Vigneron (2010)
酿酒师让–米歇尔·莫尼埃与酒农弗兰克·古尔东在小酒窖品酒

- si un des cinq sens est perturbé, voire volontairement influencé comme l'ouïe, l'appréciation sera très différente. Un bruit désagréable continuel ne sera pas propice à une bonne concentration. Mais des études ont également démontré que des musiques très différentes (classique, rock...) provoquaient chez le sujet des sensations gustatives et des perceptions aromatiques très différentes sur un même vin. Les neurosciences l'expliquent maintenant parfaitement, et certaines activités oeno-touristiques l'utilisent abondamment avec une certaine gourmandise (Week end Jazz bulles de la maison saumuroise, Gratien Meyer les étés)
- Sans forcément créer une salle de dégustation, les vignerons apportent une réelle attention au lieu de réception et de dégustation de leurs clients pour y favoriser la tranquillité et le bien-être.
- la température idéale du vin sera aussi différente selon le type de vin (Blanc 4 à 12°c, Rosé de 4 à 8°c, Rouge de 12 à 17°c et fine bulle de 4 à 6°c)

4.2. L'aspect visuel du vin

Il s'agit d'un sens très rapide qui nous renseigne sur l'aspect extérieur du produit. On goute d'abord avec les yeux, c'est la première information qui parvient au cerveau. Il nous permet déjà d'orienter l'ensemble de la dégustation, et souvent conforte l'acte d'achat du consommateur selon ses connaissances et préjugées surtout si la bouteille est blanche comme dans le cas des rosés. On Privilégie un verre, de préférence ventru pour une agitation délicate et resserré formant un col allongé avec une petite ouverture pour concentrer les arômes. Un long pied permet de tenir le verre loin du gobelet pour ne pas réchauffer le vin ou masquer l'aspect visuel.

Les différents verres possibles
不同形状的酒杯

4.2.1 La couleur du vin

Il s'agit du premier contact avec le vin, elle est appréciée sur le verre au repos, rempli au premier tiers, puis légèrement incliné sur un fond blanc, et éclairé avec une source lumineuse neutre, type lumière naturelle. De nombreuses couleurs peuvent être perçues pour les trois types de vins, qui représentent de grandes sous- familles :

- **vins blancs :** vert (dans l'esprit des Vinho verde portugais avec des ramassages de raisins pas tout à fait mûrs environ 4% de la production mondiale), jaune (95% des vins blancs secs à moelleux) et orange (1% des vins blancs élaborés par macération

- 如果五种感觉中有一种受到了干扰，比如，某些人为的干扰，那么品酒的人对酒的感觉就会有所不同。例如在听觉方面，持续不断的、令人不快的噪音会影响人集中精力。一些研究表明，在品酒时，不同的音乐（古典乐、摇滚乐等）会令人对同一款酒产生截然不同的味觉和芳香感。神经系统学目前对此有很好的解释，某些葡萄酒旅游活动已经广泛利用这一点来进行葡萄酒的促销活动。比如，法国西部索米尔市的佳蒂安-梅耶酒庄，每年夏季都组织以“周末爵士乐与起泡酒”为主题的酒业促销活动。
- 不一定非要创建一个专门的品酒室，但酿酒师会非常关注对客人的接待，并注意选择能使客人感受到安宁和享受的品鉴场所。
- 根据葡萄酒的不同类型 , 饮酒的温度也有所不同，比如，白葡萄酒最好在 4 至 12 摄氏度之间饮用，桃红葡萄酒在 4 至 8 摄氏度，红葡萄酒在 12 至 17 摄氏度，起泡酒在 4 至 6 摄氏度。

4.2. 葡萄酒的视觉鉴赏

葡萄酒的视觉鉴赏是一种快速的感觉，为我们提供有关葡萄酒的外观信息。我们首先通过眼睛向大脑传送有关产品的视觉信息，对整个品尝进行定位，消费者能根据自己的知识和爱好来坚定自己的购买设想。比如购买桃红葡萄酒时，能看到白色的酒瓶非常关键。品酒时，一般倾向使用玻璃杯。而且最好杯腹为圆形，这样在轻晃葡萄酒时，酒液就不会从杯中溅出。杯的颈部最好细长，杯口狭窄，以便聚集葡萄酒的香气。长长的杯腿可以使人在握酒杯时，手部远离杯颈，以免使酒升温，或者妨碍消费者看到酒液的颜色。

4.2.1 葡萄酒的颜色

在品鉴葡萄酒的时候，颜色是我们最先跟葡萄酒的接触。我们要在静止的玻璃酒杯里欣赏葡萄酒的颜色。即，将一个盛有三分之一酒液的酒杯，倾斜在一个犹如自然光的中性光源照明的白色背景下，来观察葡萄酒的颜色。在以下三种类型的葡萄酒中，我们主要可以看到下面的颜色家族：

- 我们在看**白葡萄酒**的时候，可以看到绿色（以葡萄牙的绿酒为代表，酿造这种酒使用的葡萄尚未成熟，绿酒的产量约占世界白葡萄酒产量的 4%），黄色（95% 的干白及甜白葡萄酒都是这种颜色）和橙色（1% 的白葡萄酒是经过完全浸渍的葡萄酿造的，历史上，这种白葡萄酒主要出产于格鲁吉亚共和国 , 目前在世界上的其他产区也生产）。

complète des raisins, historiquement en Kvévri, amphore en terre cuite, en Géorgie et maintenant dans d'autres régions viticoles mondiales)

- **vins rosés :** gris (couleur très pale plus argentée que rose des raisins rouges en pressurage direct, très grande tendance sur les rosés de Provence), rose (la couleur la plus classique avec des intensités plus ou moins fortes), clairet (il s'agit d'une couleur rose très sombre, se rapprochant des rouges pales, elle est caractéristique de l'AOP Bordeaux clairet)
- **vins rouges** (plusieurs nuances et intensités mais une seule famille : rouge)

4.2.2 L'intensité

L’intensité colorante permet de pressentir la concentration gustative du vin, voire d’en déduire son potentiel de longévité. Elle est le reflet direct de la concentration du grain de raisin utilisé, du cépage concerné (ils possèdent tous une concentration maximale en anthocyanes ou flavones), du potentiel du millésime, de l’extraction et de la technique de vinification utilisée par le vigneron.

Utilisation des termes permettant de quantifier le stimulus visuel. Graduellement nous pourrons parler d'intensité :

- Très faible, diluée, moyenne, intense, forte, soutenue, très intense

Couleur de faible intensité:
- petite matière du vin ;
- faible extraction de matière, cuvaison courte ;
- gros rendement, jeunes vignes, sous maturité, année pluvieuse, pourriture.

一般来说，偏淡的颜色说明：
酒质稀，
提取物少，桶内发酵时间短，
产量高，葡萄藤年轻，未成熟，该年多雨，腐烂。

4.2.3 Les nuances de couleur ou teintes

Les nuances colorimétriques nous renseignent sur un élément crucial, l’âge du vin et ses conditions de vieillissement. Un des facteurs déterminants est la quantité d'oxygène absorbée par le vin lors de l'élaboration, l'élevage, ou son évolution en vieillissant en bouteilles selon la porosité du bouchon. La couleur évolue naturellement au cours du stockage dans votre cave. Si on souhaite être plus précis, les scientifiques mesurent les caractéristiques chromatiques d'un vin : sa luminosité et sa chromaticité. La luminosité correspond à la transmittance. Elle varie en raison inverse de l'intensité colorante du vin. La chromaticité correspond à la longueur d'onde dominante (qui caractérise la nuance) et à la pureté.

- **Un vin blanc** possède dans sa jeunesse une couleur, rarement incolore (sauf certains

- 我们在看**桃红葡萄酒**的时候，可以看到灰粉色（一种非常淡的红色，比由红葡萄直接压榨而产生的红葡萄酒颜色淡。带银色的银粉色是法国普罗旺斯产区的桃红葡萄酒中最常见的颜色），玫瑰红色（最传统的颜色，但不同产区的就会多多少少有一些区别），淡粉红色（是一种比较暗的桃红色，与淡红色接近，是波尔多 CLAIRET 法定产区的特色）。
- **红葡萄酒**：有很多细微的区别和不同酒色，但是只有一个颜色家族：红色。

4.2.2 颜色深度

葡萄酒颜色的深浅可以让人预感到酒味的浓度，甚至推断出其年龄及保存期。葡萄酒颜色的深浅直接反映了所用葡萄粒的浓缩程度、生产酒的葡萄品种（它们都具有最大的花青素或黄酮浓度）、年份的潜力、酿酒师使用的萃取和酿造技术。

我们可以使用术语来量化视觉刺激，即葡萄酒颜色的逐步变化，可以描述为：

- 淡弱的色彩，近似被稀释的色彩，中等色彩，深色，强色，极强色，特别深色

Intensité soutenue:

- grande richesse du vin, vin charnu pouvant vieillir ;
- forte extraction de matière en vinification avec une longue macération ;
- belle maturité des raisins, petits rendements.

一般来说，偏深的颜色说明：

酒质丰富，酒质厚，属陈酿葡萄酒，
葡萄酒酿造过程中提取率高，浸泡时间长，
葡萄成熟度高，但产量低。

4.2.3 颜色差异或色调

葡萄酒颜色深浅的差异可以为我们提供有关酒龄及其陈酿条件等很关键的信息。决定酒色的主要因素之一是葡萄酒在制作和培养过程中吸收的氧份，或者在装瓶后吸收的氧份，这取决于软木塞的孔隙。葡萄酒在进入消费者的酒窖后，颜色也自然会发生变化。如果要更加精确地比较，科学家会通过以下方法测量葡萄酒的色彩特征：酒的亮度和色度。亮度也就是透射率，它与葡萄酒的颜色深度成反比。色度对应于（决定色差的）主波长和纯度。

- **白葡萄酒**年轻时很少是无色的（除了某些浓度不高且受亚硫酸盐保护的酒），通常是浅黄色，略带绿色反射。在陈酿过程中，这种色调将逐渐呈现出鹅黄色、

Les nuances de couleurs de vins blancs moelleux (photo 1996)
甜白葡萄酒的颜色差别（照片摄于 1996 年）

vins peu concentrés et très protégés par les sulfites...), mais souvent jaune pâle aux reflets verts. Au cours du vieillissement, cette teinte prendra progressivement des nuances serin, or (or vert, puis or bronze...), paille puis encore plus vieux : topaze, ambré, brun, acajou, marron...

- **Un vin rosé** sera de couleur différente selon son âge, mais également sa vinification. Lors d'un pressurage direct de raisins rouges, la robe prendra des nuances rose pâle (rose gris ou argenté, litchi) après une petite macération pelliculaire : saumon, Pomelo, framboise, mandarine, avec éventuellement des nuances violines (groseille). Au vieillissement, le rose évolue sur des nuances orangées : melon, pèche, abricot, voire pelure d'oignon.
- **Un vin rouge** présente une robe violacée, grenat, pourpre, rubis, voire noire, dans les premières années. Ensuite, les anthocyanes (pigments colorés, accumulés dans les cellules de la peau du raisin) perdent leur couleur violine, passent sur des nuances chromatiques rouges avant d'être envahies par le jaune. Les teintes deviennent alors briques, tuilées, orangées, brunes, ocres ou marron.

4.2.4 La Viscosité - Fluidité

Le vocabulaire que l'on utilise tient compte de deux observations : l'une liée au service du vin dans le verre (bruit...) et l'autre après agitation du vin dans un mouvement circulaire.

On apprécie la vitesse de rotation du liquide sa consistance et l'aspect qu'il laisse ensuite "en pleurant" sur les parois du verre. Les larmes (ou jambes) qui descendent lentement sont la conjugaison de 2 phénomènes : premièrement des tensions superficielles relatives de l'eau et de l'alcool qui créent un effet d'ascension capillaire ; deuxièmement des concentrations en alcool, en glycérol (et en sucres résiduels). Cela s'observera de la façon suivante :

Le vin pourra paraître :

- **aqueux :** peu de persistance avec aucune larme sur le verre,
- **fluide :** avec un jugement visuel variable de la viscosité selon moelleux- liquoreux,
- **dense, gras, onctueux...**
- **épais :** qualificatif péjoratif de vins riches en couleur ou en extrait sec qui donne aussi bien à l'œil qu'à la bouche une sensation figurée d'épaisseur, d'opacité,
- **visqueux :** voire "filant", lors de maladies bactériennes, la maladie de la graisse.

En conclusion (voir le schéma p195)

- **plus les larmes sont nombreuses**--> plus l'alcool est fort dans le vin,
- **plus les larmes sont épaisses** --> plus le glycérol est concentré dans le vin.

4.2.5 La limpidité

dans les milieux liquides transparents, c'est une qualité liée à la propagation des rayons lumineux en relation inverse avec la présence de corps en suspension. On observe le liquide contenu dans le verre sur le dessus, puis sur le côté ventru, à une distance proche de la lumière blanche, en alternant fond noir et fond blanc. Les termes employés seront :

金色（绿金然后是青铜金）、稻草黄甚至更老的颜色：黄玉色、琥珀色、棕色、棕红色、栗色等。

- **桃红葡萄酒**的颜色会根据其酒龄和酿造方式而有所不同。在直接压榨红葡萄的过程中，经过稍许浸皮后，颜色会呈现淡粉红色（灰粉色或银粉色、荔枝色）。比如，近似鲑鱼、葡萄柚、覆盆子、橘子的颜色，也可略带紫色（黑醋栗）。伴随着陈酿，粉红色会向橙色转化，变成近似蜜瓜、桃、杏、甚至洋葱皮的颜色。
- **红葡萄酒**的酒裙在最初几年呈淡紫、石榴红、紫红、红宝石甚至黑色。 然后，酒中的花青素（一种在葡萄皮中的有色颜料）会失去紫色，颜色逐渐变红，最后全面变黄。酒的颜色也逐渐变成砖红色、瓦红色、橙色、棕色、赭石色或栗色。

4.2.4 黏度—流动性

观察黏度可以有两种方式：一个与把酒倒在杯中的动作（考察其产生的声音）有关，另一个与把酒在杯中绕圈摇晃有关。

我们要评价的是酒液的旋转速度、浓稠度以及随后在杯壁上留下的“酒泪”。酒泪（或酒腿）下降缓慢是两种现象的作用：首先是人为张力使水和酒精产生细微的抬升；其次是酒精、甘油（和残留糖分）的浓缩。 我们可以观察到以下不同的状态。

可能看到的状态：

- **水性：**存留性极小，杯壁上没有留下任何酒泪；
- **流动：**根据甜度的不同，视觉上可判断黏度，根据酒是甜酒或特甜酒；
- **挂杯浓重、有油性、有油腻感等；**
- **挂杯厚重：**用来形容酒色重或干性提取物很多的酒。我们用这个贬义词来描述品酒时，视觉和味觉上具有厚重、不透明等感觉；
- **黏滞：**葡萄酒在被细菌污染或变质的时候就会呈现“黏稠”的病态。

简而言之

- **酒泪越多，**葡萄酒的酒精度越高；
- **酒泪越浓厚，**酒中甘油的浓度越高。

4.2.5 清澈度

在透明的液体介质中，清澈度与光线的传播有关，亦与悬浮物体的存在比例成反比。 先从酒杯上部观察酒液，然后从杯侧观察。要靠近白色光线，在黑色背景和白色背景下交替观察。在描述清澈度时，可以使用到的术语有：

- cristallin (vin très brillant, en comparaison à un verre de cristal),
- brillant,
- limpide (vin ne présentant pas de trouble),
- trouble, flou, louche, bourbeux dit aussi 《vin bourru》, laiteux, opalescent.

La présence de particules nous renseigne sur l'évolution et l'âge du vin, le «stade» du vin après la fin de la fermentation alcoolique, les maladies éventuelles (casses protéiques, ferriques, cuivreuses...), le soin du vigneron à clarifier son nectar ou la décision de ne pas le clarifier, comme pour les vins natures qui ne sont ni filtrés, ni collés.

La présence de particules :

Selon leur nature, forme, poids, leur nombre, les particules peuvent être localisées dans le verre à différents endroits et provoquer ou non un trouble.

**** particules en suspension***

Un vin peut être considéré comme flou ou 《louche》 s'il n'a pas été filtré et parfaitement décanté. Cela peut aussi être dû au développement de levures dans la bouteille, voire une refermentation s'il restait des sucres résiduels et que le vin n'était pas stabilisé par des sulfites. La précipitation des protéines instables du vin donne aussi une impression de volutes. Dans des cas plus extrêmes, il peut s'agir d'un problème lié à une maladie du vin : développement bactérien, comme un effet mat, poussiéreux sur le disque (surface du vin), la maladie de la graisse donnant un aspect huileux. Si le trouble est très opalescent appelé également bouillon de châtaigne, il s'agit alors d'une casse oxydasique (contact trop long du vin avec l'air), et s'il est coloré : d'une casse ferrique ou cuivreuse (excès d'un des 2 métaux).

**** particules sédimentées :***

- Voltigeurs : Lorsque le vin est d'un millésime ancien on peut aussi voir dans le vin des voltigeurs dus à des fragments de bouchon. Ce dépôt léger se remet en suspension à la moindre agitation, idem avec la présence de fibres.
- Dépôts : il s'agit de toutes les matières solides qui précipitent, celles-ci peuvent être légères ou lourdes, être en suspension ou au fond du verre et de la bouteille. Il y a essentiellement 2 types de dépôts couramment observés :

Dépôt de Bitartrate de potassium
酒石酸氢钾沉淀物

- **des cristaux blancs,** brillants (appelés gravelle) qui correspondent à la précipitation au froid de l'acide tartrique (un acide présent à de faibles doses dans le grain de raisin) avec le calcium (Ca) et le potassium (K). Parfois rassemblé sous forme de « plaques brillantes», ce bi-tartrate de potassium est naturellement dans tous les vins à des concentrations différentes et n'altère en rien son goût. De nos jours, certains vignerons «traitent» leurs produits au froid (- 2°c avec ou sans crème de tartre) pour éliminer ce dépôt avant la mise en bouteille et ainsi satisfaire les consommateurs exigeants, d'autres rajoutent des produits qui le stabilisent (acide métatartique, gomme de cellulose-CMC). Le tartrate de calcium est moins aggloméré et se présente plus sous forme de poussière blanche. Ces dépôts sont de nouveau présents dans les vins, car de nombreux vignerons préfèrent réaliser une contre-étiquette expliquant la présence de ce dépôt

- 晶莹透亮（类似水晶玻璃杯，非常明亮的酒），
- 明亮，
- 清澈（没有浑浊的酒），
- 浑浊的，模糊不清的，污浊的酒，亦称“粗制酒”，酒色成乳状，乳色。

酒中存在的微粒可以给我们提供很多葡萄酒的生成变化信息。如酒龄、酒精发酵结束后葡萄酒所处的不同“阶段”、可能存在的疾病（蛋白质、铁、铜变质等情况），以及酿酒师是否过滤澄清过酒液，因为天然葡萄酒是既不过滤也不澄清的。

微粒的存在：

根据性质、形状、重量和数量的不同，微粒可能存在于杯中不同的位置，是否会导致浑浊则不一定。

***悬浮微粒**

葡萄酒如果是模糊或浑浊的，可能是因为没有过滤和澄清好。也有可能是由于瓶中酵母的繁殖，以及因为亚硫酸盐稳定作用不佳导致残留糖分再次发酵。葡萄酒中不稳定蛋白质的沉淀也会给人螺旋絮状物的印象。在更极端的情况下，微粒可能与葡萄酒疾病有关，比如细菌繁殖导致的哑光效果，就像光盘上的灰尘（在酒液表面）。酒中的脂肪如果存在问题，那么酒会带给人油腻感。如果浑浊呈乳白色，亦称栗子汤，则说明酒的氧化酶变质了（葡萄酒与空气接触的时间过长）。如果呈现彩色，则是因为铁或铜变质（即其中一种金属过量）所导致的。

***沉淀微粒：**

- 浮屑：如果葡萄酒年份比较老，我们会在酒中看到软木塞碎片的浮屑。这种轻质沉积物只要轻轻搅动就会重新悬浮，类似于纤维的情况。
- 沉淀物：指或轻，或重的、所有的固体沉淀物。这些固体物质，可能悬浮在、也可能沉在酒杯和酒瓶的底部。我们通常可以观察到两种沉淀物：
  - **白色晶状物**（称为酒糟），它与酒石酸（葡萄自身所含的一种低剂量的酸）、钙和钾的冷沉淀有关。这些沉淀物是所有葡萄酒的自然成分，有时会聚集成“发亮的斑块”，根据葡萄酒的不同浓度表现出来，但不会改变酒的口味。有些酿酒师对葡萄酒进行“冷处理”（零下 2 摄氏度，添加或不添加酒石酸氢钾膏），以除去装瓶前酒中的沉淀物，满足苛刻消费者的需求。另一些人则添加稳定沉淀物的产品（偏酒石酸，纤维素胶—羧甲基纤维素），使酒石酸钙的结块较少，更多

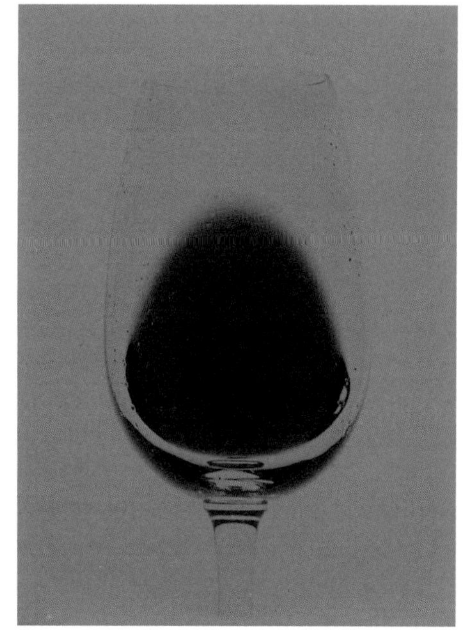

Dépôt de matière colorante (anthocyanes – tanins)
有色物质的沉淀物（花青素—单宁）

naturel plus que de « martyriser » leurs vins avec le passage à une température négative ou utiliser un adjuvant de stabilité.

- **les « plaques rouges »**. Ces dépôts, observables uniquement dans les vins rouges (dans la bouteille, le verre ou sur le bouchon), apparaissent lors de la précipitation des pigments rouges du raisin. Cette condensation tanins- anthocyanes se réalise progressivement au cours du vieillissement. Le vin s'assouplit, l'astringence disparaît, la couleur prend des teintes grenat puis brunes et orangées, le dépôt de matière colorante augmente proportionnellement à la durée de stockage et à la concentration initiale de composés anthocyaniques. Cette évolution naturelle et nécessaire peut être accélérée de façon néfaste par la lumière, le chauffage ou une longue oxygénation (bouchon poreux...). Un millésime très ensoleillé et riche en couleur possédera dans les premières années d'évolution un léger dépôt souvent accompagné de cristaux blancs de tartre. Une décantation dans une carafe permettra d'éliminer rapidement ce précipité pour qu'il ne gêne pas l'œil de votre convive.

4.2.6 L'effervescence

Contrairement à ce que l'on pourrait penser, l'effervescence s'observe à la fois sur les vins pétillants, mousseux mais également sur des vins tranquilles.

Sur les vins dits tranquilles, la détection de fines bulles sur les parois d'un verre de rosé ou de vin blanc apporte des renseignements précieux. Le seuil de perception gustatif de la présence de gaz carbonique dans le vin est de 850 mg/l. Pour confirmer son importance, une agitation de la bouteille permet de mieux visualiser la hauteur de mousse... une prise en bouche authentifiera le perlant du vin. Ce CO2 naturel de la fermentation alcoolique est souvent sauvegardé pour apporter une fraîcheur aromatique et un certain relief gustatif au vin. Dans la vallée de la Loire, les vins de l'AOP Muscadet sur lie possèdent toujours un perlant (1200 à 1400 mg/l) qui leur procure une vivacité de fin de bouche relevant l'acidité et permettant des accords gourmands sur des coquillages crus très salés.

Dans les vins blancs ou rosés, demi-secs à moelleux, la présence de gaz carbonique ne doit pas être décelée. Si cela était le cas, toujours accompagnée d'un dépôt très fin au fond de la bouteille, vous auriez la preuve d'un nouveau départ en fermentation alcoolique du vin, avec un développement de levures et les bouchons finiraient par sauter (cas heureusement rare...).

Pour les vins de fines bulles ou effervescents, un œil expert jugera, dans un verre adapté la qualité de la bulle :

- **le diamètre des bulles,** celles-ci seront fines lorsque la seconde fermentation aura été conduite à une température basse et constante. Dans le cas d'une température élevée et d'une seconde fermentation alcoolique rapide, les bulles seront imposantes et la qualité de mousse grossière à l'image d'une eau gazeuse.
- **la persistance et la finesse du cordon** permettent de juger le renouvellement et la régularité des bulles dans le verre. Elles s'observent après la disparition de la mousse perceptible au remplissage de la flûte (verre). Cette mousse ne doit pas se prolonger plus de quelques secondes. Les fines bulles formeront un cordon régulier sur le pourtour du verre. Un séjour sur lattes prolongé renforcera la longévité du « collier de bulles».

表现为白色尘埃。不过，对于这些出现在葡萄酒中的沉淀物，目前许多酿酒者更倾向于用背面标签来说明沉淀的自然性，而不是采用极端温度或稳定剂来“折磨”葡萄酒。

- **“红色斑块”**：只能在红酒中看到（在酒瓶、酒杯中或瓶塞上），这与葡萄的红色素沉淀有关。这种单宁一花青素的浓缩是在陈酿过程中逐渐形成的。在这一过程中，涩味消失、酒慢慢地变得柔和了，酒的颜色逐渐地变成石榴色、棕色和橙色，色素的沉积物随着酒的储存时间延长以及花青素化合物的浓缩而增加。光、热或长时间的氧化作用（瓶塞多孔）都会以不利的方式加速这种自然且必然的进程。在阳光充足、葡萄色彩丰富的年份下出产的葡萄酒，在最初几年的酿造中，通常只会有少量的、白色酒石晶体沉淀物。如果把葡萄酒提前倒入醒酒瓶中便可使这种沉淀物消失，饮酒宾客的视觉感受就不会受到干扰了。

4.2.6 起泡

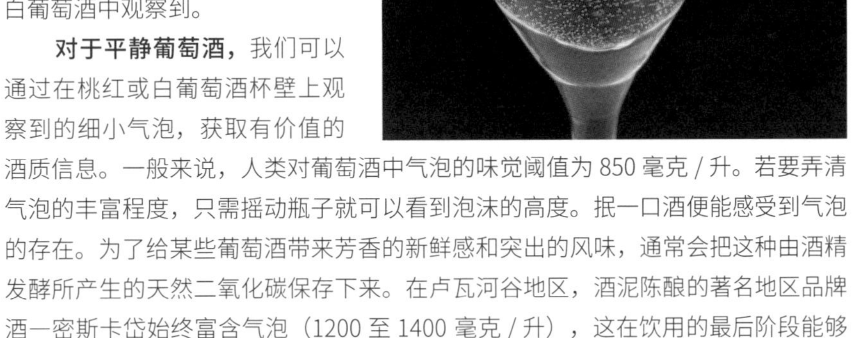

与人们的想象相反，葡萄酒起泡现象不仅能在起泡酒中，也能在一般被称为平静酒的桃红或白葡萄酒中观察到。

对于平静葡萄酒，我们可以通过在桃红或白葡萄酒杯壁上观察到的细小气泡，获取有价值的酒质信息。一般来说，人类对葡萄酒中气泡的味觉阈值为 850 毫克 / 升。若要弄清气泡的丰富程度，只需摇动瓶子就可以看到泡沫的高度。抿一口酒便能感受到气泡的存在。为了给某些葡萄酒带来芳香的新鲜感和突出的风味，通常会把这种由酒精发酵所产生的天然二氧化碳保存下来。在卢瓦河谷地区，酒泥陈酿的著名地区品牌酒一密斯卡岱始终富含气泡（1200 至 1400 毫克 / 升），这在饮用的最后阶段能够活跃口感，增强酸度，很适合在食用非常咸的生贝类时饮用。

在半干和甜型的白葡萄酒或桃红葡萄酒中，一般来说，不应检测到二氧化碳的存在。如果检测到了，并且看到瓶底留有非常细的沉淀物，那就说明葡萄酒又重新开始酒精发酵了。随着酵母的繁殖，酒瓶塞子说不定会自己崩开（好在这种情况非常罕见）。

专家可以使用合适的酒杯判断起泡酒的气泡质量：

- **气泡的直径，**在较低的、恒定温度下进行第二次发酵的**起泡酒**，气泡会比较细小。在高温和第二次酒精发酵速度很快的情况下，气泡会很大，泡沫的质量会像苏打水一样粗糙。
- **气泡串的持久性和细腻程度**可以帮助我们判断杯中气泡产生的稳定程度。这在往专用的杯中倒酒时，可以看到。这种泡沫持续时间不超过几秒钟。细小的气泡会在玻璃杯边缘形成一条规则的气泡串。如果酒在酿造过程中经历了酒架上缓慢发酵的过程，其“气泡项链”延续的时间就会更长。

4.3. Le nez du vin

4.3.1 L'organe

L'odorat est un sens très éduqué, couramment utilisé, qui joue à la fois un rôle de détection, d'analyse et de mémorisation des molécules présentes dans le vin. Le point d'entrée de la perception olfactive se situe dans le nez au niveau de l'épithélium olfactif. La fente ou muqueuse olfactive dotée de nombreux cils vibratiles permet de filtrer toutes les molécules gazeuses chargées d'odeurs et de les « conditionner ». Les stimuli sont ensuite transmis au cerveau pour analyse.

Les molécules odorantes peuvent parvenir à la fente olfactive par deux chemins différents :

- **l'odeur** est perçue par voie nasale directe par "flairage" du liquide au-dessus du verre. Il faudra apprendre à « flairer » pour avoir un volume d'air assez important pour arriver à la fente olfactive sans saturer la muqueuse.
- **l'arôme** est perçu par voie rétro nasale, lorsque le produit est dans la bouche. Ceci permet de percevoir les molécules odorantes qui sont libérées par la mastication de l'aliment solide ou par gargarisme s'il s'agit d'un liquide. Par voie rétro nasale, on perçoit les arômes primaires, secondaires et tertiaires de façon complémentaire aux premières impressions olfactives "nasales" avec possibilité de juger "la continuité aromatique"

Il existe toute une chronologie de la perception olfactive en 4 étapes à respecter :

étape 1 : On sent son verre vide, car celui-ci peut avoir une odeur : celle du carton du stockage du verre, du torchon humide avec lequel il a été essuyé, ou de l'encaustique du meuble ciré où il séjourne. Ce réflexe deviendra vite naturel. Au restaurant vous verrez alors, le sommelier ou le chef de rang vous regarder avec intérêt et admiration...

étape 2: On percevra, dans un premier temps le potentiel aromatique d'un vin, sans agiter le verre. Au repos, seuls les arômes très volatils sont décelés.

étape 3: Ensuite par agitation progressive (rotation du vin dans le verre) de douce à forte, puis violente, on jugera l'évolution de la complexité des arômes. On utilise parfois l'expression «le vin fait la queue de paon» pour décrire cette impression.

étape 4: dans un dernier temps, le « flairage » d'un verre vide (sans l'agressivité de l'alcool) permettra d'observer sa tenue et sa longueur.

4.3.2 la qualité aromatique

Lors de cette étape, le dégustateur-consommateur va juger, selon ses aptitudes et affinités de la netteté du vin, et de sa précision. Il pourra le considérer comme: net, avoir un léger doute ou être sûr d'un manque de netteté aromatique (pas net). Si on souhaite être plus précis, on va déterminer la finesse aromatique:

- désagréable (sans caractéristiques de fraîcheur et d'évolution, sans complexité, sans typicité), avec défauts notoires,
- grossière (ou manquant de finesse, de faible qualité ou sans agrément, trop de potentialités mal exploitées),
- ordinaire (terne, banalisé, de faible qualité),

4.3 葡萄酒的嗅觉鉴赏

4.3.1 器官

嗅觉是一种经常被使用，并且接受过训练的感觉，能够起到检测、分析和记忆葡萄酒中分子的作用。位于鼻腔中的嗅上皮是嗅觉感知的切入点。在嗅觉狭缝或嗅粘膜中的多个颤动纤毛可以过滤气态分子，并“处理”这些分子。然后将刺激传递给大脑进行分析。

气味分子可以通过两条不同的途径到达嗅觉狭缝：

- **气味**是可以直接用鼻孔，通过在酒杯上方的液体“嗅到”的。要学会在“闻酒”时吸足空气到达嗅觉狭缝，但又不能使鼻腔粘膜饱和。
- **香气**是当酒在口腔里时，可以通过后鼻道感觉到的。口腔能够感知咀嚼固体食物释放的气味分子，也能够通过在口中的液体感知其释放的气味分子。通过后鼻道，可以感受到主要、次层和三层香气，这是“鼻腔的”第一嗅觉印象的补充，从而可以判断出“香气的连续性”。

Coupe humaine du visage et les différentes voies
面部剖面图及不同的嗅觉器官

需要遵守的四步一体嗅觉感知顺序：

第一步：闻空酒杯，因为酒杯可能会带有存放时的纸箱的气味、用来擦杯子的湿毛巾的气味、或是杯子所放置的打蜡家具的蜡的气味。闻酒杯的生理反射会很快会成为一个习惯，如果您在餐厅这么做，侍酒师或侍应领班会对您另眼相看。

第二步：先不要摇晃酒杯，这样才能最先感知到葡萄酒的香气潜力。因为我们只有在酒静置的时候，才能嗅到非常不稳定的气味。

第三步：通过渐进的摇动方式使葡萄酒在酒杯中转动，从轻微到剧烈，最后才猛力摇晃，这样才能判断出香气的复杂性的变化。法语里有时用“让葡萄酒开屏”这种说法来形容这第三步。

第四步：最后一步便是“嗅嗅”空酒杯（酒精的气味已消失了）。这样就可以感觉到酒的稳定性和持久性。

4.3.2 不同酒的不同芳香品质

在这个阶段，品酒者，或称消费者，将根据自身能力来判断葡萄酒芳香的清晰度和精确度。可以把葡萄酒的芳香分为：带有清晰的香气，稍存疑点，或香气模糊（不清晰）。如果希望更准确的话，就要界定芳香的细微差异：

- 令人不快的（没有鲜明和变化的特性，味道过于单纯，没有典型香气），带有明显缺陷；
- 粗劣的（或者不够精美，质量低或乏味，没有发掘潜力）；
- 普通的（口味平淡、很一般，质量低）；

- plaisante (attractive), fine,
- distinguée (vin possédant une odeur agréable et se distinguant nettement des autres vins),
- racée (vin présentant une qualité aromatique d'originalité bien accusée),
- typique : caractéristique d'un cépage ou d'un terroir,
- riche : bien exprimée, bien valorisée,
- atypique, technologique.

4.3.3 l'intensité olfactive

Après une agitation délicate, le dégustateur juge, en plongeant son nez dans le verre, la présence et la puissance aromatique. L'expression aromatique se révélera : inexistante pour un vin quelconque vinifié à partir d'un cépage peu aromatique ou pas assez mûr ; faible, si le vigneron n'a pas su extraire l'ensemble des composés ou les mettre en valeur ; moyenne, intense ou développée pour les vins très expressifs parfaitement vinifiés ; excessive lorsque les arômes trop puissants deviennent lourds. Il faut également penser à la température de service du vin : le froid < 3°C va bloquer la diffusion des arômes alors que la chaleur va au contraire la valoriser.

4.3.4 la description de la complexité aromatique d'un vin

Les étapes d'agitation progressives du produit permettront de bien définir le bouquet du vin :

- **le bouquet primaire ou variétal** correspond aux flaveurs spécifiques du ou des cépages et valorisés par un terroir. Les arômes ou précurseurs d'arômes sont généralement situés dans la pellicule du raisin. On peut les retrouver dans un jus de raisin fraichement pressé. L'exemple le plus frappant est certainement les cépages muscat et sauvignon blanc. On retrouve dans le vin les arômes perçus en croquant un grain de raisin. Alors que les baies de chenin ou de cabernet neutres en arômes ne possèdent pas de flaveurs particulières. Par exemple : cépage sauvignon → arômes floraux de genêt, puis notes végétales (buis), et de fruits (groseilles), On peut ensuite percevoir à Sancerre (France) son terroir de silex (arômes de « pierre à fusil »)
- **le bouquet secondaire** regroupe les arômes apportés par les activités fermentaires. La fermentation alcoolique synthétise des arômes de pommes sur les vins blancs et de notes de levures (levain), brioché et viennoiserie lorsqu'il s'agit d'une seconde fermentation.

La macération carbonique sur un Gamay extériorise des arômes de banane et de bonbon acidulé, il s'agit de la synthèse d'un ester appelé : acétate d'isoamyl, qui peut, si la concentration est importante déviée de dissolvant de vernis à ongle.

Une fermentation malolactique (transformation de l'acide malique en acide lactique) modifie le caractère aromatique sur des notes lactées de beurre ou de fromage frais (caproate et caprylate d'éthyle).

Il existe également sur le marché des levures, sélectionnées par des centres de recherche ou des laboratoires privés qui exacerbent certains arômes (ou transforment les précurseurs d'arômes en arômes) pour des cépages particuliers.

- 有味道（诱人的），精美的；
- 有特性（香气宜人，明显与其它葡萄酒不同）；
- 高贵的（具有公认的、纯正芳香品质的葡萄酒）；
- 典型的：体现出某种葡萄品种或地区风土特征；
- 华丽的：诠释得很好，价值很高；
- 不常见的，工艺型的。

Portrait oenologique: description des aromes d'un vin décrit par Jean Michel Monnier et photographié par Patrick Joly
葡萄酒工艺学描绘：由莫尼埃描述香气，乔力摄影

4.3.3 嗅觉强度

在轻微摇杯之后，品酒者将鼻子探入酒杯中，判断香气的存在及其强度。如果酿酒用的葡萄本身就无香气或是不够成熟，那么就闻不到香气。如果酿酒者未能很好地萃取并表现出葡萄的成分，品酒者闻到的香气就很弱。如果酒酿得很好并很有表现力，能闻到的香气就会是中等、强烈或发展型等不同气味。但如果香气过于强烈甚至过于浓重，就会让人感觉过分了。闻酒的时候还必须注意饮酒的温度：低于3摄氏度会阻碍香气的传播。相反，适宜的温度能提高香气的价值。

4.3.4 葡萄酒香气的复杂、多样性

以不同速度摇动葡萄酒，能帮助我们界定葡萄酒的香气：

- **主要香气或品种香气**是指在特定的葡萄产区中体现的、某种或多种葡萄品种的特定气味。葡萄的香气或香气前体通常在葡萄皮里。在刚榨出的新鲜葡萄汁中就能闻到葡萄的香气。最明显的例子当然是麝香和长相思这两个葡萄品种。葡萄酒的香气与嚼葡萄时体会到的气味是一样的。而诗南或解百纳的浆果香气一般、没有特殊的香味。比如，在长相思这个品种中，我们最先感到金雀花的香气、之后是黄杨香、植物香气、水果香气（醋栗）。在法国的桑赛尔地区，葡萄酒里飘着硫醇、燧石风土（打火石）的气味。
- **次要香气**是指各种发酵活动带给葡萄酒的各种香气。酒精发酵合成了白葡萄酒的苹果香气。二次发酵时，则合成了带有奶油鸡蛋卷和甜酥面包气味的酵母香气（酵母）。

将佳美葡萄酒进行二氧化碳浸渍发酵，可以带出香蕉和酸味糖果的气味。这是一种叫做醋酸异戊酯的酯的合成结果。当这种物质气味很浓的时候，我们几乎觉得闻到了卸甲油的味道。

乳酸发酵（将苹果酸转化成乳酸）会改变黄油或新鲜奶酪的含乳气味特征（己酸和丙烯酸乙酯）。

某些研究中心或私人实验室把市场上的一些酵母挑选出来，用于加重某种特殊葡萄品种的香味（或将香气前体转化成香味）。

- **le bouquet tertiaire ou post fermentaire** est le résultat d'une recherche de complexité aromatique lors de l'élevage du vin après la fermentation alcoolique (oxydations ménagées, passage du vin en barriques ou bien infusion de copeaux de chêne dans le vin comme dans les pays du nouveau monde...). Mais également des arômes qui se sont modifiés au cours du vieillissement du vin en bouteille, les notes de miel, de cire d'abeille, de fruits confits, mais également des notes de réduction : sous-bois humide, gibier...

Tous ces arômes peuvent être identifiés avec certitude dans les vins grâce à des analyses physiques très perfectionnées : la chromatographie en phase gazeuse (découverte dans les années 1950-60). On réalise alors ce qu'on appelle un électro-olfactogramme. Depuis plus 50 ans, on a identifié plus de 800 composés volatils dans le vin dont 100 à 200 sont facilement détectables par l'être humain à des concentrations de 300 mg/à 10 (-12) g/l. Toutefois notre bulbe olfactif, même avec une certaine subjectivité, est souvent plus sensible que l'appareil, qui ne détecte pas toujours tous les arômes.

Pour simplifier la compréhension des arômes, Ann NOBLE, chercheuse américaine de l'Université de Davis (USA) a regroupé les éléments par famille dans **une roue des arômes :**

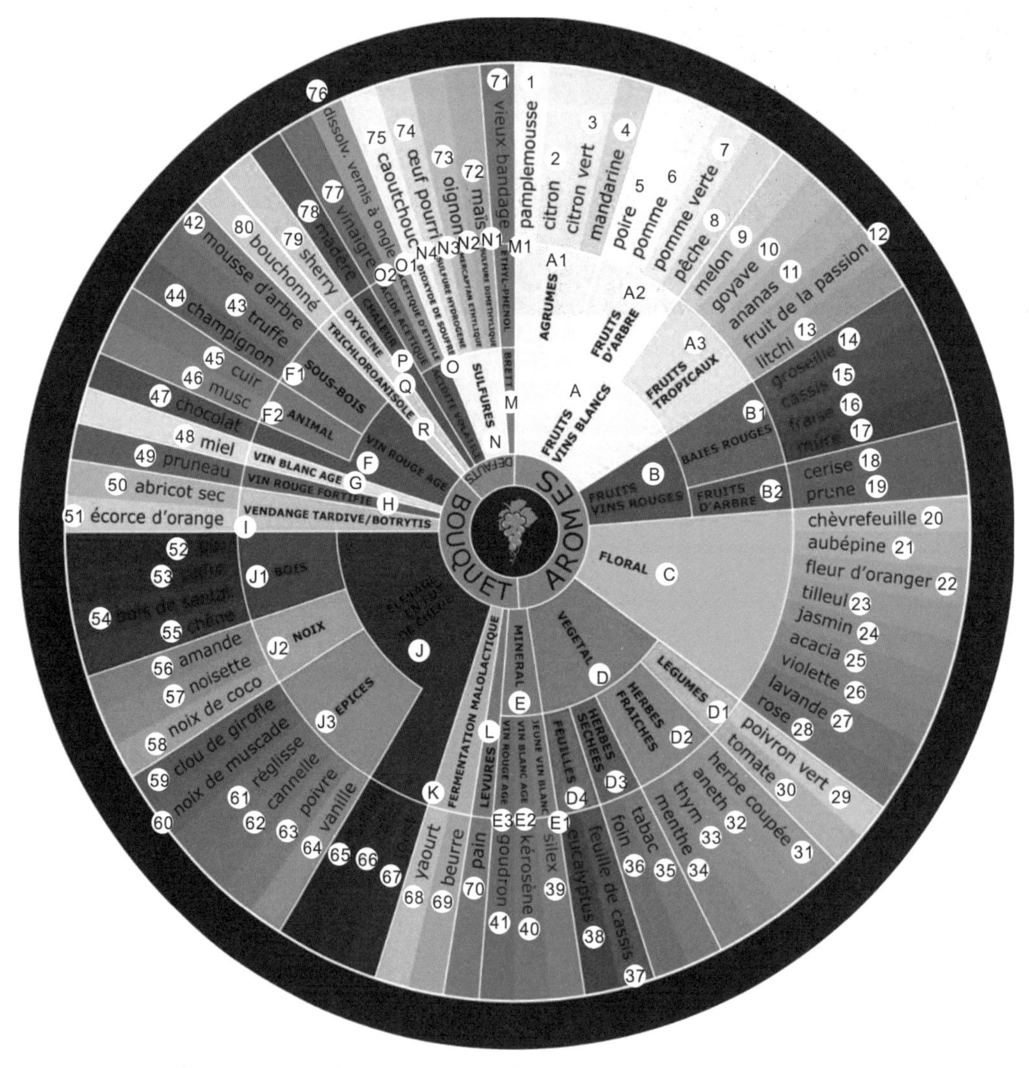

La roue des arômes d'après les travaux d'Ann NOBLE Université de Davis (USA) étude 1990-2002

- **居于第三位的香气或发酵后产生的香气**是指酒精发酵后、培养葡萄酒过程中，所产生的酿造香气。这是复杂程序所产生的结果（包括氧化控制、装酒入木桶、像某些新世界国家那样将橡木片泡在酒中等）。也有在瓶装葡萄酒陈酿过程中改变产生的香气，比如蜂蜜、蜂蜡、糖渍水果的香气。但也有收缩的香气：如湿木丛、野味等。

现在，通过使用非常先进的物理分析手段，所有这些葡萄酒中的香气都可以得到确切的识别：气相色谱（发明于 20 世纪 50 至 60 年代）。这项技术帮人类制订了所谓的嗅电图。50 年多来，人们已经在葡萄酒中鉴别出 800 多种挥发性化合物，其中有 100 至 200 种是人类容易感知到的，其浓度为 300 毫克至 10（至 12）克 / 升。尽管我们的嗅球带有某种主观性，却往往比机器更敏感。机器并不总能检测到所有的香气。

为简化对香气的理解，美国加利福尼亚大学戴维斯分校的诺贝尔女士，根据她 1990—2002 年的研究成果，绘制了下面的香气类型图：

I. 香气	A 水果香气白葡萄酒	A1 柑橘类	1 柚子　2 黄柠檬　3 青柠　4 橘子
		A2 树果	5 梨　6 苹果　7 青苹果　8 桃子
		A3 热带水果	9 香瓜　10 番石榴　11 菠萝　12 西番莲果实　13 荔枝
	B 水果香气红葡萄酒	B1 红色浆果	14 醋栗　15 黑加仑　16 草莓　17 桑椹
		B2 树果	18 樱桃　19 李子
	C 花卉香气		20 金银花　21 山楂花　22 橘子花　23 椴花　24 茉莉花
			25 金合欢　26 紫罗兰　27 薰衣草　28 玫瑰
	D 植物香气	D1 蔬菜	29 青椒　30 西红柿
		D2 新鲜草本	31 青草　32 小茴香　33 百里香　34 薄荷
		D3 干草本	35 烟草　36 干草
		D4 叶片	37 黑加仑叶　38 桉树叶
	E 矿物香气	E1 年轻期白葡萄酒	39 打火石
		E2 成年白葡萄酒	40 煤油
		E3 成年红葡萄酒	41 沥青
II 芳香族	F 成年红葡萄酒	F1 灌木丛	42 树苔藓　43 松露　44 蘑菇
		F2 动物	45 皮革　46 麝香
			47 巧克力
	G 成年白葡萄酒		48 蜂蜜
	H 强化型红葡萄酒		49 李脯
	I 晚期采摘 / 葡萄孢		50 杏子干　51 橙子皮
	J 橡木桶培养	J1 树木	52 松树　53 雪松　54 檀香木　55 橡树
		J2 坚果	56 杏仁　57 榛子　58 椰子
		J3 香料	59 丁香　60 肉豆蔻　61 甘草　62 桂皮　63 胡椒　64 香草
			65 烟熏　66 咖啡　67 烤面包片
	K 乳酸发酵		68 酸奶　69 黄油
	L 发酵粉		70 面包
III 缺陷	M 酒香酵母	M1 乙基苯酚	71 旧轮胎
	N 硫化物	N1 二甲硫	72 玉米
		N2 乙硫醇	73 洋葱
		N3 硫化氢	74 烂鸡蛋
		N4 二氧化硫	75 橡胶
	O 挥发性酸	O1 醋酸乙酯	76 卸甲油
		O2 醋酸	77 醋
	P 热度		78 马德拉酒
	Q 氧气		79 雪利酒
	R 三氯苯甲醇		80 软木塞味

4.3.5 L'évolution du vin

L'évolution du vin est le dernier jugement à apporter pour une bonne lisibilité du produit pour déterminer son temps de garde. On jugera, s'il est resté jeune avec beaucoup de fraicheur, s'il est en cours d'évolution et donc un peu fermé, évolué, voire même fatigué car trop vieux.

4.4 le goût du vin

On peut définir le goût par un ensemble de 3 éléments perçus dans la cavité buccale :

- les saveurs (sur les papilles gustatives)
- les arômes (par l'olfaction rétro-nasale)
- les sensations trigéminales (par la sensibilité chimique du nerf trijumeau)

4.4.1 L'organe principal du goût

Les organes de la gustation sont présents dans les régions buccales (palais et voile du palais, face interne des joues et langue) et pharyngées (pharynx avec ses 3 parties). La salive assure le transport des molécules sapides jusqu'aux récepteurs. Ceux-ci sont groupés dans des formations compactes appelées « bourgeons du goût » en forme de bulbe d'oignon. L'homme possède un demi-million de récepteurs à raison de 30 à 80 par bourgeon. Les « bourgeons linguaux » sont situés dans des formations appelées papilles.

4.4.2 Les saveurs et sensations gustatives

L'organe du goût nous renseigne sur les 5 grandes familles de perceptions :

- **les 5 saveurs élémentaires** (sucré, salé, acide, amer et umami) et leurs combinaisons entre elles, On apprend depuis très longtemps que chaque être humain perçoit 4 saveurs élémentaires : le salé, sucré, acide, et amer. A la suite d'une meilleure connaissance des pays asiatiques et plus particulièrement de leurs cuisines, une cinquième saveur est venue complétée les premiers écrits : l'umami. Cette dernière saveur qui signifie « goûteux, savoureux ou délicieux » en japonais est liée au glutamate de sodium très présent en Asie. Plus communément, elle correspond au goût du bouillon de poule non salé. Le L- glutamate de sodium est le composé de référence pour cette saveur, mais on la retrouve dans de nombreux aliments du quotidien : surtout en quantité notable dans le parmesan et les champignons, mais également la tomate bien mûre, les crevettes, les algues, le jambon fumé, les oignons et les petits pois.

Pendant de nombreuses années et encore dans certaines écoles, il est enseigné une cartographie des saveurs imaginée au XIXe siècle par Adolf Fick un physiologiste allemand. Il a expliqué que les quatre saveurs fondamentales sont liées à quatre types de papilles gustatives et quatre localisations précises sur la langue. Mais cette hypothèse présentée dans le schéma de la langue est erronée, et cela a été démontré en 1980, par une neurobiologiste, Annick Faurion. Il y a bien quatre types de papilles gustatives, mais ce ne sont pas elles qui transmettent les saveurs, mais les bourgeons gustatifs, qui sont présents dans trois de ces quatre types de papilles.

Mais au XXIe siècle, la théorie des 5 saveurs est jugée simpliste et réductrice. Les progrès de la science médicale (IRM fonctionnelle, neurophysiologie...) ont permis à

4.3.5 葡萄酒的变化

葡萄酒的变化能帮助我们正确理解葡萄酒并确定其保存时间。如果酒非常新鲜，我们会说它还比较年轻，如果酒在变化中，可能会显得封闭，所以还有待于成熟，我们甚至可以说酒累了，因为某款酒太老了。

4.4 葡萄酒的味觉鉴赏

我们可以通过在口腔中感知到的 3 种元素来定义味觉：

- 滋味（在味蕾上）
- 香气（通过鼻后嗅觉）
- 三叉神经感觉（通过三叉神经的化学敏感性）

4.4.1 味觉的主要器官

味觉器官存在于口腔（上颚和软颚，内颊和舌头）和咽部（咽部的三部分）。唾液将味道分子转运到受体。这些洋葱鳞茎形状的受体组成紧凑的结构，称为“味蕾”。人类有 500 万个受体，每个味蕾包含 30 至 80 个受体。“舌蕾”位于舌乳头群中。

4.4.2 滋味和味觉

味觉器官给我们提供五大类型的感知：

- **五种基本味道（甜、咸、酸、苦和鲜）和它们的组合交叉味道。**很久以来大家都知道，每个人都能感知四种基本味道：咸、甜、酸和苦。在对亚洲国家、尤其是对其美食有了更深入的了解之后，又增加了第五种味道：鲜味。这最后一种味道在日语中表述为“好吃、美味、可口”，这个字与在亚洲非常流行的谷氨酸钠有关。鲜味就是我们在没放盐的鸡汤中感受的那个滋味。 L一谷氨酸钠是这种风味的基准化合物，在许多日常食品中都可以找到，比如：意大利著名的帕尔马干酪，所有的蘑菇中都有这种味道，我们在成熟的西红柿、虾、海带、 熏火腿、洋葱和豌豆中也能感受到这种鲜味。

多年以来，包括在今天的一些学校里，还在传授一幅由德国生理学家菲克先生在 19 世纪想象出来的味道图。他解释说，四种基本味道与舌头上的四种味觉乳头状突起以及四个特定位置相关。但是他假设的这幅舌头图其实是错误的。法国神经生物学家佛利昂女士经过长期的实验，于 1980 年证明了四种类型的味觉乳头的存在，但并不是它们在传递味道，而是位于其中三种味觉乳头状突起中的三种味蕾在传递味道。

但到了 21 世纪，五种口味的理论被认为过于简单化而且缩小了实际存在的口味的范围。医学科学（功能性磁共振成像技术、神经生理学等）的进步使许多科学家（马克雷奥德、布罗谢、波特曼等）更好地理解了味觉的神经生理学“反应”。他们确认了，由数百个味蕾组成的舌乳头能够感知到各种不同的味道，每个舌头并

de nombreux scientifiques (Mac Léod, Brochet, Portmann...) de mieux comprendre les « réactions » neurophysiologiques du goût. Ils ont ainsi confirmé, que chaque papilles gustatives constituées de plusieurs centaines de bourgeons du goût, percevaient l'ensemble des saveurs sans réelle spécificité. De plus il serait réducteur de ne considérer que 5 saveurs mais que de nombreuses molécules pourraient être assimilées à une saveur élémentaire... soit plusieurs centaines. Mais pourquoi n'y en aurait-il pas une sixième ?

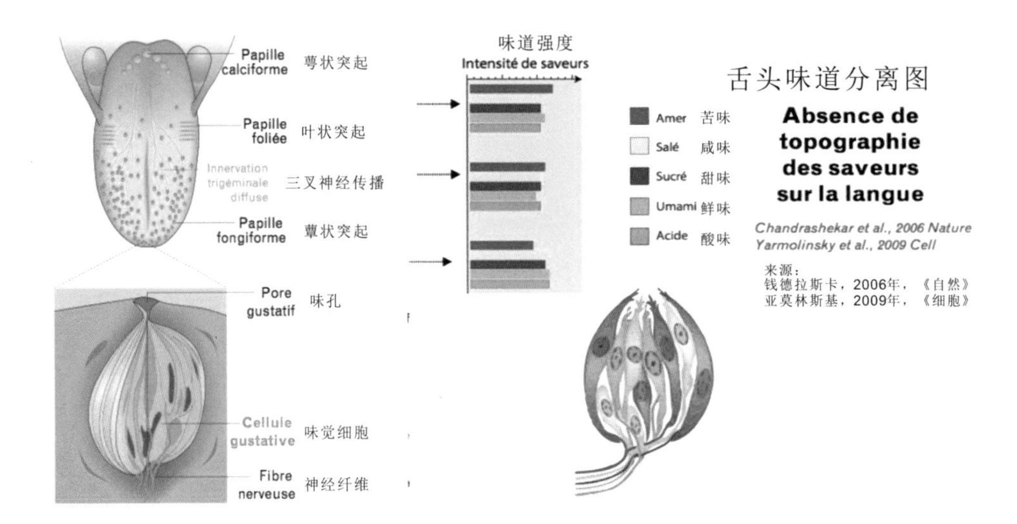

En 2015, les chercheurs de l'université de Purdue aux USA (Indiana), proposent « oleogustus » comme terme pour se référer à la sensation. « oleo » est la racine latine pour l'huile ou le gras et « gustus » fait référence au goût. (Cordelia A. 2015)... C'est bien « le gras qui donne du goût aux aliments » selon un vieux dicton populaire français.

Philippe Besnard, directeur du laboratoire Inserm de physiologie de la nutrition à Dijon annonce une sixième saveur. Son équipe montre qu'il existe au niveau des papilles gustatives, des récepteurs aux lipides capables de contrôler la prise alimentaire chez les animaux. (Thèse de Déborah Ancel 2017)

- **Les sensations chimiques** sont apportées par des molécules différentes de 5 citées précédemment. Cela peut être un ion métallique qui donne une sensation de goût métallique, le SO2 qui va irriter le palais et le bulbe olfactif, les tanins qui donnent une sensation d'astringence. Pour évaluer l'astringence, on réalise des solutions d'acide tannique de 0.5 à 1.25 g/l.
- **Les sensations tactiles se** rapprochent du toucher. On note les impressions de consistance, d'onctuosité, de fluidité, de volume ou au contraire de droiture d'un vin... Les scientifiques estiment que 20% du toucher se situe dans l'appareil buccal. Les tanins peuvent être fins ou grossiers, rugueux ou soyeux, granuleux ou satinés. On compare inconsciemment cette impression gustative à la texture, le grain ou la trame d'un tissu ou d'un matériau (bois, métal, papier...).
- **Les sensations thermiques** sont très liées à la température du service du vin, mais pas uniquement certaines molécules comme l'alcool peuvent apporter des impressions de chaleur.
- **Les sensations algiques** apportent une notion de douleur et d'agressivité excessive, L'ensemble de ces 5 sensations sont perçues avec des fluctuations plus ou moins importantes selon la température de service du vin, selon son élaboration, son élevage, son âge...

没有识别某种味道的特异功能。人类仅具备五种口味的理论过于简单了，在实际生活中，许多分子，可以有数百种之多，来构成一种基本的味道。人们便提出了“为什么不能有第六种味道”这个问题。

2015年，美国（印第安纳州）普渡大学的研究人员，提出“脂肪味（oleogustus）”这一术语来指代这种味觉。“oleo”来自于拉丁语，指油脂或脂肪，“gustus”指味道（歌德利亚 A.，2015 年）。根据法国的一句古老的俗语说法，“脂肪能给食物增添味道”。

法国第戎市国家健康与医学研究所营养生理实验室的菲利普 · 贝纳所长宣布了第六种味道的观点。他的研究团队发现在动物的舌乳头中有能够控制食物摄入的脂质受体。（德博拉 · 安塞尔 2017 年的论文）

- 由与上述5种分子不同的成分带来的**化学感觉**。比如，金属离子可以带来金属味，二氧化硫会刺激味觉和嗅球。单宁可以带来涩味，可使用 0.5 至 1.25 克 / 升的单宁酸溶液来测量涩味的强度。
- **触感**类似于触觉，我们注意到葡萄酒能够带给人稠度、滑腻感、流动性、体积感或相反的贯穿性等印象。科学界估计 20% 的触觉位于口腔器官中。对单宁的触感可以是细腻或粗糙的、坑洼或丝滑的、呈细小颗粒状或光滑如缎。我们会下意识地将这种口感印象与织物或材料（木材、金属、纸张等）的质地、纹理或纹路进行比较。

Photo de textures perceptibles en bouche: granuleux du bois et velouté du velours
口中可感知的纹理：木材和天鹅绒的颗粒感

- **热感**与饮用葡萄酒时的温度密切相关，但绝不是唯一的条件。某些类似酒精的分子也能带来热感。
- **疼痛感**指疼痛和受到过度刺激时的感觉。根据饮用葡萄酒时的温度、葡萄酒的生产、培养、陈年时间的不同，这五种感觉都会或多或少地发生变化。

4.4.3 Rappels sur la Chronologie complète de la perception gustative

1. Afin de bien percevoir la structure du produit, le dégustateur doit prendre en bouche un volume de vin suffisant (10 à 15 ml), sinon la salive le dilue. A cet instant, il faut « imprimer » dans son cerveau, la « mâche » du vin, puis confirmer sa richesse ou ampleur gustative. Pour simplifier et imager notre approche, les questions que l'on peut se poser sont les suivantes :

- La sensation est-elle proche de celle donnée par l'eau (le vin sera caractérisé comme aqueux) ou d'un yaourt et d'une huile d'olive (le vin sera plein ou gras) ?

- la seconde démarche est de remplacer le vin par un être humain... Et alors quelle silhouette possède-t-il ? Est-il squelettique et maigre, bien portant et parfaitement équilibré aux rondeurs contenues ou charnu, fort et obèse ? On pourra utiliser le même vocabulaire pour le vin.

2. Le vin sur le palais doit être mâché, comme tout autre aliment. Pendant 15 à 20 secondes, il va tourner dans la bouche et «tapisser» toutes les papilles gustatives. Ce premier contact avec le liquide donnera des impressions réflexes quasi instinctives. Le vin apparaîtra agréable, ordinaire ou franchement déplaisant. Il s'agit là de remarques hédonistes. Dans un deuxième temps, un léger flux d'air aspiré permettra d'entraîner jusqu'au bulbe olfactif l'ensemble de la palette aromatique et ainsi confirmer ou infirmer l'odeur du vin. Si vous êtes enrhumé, votre odorat, inexistant, sera compensé par le goût alors exacerbé.

3. Après cette longue analyse, le liquide est recraché d'une façon élégante. Pincez les lèvres en faisant la moue puis expulsez fermement avec conviction pour que le jet soit puissant... et sans trop de salive pour ne « pas baver ». Le plus simple est de s'entraîner avec de l'eau avant de réaliser un long périple dans le vignoble.

4. Le produit expulsé, vous jugez la longueur aromatique et gustative du vin. Cette persistance correspond à l'ensemble des sensations rémanentes, semblables à celles qui avaient été perçues lorsque le produit était dans la bouche et qui y restent localisées après l'expulsion ou l'ingestion. Cela permet également de juger le potentiel qualitatif et son avenir. La durée de perception est quantifiée en secondes et appelée caudalie. Plus celle-ci est importante... meilleur est le vin. En soufflant par le nez, juste après expulsion du vin, vous pourrez également faire remonter toutes les molécules aromatiques qui tapissent votre palais et ainsi les reconnaître et les valoriser.

5. L'arrière-goût est également perçu après l'absorption du produit. Cette sensation diffère de celles perçues préalablement. Celui-ci peut être franc, déplaisant, inexistant... A ce stade on perçoit généralement les défauts tels que la piqûre acétique ou acescence, le goût de bouchon, l'amertume et surtout le 《 goût de souris 》, impression d'urine de souris, odeur d'animalerie...

4.4.4 L'attaque en bouche

L'attaque en bouche correspond au premier contact, impression 《 quasi 》 - réflexes lorsque le vin est mis en bouche. C'est à ce moment que l'on juge de la structure générale du vin. La charpente selon un vocabulaire gradient, est fluette ou filiforme, légère, étoffée, dense ou pleine, charnue ou opulente.

Photo d'une charpente de grange comme la charpente d'un vin
懂行的人会把葡萄酒强劲的口感与照片中强壮的木制房柱媲美

4.4.3 完整的味觉体验顺序小结

1. 为了能充分体会到葡萄酒的结构，品尝者必须在口中摄取足够量的葡萄酒（10 至 15 毫升），否则唾液会稀释葡萄酒液。此刻，必须在大脑中“打下”葡萄酒的“嚼劲”的烙印，然后确认其口感的丰富或饱满程度。为了能简单、形象地描述葡萄酒的味觉，我们可以设法回答下述问题：

口感接近于水（这样的葡萄酒将被定为水性）还是酸奶或橄榄油（这样的葡萄酒是饱满的或肥腻的）？

第二步是用人体来比喻葡萄酒。葡萄酒的身影是怎样的呢？是瘦骨嶙峋、瘦弱、健康、身材适中还是丰满、强壮或肥胖呢？ 我们可以用描述人体的这些词来形容葡萄酒。

2. 与品尝其他食物一样，我们也要咀嚼葡萄酒。在15到20秒钟内，它将在嘴中流转并“覆盖”所有的舌乳头。这时口腔与液体的第一次接触便产生了本能的反应。葡萄酒可能会产生令人愉悦、普通甚至厌烦的不同感觉。这些是享乐主义的观点。品酒的第二步是吸入少量的气流，将全部的气味色彩带到嗅球，以便确认葡萄酒口感的好坏。人在感冒时会失去嗅觉，但是通过品尝，口感可以弥补嗅觉的欠缺。

3. 在经过这个长时间的口感分析之后，我们便可优雅地吐出嘴里的液体。收紧嘴唇撅着嘴，果断喷射出葡萄酒，而不带出过多的唾液，以免“流口水”。如果要去多家葡萄园品酒，最好之前先用水训练一下吐酒。

4. 吐出酒液后，就可以判断葡萄酒的香气和味道的持久性了。这种持久性包括所有残留的感觉，类似于酒液在口中的感觉，好像酒被吐出或者吞咽后余味仍留在口中。这可以帮助我们判断葡萄酒的质量潜力及其未来。感知的持续时间以秒计算，称为“欧缇丽”。酒的持久性越强，酒质就越高。在酒被吐出之后，用鼻子呼气，可以让香气分子上升并覆盖嗅觉器官，来识别并强化对酒的记忆。

5. 葡萄酒被吞咽后会产生余味。这个感觉与之前的不同，余味可能会被明显地感到、也可能令人不快、或根本不存在。余味通常是一些缺点，比如醋酸或正在变酸的刺激、木塞的味道、苦味甚至是“老鼠尿骚的味道”。

4.4.4 入口感

入口感是指酒和嘴的第一次接触，第一印象，这是酒进入口中的第一生理反应。此时我们对葡萄酒的总体结构进行判断。根据术语渐变词汇表，其框架可以是瘦弱的、纤细的、轻的、充实的、浓厚的、饱满的、丰满的、肥硕的。

4.4.5 L'équilibre du vin entre ses composantes

On recherche les différents éléments de base du goût pour le vin (acidité, moelleux ou impression de douceur, l'alcool et les tanins) et on détermine s'ils sont dans d'harmonieuses proportions pour donner un équilibre au vin. Plus l'éthanol, les sucres et les polysaccharides augmentent dans le vin, plus cela va augmenter son impression de volume et de sucre, et il va devenir épais, lourd voire gras. A l'inverse, si les tanins et l'acidité augmentent, le vin prend de l'astringence de l'amertume et de l'acidité, et il devient dur ce que certains dégustateurs ou consommateurs considèrent comme "vert".

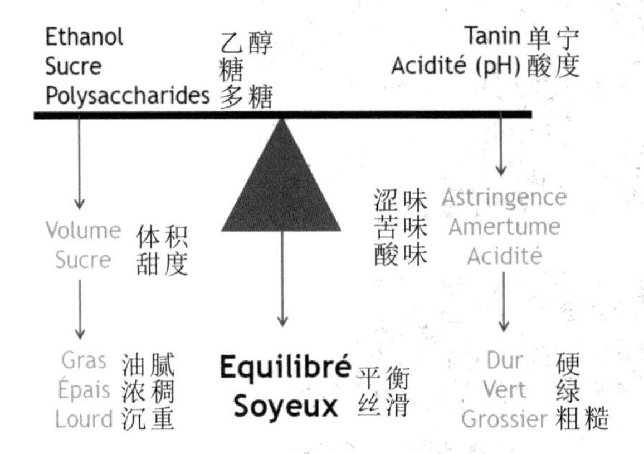

Focus sur l'astringence

Cette sensation n'est pas toujours facile à décrire ou à imager. L'astringence est une sensation tactile (Breslin P. et al. 1993) décrite comme asséchante et rugueuse dans la cavité orale. Cette sensation n'est pas confinée à un endroit particulier de la bouche et de la langue mais est perçue comme un stimulus diffus qui met du temps à se développer pleinement. L'astringence dépend notamment de la concentration en tanins, mais aussi de leur structure.

Même si de nombreux mécanismes restent encore à élucider, les travaux d'Aude Vernhet de Sup agro de Montpellier (2016) mettent en exergue trois phénomènes qui expliquent l'astringence :

- Les protéines riches en proline de la salive vont former avec les tanins des complexes solubles, phénomène favorisé lorsque le degré de polymérisation des tanins est élevé (Kielhorn et Thorngate, 1999). Cela se traduit par une précipitation, d'ailleurs mise en évidence par des agrégats lorsque l'on recrache le vin.
- L'interaction entre les mucines et les tanins n'entraine pas de précipitation mais aurait un impact sur le caractère lubrifiant de la salive avec une diminution de sa viscosité et une augmentation de la sensation de sécheresse.
- les tanins se fixeraient directement sur les cellules de l'épithélium buccal, ce qui contribuerait à cette sensation de rétrécissement ou de plissement, et donc, à la sensation d'astringence, et fait apparaître une âpreté. Cette aptitude est utilisée en tannerie pour transformer la peau fraîche en cuir (peu perméable et imputrescible). Plus la concentration en tanins est élevée plus l'impression astringente se renforce.

Quels sont les aliments astringents ?

Vous percevrez cette sensation rugueuse sur le palais, lorsque vous mâchez une peau

4.4.5 葡萄酒不同成分之间的平衡

我们找寻构成葡萄酒味道的不同基本元素（酸、醇或甘甜、酒精、单宁），并确定它们的比例是否适中以达到葡萄酒自身的平衡。葡萄酒中乙醇、糖和多糖的含量越高，葡萄酒的厚度及甜度就越明显，葡萄酒会给我们留下浓稠、沉重甚至油腻的感觉。相反，如果葡萄酒中的单宁和酸度增加，葡萄酒就会有涩味和酸味，某些品尝者或消费者觉得这样的酒很硬，称之为“绿”葡萄酒。

葡萄酒的涩味

这一感觉通常不易描述或形象表达。涩味是一种触觉（P. 布雷斯林，al. 布雷斯林，1993），被描述为口腔干燥和粗糙。这种感觉并不仅限于口腔和舌头的特定位置，而被认为是一种弥漫性的刺激，需要一段时间才能完全发散。涩味尤其取决于单宁的浓度和结构。

关于涩味，仍有许多机制需要深入研究阐明。不过法国蒙彼利埃市国立高等农学院的奥德 · 维尔耐女士在其著作中（2016 年）用三种现象来阐述、解释涩味：

- 唾液中富含脯氨酸的蛋白质将与单宁形成可溶性复合物，单宁的聚合作用较高时更有利于这些复合物形成（基尔霍恩和托恩哥特，1999 年）。这种反应过程表现为沉淀，特别是吐出葡萄酒时出现的聚集现象。
- 粘蛋白与单宁之间的相互作用不会引起沉淀，但会影响唾液的润滑性，使其黏度降低，口中的干燥感会增强。
- 单宁会直接附着在口腔上皮细胞上，这也会导致收缩或起皱的感觉，从而产生涩味，并引起粗糙感。制革行业就是使用此功能将新鲜的皮材转变为皮革（低渗透性和防腐性）。单宁浓度越高，涩感就越强。

哪些食物带有涩味呢?

在咀嚼葡萄皮，吮吸葡萄梗，或咬到葡萄籽时，您会在口中感受到这种粗糙的感觉。您可以通过以上三种练习区分单宁的优劣，所有未成熟的水果都会有很浓的

Aliments astringents (Photo P. Joly)
带有涩味的食物（乔力摄影）

ÉQUILIBRE DES VINS BLANCS PAR J.-M. MONNIER

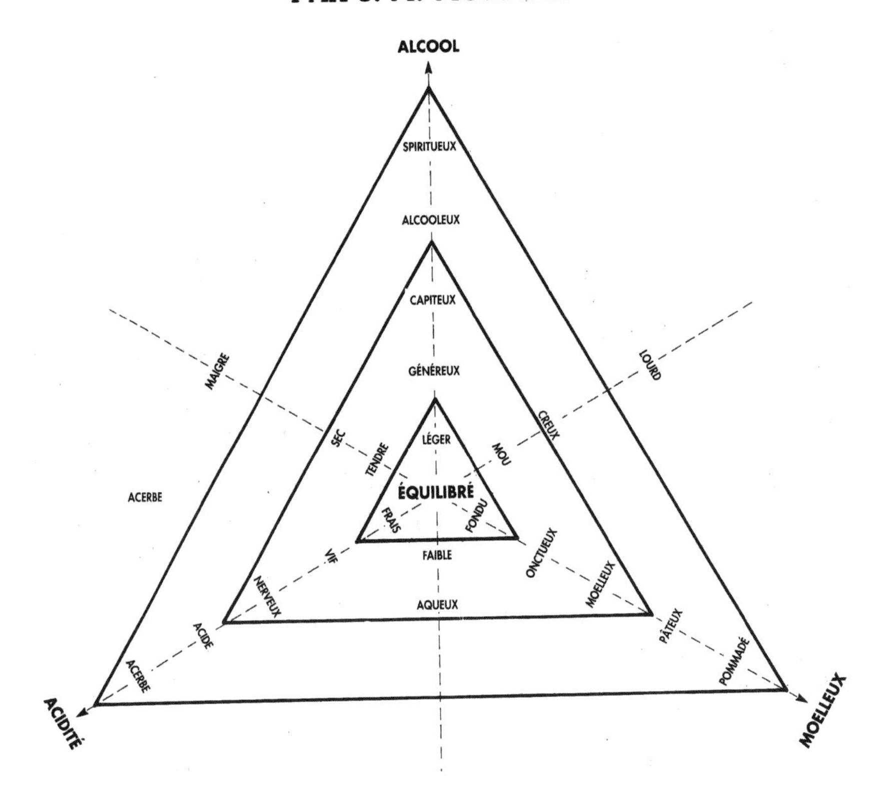

ÉQUILIBRE D'UN VIN ROUGE PAR A. VEDEL

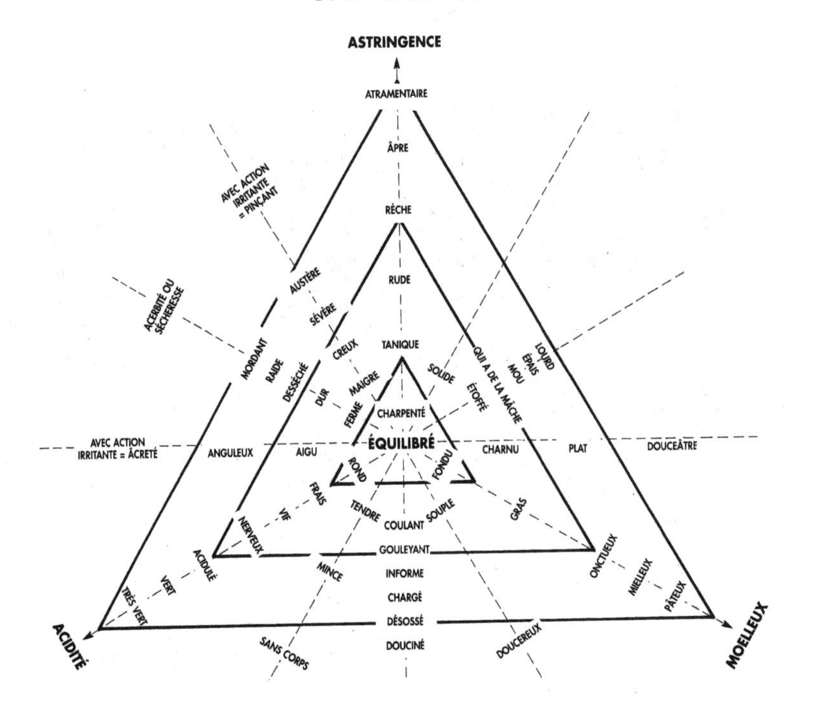

白葡萄酒的平衡
让-米歇尔·莫尼埃提出

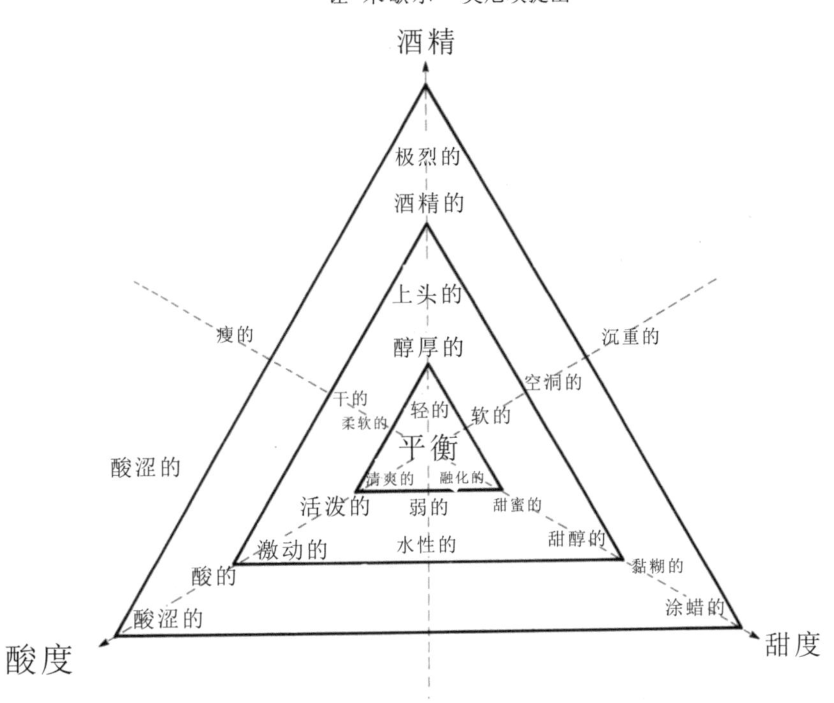

红葡萄酒的平衡
维戴尔提出

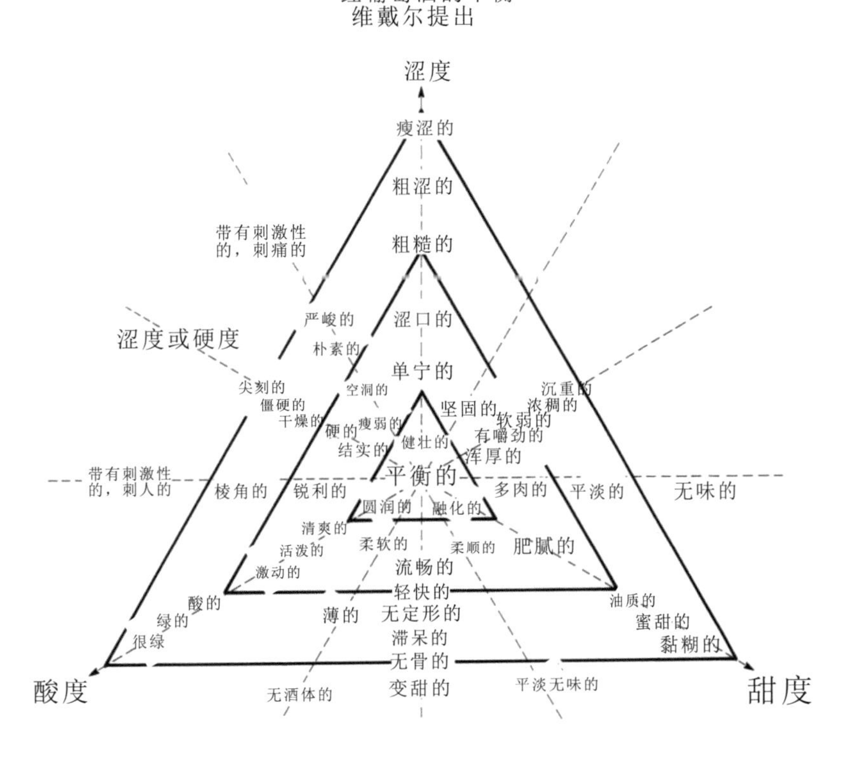

de raisin, sucez un morceau de rafle ou croquez les pépins. Vous pouvez vous entraîner sur ces trois éléments pour reconnaître les bons des mauvais tanins. Tous les fruits n'ayant pas atteint le stade ultime de maturité, possèdent cette astringence élevée... qui est toujours associée et souvent confondue avec la verdeur de l'acidité mordante. La banane verte peu acide est très astringente, granuleuse et collante au palais. Le thé, le café (surtout le marc) et de nombreuses tisanes possèdent cette aptitude, facilement reconnaissable lorsqu'ils sont très concentrés.

L'impression tannique peut être différente, les tanins ronds, enveloppés, secs, asséchants, granuleux, râpeux, rugueux...

Focus sur la minéralité d'un vin

Existe-t-il réellement une minéralité dans un vin, certains dégustateurs en sont persuadés, en expliquant qu'il s'agit de la signature du sol, d'autres fustigent un aspect marketing quelque peu tendancieux. Pour moi, la minéralité d'un vin peut s'exprimer de 2 façons :

En Nez et rétro-olfaction avec des arômes attribués aux minéraux. On imagine parfaitement dans certains vins, des notes olfactives apportées par les ressources du sol et les impacts de celui-ci sur la maturité du raisin. On peut, dans la Loire, évoquer : le schiste qui apporte des notes de pierre chaude mouillée, le calcaire une note de cave humide, le silex des arômes très nets de pierre à fusil ou de pierres de silex frottées...

En bouche, sur les textures, la minéralité est liée également à des sensations purement gustatives (sapides). Elle peut être liée à 2 facteurs :

- L'acidité : la minéralité est souvent corrélée à l'acidité du vin. Ainsi, de la fraîcheur dans le vin amplifie la sensation de minéralité perçue.
- La salinité, c'est-à-dire sa richesse en sels minéraux. Par ailleurs, la salinité du vin serait perçue non seulement par le récepteur du salé qui détecte l'ion sodium; celui du sel de cuisine, mais aussi par des récepteurs au calcium et au magnésium. Ainsi, lorsqu'elle est ressentie en attaque, la salinité est le marqueur de la présence de sodium, alors qu'en finale, elle reflète potentiellement la présence de calcium ou de magnésium ou éventuellement de composés «umami» (Lepousez G.).

C'est pour cette dernière raison que des professionnels du vin préfèrent parler de salinité que de minéralité.

4.4.6 Confirmation d'une continuité aromatique

Comme cela est bien expliqué au début de ce chapitre, les impressions sur le palais sont bien la combinaison de 3 phénomènes : la perception des saveurs et des sensations trigéminales, mais aussi des arômes par voie ortho nasale. Il est donc important de décrire l'ensemble des composés aromatiques dont certains vont renforcer les saveurs ou les diverses sensations : Un arôme de citron accentue la saveur acide, la menthe accroit la notion de fraicheur... On juge bien à ce stade de la présence ou non d'une continuité aromatique avec l'odorat.

4.4.7 La persistance

La persistance est l'ensemble des sensations rémanentes, semblables ou très voisines, de celles qui avaient été perçues lorsque le produit était dans la bouche et qui y restent localisées après l'expulsion ou l'ingestion. Cela permet également de juger le potentiel qualitatif et son avenir(voir schéma p217).

涩味。人们经常将涩味与水果未熟时的强烈的酸涩感联系或混淆在一起。青香蕉很涩，但低酸，吃起来有颗粒感且会黏附在上腭上。茶、咖啡（尤其是咖啡渣）和许多植物药茶都很涩，尤其是当浓度很高时，涩味就很明显了。

单宁带给人的涩感可能有所不同，有时是圆润的、不太明显、比较干燥、干涸的、呈小颗粒状、有刮舌、粗糙的感觉等。

葡萄酒的矿物性

关于葡萄酒是否真有矿物性，一些品酒者坚信，葡萄酒矿的物性是产酒区土壤的标志，另一些人则责备说这是市场营销方面的故弄玄虚。本书作者认为，葡萄酒中是否有矿物性，可以通过下面的两种方式进行说明：

通过嗅觉与后嗅觉感到的矿物质的香气。人们完全可以想象到在某些葡萄酒中，可以通过嗅觉来感受到土壤资源及其对葡萄成熟的影响。比如在卢瓦尔河地区，我们就会想起片岩给酒带来的石头湿热的气息，石灰石带来的潮湿酒窖气味，在某些酒中，可以嗅到打火石摩擦时表现出的清晰燧石气味。

口腔能感受到葡萄酒的结构吗？矿物性会与纯粹的味觉有关（矿物性是有味道的），它与以下两个要素有关：

- 酸味：矿物质通常与葡萄酒的酸度相关。因此，葡萄酒的新鲜度可以增强矿物质感。
- 咸度，即它所含的矿物质盐。此外，不仅可以通过检测钠离子（即食盐）的盐受体来感知葡萄酒的盐度，还可以通过检测钙镁受体来感知葡萄酒的咸度。因此，当第一口品尝出葡萄酒的咸味时，意味着其中含有钠，但最终它可能反映的却是钙或镁，也可能是“鲜味”化合物的存在。（G. 乐布斯）

正因如此，某些葡萄酒专业人士更倾向采用葡萄酒的咸度这一说法来取代葡萄酒的矿物性。

4.4.6 葡萄酒芳香连续性的确认

我们在本章开始时，已经详细地解释过，味觉印象实际上是味道的感知、三叉神经感觉和通过鼻腔嗅到香气，这三种表现的组合。因此，在味觉鉴赏阶段，有必要描述所有芳香族的化合物，其中一些会增强风味或其它多种感觉，比如柠檬香气会增强酸味，薄荷则会增加清新感。在此阶段，我们可以通过嗅觉判断是否具有芳香连续性。

4.4.7 持久性

持久性是指残留的所有感觉，类似或接近于葡萄酒在口腔中的感觉，并且在吐出或吞咽后留在口中的感觉。持久性能帮助我们判断葡萄酒的品质潜力及其未来。

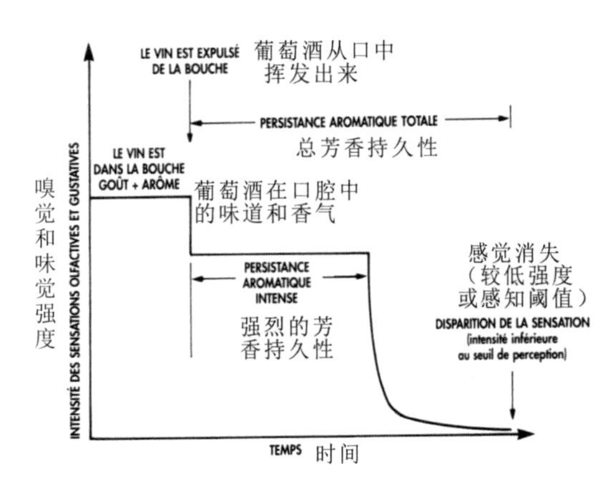

4.5 la fiche de dégustation... un repère de JM Monnier

Fiche de dégustation des vins — JM Monnier Oenologue

No du vin : millésime : AOP : Propriétaire : cuvée :

Aspect visuel de la robe					
Couleur	blanc	rosé	rouge	tranquille	fines bulles
Intensité colorante	très faible	claire	moyenne	intense	T.intense
Nuance de couleur	blanc	jaune vert	serin	or	ambré
	rosé	rose violine	saumon	orangée	cuivré
	rouge	violine	rubis	grenat	tuilé
Limpidité	laiteuse	trouble	limpide		brillante
	nature du dépôt :				
Viscosité / Larmes	peu	nombreuses /	fines	épaisses	
Bulles	absence	fines	moyennes	grossières	
L' olfaction : le nez du vin					
Première impression	net	leger doute	pas net		
Intensité aromatique	faible	légère	moyenne	dense	puissante
description aromatique	(fleurs, fruits, épices, herbes, animal, empyreumatique, chimique, lactique)				
évolution	jeune (frais)	en cours d'évolution (fermé)		évolué	fatigué (passé)
Conclusion / évaluation de la qualité					
Niveau de qualité	défectueux	médiocre	acceptable	bon	excellent
Potentiel de garde	trop jeune	parfait		gagnerait	trop vieux
	pour boire maintenant			à vieillir	décharné

Le Palais : le goût du vin					
Matière / Charpente	fluette	légère	étoffée	dense	charnue
Dominante gustative	acidité	velouté	alcool		tannins
Douceur	sec	rond	tendre	moelleux	liquoreux
Acidité	absente	faible	moyenne -	moyenne +	mordante
Tanins	absents	légers	denses	secs	astringents
Alcool	faible (vin aqueux)	moyen (vin équilibré)		fort (vin alcooleux)	
Impression aromatique	faible	légère	moyenne	dense	puissante
Description aromatique	(fleurs, fruits, épices, herbes, animal, empyreumatique, chimique, lactique)				
Fin de Bouche	courte	moyenne		longue	
Notes :					

4.5 本书作者提供的葡萄酒品鉴参考用表

参考用葡萄酒品鉴表　　JM Monnier 葡萄酒工艺学家

葡萄酒编号：　　年份：　　产区：　　酒庄：　　特酿：

酒裙的视觉特点					
颜色	白色	桃红色	红色	平静	起泡
颜色强度	非常弱	清晰	中等	强	非常强
颜色差异	白色	黄绿色	鹅黄色	金色	琥珀色
	桃红色	玫瑰红色	橙红色	橘黄色	铜色
	红色	紫红色	红宝石色	石榴红色	砖红色
清澈度	乳状的	浑浊的	清澈的		明亮的
	沉淀（物）的性质：				
粘性 / 酒泪	少 / 多		稀疏的 / 密集的		
气泡	无	细的	中等的	粗的	
嗅觉：酒的嗅觉特点					
第一印象	清楚	轻微怀疑	不清楚		
芳香强度	弱的	轻微的	中等	浓的	极浓的
芳香描述	（花，水果，香料，草本植物，动物，焦臭，化学，乳酸）				
变化过程	年轻的（新鲜的）	正在变化中（发酵）		已变化	陈年的（熟化）
总结 / 品质的变化					
品质等级	有瑕疵的	普通的	令人满意的	良好的	极好的
陈化潜力	过于年轻的	完美的		有利的	过老的
	适合立即饮用			适合陈化	衰老消退

味觉：葡萄酒的味道					
物质 / 结构	不足的	清淡的	丰富的	浓的	丰满的
主导味	酸的	圆润的	酒精的		涩的
甜度	干的	饱满的	半干的	甜的	像利口酒一样甜的
酸度	无	微弱的	中下的	中上的	刺激的
干涩感	无	轻微的	强烈的	干燥的	粗糙的
酒精	弱（水质酒）	中等（平衡酒）	强（含酒精的）		
香味	弱的	轻微的	中等的	浓的	极浓的
芳香描述	（花，水果，香料，草本植物，动物，焦臭，化学，乳酸）				
余香	短	中等	长		
备注					

5 Le service, la consommation du vin et les accords mets – vins

5.1 le service des différents vins

Que l'on soit un particulier ou un professionnel, on se pose toujours beaucoup de questions pour ne pas faire de faux pas au moment du service des vins surtout quand les bouteilles sont rares, coûteuses ou quand il s'agit d'un souvenir précieux d'un cadeau offert ou d'un retour de vacances dans une région viticole. Vous trouverez ci-après des recommandations et un rituel à suivre pour le service des différents vins.

Quel verre à vin choisir ?

On ne dira jamais à quel point l'importance des verres est prépondérante dans le service du vin. Le verre va mettre en valeur le vin... plus il sera fin et grand, plus il donnera de la noblesse au vin, au contraire un verre épais, petit écrase sa richesse et le vulgarise. Sa forme, sa taille et même sa matière influent directement sur la perception que l'on va avoir lors de l'olfaction et la mise en bouche. De nombreux verriers proposent aujourd'hui les verres idéaux pour les vins blancs, rouges et de fines bulles, mais certaines marques très haut de gamme comme Baccarat proposent des verres par régions (vin blanc de Bourgogne, vin rouge de Bordeaux, vin blanc d'Alsace...) alors que certains comme George Riedel, dans les années 1990 ont révolutionné l'approche du service en créant des verres par cépage (pinot Noir, cabernet franc, chardonnay, sauvignon...), voici quelques recommandations pour votre choix de verres :

1. **Un verre à pied** pour l'avoir bien en main. C'est par cette jambe qui sépare le corps du verre de son pied que nous allons le tenir et l'agiter pour éviter de chauffer le vin et de salir le calice.
2. **Une forme tulipe** pour la concentration des arômes. Le verre doit être large en bas du calice, resserré en haut comme dans le cas du verre INAO.
3. **Des bords légèrement rétrécis** pour développer et emprisonner le bouquet, lorsque l'on plonge son nez dans le verre.
4. **Un verre blanc,** cristallin, parfaitement transparent, pour mieux apprécier la robe et la texture du vin (évitez surtout des verres de couleur et toute fioriture inutile). Le cristal est évidemment l'idéal pour son éclat, sa finesse et sa pureté offrant une clarté optimale, mais il est fragile et souvent cher.
5. **Le plus fin possible :** le minimum possible entre les lèvres et le vin. Tout est une question de finesse et de résistance du verre, l'idéal étant d'un peu moins d'un millimètre d'épaisseur du verre en général.
6. **Un verre suffisamment vaste.** Un verre d'environ 30 cl semble être l'idéal pour la plupart des vins : une taille plus grande pour les grands crus rouges jusqu'à 35 cl, plus petite pour les vins doux naturels type Porto afin de ne pas trop développer l'alcool.
7. **Un verre se remplit toujours au tiers** pour appliquer au vin, sans risque, le mouvement giratoire. La limite de remplissage se situe au niveau de la partie la plus large du corps,

5 侍酒，葡萄酒的消费及配餐

5.1 不同葡萄酒的不同侍酒传统

无论是葡萄酒专业人士还是业余爱好者，在侍酒的时候，总会提出不少问题。尤其是面对一瓶罕见的、昂贵的，或者极具纪念意义的葡萄酒（珍贵的礼物或从某葡萄酒产区带回的特产）。为避免出错，下面的建议及惯例供大家参考。

什么样的杯子侍酒最理想呢？

在葡萄酒酒具中，酒杯的重要性不言而喻，准确使用酒杯能充分展现葡萄酒的价值。器型适当、做工精细的酒杯会增添葡萄酒的高贵感。相反，型小、质厚的酒杯则会减弱葡萄酒的华贵感，甚至使其变得平庸。酒杯的外形、大小及材质都会直接影响到品酒时的嗅觉和味觉感受。今天，大多数的酒杯生产商均按葡萄酒的类型需要向顾客推荐饮酒特型酒杯。一些高端品牌的酒杯厂家，例如巴卡拉牌，就根据葡萄酒的产区、酒色，推荐了不同的酒杯：有饮用勃艮第白葡萄酒的专用酒杯，也有饮用波尔多红葡萄酒或阿尔萨斯白葡萄酒的特型酒杯。另外还有一些品牌，如里德尔牌，在 1990 年代，就对酒具进行了革新，设计出了适合饮用不同葡萄品种的酒杯：饮用黑皮诺、品丽珠、霞多丽、长相思等不同品种的专用酒杯。下面是本书提供的最基本的酒杯选用建议：

1. **高脚杯：**高脚将杯体和杯座分开，便于手持。通过高脚拿起酒杯、晃动酒杯，可以避免因直接接触而导致的杯体受热或污染。
2. **郁金香花形酒杯：**法国国家原产地命名管理局的标准酒杯。该类型酒杯杯腹较大，向上逐渐收紧，有助于香气的聚集。
3. **酒杯口须轻度缩小：**这种设计有助于聚集并锁住香味，以便品酒者的鼻子在进入酒杯时，更好地嗅到香味。
4. **透明无色酒杯：**这种酒杯外观清亮透明，有助于更好地欣赏到酒裙和结构（要避免使用彩色及带有多余花饰的杯子）。水晶材质晶莹剔透，能赋予酒杯最佳的透光度，是制作酒杯的理想材料。但水晶酒杯易碎、且价格昂贵。
5. **杯质精细：**要尽可能采用最薄的材质，缩小嘴唇与葡萄酒间的触觉距离。要考量材质的精细度及耐力，酒杯的理想厚度是不超过一毫米。
6. **足够大的酒杯：**对于绝大多数的葡萄酒来说，容量在 30 厘升左右的酒杯即可。对于个别列级名庄的红葡萄酒，酒杯的容量可以略大，约 35 厘升；为了避免像葡萄牙波尔图甜葡萄酒等天然甜葡萄酒的酒精挥发，可以选用容量略小的酒杯。
7. **保证杯中总是只装三分之一的酒：**目的在于通过轻摇酒杯来充分地醒酒。倒入酒杯的葡萄酒上限通常在没过酒杯杯体最宽的地方，这样有助于酒水中硫化物的挥

permettant une évaporation maximum et une diffusion des arômes.

8. **Attention au lavage du verre** (après l'usage). Le verre doit être parfaitement propre et totalement inodore pour ne pas modifier les arômes du vin par une note de torchon, de carton, de produit de vaisselle, ou de placard...

À quelle température faut-il servir le vin ?

Il s'agit d'une question que nous allons aborder dans les chapitres suivants mais la température de service d'un vin est fondamentale pour que celui-ci s'exprime au mieux. Trop froid, le vin se referme ne livre aucun arôme, son acidité est exacerbée. Trop chaud, il donne une sensation alcooleuse et brûlante. Même si chaque vin a sa température de service, il vaut mieux le servir plus frais que trop chaud... voici mes conseils de températures en fonction des types de vins :

- les vins liquoreux : 5 à 6°c
- les champagnes : 6 à 8°c
- les vins blancs : entre 6°c (blancs secs acidulés) à 12°c (blancs secs ronds)
- les vins rosés secs ou tendres : 5 à 6°c
- les vins rouges souples et jeunes : 12°c et 15°c
- les vins rouges structurés et puissants : 16°c et 18°c
- les vins doux naturels rouges : 14°c et 16°c

Comment déboucher une bouteille de vin et quel tire-bouchon utiliser ?

Vous devez ouvrir la bouteille de vin à l'aide d'un tire-bouchon adéquat. Dans un premier temps la lame du couteau sommelier (ou limonadier), va vous permettre de faire une incision sous la bague du goulot pour enlever la capsule. C'est le couteau qui doit tourner autour de la bouteille et non l'inverse. Ensuite, positionnez bien la vrille du couteau-sommelier au centre du bouchon et faites-la tourner. Enfin, faites basculer le levier du couteau-sommelier afin d'avoir une assise et de pouvoir extraire doucement le bouchon comme sur les photos.

Quelles sont les recommandations pour déboucher et servir un vieux vin ?

Si ouvrir une bouteille ancienne demeure un moment très excitant pour tous les amateurs de vins, il convient de respecter un certain nombre de précautions pour lui permettre d'arriver dans le verre des convives au mieux de sa forme. Il est ainsi conseillé de placer la bouteille en position verticale au moins vingt-quatre heures à l'avance, ce qui permettra au dépôt de glisser tranquillement vers le fond de la bouteille. L'ouverture est également un moment délicat, car les vieux bouchons sont fragiles, il est donc indispensable d'être doté d'un bon tire-bouchon et d'opérer très délicatement. Une fois la bouteille ouverte, dégustez le vin afin de juger si un passage en carafe peut l'améliorer.

发及酒香的充分散发。

8. **酒杯使用后的注意事项：**酒杯的清洗必须十分彻底，做到无渍无味。避免抹布、储存包装盒、洗洁精或橱柜的味道在再次使用酒杯时，影响到葡萄酒的酒香。

侍酒温度要点综述

饮用葡萄酒时的温度很关键，恰到好处的温度有利于酒体的表现，在后面的章节中，我们还会详细阐述。温度过低，葡萄酒会封闭，影响香气的散发，酸味便会加重；温度过高则带来过强的酒精感和灼烧感。尽管不同葡萄酒的侍酒温度不同，但是侍酒温度略低会比高温侍酒的情况稍好一些。对不同类型葡萄酒的侍酒温度，这里给出如下建议：

- 利口葡萄酒：5 至 6 摄氏度
- 香槟：6 至 8 摄氏度
- 白葡萄酒：介于 6 摄氏度（微酸干型白葡萄酒）到 12 摄氏度（圆润干型白葡萄酒）
- 干或半干桃红葡萄酒：5 至 6 摄氏度
- 口感柔和及新红葡萄酒：12 至 15 摄氏度
- 口感浓郁且层次感分明的红葡萄酒：16 至 18 摄氏度
- 天然甜红葡萄酒：14 至 16 摄氏度

葡萄酒开瓶基本技能及开瓶器的选择、使用

一定要选用合适的开瓶器开瓶。首先，请使用侍酒师开瓶器的刀片在酒瓶的瓶颈处划一个切口，来取掉酒瓶的封盖。注意要转动开瓶器的刀片而不要移动酒瓶。然后，将钻孔器置于酒瓶塞中部并转动开瓶器。最后，找到一个支点，提起开瓶器的手柄，轻轻地拔出瓶塞（见第 222 页照片）。

开启陈酿及侍酒的注意事项

开启陈酿对所有的葡萄酒爱好者来说都是激动人心的时刻，因此要特别注意某些环节，才能确保陈酿完美地进入宾客的杯中。建议至少提前 24 小时将瓶子直立放置，使沉淀物慢慢地沉入瓶底。由于陈年软木塞很脆弱，所以必须选用一个优质的开瓶器加上轻柔地操作来完成开瓶这一微妙的使命。开瓶后，请先品尝一下，决定是否需要将酒倒入醒酒器中来改善效果。由于陈酿会缺乏亚硫酸盐，

Schéma de l'oxydo réduction dans le temps d'un vin : cycle classique JM Monnier
本书作者提供的通常情况下葡萄酒随时间变化的氧化循环示意图

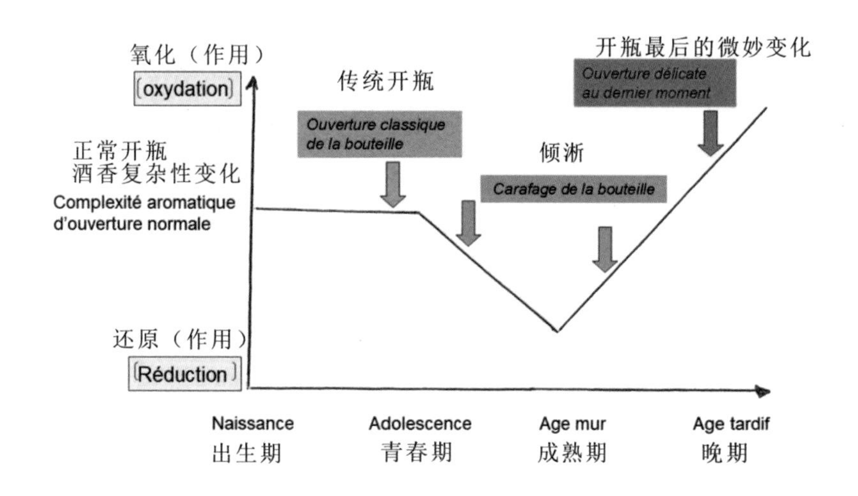

Il est toujours risqué d'ouvrir un très vieux vin longtemps à l'avance, ne contenant plus de sulfites, il risque de s'oxyder en contact avec l'air, donc "brûler" tous ses arômes.

Quels vins faut-il décanter ? Et comment décanter une bouteille ?

Décanter un vin peut avoir deux fonctions bien distinctes. Lorsqu'il s'agit d'un jeune vin, la décantation est alors appelée carafage : il n'y a pas nécessairement un dépôt à enlever. Cette action permet de l'oxygéner pour libérer ses arômes. On choisira alors une carafe à fond large, afin qu'une grande surface du vin puisse être en contact avec l'air. On peut réaliser cette opération à l'avance, voire dans certains cas, plusieurs heures avant le service. Il est à noter que certains vins blancs secs ou moelleux peuvent être carafés et dans ce cas-là... la carafe est conservée à température dans le réfrigérateur et ensuite dans un seau avec une eau fraiche, voir schéma p223.

Décanter un vieux vin est, en revanche, une opération bien plus délicate, et risquée. S'il est particulièrement fragile, l'acte peut l'abîmer de manière irrémédiable. Avant de procéder à l'opération, qui a pour but d'éliminer le dépôt qui s'est formé dans la bouteille, il faut s'assurer que le vin la supportera. On choisira dans ce cas une carafe étroite et on décantera le vin juste avant de le servir, l'autre solution est sinon d'utiliser un panier pour garder sur tout le service la bouteille couchée et donc le dépôt collé au fond de la bouteille.

L'ordre de service des vins

En règle générale, on établit l'ordre de service des vins en fonction de leur puissance et de leur corpulence. Les vins vifs et frais seront parfaits pour démarrer le repas, on montera ensuite en puissance pour terminer sur les liquoreux ou les vins mutés. La tradition voudrait que l'on serve les vins blancs avant les vins rouges et les vins jeunes avant les vins vieux. Une règle qui, là encore, mérite d'être nuancée.

Il peut être très agréable de revenir en fin de repas, au moment du fromage, sur un vin blanc et il est dommage de servir un vieux vin délicat et subtil derrière un jeune cru au fruité explosif et à la matière dense. Mais avant tout, c'est l'accord avec le mets qui va lancer le tempo du repas et l'ordre de service.

Comment conserver une bouteille de vin ouverte ?

En règle générale, une fois ouverte, une bouteille de vin doit être consommée dans les heures qui suivent. Cette règle est d'autant plus vraie que le vin est âgé. Il arrive toutefois que l'on souhaite conserver une bouteille jusqu'au lendemain voire davantage. Il faut alors protéger le vin de l'oxydation. On trouve actuellement dans le commerce, différents systèmes permettant cette opération. Le plus simple et le meilleur marché est une petite pompe qui permet de faire le vide d'air dans la bouteille. Cette solution autorise une garde de plusieurs jours. Je vous recommande de placer la bouteille au réfrigérateur à 4°c pour ralentir l'oxydation et un développement de bactéries, qu'il s'agisse d'un vin blanc, rosé, et même rouge.

Quelques conseils pour bien servir le vin au restaurant

- À qui doit-on donner la carte des vins ?

Lorsqu'un couple vient au restaurant, il n'est pas rare de voir que la carte des vins est donnée à l'homme. Mais cela ne doit pas être systématique, je vous recommande de demander tout simplement aux clients : « quelle personne effectuera le choix du vin ? »

- À quel moment servir le vin ?

Dans les traditions, les vins doivent être impérativement servis avant chaque plat afin de laisser le temps aux clients de déguster et d'apprécier le vin seul. Il est donc préférable de différer de quelques minutes le service des mets. Mais Il arrive, dans certains restaurants, que le vin arrive une fois que les convives ont commencé leur plat.

过早开瓶会有一定的风险。因为酒可能与空气接触而被氧化，“燃烧”掉所有的香气。

哪些葡萄酒需要醒酒？醒酒的基础知识

醒酒有两种不同的作用。第一，年轻的、新葡萄酒不一定有沉淀物需要分离，醒酒的过程被称为倾析，可以给葡萄酒充氧、让酒香绽放。建议选择一个底部大的醒酒器，来增加年轻的葡萄酒与氧气的接触面积。这一过程可以提前完成，某些情况下，甚至可以在正式侍酒前几小时便开始醒酒。需要注意的是一些干白或甜白葡萄酒也可以倾析。在进行这一操作时，醒酒器需要在酒水冰箱的特定温度下存放，在侍酒时须将醒酒器置于装有凉水的侍酒桶中，继续保持醒酒温度。

第二，醒陈酿则有风险，更需小心的操作。如果陈酿特别脆弱，醒酒过程可能会给陈酿的饮用造成无法挽回的损失。醒酒的目的是将酒瓶中的沉淀物去除，因此在进行醒酒前，一定要确保陈酿可以接受醒酒。在这种情况下，我们会选择一个颈窄的醒酒器，且在宾客饮酒前，开瓶醒酒。或者选用一个餐桌用醒酒篮，将陈酿放入篮中，保持其在整个侍酒过程中处于倾斜状态，让沉积物粘在瓶子底部。

侍酒的顺序

按照传统习惯，在侍酒的过程中，一般白葡萄酒先于红葡萄酒，年轻的葡萄酒先于陈年老酒。但该传统习惯，需要根据特殊情况，做适当调整。比如，在某些正餐后，宾客分享奶酪时，再喝点白葡萄酒，会产生令人非常愉快的口感。相反，有时在饮用了年轻的、带有爆炸性、浓郁水果香气的年轻葡萄酒后，再去品尝口味精致、微妙的陈酿，是一种口感浪费，令人可惜。作为一般顺序规则，最好根据葡萄酒的强度和酒体来确定葡萄酒的侍酒顺序。活泼新鲜的葡萄酒将是您开始用餐的完美之选，然后再逐渐选择强度较大的葡萄酒，以甜葡萄酒或口味浓重的葡萄酒结束美餐。但是在此一般规则之前，根据菜谱选用适当的葡萄酒佐餐才是最重要的侍酒原则，这才是用餐的节奏和侍酒的顺序的最基本规则。

如何保存已开启的葡萄酒?

一般来说，已开启的葡萄酒应该在接下来的几个小时内被喝掉。这条原则尤其适用于酒龄长的葡萄酒。然而，如果希望将已开瓶的葡萄酒保存至第二天甚至更长时间，那就必须采取防止葡萄酒被氧化的措施。目前，在葡萄酒酒器市场中，有多种多样的防止葡萄酒氧化的办法。其中，最简易，最畅销的是一个小酒泵，可以抽出酒瓶中的空气，使已开启的葡萄酒能在瓶中保存数日。不管是白葡萄酒、桃红葡萄酒还是红葡萄酒，建议将其置于冰箱中，在 4 摄氏度条件下保存，以减慢其氧化及细菌繁殖。

餐厅侍酒的几点建议

- **酒单应该给谁**?

当一对夫妇入座用餐时，很多时候，酒单都被交到男士的手里。其实这不应该是惯例，建议直接询问客人：“请问由谁来选配餐酒？”即可。

- **在什么时间侍酒?**

侍酒工作应该在每道菜上菜之前完成，以便客人有充足的时间专注于品鉴葡萄酒。因此侍酒的时间最好在上菜前的几分钟。但也有些餐厅，在客人开始用餐时才侍酒。

- Comment présenter le vin à table ?

On doit être présenté le vin aux convives avant de le servir. Pour un vin rouge, la bouteille est amenée à la table, droite à la main, ou couchée dans un panier. Pour un vin blanc, ou une fine bulle vous devez mettre la bouteille dans un seau, rempli à moitié de glace et d'eau, que vous posez sur une assiette lors du transport. Une fois à table, présentez-la, à la personne qui a effectué la commande en passant par sa droite et en plaçant l'étiquette face à elle. Annoncez clairement le vin : l'appellation, le nom du domaine, la cuvée, le millésime, la classification s'il y en a une, le nom du négociant, ou du producteur. Pour les vins blancs, et ou la fine bulle sortez la bouteille du seau, égouttez-la et présentez-la sans l'essuyer au client. Puis reposez-la dans le seau pour son ouverture.

- Comment servir le vin aux clients ?

Une fois la bouteille ouverte, vous devez faire goûter le vin à la personne qui a commandé et attendre son approbation pour servir les autres convives. Les dames doivent toujours être servies en premier. N'oubliez pas de servir à nouveau la personne qui a goûté le vin. Vous devez servir chaque convive par la droite en tenant la bouteille à pleine main sans jamais masquer l'étiquette. Remplissez les verres à moitié pour les vins rouges et au tiers pour les vins blancs. Une fois le vin versé, faites pivoter la bouteille, relevez-la, essuyez le goulot et servez le client suivant. Suivez l'avancement du repas de vos convives afin de les resservir une fois que leur verre de vin est vide.

5.2 Les modes de consommation dans le monde

Quel vin choisir ?

N'oublions jamais que le vin est fait pour être bu, il n'est pas voué à être une bête de concours, ou le meilleur pour que les journalistes écrivent des articles... Que le viticulteur en fasse quelques hectolitres cela est logique, dynamisant et intellectuellement stimulant, mais cela doit rester raisonnable. Les vins élevés en bois neufs peuvent donner, lorsqu'ils sont parfaitement vinifiés de beaux vins. Des liquoreux récoltés à plus de 23 degrés naturels deviennent des nectars, mais cela correspond-il réellement aux demandes des consommateurs actuels ?

Il existe dans le monde de nombreuses variétés de vins :

- des vins faciles, légers et simples pour des moments de détente entre amis. Avec ces vins dits de soif, les moments seront heureux, de partage, de communion entre amis, des moments simples et naturels.
- des vins de cépages ou des vins d'appellation d'origine protégée,
- des vins riches complexes, racés et chers, pour des repas d'affaires, des repas de familles et d'événements officiels,
- des vins du vieux continent (Europe) ou du nouveau Monde (Australie, Afrique du sud, Asie, Amériques...)
- des vins industriels de grandes structures, simples mais bien faits ou au contraire des vins de petits producteurs avec une âme et un caractère,
- des vins issus de l'agriculture conventionnelle, lutte raisonnée, biologique ou biodynamique,
- des vins élaborés par des femmes ou des hommes, des jeunes vignerons ou des anciens,

Toute cette diversité va parfaitement répondre aux attentes multiples de consommation des acheteurs :

- En France et dans de nombreux pays européens, le vin est un acteur qui "mérite" une mise

- **如何给用餐的客人介绍葡萄酒?**

在给客人侍酒前，应该介绍一下葡萄酒。在上红葡萄酒时，一般来说，要手持酒瓶，且酒瓶要直立。若需卧放红酒瓶，则需将其放置于一个餐桌用的小酒篮中。上白葡萄酒、起泡酒时，则需将酒瓶放在一只装有半桶冰和水的桶里，并用一个盘子垫在桶下面进行传送。酒瓶到桌后，侍酒师站在点酒客人的右侧介绍葡萄酒，酒瓶上的标签要面向客人。介绍时请清晰地说出葡萄酒的法定产区、酒庄名称、特酿、年份和酒标上有的等级，及批发商或者生产商的姓名。如果是白葡萄酒或起泡酒，需要将其从桶中拿出，沥干即可，无需擦拭，然后开始介绍。介绍结束后，将酒瓶放回桶内进行开启。

- **如何为客人侍酒?**

葡萄酒开启后，要首先让点酒的客人试酒，在得到试酒客人的许可后，方可给其他宾客侍酒。侍酒的顺序是先女后男。切记一定要再次为试酒的客人侍酒。侍酒时，手要握住瓶身，但不要遮住酒标，侍酒师在客人右侧给每位客人倒酒。请注意红葡萄酒倒入半杯即可，白葡萄酒的侍量为三分之一杯。在为第一位客人倒过葡萄酒后，要稍稍转动酒瓶，然后竖起酒瓶，在擦拭了瓶口酒渍后，才能继续为其他客人侍酒。侍酒生要关注客人的用餐进度，在其空杯后，再次倒酒。

5.2 葡萄酒在世界各地的消费情况

选择哪款葡萄酒?

酿造葡萄酒的宗旨就是饮用，并非使其成为各种评估竞赛的作秀，或记者写文章的好素材。葡萄种植者酿造出几百公升的葡萄酒，是合乎逻辑的正常现象，葡萄酒高产能振奋人心、令人干劲十足，但是必须合理控制葡萄酒的产量。用新木桶完美地培养、可以生产出高品质的葡萄酒。在 23 摄氏度的自然条件下获得的利口酒味道甘美，但是这真的符合当今消费者的需求吗?

世界上葡萄酒的种类不胜枚举:

- 简单、清淡型葡萄酒最适合朋友相聚、休闲消遣时饮用。这些令人垂涎欲滴的葡萄酒，使朋友分享的时光变得更加美妙、幸福。朋友们交流、分享平凡、自然的时光，与那些娇柔造作的应酬时光截然不同。
- 特定品种葡萄酒或者法定产区葡萄酒。
- 口味丰富、复杂、优雅及昂贵的葡萄酒经常被用于商务餐、家庭团圆餐以及官方的大型活动。
- 来自传统产酒大陆（欧洲）或新世界（澳大利亚、南非、美洲、亚洲等地）的不同的葡萄酒。
- 来自工业厂家、大规模生产的葡萄酒，口味可能单一但制作会比较精良。或者那些来自有特色、口味独特的小型生产者的葡萄酒。
- 来自传统农业、可持续管理、有机种植的葡萄酿造的葡萄酒。
- 由不同性别、或不同年龄的个体小生产者酿造的葡萄酒。

丰富多样的葡萄酒品种能够充分地满足消费者的不同需求:

- 在法国及欧洲许多国家，葡萄酒是一个“当之无愧”的演员。它的演出可以是复

en scène, qu'elle soit complexe, structurée et élaborée ou bien dépouillée, traditionnelle ou moderne ; à chaque vin son plat, son décor, son ambiance, ses invités, son attention... Pour un jeune rosé frais et friand, la tonnelle du jardin l'été, à côté du barbecue d'où s'échappent de divines odeurs de grillé sera idéal surtout si un délicat taboulé très coloré l'accompagne... un plaisir simple entre amis pour des soirées estivales... A l'opposé, une grande bouteille de liquoreux, extraite délicatement d'une cave nécessitera un carafage respectueux pour libérer toute sa complexité aromatique, puis un mets racé comme un foie gras poêlé accompagné d'une poire pochée... Pour véritablement mettre en valeur le vin, les hôtes de maison auront alors sorti la belle nappe brodée, le service en porcelaine et les couverts en argent. Un cérémonial nécessaire pour valoriser un moment unique, moment qui, par ailleurs, a été classé au patrimoine mondial par l'UNESCO sous l'intitulé 《 le repas gastronomique des français 》. Le vin se respecte : il est une boisson privilégiée de ces repas.

- En Angleterre, aux USA, le vin est plus consommé lors de conversations, d'apéritifs, de moment de détente, il n'est pas nécessairement associé à des mets.
- En Espagne, les diners du soir permettent d'associer tapas et vins espagnols dans leurs riches diversités.
- En Chine, le vin, principalement rouge qui était essentiellement consommé durant les repas d'affaires et divers banquets véhicule aujourd'hui plus de messages et de plaisirs aux participants, souvent jeunes. Ils prennent plaisir à déguster entre amis dans des clubs de Karaoké ou des boites de nuits, des vins qu'ils ont parfois découverts lors d'études ou de voyages à l'étranger.

Il est fondamental de bien comprendre les habitudes de consommations et les produits recherchés par les étrangers présents en Chine, car il s'agit d'un atout pour la commercialisation de vins, de bières et de spiritueux à cette clientèle des hôtels et restaurants de grand standing.

5.3 Les grandes règles des accords « vins et mets »

Avant d'aborder l'association des vins et des mets (et inversement), il y a quelques règles basiques à comprendre et à respecter pour que l'accord soit juste et parfait :

- **Sur des mets simples, le vin doit être simple et facilement lisible** (un rosé, un vin de cépage, un vin blanc sec frais, un rouge souple...) cela peut paraître enfantin, mais le choix est le même que pour une tenue vestimentaire lors d'une sortie. Vous ne portez pas votre smoking lorsque vous allez pique-niquer et vous n'arriverez pas en short à une soirée dansante... sauf si votre tempérament joue la provocation, mais dans la gastronomie, nous sommes plus sereins et sages. On peut parfaitement imaginer un vin rosé sec avec un taboulé, ou une salade de crudités, un vin rouge souple avec une assiette de charcuterie...
- **Sur un mets subtil,** le vin devra être subtil, complexe voire évocateur de nombreuses sensations, sinon un vin trop dense va écraser les ingrédients de l'assiette. Par exemple un accord avec des sushis ou sashimis appelle un vin blanc sec fin, frais et un peu acidulé.
- **Sur un mets complexe très savoureux,** on choisira un vin charnu, riche ou dans la force de l'âge avec toute sa race. On retrouve le principe des égalités de saveurs et de textures : un vin rouge dense et structuré sur une viande charnue et gouteuse comme une côte de bœuf, de l'agneau rôti, un canard laqué...
- **Sur un mets jeune fringant,** quelque peu exubérant, on ne choisit jamais un vieux vin, sinon l'un ou l'autre s'y casserait les dents, on évite tout simplement la confrontation des générations. On est aussi dans un principe de correspondance de parfums et

杂的、有层次的、精致的或者朴素的，能够体现出传统的或者现代的风格；每种葡萄酒都有自己的特色、配套的菜品。每种酒瓶装饰、饮酒氛围以及适用的客人、饮酒时的注意事项都会有所不同。比如，新鲜美味、年轻桃红葡萄酒，最好是夏季在花园里的凉亭旁边，吃烧烤时饮用。花园里弥漫着神圣的烧烤味，再加上精致的塔布雷沙拉会让人感到十分惬意，给夏季夜晚朋友间的聚会增添人间平凡的乐趣。相反，从酒窖中提取的精美的利口葡萄酒，则需要经过适当的醒酒才能释放出其所有的芳香。然后还要搭配一份高贵的菜肴才能更好地显示出酒的优质。比如在吃肥鹅肝配特种水煮梨这道名肴时，最好喝精美的利口葡萄酒。为了充分体现出葡萄酒的价值，主人要拿出美丽的绣花桌布、陶瓷或银餐具。这些必不可少的用餐礼仪使特殊时刻更具价值，因此被联合国教科文组织列为世界非物质遗产，称为“法国美食”。葡萄酒因此受到尊重，在这种特殊的用餐时刻享有特权。

- 在英、美国家，人们通常在餐前交谈、聊天时，喝少量的酒来开胃、休闲、消遣，这是喝酒不必配菜。
- 在西班牙，晚餐可以将西班牙餐前小吃和西班牙葡萄酒混合在一起，边吃边饮，使晚餐丰富多样。
- 在中国，葡萄酒（主要是红葡萄酒）主要在商务用餐和各种宴会中消费。葡萄酒给年轻的消费者传递更多的信息和乐趣。他们喜欢在卡拉 OK 俱乐部或夜总会与朋友品尝这些在学习时或者出国旅行时发现的葡萄酒。

了解驻华外国人在中国消费葡萄酒的习惯及其所消费的葡萄酒至关重要，因为这是向中国的豪华酒店和餐厅的销售葡萄酒、啤酒和烈酒的重要渠道。

5.3 葡萄酒与菜肴搭配的重要原则

在考虑葡萄酒与菜肴（相反同理）如何搭配这个问题时，有几条基本的原则要理解和遵守，这样才能使酒肴正确和完美的搭配。

- **在吃口味简单的菜肴时，喝的葡萄酒也应该简单且容易品鉴**（可以选桃红葡萄酒、特定品种葡萄酒、新鲜的干白葡萄酒、柔顺红葡萄酒等）。这样说也许显得比较幼稚，但这与外出前选择着装几乎是同样的道理。你绝对不会选择穿着一套礼服去野餐；也不会穿一条短裤去参加舞会，除非你想显示你与众不同的性格。在美食学中，酒肴搭配一般比较客观和理智。通常用干型桃红葡萄酒配黎巴嫩菜塔布雷色拉或者生菜沙拉，用柔顺的红葡萄酒搭配冷餐肉类。
- **在吃口味微妙的菜肴时，**要选用口味微妙的葡萄酒来搭配，以便衬托出菜肴的口感，令人回味。口味太浓的酒会破坏佳肴的味道。例如吃寿司或刺身时，应该选择细腻新鲜、略带酸味的干型白葡萄酒来搭配。
- **在食用美味、口味复杂的菜肴时，**一般选择浓稠的、口味丰富或高龄有特色的葡萄酒。 还要遵循味道和质地相同的原理，用浓郁且有层次感的红酒搭配肉质厚且味道鲜美的肉类，例如大牛排、烤小羊肉、烤鸭等。
- **在吃口味活泼又较丰盛的菜肴时，**我们肯定不会选择陈酿。否则二者冲突，会破坏口味。一定要避免这种不同年岁的对抗。同时还要遵循香气和气味相匹配的原

arômes. Des coquillages aux effluves iodées maritimes et un blanc sec des bords de mer avec de petites notes salines... un dessert sucré à base de fruits rouges avec une fine bulle rosée.

- **Le principe fondamental est bien que le choix du vin se fait par rapport au constituant principal du mets** (le poisson, la viande...) et surtout **à son mode de cuisson et à la sauce** qui l'accompagnent. Un sandre pourra être servi avec un vin blanc structuré si la sauce est au beurre blanc, et avec un vin rouge souple et friand, si la sauce est composée de vin rouge réduit, et montée au beurre ;
- **La démarche est la même qu'en musique,** cela doit être harmonieux. En aucun cas un vin riche, imposant ne doit être servi sur un mets subtil délicatement conçu, sinon il l'écrasera littéralement. Et à l'opposé, un mets trop savoureux anéantira tout le travail du viticulteur, producteur d'un vin souple friand et subtil.
- **Les accords régionaux :** de nombreuses cuisines régionales s'accordent parfaitement avec les vins de la même région : par exemple une choucroute Alsacienne avec un riesling, un cassoulet avec un vin rouge capiteux du Minervois... et de nombreux fromages, ont leur vin « accompagnateur » : Un vieux comté et un vin jaune du Jura, un Munster Alsacien avec un blanc alsacien, cépage gewurztraminer...
- **Ne pas oublier la règle d'or : le vin que l'on boit ne doit jamais faire regretter celui que l'on vient de boire.**

La démarche 《 intellectuelle 》, hédonique et amusante d'un plaisir gourmand relatif à un mariage parfaitement réussi, peut être symbolisée sous la forme d'une spirale. Le plaisir se décuplant au fur et à mesure de la dégustation des différentes composantes du verre et de l'assiette :

① Dégustation du vin : plaisir qu'il procure sur les papilles gustatives, équilibre entre l'acidité le moelleux, l'astringence, l'alcool et l'amertume, description des arômes ;

② Dégustation du constituant principal et révélation sur le vin ;

③ Dégustation de la sauce et sensations perçues sur le palais en accord avec le vin ?

④ Description des sensations tactiles perçues avec la garniture (légumes, fruits...) accompagnatrice et confrontation ou symbiose avec le vin ;

⑤ « re-dégustation » du vin et conclusion.

Cette démarche peut vous paraître compliquée, elle ne l'est pas, elle demande simplement attention et ouverture d'esprit. Elle procède de la même sensibilité et rigueur que l'analyse sensorielle d'un vin. Elle vous pousse à sentir, à analyser, à mémoriser, pour que plus tard votre plaisir sensoriel soit décuplé lors des reconnaissances des sensations perçues. Elle ne doit pas être rébarbative mais jouissive.

Dans les chapitres suivants, le vin est décrit, et imagé par un **portrait œnologique**. Ensuite je vous propose des appellations françaises et ses conditions de service. Puis de manière chronologique pour chaque type de vin, on suivra le cheminement d'un repas (entrées, poissons, viandes, fromages et desserts) pour savourer dans les descriptions et quelques photos de nombreux mets... des plus simples aux plus compliqués, des moins chers au plus onéreux (on peut faire simple et bon sans que cela soit forcément coûteux, il faut être inventif et curieux, avoir son potager ou aller au marché pour y puiser des idées).

则。比如在吃带有海洋碘味的贝类时，要喝带有淡淡咸味、滨海地区出产的干白葡萄酒，吃红色水果派甜点时，喝桃红起泡葡萄酒是最佳搭配。

- **最明显的基本原则是，菜肴的主要成分（鱼、肉等）决定酒的选择，还要考虑其烹饪法与酱汁的使用。**如果梭鲈的酱汁是白黄油，口味较重的白葡萄酒则为佳选；如果酱汁中有红酒及黄油，则可选用美味、柔和的红葡萄酒配餐。
- **葡萄酒与菜肴的搭配与音乐有异曲同工之处，**二者搭配的目的是使酒与菜味道达到和谐。在任何情况下，都不应该在食用精心制作的口味微妙的菜肴时饮用口味浓重、丰富的葡萄酒。否则酒味会破坏菜肴的味道。另外，味道特佳的菜肴会抹平口味柔和、清淡的葡萄酒，使酿酒师的一切工作受到重大损失。
- **某地区的葡萄酒与该地区菜肴的搭配。**许多地区的美食均可与本地的葡萄酒完美搭配。即吃阿尔萨斯酸菜炖肉时，通常喝该地区产的雷司令干白葡萄酒，南部米娜瓦产的醉人的红葡萄酒是吃法国什锦砂锅最佳配酒，许多奶酪都有其特有的葡萄酒搭配。例如，吃孔泰奶酪时，产自汝拉地区的黄葡萄酒是最佳搭配，阿尔萨斯地区的琼瑶浆白葡萄酒搭配该地区产的蒙斯德干酪非常合适。
- **不要忘记一条黄金法则：我们正在喝的酒永远不应令我们后悔刚喝过的酒。**

美食体验是一项充满趣味的智力活动，正如体验一次完美的搭配，它可以用螺旋的形式表示。随着品尝到酒水或菜肴的不同组成成分，我们会感受到很多不同的乐趣。

① 酒的品鉴，这一乐趣源自味觉的不同感受，酸甜苦涩味与酒精味的平衡以及对不同香气的描述。

② 品尝葡萄酒的主要成分，进一步了解葡萄酒。

③ 品尝与葡萄酒相协调的酱汁，体验其带来的味觉感受。

④ 装饰物（蔬菜、水果等）与葡萄酒相佐，对立或共生带来的不同感觉。

⑤ 重新品酒及总结。

这个过程对一般人来说似乎有些复杂，但其实不然，大家只需集中注意力并保持思维开放即可。这需要具备与葡萄酒感官分析相同的敏感性和严格性。这可以促使感觉、分析和记忆活动，并在获得不同的感官感受时，愉悦感倍增。这不应令人厌恶，应该给人带来快乐。

在后面的章节中，我们将从酿酒学的角度来描述葡萄酒，介绍一些法国葡萄酒产区及其侍酒的条件。然后根据每种葡萄酒的特点，我们将按照时间顺序、西餐的过程（开胃菜、鱼、肉、奶酪和甜点），借助文字描述和菜肴的图片展示葡萄酒与菜肴的搭配，实现从最简单到最复杂、从最便宜的到最昂贵的菜肴品尝（制作精美菜肴可以选择简单美味、价格并不昂贵的食材，但要实现最佳菜肴与美酒的搭配，必须具有创造力和好奇心，比如在自己的菜园种菜或去农贸市场寻找灵感）。

5.4 Les accords avec les vins blancs secs

Les vins blancs secs en France et dans le monde peuvent avoir deux personnalités très différentes en structures et arômes. Même si on considère un vin sec comme n'ayant plus de sucres résiduels importants (< 5 g/l usuellement), on peut nettement classer, les vins blancs secs acidulés et tendus face aux vins blancs secs ronds et structurés. Pour faciliter la lecture et les accords avec la cuisine, je vais les différencier et les séparer.

Les vins blancs secs acidulés

Portrait oenologiquephoto
P.Joly
葡萄酒工艺学描绘
乔力摄影

Ces vins blancs dégustés dans leur pleine jeunesse possèdent des robes jaunes aux reflets verts. D'intensité parfois claire, souvent moyenne, l'aspect est brillant et cristallin. En nez, le vin se livre tout en finesse, sur des arômes de fleurs blanches, d'agrumes et de fruits acidulés... ou au contraire, explose littéralement et emporte dans un tourbillon d'arômes vifs des fruits blancs (pêche, poire, pomme verte), des fleurs (tilleul, acacia, citronnelle, seringat, magnolia, genêt...) et des fruits exotiques (litchi, ananas, citron vert, papaye...). La bouche est à l'image du nez, tonique et percutante, l'attaque est souple avec une finale vive à franchement acidulée... On perçoit parfois du perlant. Il s'agit d'une caractéristique des vins septentrionaux.

Conseils de service et conservation

- Le vin respire la jeunesse, ses arômes peuvent être fragiles et fugaces, on choisira de les consommer dans leur jeunesse avant 3 ans, pour rester dans le même esprit. De plus en plus de consommateurs privilégient ces vins qu'ils considèrent comme désaltérants.
- Afin de valoriser les arômes, dynamiser la structure et affiner le caractère perlant (si la T° est trop élevée, les bulles seront grossières...), on refroidira le vin au réfrigérateur à 4°c et le consommera à une température de 5-6°c en gardant toujours fraiche la bouteille dans un seau à glace.

Quelques grandes règles ou rappels à appliquer

- L'acidité du vin va contrecarrer le salé d'un plat, et il faut jouer en plus sur les notes iodées,
- L'acidité est bien l'antagoniste du sucré, mais aussi de la rondeur, velouté, épaisseur ou gras. Un vin tendu et rafraichissant va atténuer la lourdeur du plat.
- On peut jouer avec l'exubérance des arômes, la dominante florale, fruitée ou végétale du vin pour sublimer des expressions du plat. On peut donc proposer quelques rappels, par exemple des notes d'agrumes type pamplemousse d'un sauvignon blanc que l'on suggère dans le mets.

Quelques exemples d'appellations des vins blancs

Sur la vallée de la Loire : les Muscadet (s), les vins de Touraine issus du cépage sauvignon et bien tous ceux de la région Centre Loire : Quincy, Menetou Salon, Pouilly fumé et de nombreux Sancerre.

5.4 干白葡萄酒配餐

法国和世界各地的干白葡萄酒在结构和香气上有两种截然不同的特性。尽管人们认为干白葡萄酒是糖分残留量很少的酒（通常小于 5 克 / 升），但是我们仍然可以清晰地区分出两大类：微酸而略带紧张口感的干白，以及甜润而结构紧实的干白。为方便阅读以及搭配菜肴，我们会将二者区分开来介绍。

微酸的干白葡萄酒

这些适合在年轻时品尝的白葡萄酒拥有带绿色反射的黄色酒裙。色泽有时明亮，口感通常比较适中，酒液外观光亮，如水晶般闪耀。在酒香上，这类干白葡萄酒微妙地散发着白色花朵、柑橘类水果和酸性水果的幽香。或者相反地，如旋风般夸张地爆发出浓郁的白色水果（桃、梨、青苹果）、花卉（椴花、洋槐、柠檬草、山梅花、木兰、金雀花等）和热带水果（荔枝、菠萝、绿柠檬、木瓜等）的香气。口感如同嗅感一样，令人振奋，具有冲击力，入口时柔和，末尾处带有浓烈的酸爽感。有时能感觉出细微的气泡，这是北方葡萄酒的典型特征。

侍酒和保存建议

- 这种带酸性的干白葡萄酒表现得年轻，其香气可能会比较脆弱且短暂，因此要选择保存期没有超过三年的年轻干白饮用，这样可以保持酒味原样而不变质。越来越多的消费者喜欢那些他们认为能够解渴的酸性葡萄酒。
- 为使葡萄酒的香气能更好地释放出来，使其更有活力，气泡更细腻（如果温度过高，气泡会很大），可将把干白葡萄酒放入 4 摄氏度的冰箱冷却，并在 5 至 6 摄氏度时饮用，用餐时需始终将酒瓶放在一个冰桶中以保持低温。

一些重要原则和提示

- 干白葡萄酒的酸味会中能菜肴的咸味，而且会突出碘的味道。
- 酸度与甜味相对立，但也与圆润、柔滑、厚重或稠腻相对立。紧实而清爽的葡萄酒会减轻菜肴的沉重、油腻感。
- 干白葡萄酒可让人尽情享受到以花香、果香或植物为主的香气，使菜肴的美味升华。例如我们可以重复指出用带有柑橘类气的、充满柚子味的长相思可与多种菜肴搭配。

主要白葡萄酒产区的重要佐餐白葡萄酒

卢瓦尔河谷产区：慕斯卡德白葡萄酒，用苏维翁葡萄品种酿造的都兰产区生产的白葡萄酒，及其它所有法国中部—卢瓦河谷产区的葡萄酒：昆西、默讷图- 萨隆、普伊–富美和多种桑塞尔白葡萄酒。

En Bordelais : Entre-deux-Mers, Bordeaux blancs...

En Bourgogne : Bourgogne Aligoté, Macon blanc...

En Alsace : Les AOP d'assemblages (Edelzwicker, Gentil) ou 100% d'un cépage, sylvaner, pinot blanc, riesling...

En Languedoc Roussillon : Piquepoul de Pinet

/ *Sur des entrées* /

Ces vins blancs secs aux arômes frais et à la structure simple, nerveuse et parfois acidulée, vont consentir à de merveilleuses associations sur des mets puissants, où l'on retrouvera quelques caractères aromatiques du vin. Ils permettront de réveiller :

☞ les saveurs iodées

- un plateau de fruits de mer avec ses crevettes, crabes, langoustines, huitres... Quel plaisir de savourer des huitres crues avec un Muscadet Sèvre et Maine ou Coteaux de Loire au perlant si caractéristique accompagné d'un beurre à la fleur de sel.
- des moules marinières au vin blanc et aromates avec une sauce crémée
- une salade froide de poisson blanc (raie) au beurre citronné ;
- des maquereaux froids au vin blanc et aux aromates mais aussi des sardines à l'huile,
- des crabes ou des oursins farcis et épicés ;
- des ravioles chinoises aux crevettes et à la sauce de soja ; (photo restaurant étoilé de Taipei- Taiwan)

Les huîtres et la Mer autour d'un Muscadet
海边的麝香葡萄酒配牡蛎

☞ les saveurs « aillées »

Les gousses d'ail souvent associées au beurre fondu apportent une grande complexité mais aussi une certaine lourdeur aux palourdes farcies, aux gambas, aux escargots dans leur coquille, aux cuisses de grenouilles, le vin va trancher et 《 laver 》 le palais grâce à son acidité et élancer l'olfaction avec des notes d'agrumes et sa pointe végétale.

☞ les notes fumées

Les poissons qu'ils soient de rivières (la truite, l'anguille, le saumon, le capitaine au Mali) ou de mer (le flétan, le requin, ou le thon) lorsqu'ils sont fumés ont deux caractéristiques : une texture souvent grasse et des arômes très empyreumatiques. Dans les deux cas, il est nécessaire d'avoir un vin blanc sec et fruité pour alléger la structure et apporter de la fraicheur au palais.

☞ les saveurs herbacées

Un certain nombre de légumes très savoureux sont difficiles à marier, qu'ils soient crus ou cuits, leurs saveurs et arômes ne sont pas atténuées, bien au contraire ils sont souvent réveillés à la cuisson (les asperges, les poireaux, les concombres...).

波尔多产区：两海之间，波尔多白葡萄酒。

勃艮第产区：勃艮第阿里高特，马贡白葡萄酒。

阿尔萨斯产区：调配的法定产区酒（酒标上通常标有 Edelzwicker 及 Gentil 字样），或者 100% 酿自同一葡萄品种的白葡萄酒：西万尼，白皮诺，雷司令。

朗格多克·鲁西永产区：皮纳特匹格普勒。

/ 与开胃菜搭配 /

选用这些香气清新、结构简单、强劲有力、有时略带酸性的干白葡萄酒与力道强劲的菜肴搭配，可以呈现出美酒的芳香，唤醒菜肴中的美味，起到以下多种作用：

☞ 突出碘味

- 用塞夫尔河和曼恩河产区的慕斯卡德干白或者极有特点的卢瓦尔河谷坡地的微起泡酒来搭配由虾、蟹、海螯虾、牡蛎组成的海鲜拼盘，吃生牡蛎，产生的味道效果极佳。如果再佐以盐花黄油，品尝起来将锦上添花，
- 还可以与用白葡萄酒和香料烹制的奶油酱汁淡菜搭配，
- 与用干白葡萄酒与白鱼加柠檬汁味黄油冷盘搭配，
- 与用白葡萄酒和香料烹制的冷鲭鱼、油沙丁鱼搭配，
- 与香辣蟹、海胆搭配，
- 与中国名菜，虾仁豌豆烧卖搭配（见右图）。

Ravioles au crevettes (Taipei)
台北某星级餐厅的虾仁豌豆烧卖

☞ 突出“大蒜”味

通常与黄油融于一体的蒜泥在丰富、提高蛤蜊、明虾、蜗牛、青蛙腿等菜肴的味道时，会带来某种程度的沉闷、油腻感。略带酸性的干白葡萄酒会将这种负面口感清除得一干二净，“洗净”味蕾，带来柑橘类水果和植物类的清香。

☞ 与烟熏海味开胃菜搭配

无论是河鱼（鳟鱼、鳗鱼、鲑鱼、马里的马鲅鱼）还是海鱼（大比目鱼、鲨鱼或金枪鱼），被熏制后都有两个特征：肉质肥腻，并带有烟熏味。在这两种情况下，都最好选用一种带水果味的干白葡萄酒来进行搭配，以减轻油腻的感觉，带来清新的口感。

☞ 与草本香料味重的开胃菜搭配

某些美味可口的蔬菜，比如芦笋、韭葱、黄瓜等，很难与酒搭配，因为无论生熟，其滋味和香气都保持不变，只有在烹饪时，才能更明显地表现出来。

/ *Sur les poissons et les crustacés* /

L'accord des vins blancs et des poissons fait partie des gestes immuables, mais quel vin blanc choisir, un vin jeune et frivole ou à belle maturité aux arômes racés, un vin désaltérant par son acidité ou rond par sa suavité. Un certain nombre de règles sont à respecter afin que l'accord sonne juste :

- Un poisson ou coquillage fin comme des lamelles de Saint Jacques ne doivent pas être "écrasées" par un vin blanc trop lourd ;
- Une sauce très crémeuse, dominant le plat, appelle un vin blanc vif à l'acidité percutante, pour faire danser les arômes et atténuer le caractère lactique-crémeux. Un vin sans acidité renforcera ce caractère crémeux, alourdira le palais et s'effacera sur la sauce ;
- Le "salé-iodé" des coquillages, des crustacés et certains poissons risque de saturer les papilles gustatives, un vin blanc sec va dissoudre le sel marin et donner du relief à vos sensations et perceptions gustatives ;
- Une dominante végétale dans le mets appelle la même note dans le vin ;
- Un poisson gras, grillé ou au court bouillon nécessite de la vivacité pour anéantir l'impression de lourdeur lipidique. L'acidité enlacera le poisson et le vitalisera de l'intérieur, une confrontation réjouissante ;
- Un poisson à chair ferme demande un vin blanc (ou éventuellement rouge) plus séveux à la structure voluptueuse et charpentée, les saveurs se renforcent alors mutuellement ;
- merci de ne pas ajouter à l'acidité d'un plat (par exemple très citronné), l'acidité d'un vin. Sinon l'agressivité de cette saveur élémentaire va se renforcer pour devenir la dominante du repas.

Homard cru et ses légumes restaurant Mandarin Oriental à Canton
广州东方文华酒店餐厅的时蔬配生螯虾

☞ **les poissons et coquillages crus**

- Un tartare de thon ou de saumon légèrement anisé agrémenté de baies roses,
- De fines lamelles de Saint Jacques avec une huile d'olive
- Une très grande partie de la cuisine japonaise à base de poissons crus (sushis, sashimis, makis... photo p237)

☞ **les poissons gras**

- une truite meunière dorée au four et nappée d'un peu de beurre ;
- une friture de petits poissons en robe croustillante et dorée ;
- des sardines ou maquereaux grillés.

☞ **les poissons aux légumes herbacés**

- une dorade farcie au lard fumé et accompagné de céleri, merlan en habit vert ;
- un mulet, bar ou rouget flambé au pastis, accompagnés de fenouil et de tomates provençales.

/ 与鱼和海鲜、贝壳类主菜的搭配 /

用白葡萄酒与水产品搭配是惯例，但是具体选择哪种白葡萄酒呢？是选择年轻而酒体轻盈的，还是陈年而带有纯正高贵香气的；是选择酸爽解渴的还是甜润甘美的？若希望搭配相得益彰，需要遵循一些原则：

- 对于鱼或细嫩的扇贝片，口味过于厚重的白葡萄酒，会“碾压” 菜肴的味道。
- 如果一道菜肴中的奶油酱汁味占据主导地位，那么需要用一款极具冲击力的酸爽、活泼的白葡萄酒来与其搭配，使菜肴本身的香气得以释放，减弱菜肴的乳脂味。一款没有酸度的葡萄酒会增强菜肴的乳脂味，使味蕾变得沉重，无力抗拒酱汁的味道。
- 贝类、甲壳类和某些鱼类中的碘味会使味蕾有饱和的风险，所谓的“干”白葡萄酒会溶解海盐，并会突出味觉的感受。
- 植物性气息浓重的菜肴要求与其搭配的葡萄酒有同样植物性风味体现。
- 富含油脂的鱼类，无论是烤制的，还是短时煮沸的，都需要与比较活泼的白葡萄酒来搭配以缓解脂肪的厚重感。葡萄酒的酸味会紧紧包裹住鱼味，并从内部赋予其活力，这两种味道会产生一种令人愉悦的对抗。
- 肉质紧实的鱼类需要与带有浆液感、令人感官愉悦、架构结实的浓郁白葡萄酒（或者红葡萄酒）搭配，二者的风味能相互增强。
- 请注意，当菜肴本身带有酸味时，要避免搭配酸爽的葡萄酒，否则两种酸性合成的酸味侵略性会增强，成为菜肴的主要口味。

☞ 与某些生鱼和生贝类搭配

- 在吃用少量茴香及一些桃红色浆果调拌的生金枪鱼或生鲑鱼的时候，可以喝白葡萄酒。
- 在吃橄榄油拌精致的扇贝薄片时，也可以喝白葡萄酒。
- 大部分以生鱼为基础的日本料理（寿司、生鱼片、 紫菜醋味饭卷）可以用白葡萄酒搭配（见右图）。

☞ 与富含油脂的熟鱼类主菜搭配：

- 浇上一层薄薄的黄油的金色烤面拖鳟鱼。
- 油炸金黄酥脆的小鱼条。
- 干烤沙丁鱼或鲭鱼。

☞ 与以下用草本调料配鱼类烹制的主菜搭配：

- 塞满烟熏培根的鲷鱼，佐以香芹、牙鳕鱼绿袍装饰。
- 用茴香酒烹制的各种鲻鱼或鲈鱼，佐以新鲜茴香和普罗旺斯烹调风格的番茄。

Sushis
寿司

- ou un cabillaud tout juste cuit en double enveloppe (saumon et choux croquants) émulsion iodée d'huitres (photo p239)

☞ **les poissons ou crustacés aux saveurs iodées et salées**

- une raie au beurre ou à l'infusion de sauge et sa vinaigrette ;
- des langoustines grillées sur un lit de poireaux au vinaigre de Xérès.

/ *Accords avec les fromages* /

La France est le pays leader au monde en fabrication et en consommation de fromage. De l'ensemble des fromages, ceux à base de lait de chèvre, l'un des plus répandus, ont des textures et des formes différents : crottins, palets, pyramides, qui se marient parfaitement avec les vins blancs secs, aux arômes vifs et puissants du sauvignon blanc. Qu'ils soient à croûte naturelle ou cendrées (croûte protégée par du charbon du bois pulvérisé) voire recouverte d'herbes de Provence ou de poivre, ce type de fromage, très particulier a toujours une saveur très caprine. En 2020, il existe 14 AOP de fromage au lait de chèvre dans toute la France (Mâconnais, Pélardon, Rocamadour, Rigotte de Condrieu) mais c'est le cas dans la vallée de la Loire qui en compte le plus : Sainte-Maure de Touraine, Chabichou du Poitou, Chavignol, Valençay, Pouligny Saint-Pierre, Selles-sur-Cher.

Les vins blancs secs ronds et structurés

Description organoleptique (voir photo p239)

Ces vins secs, que l'on considère comme de race, étonnent par leur richesse et leur potentiel de longévité. A l'image des grands chardonnay, chenin, viognier ou riesling, les robes jaune-or, soutenues réfléchissent toute la concentration du raisin en début de surmaturation. Les perceptions olfactives sont envoûtantes de complexité et de suavité. Les fruits blancs très mûrs (pêches, abricots...) et souvent confits (coings, raisins, ananas...) rivalisent d'ingéniosité pour s'imposer sur les notes de miel et de fleurs capiteuses (tilleul, genêt, acacia...). En bouche, la maturité du cépage s'installe avec beaucoup de générosité.

- **烹饪得恰到好处的双层包裹新鲜鳕鱼**（里层鲑鱼片，外层香脆卷心菜），佐以碘味牡蛎乳酱汁。见右图。

☞ 与碘味或咸味强烈的鱼或甲壳类主菜搭配：

- 用黄油或鼠尾草茶加藨酸醋酱汁烹制的鳐鱼。
- 用赫雷斯醋烹制的韭葱垫底配明火烤海螯虾。

/ 白葡萄酒与奶酪搭配 /

法国的奶酪生产和消费均居世界领先地位。在所有的奶酪中，以山羊奶为原料制作的奶酪是法国最常见的奶酪之一。其质地和形态各异，有羊脂球状、硬圆饼状或金字塔状。山羊奶味与活泼有力的长相思白葡萄酿造的干白葡萄酒搭配非常合适。无论羊奶酪的干酪皮是天然的还是用木炭灰催熟过的（受木炭粉保护的干酪皮），或用普罗旺斯香草或胡椒粉覆盖，都山羊奶味十足。2020 年，全法国有 14 个山羊奶酪法定产区（比如马贡、贝拉东、罗卡马杜尔、孔德里约的里戈特羊奶酪），但卢瓦尔河谷的羊奶酪法定产区最多：都兰地区的圣莫尔奶酪，普瓦图地区的沙比舒奶酪，沙维尼奥尔德克罗坦奶酪，瓦朗塞奶酪，普利尼 - 圣皮埃尔奶酪，谢尔河畔的萨勒奶酪，等等。

甜润而结构紧实的干白

感官描述

这类白葡萄酒被认为是纯正的干白，其丰富的层次和陈年潜力令人惊讶。比如著名的霞多丽、诗南、维奥涅或雷司令，鲜明的金黄色酒裙折射出葡萄果粒刚刚达到特别成熟期的浓缩度。该类葡萄酒的嗅觉在复杂性和芳香度方面，令人如痴如醉。有熟透的白色水果味（桃、杏等）香气，而且通常是蜜饯味（木瓜、葡萄、菠萝等）形成一种巧妙的竞争，最终令人感到一种强烈的蜂蜜和醉人的花香味（椴花、染料

Portrait oenologiquephoto P. Joly
葡萄酒工艺学描绘，乔力摄影

Les structures sont veloutées, presque onctueuses, et leur faible acidité conforte cette impression de charnu. Ces structures, souvent proches de vins rouges très souples, sont soutenues de la même façon par de fins réseaux de tanins, parfois façonnés et embellis grâce à un élevage en barrique... Les tanins sont alors plus nerveux et des notes de vanille, de réglisse et de boisé enrichissent la complexité aromatique.

Conseils de service et conservation

- Ces vins sont à consommer dans leur jeunesse avant 3 ans pour leurs arômes friands de fruits mûrs ou après quelques années (> 10 ans) pour savourer une plus riche complexité aromatique avec des notes de miel et de pain d'épices.
- La température idéale de service est de 10 – 12°c avec si possible après carafage, pour valoriser la robe souvent intense et les arômes de fruits mûrs.

Quelques grandes règles ou rappels

- L'ossature du vin est assez proche de celle d'un vin rouge souple, seuls la couleur et les arômes diffèrent.
- La dominante gustative du vin sera l'élément équilibrant du vin et directeur de l'accord : selon l'acidité, la concentration en tanins (pellicule et barrique), la rondeur et velouté dans le cas d'une fermentation malo lactique... les accords seront différents.
- Pour ne pas se tromper, il faut penser à jouer l'harmonie entre la couleur du vin et les nuances chromatiques du mets, qui doivent à dominante claire (viande et poissons blancs).

Quelques exemples d'appellations

Sur la vallée de la Loire : Savennières et ses deux « crus » : Savennières Coulée de Serrant et Savennières Roche aux Moines ; puis, l'Anjou blanc et le Saumur blanc, Vouvray, Montlouis. Dans la région centre : les Pouilly fumé et Sancerre.

En Bordelais : les Graves blancs, Pessac Léognan...

En Bourgogne : Chablis, Puligny, Montrachet, Meursault...

En Alsace et dans l'Est : Alsace Grand Cru, cépage Riesling, Pinot gris, Gewurztraminer... ou Château Chalon et ses célèbres vins jaunes.

Sur la vallée du Rhône : Condrieu, Hermitage, Châteauneuf du Pape...

/ Sur les entrées /

On choisira pour ces nectars plus riches des mets élaborés, composés d'ingrédients nobles tels que :

- des langoustes cuites au court-bouillon ou grillées au four au barbecue ou à la plancha ;
- Des noix des coquilles Saint Jacques grillées, accompagnées d'une sauce réduction de vin blanc ;
- Des vols au vent ou bouchées à la reine ;
- Mais aussi des plats avec de la viande comme une quiche lorraine.

木、洋槐等）。在口感上，由于酿酒的葡萄品种足够成熟，使得干白口感非常醇厚，酒体丝绒般柔滑，甚至有些稠腻，它们微弱的酸度更为这种肥美的口感增味。这种与柔顺的红葡萄酒接近的酒体同样有细密的单宁网络支撑，有时又得益于橡木桶培养，使得被加工过的单宁具有更好的口感。这样的单宁更加强劲有力，香草味、甘草味、木头味混合在一起，使香气更丰富多彩。

侍酒和保存建议

- 这类葡萄酒最好在酒年轻时、3 年内饮用，这样可以感受到成熟水果的香味。或者陈年后（超过 10 年）饮用，以品尝到带有蜂蜜和香料蜜糖蛋糕风味的浓郁复杂的香气。
- 理想的饮用温度是 10 至 12 摄氏度。有条件的话，可以把它倒入一个广口瓶中，以欣赏酒裙的浓烈色彩，品味成熟水果的芳香。

一些重要原则和提示

- 这种干白的结构与柔顺的红葡萄酒很接近，只是颜色和香气有所不同。
- 干白葡萄酒的口感特点将是葡萄酒平衡的因素和菜肴搭配的指导：根据酸度、（来自葡萄皮和橡木桶的）单宁的浓度、甜润和柔滑度（在乳酸发酵的情况下），菜肴的搭配有所不同。
- 为了不出错，必须考虑葡萄酒颜色与菜肴的色调之间的和谐，这些菜肴必须是清淡的（白色肉类和鱼类）。

产区举例

卢瓦尔河谷产区：萨韦涅尔产区和它的两个“名庄”：萨韦涅尔的赛兰小道酒庄和萨韦涅尔的僧侣岩酒庄，接下来是白安茹和白索米尔、武弗雷、蒙路易以及卢瓦尔河谷中部产区的普伊-富美和桑塞尔。

波尔多产区：白格拉夫，佩萨克-雷奥良等。

勃艮第产区：夏布利，普里尼-蒙哈谢，默尔索。

阿尔萨斯和东部产区：阿尔萨斯名庄，雷司令，灰皮诺，琼瑶浆等，或者希依酒庄和它著名的黄酒。

罗纳河谷产区：孔德里约，埃米塔日，教皇新堡等。

/ 与开胃菜的搭配 /

一般来说，我们会选择甜润型干白葡萄酒这类浓郁丰富的琼浆玉液，来与用料高贵的精致菜肴搭配，比如：

- 快速焯熟的龙虾，烤炉或铁板串烧烤制的龙虾。
- 用白葡萄酒还原酱烹制的烤扇贝。
- 法式奶油酥盒或鸡肉一口酥。
- 也可以搭配一些肉类菜肴，如洛林烤饼。

/ *Sur les poissons* /

Compte tenu de la charpente structurée et dense du vin, le poisson ou/et sa sauce très relevés par des aromates ou naturels devront également être goûtés afin que le vin ne maquille pas la saveur du mets. Les poissons à chair ferme pourront être de mer (filet de sole au beurre salé) ou de rivières (brochet de Loire au beurre blanc) grillés (daurade braisée au vin blanc, saumon grillé avec un beurre fondu citronné) ou pochés (lotte), en croûte (Bar en croute de sel) ou en blanquette (blanquette de poissons à la crème et aux légumes croquants) (photo p240).

/ *Les viandes* /

Le mariage d'une viande et d'un vin blanc peut sembler curieux, mais si la viande est blanche et uniquement dans ce cas, cet accompagnement gagnera en sagesse et adoucira l'équilibre du menu. Nous pouvons réaliser 3 grandes catégories d'associations selon la dominante gustative et olfactive du vin.

a) Si le vin blanc charpenté possède encore une acidité résiduelle tonique (mais non agressive), on pourra le confronter avec des alliances de viandes blanches et de crustacés:

- Des ris de veau aux langoustes ; une fricassée de poulet aux crevettes sur un lit de tagliatelles fraîches ;
- Une choucroute traditionnelle (saucisses, jarret, cochonnailles) ou de la mer (poissons, crustacés, coquillages...) avec un grand riesling d'Alsace. Cet accord régional est très prisé.

b) Si le vin blanc possède un équilibre parfait entre le nez complexe (de fruits mûrs, de miel...) et une bouche veloutée totalement gourmande, les mariages sont à l'image du vin, délicats, harmonieux et tout en douceur (photo p243):

- Un boudin blanc truffé ;
- Une blanquette ou une escalope de veau avec sa sauce crème sans oublier la blanquette de volailles aux champignons de Saumur ;
- Une gigolette de volailles farcies aux agrumes confits ;

c) Si la charpente du vin élevé en barriques domine les arômes variétaux et la structure veloutée habituelle, les mariages devront être plus riches, plus racés et plus complexes :

- Un poulet sauté aux morilles ; une poule au pot.
- Un râble de lapin

/ *Les fromages* /

Les fromages français sont à l'image des vins, subtils ou puissants, délicats ou corsés, jeunes ou racés, issus du terroir ou de la technologie industrielle, souples ou pâteux, trop jeunes, à points ou trop vieux. Pour les vins blancs secs riches, ils équilibrent parfaitement les pâtes pressées non cuites (Cantal, Salers, Laguiole de l'Auvergne, Tomme de Savoie ou des Pyrénées, Gouda ou Mimolette de Hollande), et les pâtes pressées cuites, avec un affinage plus long et particulièrement salé (Comté du massif jurassien, Emmental français, Beaufort de Haute Montagne).

5.5 Les accords avec les vins blancs tendres à moelleux

Les vins blancs aux sucres résiduels bien présents font partie du patrimoine national français, leur élaboration qui a débuté au XVe aura vu des années de forts développements et des années plus creuses avec moins d'engouement des consommateurs ou des millésimes plus compliqués après une saison capricieuse... Mais dans tous les cas, à partir de la renaissance, de nombreux chefs ont créé des accords gourmands et cultes sur cette catégorie que l'on peut partager en deux richesses de sucres résiduels, les vins tendres (Demi secs et demi-doux) entre 9 et 45 g/l de sucres résiduels et les vins moelleux à liquoreux pouvant monter à plus de 200 g/l de sucres naturels.

/ **与鱼类主菜搭配** /

考虑到甜润型干白葡萄酒的致密、结实的酒体架构，饮酒时品尝的鱼类及其（或）酱汁必须有相对应的强劲味道。鱼类菜肴的味道可以是用香料来提味的，也可以是鱼类本身的味道。这样才能避免葡萄酒遮住菜肴的风采。可以选择肉质紧实的鱼类，比如海鱼类的加盐黄油煎鳎鱼脊，或河鱼类的烤卢瓦尔河白斑狗鱼沾白黄油酱、白葡萄酒汁配烤鲷鱼、柠檬黄油汁配烤三文鱼，或清炖江鳕鱼、椒盐酥皮鲈鱼以及多种白汁鱼块，奶油和酥脆蔬菜配白汁鱼块等等。

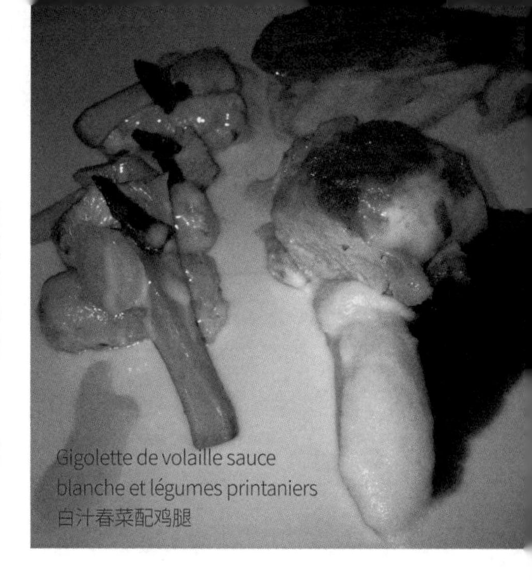

Gigolette de volaille sauce blanche et légumes printaniers
白汁春菜配鸡腿

/ **与肉类主菜搭配** /

用白葡萄酒与肉类菜肴搭配似乎很令人惊讶，但如果仅限于与白色肉类搭配，可能会是很聪颖的选择，可以使菜肴更有平衡感。根据葡萄酒的口感和香气，我们可以将这种搭配归纳为三大类：

a) 可以用结构紧实、有残留酸度（不刺口）的白葡萄酒来搭配白肉和甲壳类海鲜烹饪的主菜：

- 炖牛犊胸腺配龙虾；或虾仁烩鸡丁卤配新鲜意面。
- 通常在吃传统的酸菜炖腌、熏类猪肉（熏香肠、腌猪肘子等）或酸菜炖海鲜（海鱼、甲壳类、贝类等）的时候，总是配上优质的阿尔萨斯雷司令，这种地区性的菜肴与当地产的白葡萄酒的搭配非常受欢迎。

b) 如果白葡萄酒的口感与香味非常平衡，即酒香丰富 (成熟水果味、蜂蜜味等)，并有丝绒般美味的口感，那么选择与之搭配的菜肴就要如同葡萄酒一样，也十分精致、和谐和柔顺（见上图）。

- 松露菌白肉肠。
- 奶油酱汁炖大块或小块小牛肉，或者索米尔蘑菇炖家禽肉块。
- 烤柑橘蜜饯馅的家禽腿肉。

c) 如果经橡木桶培养的干白葡萄酒的厚实架构主导了各类香气和天鹅绒般的酒体结构，与之搭配的主菜的口味就必须更加丰富、纯正、复杂：

- 羊肚菌炒鸡丁；砂锅炖母鸡。
- 兔里脊肉。

/ **与奶酪搭配** /

法国奶酪与葡萄酒一样，也有种种区分：纤细或强劲，柔和或浓烈，朝气蓬勃或高贵优雅，由风土手艺工匠或工业大批制造，柔顺或黏糊，很年轻、正值盛年、或陈年老丁酪。酒体丰满、浓郁的干白葡萄酒完全适于搭配以下列举的奶酪，能使用生奶制作的奶酪，（康塔勒硬干酪、萨莱尔奶酪、奥夫涅的拉吉奥尔奶酪，萨瓦或比利牛斯的汤姆奶酪、荷兰的高达奶酪或美莫勒奶酪）和使用熟奶制作的奶酪（汝拉山产区的孔代奶酪，法国埃曼塔奶酪、高山地区的博福尔奶酪）之间达到完美的平衡。使用熟奶制作的奶酪的成熟过程较长，而且味道偏咸。

5.5 半干和甜型白葡萄酒配餐

残留糖分含量高的白葡萄酒属于法国的传统文化遗产。白葡萄酒的酿造始于15世纪，经历过多年的强劲发展及发展缓慢的阶段。原因既包括消费者热情下降，也有季节反复无常而导致年份酒的酿造复杂。但是不管怎样，从文艺复兴时期开始，许多厨师创造了与此类葡萄酒搭配的美食，并保持该传统发扬光大。根据残余糖分的浓度，可以将其分为两种类型：一种是半干葡萄酒（半干和半甜），残留糖分在 9 至 45 克 / 升之间；另一种是甜型至超甜型葡萄酒（利口葡萄酒），天然糖分可升至 200 克 / 升以上。

Portrait oenologique
photo P. Joly
葡萄酒工艺学描绘
乔力摄影

Les Vins blancs tendres

Description organoleptique

Issus plus de passerillage que de pourriture noble, ces vins possèdent une robe jaune plus serin aux nuances or-vert, des nez très exubérants de fruits exotiques frais et compotés (ananas, litchis, goyaves...) des arômes puissants et frais de fruits méditerranéens et de fleurs (magnolia, seringat...). La bouche très suave en attaque a un équilibre alcool/sucre/ acidité plus sur la fraicheur que l'aspect confits et compoté... rendant le vin tendre et digeste, juste sucré à souhait... comme un fruit très mûr et juteux !

Conseils de service et conservation

- Il est raisonnable de les consommer de préférence dans leur jeunesse avant 4 à 5 ans pour leurs arômes exotiques entêtants et leurs structures délicates, mais ils peuvent tout de même vieillir sur des arômes de miel et de fruits confits.
- pour que la pointe de douceur ne devienne pas pâteuse, elle nécessite un service frais à une température de 5-6°c.

Quelques grandes règles ou rappels

- La douceur du vin va contrecarrer l'acidité d'un plat, en gommant ou enrobant le palais.
- Jouer avec l'exubérance des arômes, la dominante exotique, florale, fruitée du vin pour sublimer des expressions du plat, en restant sur les mêmes arômes.

Quelques exemples d'appellations

- Sur la vallée de la Loire : les AOP Coteaux d'Ancenis- Malvoisie, Coteaux de l'Aubance, Anjou Coteaux de Loire, Coteaux de Saumur, Vouvray et Montlouis en Touraine et parfois les Coteaux du Layon (entrée de gamme) ;
- Dans le Sud-Ouest : certains Jurançon, Pacherenc de Vic Bihl, Gaillac...
- En Alsace : les Vendanges Tardives des cépages : riesling, gewurztraminer, pinot gris et muscat.

/ A l'apéritif /

Leurs équilibres permettent des accords tendres et délicats en ouverture de repas, mais c'est surtout le vin par excellence qui plait aux jeunes consommateurs, ou dans la force de l'âge. C'est un vin très démonstratif par sa puissance et exubérance olfactive, qui va accompagner des toasts de foie gras, de tranches de pain d'épices avec une poire pochée dans le vin et un morceau tiède de fromage persillé.

/ Sur les entrées /

- Il est tout à fait possible d'imaginer de nombreuses salades gourmandes (une petite frisée aux lardons fumés et aux foies de volailles confits, une salade de gésiers et de magrets de canards confits...)
- les pâtes feuilletées parfumées comme une tarte au roquefort et à la poire... se révéleront sur des vins tendres idéalement aux arômes de poires (photo p245 foie gras

半干白葡萄酒

感官描述

酿造这类酒用的是自然风干葡萄而不是贵腐葡萄，色泽呈金丝雀黄色，带有金色一绿色细微差别，散发新鲜和炖煮热带水果（菠萝、荔枝、番石榴等）的丰富气味，带有地中海水果和鲜花（玉兰、山梅花等）的浓郁和新鲜香气。口感非常顺滑，酒精 / 糖 / 酸度很平衡。口感新鲜，而不是蜜饯和炖煮的味道。这使该类葡萄酒柔滑易消化，甜度适中，就像吃到了熟透了、多汁的水果！

饮用和储存建议

- 最好在葡萄酒头四、五年的年轻时期饮用，因为这个时期的酒具有令人陶醉的热带香气和微妙的结构，当然它们仍会在成熟过程中表现出蜂蜜和蜜饯的香气。
- 需要在 5 至 6 摄氏度的低温下饮用，以保持最大甜味，避免口感变黏糊。

一些重要原则和提示

- 葡萄酒的甜味可以包裹味蕾，从而抵消菜肴的酸度。
- 充分利用葡萄酒的浓郁香气，特别是热带的花香和果香，来增强菜肴的表现力，并保持菜肴的本身香气。

产区举例

- **卢瓦尔河谷产区：**安西尼斯丘-马勒瓦西、奥布斯丘、安茹-卢瓦尔丘、索米尔丘、都兰地区的乌威尔和蒙路易，有时还有莱昂丘（入门级）。
- **西南产区：**某些瑞朗松、帕夏尔、加亚克等。
- **阿尔萨斯产区：**一些晚收的葡萄品种，如雷司令、琼瑶浆、灰皮诺、麝香。

/ 开胃酒 /

半干型白葡萄酒的平衡口感使其可以与喝开胃酒时的开胃品进行细腻而精致的搭配，但必须是卓越品质的酒才能取悦、吸引年轻或盛年的消费者。浓郁而丰富的气味使半干型白葡萄酒显得很奔放，适宜搭配的食物有鹅肝酱吐司、切片香料蜂蜜面包和用酒煮过的梨子以及温热的蓝纹奶酪。

/ 与开胃菜搭配 /

- 可以考虑与各种美味的沙拉搭配，比如甘蓝、熏肉和油封肥肝生菜、凉拌鸡胗沙拉和油封鸭胸。
- 香气袭人的烤饼，比如罗克福羊乳干酪一梨子烤饼，最适合与带有梨子香气的半干型葡萄酒搭配，味道更为突出（半熟肥肝，照片由安茹地区酒业委员会提供）。

Foie gras(photo CIVAS)
肥肝（安茹地区酒业委员会供图）

demi-cuit, crédit Comité Interprofessionnel des Vins d'Anjou Saumur)

- Les foies gras demi cuits accompagnent traditionnellement les vins blancs tendres surtout s'ils ont une acidité encore tonique afin de ne pas saturer le palais.
- Les foies gras peuvent être aussi poêlés et agrémentés de fruits blancs acidulés pour diminuer la lourdeur du plat en renforçant l'acidité et ainsi essayer de retrouver les mêmes arômes dans le vin (mirabelles, abricots, pèches, ananas...)

Les poissons, crustacés et coquillages se marient parfaitement aux vins blancs... mais pas naturellement des demi- secs, alors il faut adapter la sauce au vin tendre pour que l'accord soit également remarquable et innovant : imaginez les coquilles St Jacques et pétoncles, certains crustacés (homards, langoustes) et quelques poissons (raie, flétan) avec des sauces de vin blanc moelleux et crémées pour des accords vifs sur des vendanges tardives alsaciennes.

/ Les viandes /

Traditionnellement, comme nous l'avons vu dans le chapitre précédent, les vins blancs secs, ronds et structurés épousent parfaitement les viandes blanches, avec une texture tendre. Sur les mêmes bases, les demi-secs, avec la gamme aromatique et leur structure également charnue, vont épouser les mêmes plats, surtout si on rajoute à la cuisson de la viande ou de la sauce le même vin, des épices, des fruits ou des composants sucrés rappelant le vin comme sur une gigolette de volaille farcie (agrumes, nougat) servie sur un pain d'épice.

/ Les desserts /

Sur les desserts, ces vins ont toute leur place surtout sur les tartes, gâteaux et différentes préparations à base de fruits blancs, jaunes, d'agrumes ou de fruits exotiques... les mêmes arômes présents dans le vin.

Tarte « Bouquet de roses » d'A. Passard
帕萨制作的“玫瑰花束挞”

- Les gâteaux aux pommes ou aux poires comme une tarte Tatin avec un coulis acidulé, un crumble aux pommes, une aumônière aux pommes et aux poires flambées à la poire William, une brioche chaude fourrée aux pommes... La photo est la célèbre 《 tarte bouquet de roses 》 d'Alain Passard, chef triplement étoilé du restaurant l'Arpège à Paris, qu'il a réalisé pour plus de 200 personnalités Géorgiennes à Tsinandali pour une soirée exceptionnelle que nous avons co-animée en juin 2011, un souvenir merveilleux sur un Coteaux du Layon Moulin Touchais, en présence du vigneron.
- Les gâteaux aux fruits exotiques peuvent être nombreux et variés : un pain perdu ou une charlotte à l'orange et au Cointreau (la célèbre liqueur d'Angers - France), une tarte tiède à l'ananas, un gâteau aux fruits exotiques acidulés et frais : mangues, litchis, papayes ; une tarte au citron...

Noix de Saint Jacques à la sauce de vin blanc moelleux et de crème fraiche
浇上加了甜白葡萄酒的奶油酱汁的圣雅克扇贝

- 传统上，半熟的肥肝适合搭配甜白葡萄酒，特别是搭配还具有强劲酸度的葡萄酒，可以用来避免味觉饱和。
- 肥肝也可以在锅里和白色略带酸味的水果一起煎一下，以通过酸度来减轻菜肴的油腻感，并且可以在葡萄酒中遇到相同的香气类型（黄香李、杏、桃子、菠萝等）。

鱼、甲壳类动物和贝类与白葡萄酒构成了完美搭配。但半干白葡萄酒并不相同，因此必须使酱汁与半干葡萄酒搭配，这样搭配就可以非常出色和新颖：想象一下，圣雅克扇贝和普通扇贝，某些甲壳类动物（螯虾、龙虾）和某些鱼（鳐鱼、大比目鱼），浇上加了甜白葡萄酒的奶油汁，可以与阿尔萨斯晚收的葡萄酒进行生动的搭配。

/ 与肉类搭配 /

正如我们在上一章中所提到的那样，酒体丰满和富有层次的干白葡萄酒与质地柔软的白肉能完美地搭配。在此基础上，芳香独特、同样丰厚的半干葡萄酒将匹配相同的菜肴。尤其是如果我们在烹饪肉类或调味料时添加相同的葡萄酒、香料、水果或甜味调料，便可产生菜肴与酒的共鸣，如与用切片香料、蜂蜜面包打底的塞馅（柑橘、牛轧糖）鸡腿搭配。

/ 与甜点搭配 /

半干白葡萄酒很适合与各种水果挞、蛋糕搭配，特别是与各种以白色和黄色水果、柑桔或热带水果制成的糕点，因为该类白葡萄酒具有同类香气。

- 苹果或梨子糕点，例如略带酸汁的翻转苹果挞、酥皮苹果碎、用威廉梨白兰地喷烧的苹果和梨蛋糕、带苹果馅的温热奶油面包。246 页图片上著名的用苹果特制的“玫瑰花束挞”， 是巴黎阿尔佩奇餐厅三星级厨师 A · 帕萨在茨南达利一个盛大的晚会上为 200 多位格鲁吉亚名人制作的。这次晚会是本文作者在 2011 年 6 月参与举办的。作为该甜点的搭配酒，莱昂丘慕兰图珊酒庄的白葡萄酒给所有宾客留下了美好的回忆，酒庄庄主也亲临现场。
- 用热带水果制作的蛋糕可以是多种多样的：用君度酒和橙子制作的法式吐司或夏洛特吐司，如温热的菠萝挞，及用其它各种新鲜带酸味的热带水果 (芒果、荔枝、木瓜) 制作的蛋糕，还有柠檬挞等。

Les vins blancs moelleux et liquoreux

Description organoleptique

Issus de raisins confits par le noble champignon (Botrytis cinéréa), ou la glace (Ice Wine), les vins moelleux expriment toute la quintessence de leurs cépages, la puissance de leurs terroirs. La robe, déjà, réfléchit la concentration du cépage confit, jaune d'or intense avec des reflets parfois paillés ... Très attractive, cette couleur annonce un plaisir olfactif et gustatif enchanteur. Le nez, suave, envoûte par des effluves de fruits compotés ou confits (abricot, coing, ananas, écorces d'oranges, mandarine...), des notes d'épices (vanille, cannelle, muscade...), des notions empyreumatiques et de surmaturité (fumé, nougat grillé, compote caramélisée, pâte d'amande, pin résineux, miel d'acacia). La bouche, merveilleuse de douceur, charme le palais ... et l'impression liquoreuse étourdit les papilles gustatives. Le plaisir sera complet si le nectar liquoreux possède un équilibre entre l'alcool, l'acidité et le moelleux. Un élevage en fûts de chêne permet souvent d'avoir le tonus gustatif nécessaire pour réveiller la fin de dégustation.

Conseils de service et conservation

- Il y a 2 solutions, soit une consommation dans leur jeunesse pour conserver leurs arômes de fruits jaunes ou exotiques compotés ou confits, soit après une dizaine d'années de bouteilles, lorsque les notes de fruits confits et de miel seront plus intenses et la complexité olfactive plus racée.
- Idéalement il est préférable de viser une température de service de 5-6°c, afin de tonifier l'acidité naturelle du vin pour éviter trop de lourdeur. Un carafage pour aérer le vin sera nécessaire si le vin est emprisonné dans son flacon depuis plus de 10 ans afin de valoriser l'expression aromatique et la robe souvent lumineuse.

Quelques grandes règles ou rappels

- La douceur du vin va contrecarrer l'acidité d'un plat, attention à la sucrosité de celui-ci pour ne pas tomber dans une surenchère de douceur...
- Ne pas oublier de jouer avec la puissance et la chaleur des arômes, sa dominante de fruits confits et de miel, sans tomber dans la démesure.

Quelques exemples d'appellations

Sur la vallée de la Loire : les Coteaux du Layon, Bonnezeaux ainsi que les deux crus Quarts de Chaume grand cru et Chaume 1er Cru, les cuvées plus riches des Coteaux de l'Aubance et Coteaux de Saumur

En Bordelais : les Sauternes, Barsac, Loupiac, Cadillac...

Dans le Sud-Ouest : Jurançon, Pacherenc de Vic Bihl, Monbazillac, Saussignac...

En Alsace : les grains nobles des cépages Riesling, Gewurztraminer, Pinot Gris, Muscat.

Jura et vallée du Rhône : les vins de Paille des AOP Etoile, Arbois et Côtes du Jura, ou Hermitage (Rhône)

/ *Les entrées* /

En début de repas, le mariage avec le foie gras de canard est particulièrement recherché. Le foie d'oie pourra paraître pour certains un peu moins "goûtu" voire plus fade. Les foies gras peuvent se présenter sous différentes facettes :

Portrait
oenologique
photo P. Joly
葡萄酒工艺学描绘
乔力摄影

甜型和超甜型白葡萄酒

感官描述

甜白葡萄酒由贵腐葡萄（灰霉菌）或冰葡萄（冰酒）浸渍制成，表现出其葡萄品种的所有精髓和风土力量。酒裙反映出浸渍葡萄品种的浓度，通常是鲜艳的金黄色，有时会反射出淡黄色泽。这种颜色非常诱人，预示着使人着迷的气味和口感。沁入鼻腔的气味，有炖煮水果或蜜饯（杏、榅桲、菠萝、橙皮、桔子等）、香料（香草、肉桂、肉豆蔻等）、烧焦和熟透的味道（烟熏味、烤牛轧糖、焦糖果泥、杏仁泥、树脂松木、洋槐蜜）。口感怡人，光滑得不可思议，甜味使味蕾陶醉其中。如果此琼瑶玉浆的酒精度、酸度和甜度之间达到平衡，品酒的愉悦感将能得到充分地体现。若能通过橡木桶陈酿，酒会更富活力，为品鉴收尾增添光彩。

饮用和储存建议

- 提两个饮用建议：或者在该类酒年轻时饮用，确保能享受其炖煮或糖渍的黄色水果或热带水果的香气；或者放置十来年后再饮用，蜜饯和蜂蜜的香气会更加浓烈，香气的复杂度更上乘。
- 最理想的侍酒温度在 5 至 6 摄氏度之间，这样可以增强葡萄酒的天然酸度，并避免太厚重的口感。如果葡萄酒已经储存超过 10 年，则有必要用长颈大肚玻璃瓶醒酒以利于香气的散发、提亮酒的颜色。

一些重要原则和提示

- 葡萄酒的甜度能消减菜肴的酸度，但要注意酒的糖分不能过高，以免餐、饮的甜度过高。
- 不要忘了发挥香气的力量和热情，要让蜜饯和蜂蜜香气占主导地位，但不要过量。

产区举例

卢瓦尔河谷产区：莱昂丘的邦尼舒产区，奥布斯丘和索米尔丘产量最大的两个葡萄园：特级园卡特休姆和一级园休姆。

波尔多产区：苏玳，巴萨克，卢皮亚克，卡迪拉克。

西南产区：瑞朗松、帕夏尔、蒙巴济亚克和索希涅克。

阿尔萨斯产区：贵腐葡萄品种雷司令、琼瑶浆、灰皮诺、麝香。

/ 与开胃菜搭配 /

在用餐开始时，选用肥鸭肝作开胃菜很受欢迎。尽管有些人觉得鹅肝没有鸭肝那么美味，甚至有些乏味。肥肝可以有很多的享用方式来作开胃菜：

- Un foie gras au torchon cuit ou mi-cuit ; aromatisé au vin qui sera dégusté simultanément, ou à une eau de vie de vin (Cognac, Armagnac...)
- Un marbré de foie gras aux artichauts pour relever l'amertume du foie, adoucie ensuite par le vin, ou aux dattes pour au contraire renforcer la complexité de fruits confits.
- Une escalope de foie gras poêlé, aura l'avantage d'être croquante sur l'extérieure et onctueuse à cœur. Elle peut cependant être très lipidique pour certaines personnes, c'est pour cette raison qu'un accompagnement de fruits acidulés permet d'atténuer cette impression. On privilégiera, les fruits blancs aux fruits rouges afin de rester sur la même gamme aromatique que le vin.

/ *Les fromages* /

Déclinaison de fromages persillés et un morceau de poire.
水煮梨搭配蓝纹奶酪

Qu'ils soient de brebis (Roquefort, Bleu de Corse...) ou de vaches (Bleu de Causses, Fourme d'Ambert, Bleu d'Auvergne, Gorgonzola, Stilton...), les fromages persillés, incrustés de leur moisissure bleue, détiennent une flaveur unique dans le monde des produits lactés qui se mariera merveilleusement aux vins moelleux. La douceur du vin enveloppe l'amertume du fromage. Une pointe de poire pochée et de pain d'épice (photo p250) font un merveilleux liant pour l'accord.

/ *Les desserts* /

Attention en fin de repas, ces vins très riches ne sont pas toujours appréciés à leur juste valeur, si le palais est épuisé ou saturé par les vins et les nombreux mets dégustés avant. Pour éviter l'anéantissement total des papilles gustatives, on privilégie les desserts aux arômes vifs et aux saveurs plus acidulées que moelleuses :

☞ **sur des préparations aux fruits blancs ou aux végétaux acides**

- Une tarte à la rhubarbe, un ananas rôti au beurre et flambé au rhum, déposé sur une tranche de brioche façon "pain perdu" ;
- une poire rôtie au Sauternes et au miel ;
- une tarte aux abricots avec des amandes pillées qui pourra être servie tiède ou froide.
- une tarte au citron (photo p251 la recette de Marine...)
- de nombreuses préparations à base de coings, car il s'agit de l'arôme dominant des chenins blancs botrytisés et avec un peu d'âge.

☞ **sur des préparations aux fruits blancs caramélisés et servies chauds**

- brioche chaude fourrée aux pommes, une galette frangipane tiède ;
- gratin de fruits blancs ou de fruits exotiques flambés au vieux rhum ;
- tarte chaude aux mirabelles.

- 以布包煮熟或半熟的肥肝；浇上要同时品尝的葡萄酒或白兰地（干邑、雅邑白兰地等）来添香。
- 通常在吃用雅枝竹（法国百合）与肥肝制成的大理石纹咸蛋糕的时候，动物肝脏的苦味会很突出，但甜型白葡萄酒可以软化这种苦味。另外，若在此类蛋糕中加入椰枣，就可以增加葡萄酒中蜜饯口感的复杂性。
- 煎肥肝片的优点是外酥内滑。但是对于某些人来说可能过于油腻。因此，搭配略酸的白色水果可以减轻油腻感。建议选择白色水果而不是红色水果来保持与葡萄酒相同的香气范围。

/ 与奶酪搭配 /

无论是羊奶酪（罗克福奶酪、科西嘉霉菌蓝纹奶酪等）还是牛奶酪（科斯地区的霉菌蓝纹奶酪、昂贝尔的圆柱形奶酪、奥弗涅霉菌蓝纹奶酪、戈贡佐拉奶酪、斯蒂尔顿奶酪等），或是带蓝霉的斑点奶酪，这些在乳制品世界中具有独特的风味的奶酪，都可与甜型葡萄酒完美搭配。葡萄酒的甜味可以遮住奶酪的苦味。加入一点水煮梨和切片香料蜂蜜面包（见 250 页图片）是享用蓝纹奶酪和甜白葡萄酒时的绝佳搭配。

/ 与甜点搭配 /

注意当用餐接近尾声时，如果之前品尝过的许多菜肴和葡萄酒使味蕾疲乏或饱和，我们并不推荐过于丰盛的甜点。为避免味蕾彻底麻木，我们偏向选择不太甜，但有鲜明的香气和味道略酸的甜点。

Tarte au citron (recette de Marine...)
柠檬挞（摘自玛丽娜食谱）

☞ 搭配白色水果或酸味植物制作的甜点

- 大黄挞；朗姆酒浇，放在一片“法式吐司”炸面包打底的黄油烤菠萝。
- 苏玳酒加蜂蜜烤梨。
- 烤杏仁、时令杏挞，可以冷食或热食。
- 柠檬挞，见右图。
- 许多以榅桲为基础的甜点，因为它散发出来的主要香气和有一定年份的、长有霉菌的白诗南一致。

☞ 与拔丝白色水果的热食甜点搭配

- 塞满焦糖味苹果的热奶油面包，温热的杏仁酱油饼。
- 烤白色水果或用陈年朗姆酒烧过的热带水果。
- 黄香李热挞。

5.6 Les accords avec les vins rouges

Selon le potentiel structural des cépages, les rendements et la maturité des raisins, puis l'extraction lors de la vinification, on distingue facilement de catégories de vins rouges, les souples et fruités, face aux vins rouges plus ronds et denses.

Les vins rouges souples, légers et friands

Portrait oenologiquephoto P. Joly
葡萄酒工艺学描绘，乔力摄影

Description organoleptique

Qu'ils soient issus du gamay, du pinot noir, ou du cabernet franc, les vins souples possèdent une robe délicate et peu intense, rouge framboise dans leur jeunesse et tuilée après quelques années de bouteille. Le nez explose de fraîcheur : les fleurs des champs ou des jardins (rose, violette, iris) puis très rapidement les petits fruits rouges acidulés (fraise des bois, groseille, framboise, cerise...) et parfois des notes d'épices (clou de girofle et poivre) prennent le relais. L'attaque en bouche est franche, vive et tonique. La structure est souple, parfois veloutée, jamais charnue. En finale, on ne discerne aucune rugosité, les tanins sont absents si la vinification a été courte ou soyeux, si l'élevage a été bien adapté. Ce sont des vins friands, gourmands, simples et coulants pour le palais.

Conseils de service et conservation

- Ces vins très friands et généralement printaniers sont à boire dans leur jeunesse (avant 5 ans).
- Afin qu'ils livrent totalement leurs potentiels de petits fruits rouges... la température de service idéale est celle de la cave, de 13 à 15°c. mais attention à ne pas descendre dans un seau à glace, comme certains restaurants le pratiquent encore, à des températures de 5°c... Sinon vous obtiendrez une plus grande dureté des tannins et une expression aromatique totalement écrasée !

Quelques grandes règles ou rappels

- La souplesse du vin, sa finesse, avec une pointe de fraicheur, s'accommode de plats délicats. Mais on peut aussi assouplir des mets un peu lourds en servant un vin rouge léger et frais.
- Il est important de jouer avec l'exubérance des arômes, la dominante florale et de fruits rouges du vin peut sublimer des expressions du plat tout en le tonifiant.

Quelques exemples d'appellations

Sur la vallée de la Loire : les Fiefs vendéens, l'Anjou gamay, les Anjou rouges et le Saumur rouge, Saint Nicolas de Bourgueil, et dans la région Centre : Sancerre, Menetou Salon, Reuilly, Coteaux du Giennois.

En Beaujolais : les Beaujolais et Beaujolais villages...

En Bourgogne : Macon, Bourgogne Passe-tout-grains...

En Alsace : Pinot noir

5.6 红葡萄酒配餐

根据葡萄品种的结构潜力、葡萄的产量和成熟度，以及葡萄酒酿造过程的提取度，我们可以非常容易区分红酒的种类，柔顺和果香味的红酒与较圆润和厚重的红酒很容易区分开来。

柔顺、轻盈、美味的红酒

感官描述

不论是来自佳美、黑皮诺还是品丽珠等葡萄品种，这些柔顺的葡萄酒都具有柔和、不强烈的颜色，在年轻时期酒色呈覆盆子红色，在瓶中陈酿几年后将变成瓦红色。闻起来充满新鲜气息：首先是田野或花园的花朵香（玫瑰、紫罗兰、鸢尾花），然后便可闻到带酸味的红色水果味（野草莓、醋栗、覆盆子、樱桃等），有时还能闻到香料的香味（丁香和胡椒）。味觉上的冲击是直接、鲜明和强劲的。酒的结构柔软，有时像丝绒般滑腻，不会有肉质感。我们察觉不到丝毫的粗糙感，如果酿造的时间短，单宁含量就很少。如果培养方法得当，则单宁呈现丝滑的口感。 这类红葡萄酒，美味、简单、可口。

饮用和储存建议

- 这些味美而富有青春活力的葡萄酒应在年轻时期（5 年之内）饮用。
- 为了充分发挥小果粒的红色水果香的潜力，理想的侍酒温度应与酒窖的温度保持一致，即 13 到 15 摄氏度。请勿放进 5 摄氏度的冰桶，尽管有些餐馆如此操作。因为低温会提升单宁的硬度，完全损坏酒香！

一些重要原则和提示

- 葡萄酒的柔滑性、精致感和新鲜感适合与精致的菜肴搭配 。我们可以通过轻盈和新鲜的红葡萄酒来软化口感稍重的菜肴。
- 重要的是要充分发挥香气的丰富性，葡萄酒的主要花香和红色水果味可以为菜肴的风味锦上添花。

产区举例

卢瓦尔河谷产区：旺代，安茹佳美，安茹红酒，索米尔红酒，布尔格伊-圣尼古拉；中部地区：桑塞尔，默内图-萨隆，雷伊，吉恩丘

波尔多产区：博若莱和博若莱村庄等

勃艮第产区：马贡，勃艮第-帕斯图格兰斯等

阿尔萨斯产区：黑皮诺

/ *Sur de nombreuses entrées* /

☞ **la charcuterie (photo p255)**

La France abrite plus de 450 spécialités de charcuteries selon le syndicat des Bouchers-charcutiers traiteurs, que l'on peut répartir dans une dizaine de grandes familles, initialement issues de chair préparée de porc ou de sanglier, crue ou cuite avec le sel comme agent de conservation. On utilise, de nos jours, de nombreuses chairs de veau, de gibiers... Chaque région française possède sa spécialité de charcuterie. On peut citer les plus connues : Les rillettes du Mans, les rillauds d'Anjou, l'andouille de vire, le jambon de Bayonne, que l'on peut étendre à l'Europe avec le Jambon d'Aoste et la pancetta en Italie ou le chorizo espagnol. Tous ces plats typiques, un peu gras souvent assez salés vont être assouplis par des rouges légers. Le plaisir sera simple, souvent amical et convivial.

/ *Les poissons* /

De nombreux poissons à chair ferme, s'accordent avec harmonie aux vins rouges souples servis frais.

Par contre, il est nécessaire que les tanins du vin soient le plus fondu possible afin de ne pas contrarier la finesse du poisson. L'accord deviendra parfait si le poisson de préférence rouge (thon rouge, saumon sauvage du pacifique nord...) avec une sauce à base de vin rouge réduit montée au beurre ou surtout s'il est accompagné d'une garniture qui s'associe traditionnellement aux viandes plus qu'aux poissons (lentilles, choux, pommes de terre nouvelles, courgettes...). Exemples : un saumon rôti sur sa peau avec sa sauce beurre rouge de pinot noir ; un pavé de thon grillé, rouge au cœur, servi avec une sauce vin rouge et des tomates cuites.

/ *Les viandes* /

On la choisira de préférence assez légère : blanches, rouges ou des abats. Elle pourra être indifféremment grillée, rôtie, cuite à la vapeur ou en daube.

☞ **les volailles et les gibiers à plumes**

- Des petites cailles farcies ou cailles flambées au cognac accompagnées d'un gratin dauphinois ;
- Un poulet rôti, une poule au pot ou un rôti de dinde, des brochettes de poulet ou de volailles aux poivrons, aux champignons et aux tomates.
- Un pigeonneau (photo p254) comme celui proposé par Thibaud Ruggeri au restaurant étoilé de l'abbaye royale de Fontevraud (49). Les filets rôtis en croute de fruits secs sont saignants, les abats enveloppés dans une feuille de chou, les légumes de saison proviennent des terrasses de l'abbaye.

☞ **Les abats**

- des Rognons de veau sauce Madère, du foie de veau aux jeunes poireaux et aux oignons frais.

Préparation charcutière
熟肉开胃菜

/ 与多种开胃菜搭配 /

☞ **多种熟肉类开胃菜**

根据法国肉店暨熟食业工会的统计，法国有 450 多种熟食制品，分成十几个大类。以前都是用饲养猪肉或野猪肉制成的，用食盐腌制储存（煮熟或者生腌）。现在也有不少用小牛肉或其它野味制作的熟食。法国不同的地区都有自己的、有特色的熟食，我们可以举出最著名的几种：勒芒熟肉糜、安茹酱猪肉块、维尔猪肠、巴约纳生腌火腿。我们还可以把视野延伸至欧洲：意大利的奥斯塔火腿和咸猪肉，或西班牙腊肠。这些有代表性的熟食有些肥腻且往往偏咸，但能被口感轻盈的红酒缓解。与柔顺、轻盈的红酒的搭配食用既简单、协调又充满友情、令人舒畅。

/ 与鱼类主菜搭配 /

许多肉质硬的鱼适合与柔滑凉爽的红葡萄酒搭配。但要使葡萄酒中的单宁尽可能软化，以免破坏鱼肉的美味。最佳搭配是选择红色的鱼肉（红金枪鱼、北太平洋的野生鲑鱼等），加上红葡萄酒制成的酱汁配黄油，或者是搭上主要用于配肉而不是配鱼的配菜（黑豆、圆白菜、新土豆、西葫芦等）。例如：带皮烤鲑鱼，浇上加黑皮诺的红色黄油；烤金枪鱼排至内里呈红色，配以红酒汁和烤熟的西红柿。

/ 与肉类主菜搭配 /

最好选择不太油腻的白肉、红肉或内脏。明火烤、烘烤、蒸或炖皆可。

☞ **与家禽和野禽类搭配**

- 塞馅小鹌鹑或干邑烧鹌鹑，配以多菲内奶油焗薯片。
- 烤鸡，砂锅炖母鸡或烤火鸡，烤鸡肉串或家禽肉串，配以甜椒、蘑菇和西红柿。
- 幼鸽（见 254 页图片），鲁杰里在丰特弗洛皇家修道院（49 省）的米其林星级餐厅推荐的一道菜。撒上干果奶酪丝的烤幼鸽里脊三分熟，内脏包裹在卷心菜叶中，选用修道院露台自种的时令蔬菜。

☞ **与内脏搭配**

- 加了马德拉酱汁的小牛腰，加了嫩韭葱和新鲜洋葱的炒小牛肝。

☞ **la viande de porc**

Le porc offre une large palette de textures et de goûts, selon des modes de cuissons très variés : rôti au four, mijoté en cocotte, bouilli en potée, poêlé ou bien grillé au barbecue, sa viande un peu blanche et légèrement rosée, le choix pourra être dense :

- Un cochon de lait grillé ;
- Des côtes de porc dans l'échine,
- Un filet mignon de porc au vinaigre de framboises et pommes de terre nouvelles

☞ **le bœuf sous certaines facettes**

Le bœuf est souvent une viande plus relevée et plus parfumée, surtout lorsqu'elle est persillée. Pour les cépages, pinot noir, gamay et consœurs. On va choisir les parties plus tendres et des modes particuliers de cuisson et de consommations.

- Le bœuf cru : en steak tartare, en carpaccio juste avec une fine huile d'olive, présente des textures et des goûts délicats, qui appellent des "vins de dentelle".
- Le bœuf en daube : comme le bœuf bourguignon nécessite des vins jeunes rafraîchissants pour alléger les sauces souvent lourdes.
- Le bœuf épicé : dans les fajitas ou dans un Chili con carne avec ses haricots rouges épicés, le vin rouge légèrement frais accourt en pompier éteindre le feu sur le palais.

/ Les fromages /

Peu affinés pour ne pas exacerber l'amertume et parfois une saveur ammoniacale, un grand nombre de fromages détiennent des goûts délicats et des arômes subtils : Chaource de Champagne, un Camembert frais, Bleu de Bresse ou de Gex, un Gorgonzola italien, St Nectaire d'Auvergne, un Curé nantais, St Paulin ou Port Salut des Pays de la Loire, et un grand nombre de fromages industriels au caractère moins typé...

Les vins rouges riches et structurés

Description organoleptique

Tout commence par une robe grenat sombre, évocatrice d'un lourd drapé. Cette intensité puissante et profonde retranscrit toute la concentration des raisins rouges surmuris ! Ensuite, dans sa jeunesse, les cépages rouges s'expriment sur des notes de fruits rouges ou noirs (fraises, cerises, cassis, mures myrtilles...), et plus épicées (réglisse douce, poivre noir...).

En bouche, "la présence" s'intensifie somptueusement dans un environnement soyeux et harmonieusement structuré où les petits fruits rouges et noirs se font pâtes de fruits réglissées. La charpente et le

Portrait oenologique photo P. Joly
葡萄酒工艺学描绘，乔力摄影

☞ 与猪肉搭配

猪肉略微呈白色和粉红色，根据不同的烹饪方法，如在烤箱中烤制，在炖锅中煨煮，在砂锅中煮沸，在烧烤架上煎炸或烧烤等，猪肉可以表现出各种不同的口感和口味。可以与柔顺、轻盈的红葡萄酒搭配的猪肉菜肴选择众多，如：

- 明火烤乳猪。
- 煎炸或烧烤脊骨排骨。
- 覆盆子醋汁浇猪脊肉配新土豆。

☞ 与各种牛肉搭配

一般来说，牛肉的味道更浓更香，尤其是用意大利香菜煨泡过的牛肉。为了与黑皮诺、佳美及其同类红酒搭配，我们将选择肉质较嫩的部分，并选择特别的烹饪和食用方法。

- 生牛肉：鞑靼式生牛肉饼，或者仅加入上等橄榄油作为调料的超薄生牛肉片，都有十分细腻的质地和口味，配菜时要选用口味细腻的柔顺红葡萄酒。
- 在品尝与勃艮第红烧牛肉口感相似的焖牛肉的时候，则需要喝年轻、新鲜的葡萄酒来减轻通常较重的酱汁味。
- 香辣牛肉：食用墨西哥烤肉卷或西班牙风格的辣豆酱拌牛肉沫时，清爽的红酒会扑灭舌尖的火辣感。

/ 与奶酪搭配 /

为避免苦味或有时带有的氨臭味，大多数奶酪并非长时间发酵。但都很精制，而且均具有微妙的口味和香气：香槟产区的夏乌尔斯奶酪，新鲜的卡门贝尔奶酪，布雷斯或热克斯的霉菌蓝纹奶酪，意大利的戈贡佐拉奶酪，奥弗涅的圣内克泰尔奶酪，南特本堂神甫奶酪，卢瓦尔河产区的圣保罗和萨鲁特港奶酪，以及众多没有很多特点的工业奶酪。多数奶酪都非常适于与柔顺的红葡萄酒搭配。

口味丰富且结构感重的红葡萄酒

感官描述

该类红葡萄酒的一切从深石榴红色开始，给人的感觉仿佛每支酒都是厚重的呢绒。这股深邃有力的强度重新诠释着成熟红葡萄的高度浓缩！接下来，红葡萄品种在其年轻时表现出红色或黑色水果的香气（草莓、樱桃、黑加仑、蓝莓等）和更加香辛的香气（甘草、黑胡椒等）。

在口中，该类红葡萄酒创造出一个结构和谐、柔软光滑的环境，红色和黑色的小果粒变成甘草的果泥一般，葡萄酒的“存在感”也在其中得到了华丽的加强。酒的骨与肉融合在丝绒质地中，最初几年稍硬且丰富的单宁会随着时间的流逝而稳定。经过数年的瓶陈变化，结构好的红葡萄酒将呈现出猎物的味道（熏烤内脏、腌肉、潮湿的灌木等）和烧焦的味道（野味、烟草、皮革、热石头），这将有助于菜肴和

charnu se confondent dans une étoffe de velours... et les riches tanins un peu durs des premières années s'accrochent avec l'âge. Avec quelques années d'évolution en bouteille, les rouges structurés vont vers des goûts giboyeux (viande fumée à caractère viscéral, faisandée, sous-bois humide...) et empyreumatiques (fumet, tabac, cuir, pierre chaude) qui permettront de nouvelles associations mets-vins.

Conseils de service et conservation

- Les structures « volumineuses » assises sur un réseau de tanins dense donnent à ces vins, un merveilleux potentiel de garde, qui permet de les garder en cave au moins 10 ans avant d'ouvrir les bouteilles.
- Afin de ne pas agresser les tanins, et de relever l'acidité par une température trop froide, il est recommandé de consommer ces vins chambrés. Historiquement cette pratique consiste au XVIIIème à mettre le vin dans la chambre qui était la seule pièce chauffée à 17°c de la maison. De nos jours, les chambres sont plus chaudes mais l'expression et la température de service de 17 à 18°c est restée. Les vins étant riches, il est recommandé de les décanter et aérer par un passage en carafe d'une heure au moins.

Quelques grandes règles ou rappels

- L'ossature du vin est dense, riche et puissante avec un réseau de tanins souvent volumineux, il faut donc avoir des mets assez riches : goûtus et parfumés.
- Il est aussi d'imaginer la profondeur et la densité du vin dans le plat en jouant sur des couleurs plutôt sombres dans l'assiette, et des effluves carnés assez puissants.

Quelques exemples d'appellations

Sur la vallée de la Loire : Les Anjou Villages, Saumur Champigny, Saumur Puy Notre Dame : en Touraine : Bourgueil, Chinon.
En Bourgogne : les pinot noirs des AOP Villages premiers crus et des grands crus...
En Bordelais : les vins du Médoc (Margaux, Saint Julien...), des graves et du libournais (Saint Emilion grand cru, Pomerol...).
En vallée du Rhône : Saint Joseph, Côtes Rôties, Gigondas, Châteauneuf du Pape...
Dans le Languedoc Roussillon : Saint Chinian, Fitou, Côtes du Roussillon villages...
En Provence et Corse : Bandol, Ajaccio, Patrimonio...

/ Les entrées /

Assez rarement proposés en entrée afin de ne pas saturer le palais, cette catégorie de vins s'accommodera à quelques entrées riches et goûteuses comme une tourte chaude de gibiers à poils et à plumes ou une poêlée de champignons des bois avec des petits lardons fumés.

/ Les viandes /

Les tanins soutenant les vins rouges surtout jeunes apprécient la compagnie du sang des viandes tendres et juteuses. Si celles-ci sont parfumées et bien relevées, l'accord sera

葡萄酒口味的新型组合。

饮用和储存建议

- 依靠密集的单宁分子网络所构筑的“庞大”结构，该类红葡萄酒有着极好的保存潜力，开瓶之前至少可以在酒窖中保存 10 年。
- 为了避免对单宁的侵蚀，并且因温度过低而导致酸度提高，建议在卧室的温度下饮用红葡萄酒。在 18 世纪的时候，通常把葡萄酒放在卧室里，因为这是一套房子里唯一加热到 17 摄氏度的房间。现在的房间都比过去的要暖和，但在 17 至 18 摄氏度饮用该类葡萄酒的习惯如旧。鉴于该类红葡萄酒内涵丰富，请用长颈大肚玻璃瓶澄清以确保酒能提前至少一个小时出瓶通风。

一些重要原则和提示

- 该类红葡萄酒的结构紧密、丰富、强大，通常具有很庞大的单宁分子网络，所以需要搭配滋味和气味浓郁的菜肴。
- 可以考虑配合该类红葡萄酒的深度和稠度，选择颜色深沉和肉味强劲的菜肴与之搭配。

产区举例

卢瓦尔河谷产区：安茹村庄（级产区），索米尔·尚皮尼，索米尔·皮·圣母院；都兰地区：布尔格伊，希侬。

勃艮第产区：受保护的原产地标识的一级和特级葡萄酒庄的黑皮诺等。

波尔多产区：梅多克的葡萄酒（玛歌，圣于连等），格拉夫的葡萄酒和里博奈斯的葡萄酒（特级圣埃米利永，波美侯等）。

罗纳河谷产区：圣约瑟夫，罗蒂丘，吉恭达斯，教皇新堡等。

朗格多克鲁西永产区：圣希尼昂，菲图，鲁西永村庄丘等。

普罗旺斯和科西嘉岛产区：邦多，阿雅克肖，芭提莫纽等。

Côte de Boeuf grillée
明火烤牛排

/ 与开胃菜搭配 /

为避免口感饱和，通常很少建议在主菜上桌前饮用口味浓重的红葡萄酒。但某些丰富而美味的开胃菜是可以与该类红葡萄酒搭配的，例如：一份热乎乎的野味挞，或者一盘油炒烟熏肥肉丁加野生菌与口味浓重的红葡萄酒搭配十分恰当。

/ 与肉类菜肴搭配 /

单宁是红葡萄酒尤其是年轻红葡萄酒的核心支柱，使之很适合与鲜嫩多血的肉类相伴。香味浓厚的肉类与该类红葡萄酒的搭配更会令人喜爱。请灵活掌握烹饪方

encore plus amoureux. Ne pas hésiter à jouer sur les cuissons, la maturation de la viande, l'accompagnement de légumes et les épices.

☞ **le bœuf** est prédestiné pour cet accord fort, puissant et dense. C'est un grand classicisme de rappeler la complicité d'un 《 grand vin rouge de la cave 》 délicatement carafé une heure avant le repas avec :

- une côte de bœuf grillée aux sarments de vigne, ou une entrecôte vigneronne (photo p259);
- un rôti de bœuf saignant accompagné de haricots verts du jardin cuits à la vapeur ; ou une pièce de bœuf en croute briochée pour que la viande reste bien saignante et juteuse ;
- une bavette grillée aux échalotes et flambée au whisky ;
- un tournedos façon Rossini (photo p261: Paleron de bœuf et foie gras Poêlé David Guitton chef étoilé France dans le département Maine et Loire)

☞ **le mouton et l'agneau de lait**

- Une épaule d'agneau grillée au romarin ou agneau rôti ;
- Des petites côtes d'agneau au thym, accompagnées de légumes méditerranéens de saison (photo p260)
- Un gigot de mouton et aux épices.

Côtes d'agneau
羊排

☞ **les gros gibiers à poils** ont la richesse et les arômes pour des accords puissants et riches. On imaginer la confrontation des structures sur :

- Une gigue de chevreuil et poires confites aux airelles ou une gigue de chevreuil grand veneur ;
- Un civet de sanglier ou de marcassin, du jambon de sanglier braisé à la lie de vin.

☞ **les petits gibiers à plumes et à poils et leurs homologues de basse-cour** seront plus délicats, mais tout aussi parfumés que les gros gibiers, on restera sur des saveurs automnales et hivernales sur :

- Un coq au vin rouge, un magret de canard au poivre vert ;
- Un canard rôti, un confit de canard ou d'oie accompagné de petites pommes de terre revenues dans la graisse et parfumées à l'ail frais ;
- Un canard laqué, une grande spécialité de Pékin

/ *Les fromages* /

Il est de tradition de voir les épicuriens proposer à leurs convives le vin rouge, le plus riche et souvent le plus vieux en fin de repas. Ce n'est malheureusement pas recommandé... un vin trop vieux aux effluves de cerises à l'eau de vie ou de venaison n'apprécient pas les produits lactés. Seuls quelques vins rouges jeunes et structurés pourront s'apprécier sur des fromages à croûte fleurie (Camembert, Neuchâtel de Normandie, Brie de Meaux et de Melun, Feuille de Dreux et Coulommiers d'Ile de France, Saint Marcellin de l'Isère) ou à croûte lavée (Livarot, Pont L'Evêque de Normandie, Langres de l'Est, Epoisses de Bourgogne, le Reblochon de Savoie).

法、肉的熟度、蔬菜配料和香料的选用。

☞ 与**牛肉搭配**，红酒强壮而浓厚的味道，是注定为这个强力搭配而生产的。经典做法是选"一瓶好酒"在餐前一小时开瓶通风，方可与下列菜肴相得益彰：

- 用葡萄蔓枝干柴明火烤牛排，或酿酒工匠式烤牛肋骨。
- 烤得半熟的牛肉配蒸的菜园四季豆；或烤牛肉面包饼，饼内的牛肉将保持半熟多汁。
- 用威士忌喷烧的明火烤牛腹肉配小洋葱。
- 罗西尼式菲力牛排（图片为法国曼恩和卢瓦尔省的星级厨师 D. 吉东的煎牛肩肉和鹅肝酱）。

Paleron de bœuf
煎牛肩肉

☞ **与绵羊肉和羔羊肉搭配**

- 迷迭香明火烤羊肩肉或羔羊肉。
- 百里香小羊排配地中海时蔬。
- 香料绵羊腿。

☞ **与香气丰富浓郁的大型野味搭配：**
我们可以尝试比较酒和肉的结构：

- 狍子腿和蜜饯梨配越橘，或"猎人酱汁"狍子腿。
- 洋葱和葡萄酒焖野猪或野猪仔，葡萄酒渣炖野猪火腿。

☞ **与小型野禽、小型野味，或同类家禽搭配，**该肉类比大型野味更细嫩，香味则不减。在和酒的搭配上要保留住秋天和冬天的味道：

- 红酒炖鸡，过油青胡椒鸭胸肉。
- 西式烤鸭，油封鸭或油封鹅搭配蒜香油炸小土豆。
- 著名的北京烤鸭。

/ *与奶酪搭配* /

我们通常会看到有些追求享乐者在用餐结束时向他们的宾客推荐年份很老、结构很丰富的红葡萄酒。但我们不建议这样做。那些散发着樱桃烧酒气味或野味气息的很老的葡萄酒并不适合在吃乳制品时饮用。只有几种结构不错的年轻红葡萄酒能够与花皮奶酪（诺曼底的卡门贝尔和纳沙泰尔，莫城布里和莫伦布里，德赫栗子叶牛奶酪和法兰西岛的库隆米埃，伊泽尔的圣马瑟兰）或洗皮奶酪（利瓦诺，诺曼底的彭勒维克，东部的朗戈瑞斯，勃艮第的埃波斯，萨瓦的瑞布罗申）搭配，起到奶酪与酒均受欣赏的作用。

5.7 Les accords avec les vins rosés

Portrait oenologique
photo P. Joly
葡萄酒工艺学描绘
乔力摄影

Les vins rosés secs

Description organoleptique

Les rosés, tels des bonbons, sont de véritables friandises. Leurs robes roses présentent un nuancier de couleur digne d'une palette de peintre : gris rosé pâle si les raisins- moyennement colorés - ont été pressés directement, rose saumon lorsque le vigneron a réalisé une délicate saignée des raisins rouges, rose cerise intense si la macération fut longue, rose orangé lorsque le vin possède déjà quelques dizaines d'années de bouteille. A chaque couleur correspond des sensations olfactives et gustatives, qui sont les mêmes dans leur jeunesse. Les nez livrent des arômes de petits fruits rouges (fraise, framboise, fraise des bois, groseille...), de fleurs printanières (violette, iris...), de fruits exotiques (banane, litchi...) et de bonbons anglais. Les bouches souples et délicates détiennent un tonus acidulé, conforté parfois par un léger perlant et tous leurs arômes de fruits vifs.

Conseils de service et conservation

- Vins à consommer jeune si possible dans l'année et évitez les stockages de plus de 3 ans... sauf si vous aimez les rosés orangés... aux arômes cuits-brûlés !
- La température de service est de 6 à 8°c après une ouverture au moment du service.
- Pensez aux rosés l'été... il y a un moment pour tout...

Quelques grandes règles ou rappels

- Pensez aux accords de couleurs entre la robe du vin et les nuances de l'assiette.
- Recettes estivales, vins d'été...
- La complexité aromatique de fruits rouges et de fleurs trouve de nombreux rappels avec les mets.

Quelques exemples d'appellations

Sur la vallée de la Loire : le Rosé de Loire, Touraine Mesland, les vins rosés du centre : Sancerre, Menetou Salon, Reuilly.
En Bordelais : les Bordeaux rosés...
En Provence : Côtes de Provence, Coteaux d'Aix, Bandol, Cassis.
Dans la Vallée du Rhône : Côtes du Rhône, Tavel...

/ *Les entrées* /

☞ **sur des tartes ou des préparations salées**

- Une quiche lorraine accompagnée d'une petite salade verte ;

5.7 桃红葡萄酒配餐

干型桃红葡萄酒

感官描述

桃红葡萄酒，就像糖果一样，属真正的糖果类甜食。酒的桃红色泽呈现出的多样性可以与画家的调色板媲美：如果葡萄是直接被压榨的，即中等上色，葡萄酒呈现淡淡的灰粉红；当葡萄种植者实施了精美的红葡萄放血法，葡萄酒呈现鲑鱼红；如果果皮浸渍时间长，葡萄酒会呈现出深樱桃红；装瓶几十年的陈酿，会呈现出橘红。与每种颜色对应着一些嗅感和味道，各种类型的桃红葡萄酒在年轻时的嗅感和味道是相同的。都可以闻到一些红色小水果（草莓、覆盆子、野草莓、醋栗等）、春花（紫罗兰、鸢尾等）、热带水果（香蕉、荔枝等）和英国糖果的香味。酒中时不时飘浮的微泡及本身的新鲜果香会使这种柔软而细腻的酸性口感得到完美地体现。

侍酒与储存建议

- 桃红葡萄酒一定要趁年轻时饮用，最好当年饮用，避免储藏超过三年。除非是喜欢带有烘焙味，即烧焦气味，呈橘色的桃红葡萄酒！
- 侍酒温度是 6 至 8 摄氏度，且即开即饮。
- 夏天是喝桃红葡萄酒的季节，因为它可以应付各种场合。

一些重要原则和提示

- 请注意考虑桃红葡萄酒的色泽与盘中食物的色彩搭配。
- 夏季食谱配夏季葡萄酒。
- 桃红葡萄酒中红色水果与鲜花等多种芳香的交融与夏季菜肴搭配会十分和谐。

产区举例

卢瓦尔河谷产区：卢瓦尔桃红，都兰的梅斯朗，中部的桃红葡萄酒：桑塞尔，默讷图萨隆，勒伊。

波尔多产区：波尔多桃红等。

普罗旺斯产区：普罗旺斯丘，艾克斯丘，邦多勒，卡西斯。

罗纳河谷产区：罗纳丘，塔维勒等。

/ 与开胃菜搭配 /

☞ **与咸味挞或其它咸味开胃菜搭配**

- 洛林式咸挞配绿叶沙拉；
- 洋葱挞、南瓜挞等咸味挞的颜色与桃红葡萄酒的颜色和谐地互补；

- Une tarte aux oignons, tarte à la citrouille... les couleurs se compléteront harmonieusement ;
- L'ensemble des pizzas méditerranéennes, à la viande, aux fruits de mer et aux poissons ;

☞ **sur des salades composées**

- Un magnifique taboulé à la menthe, concombres à la crème fraîche ;
- Des champignons de Paris à la grecque ;
- Une salade niçoise (avec du thon, des olives, des œufs durs, de la laitue, des tomates, des oignons, de l'huile d'olive et du basilic);
- Un duo crabe- crevettes sur un lit de crudités.

☞ **sur de nombreux mets asiatiques**

- Des nems(photo p264), Ravioles Chinoises (photo p265), Dim Sum...
- La cuisine Thaï.

☞ **des pâtes fraîches à la viande et aux légumes**

- Des spaghettis aux champignons ou à la bolognaise, raviolis à la viande ;
- Des cannellonis, gratin de macaroni à la napolitaine.

☞ **avec de la charcuterie**

Que la charcuterie soit crue (comme le jambon, le salami, le saucisson sec) ou cuite (avec les célèbres rillettes du Mans, l'andouille de Vire ou de Guéméné, le cervelas, la galantine de volaille, les jambons, les pâtés, les saucissons, le chorizo doux ou fort, les rillauds chauds, le jambonneau), les rosés apporteront de la vivacité et de la fraîcheur au gras et allégeront les mets.

/ *Les poissons et les crustacés* /

- Des brochettes de lotte aux lardons ;
- Des brochettes de coquilles St Jacques aux poivrons rouges accompagnées d'un riz Basmati ;
- Des brochettes de thon aux olives ;
- Des brochettes de saumon ou de truite saumonée aux cèpes.

/ *Les viandes* /

Elles devront être légères fines pour ne pas écraser trop brutalement le vin. Les viandes blanches citées dans le chapitre des vins blancs structurés seront particulièrement à recommander, mais un rosé tiendra son rang et apportera son style sur certains abats trop lourds ou des préparations méditerranéennes savoureuses :

- Une paella alliant les viandes blanches douces, le chorizo brûlant, les langoustines et les crevettes iodées, le riz safrané et les petits légumes croquants ;
- Une moussaka, préparation relevée à base d'agneau, d'aubergines, d'ail, d'origan, de parmesan, de persil et d'oignons;
- Des saucisses et des andouillettes accompagnées d'une ratatouille ou des pommes de terre de Noirmoutier à la fleur de sel ;

- 所有的地中海肉类、海鲜或鱼肉比萨饼。

☞ **与沙拉拼盘搭配**

- 内容丰富的薄荷塔布雷沙拉，鲜奶油拌黄瓜。
- 希腊式巴黎菌菇沙拉。
- 尼斯沙拉（由金枪鱼、橄榄、煮鸡蛋、生菜、番茄、洋葱、橄榄油和罗勒组成）。
- 以各种生菜打底的虾蟹双拼沙拉。

☞ **与众多的亚洲菜品搭配**

- 越式春卷（见 264 页图片），中式煎饺（如右图），粤式点心等。
- 泰式菜品。

☞ **与鲜肉蔬菜面条搭配**

- 蘑菇或番茄肉酱意大利面，肉馅意大利饺子。
- 烤肉馅卷、那不勒斯干酪丝通心面。

☞ **与熟肉制品搭配**

无论肉制品是盐腌生肉（火腿，萨拉米肠，干香肠）还是熟食（勒芒著名的熟肉靡酱，维尔或格梅内内脏肠，短粗香肠，家禽肉冻，各种熟火腿，肉酱，香肠、西班牙甜辣或劲辣香肠，安茹的热红烧猪油块、酱猪肘），桃红葡萄酒能降低肥腻感，给菜肴带来活力和清爽。

/ 与鱼类和贝壳类搭配 /

- 鮟鱇鱼猪肉丁串烧。
- 扇贝红柿子椒串烧配印度香米。
- 橄榄、金枪鱼串烧。
- 鲑鱼或鳟鲑鱼配牛肝菌串烧。

/ 与肉类搭配 /

应该选择很细腻的肉类来与桃红葡萄酒搭配，以避免肉味压制酒味。虽然我们已经在前面的章节中推荐选用优质结构的白葡萄酒来搭配白肉，但是桃红葡萄酒也可以为某些不易消化或厚重的内脏菜肴或浓味的地中海菜品带来品鉴方便，比如：

- 食用西班牙什锦饭时喝桃红葡萄酒，可以为西班牙辣肠、龙虾和含碘的虾仁、藏红花米饭和脆口的蔬菜的综合口味锦上添花。
- 在吃用羊肉、炸茄子、大蒜、帕尔马干酪、香芹和洋葱等调味香料用烤箱烹饪的、味道浓郁的姆萨卡的时候，喝桃红葡萄酒也非常合适。
- 在吃香肠和烤肠配蔬菜杂烩，或配盐焗努尔穆迪埃的土豆时，喝桃红葡萄酒也很不错。

- Des brochettes de viandes blanches aux crevettes mêlées avec un taboulé frais ;
- Des viandes blanches froides (rôti de veau, de porc...).

Le fromage à raclette et sa charcuterie
奶酪搭配冷餐肉

/ *Les fromages* /

Moins répandue comme association, les rosés secs peuvent, à l'identique des demi secs, se marient aux fromages à pâte fraîche (Crémet d'Anjou ou Crémet Nantais, Broccio...), aux fromages de chèvre frais et à certaines pâtes pressées non cuites (Laguiole, Cantal, Salers...). Cuits et accompagné d'une belle charcuterie (jambon fumé, andouille, viande crue des Grisons...) et de quelques pommes de terre chaudes, **le fromage à raclette** sera galvanisé par un rosé sec très frais et gouleyant.

Les vins rosés tendres (« demi sec »)

Description organoleptique

Dans leur tendre jeunesse à l'aube de leur vie, les rosés demi secs possèdent une robe rose framboise, aux nuances saumonées, lumineuses. Le nez se livre tout en évocations printanières par petites touches successives : les fleurs "attaquent", les fruits rouges acidulés (groseille, framboises, fraise...) apportent une belle nervosité souvent adoucie par des notes amyliques de bonbon anglais. La bouche est ronde, veloutée, suave avec une douce sucrosité parfaitement équilibrée par l'alcool et une très légère acidité. On savoure sur le palais l'ensemble des arômes perçus en nez auxquels se rajoutent souvent des notes mentholées, vanillées et des arômes de fruits exotiques (photo p267).

Conseils de service et conservation

- Températures de service de 5 à 6°c après une ouverture au moment du service, s'ils sont jeunes. Sinon prévoir un carafage
- Pour la conservation, tel un vin blanc moelleux, les rosés demi-secs de par leur sucrosité pourront se patiner avec le temps... et leurs arômes évolueront modifiant également les accords avec les mets.

- 什锦虾与白肉串烧搭配新鲜的塔布雷沙拉与桃红葡萄酒搭配也很好。
- 也可以在吃冷餐白肉（如烤小牛肉、烤猪肉等）的时候，喝桃红葡萄酒。

/ 与奶酪搭配 /

干桃红葡萄酒与奶酪的搭配并不普遍，但和半干桃红葡萄酒一样，干桃红葡萄酒能够与鲜奶酪（安茹或南特的白奶酪，科西嘉羊干酪）、鲜山羊奶酪及一些硬质、生奶奶酪（拉吉奥尔奶酪，康塔勒奶酪，萨莱尔奶酪）和硬质、熟奶酪搭配。特别是在吃拉可雷特奶酪（烤软后刮着吃的一种奶酪）加优质冷餐肉（熏火腿，香肠，瑞士格劳宾登的风干肉），加热土豆时，（见 266 页照片）清凉爽口的干桃红葡萄酒是提味佳饮。

半干桃红葡萄酒

感官描述

半干桃红葡萄酒在其生命之初、温和成长期，拥有覆盆子或鲑鱼的明亮的橘红色。嗅觉给人带来春天的美好回忆：花香“扑鼻而来”，酸性红色水果（醋栗，覆盆子，草莓等）则带来经过英国糖果戊基味柔和之后的美丽而紧张感。口感圆润、柔软、甘美，该类桃红葡萄酒，酒精完美、平衡，带有甘甜味和略微的酸味。味觉上可品尝到所有嗅觉感受到的气味，经常还可嗅到薄荷、香草和热带水果等香味。

Portrait oenologique
photo P. Joly
葡萄酒工艺学描绘
乔力摄影

侍酒与储存建议

- 年轻的半干桃红葡萄酒的侍酒温度是 5 至 6 摄氏度。即开即饮。陈酿需要醒酒。
- 半干桃红葡萄酒的储存法与甜白葡萄酒的一样，酒的甜度将随着时间的增加而提升，其香味也会产生变化，因此要酌情考虑如何与菜肴搭配。

Quelques grandes règles ou rappels (pareils aux rosés « secs »)

- Pensez aux accords de couleurs entre la robe du vin et les nuances de l'assiette.
- Recettes estivales, vins d'été...
- La complexité aromatique de fruits rouges et de fleurs trouve de nombreux rappels avec les mets

Quelques exemples d'appellations (si AOP uniquement dans la vallée de la Loire les appellations : Cabernet d'Anjou et Rosé d'Anjou).

A l'apéritif ou au cours de la journée

Avec sa tendresse, cette catégorie de rosé s'apprécie toute la journée pour une conversation entre amis ou dans un club de Karaoké à Canton. En plus, cette catégorie de rosé ouvrira l'appétit sans saturer les papilles gustatives. On pourra, avec plaisir, les accompagner de brochettes de melon et de fruits rouges, ou entourées de jambon fumé, ou de petits morceaux de bananes au jambon, grillés au four et servis chauds.

/ *Les entrées* /

☞ **Le melon**

☞ **La cuisine méditerranéenne,** aux saveurs d'olives et d'anchois, s'accordera également sur ces vins sphériques, (des vins dont la structure en bouche est « ronde ») la sucrosité maquillera l'amertume (ex. anchois grillés ou tapenade, sur un petit pain grillé et croquant).

☞ **Une cuisine exotique**

- boudins créoles, acras à la morue ou aux légumes ;
- beignets de crevettes ou de gambas aux parfums iodés, végétaux, salés et épicés.
- Les poissons crus et les poissons grillés avec une épice et une pointe pimentée (*photo p269 réalisée en Polynésie française*)

☞ **Une cuisine asiatique épicée,** notamment les fondues chinoises et les préparations au poivre rouge du Sichuan

/ *Les poissons et les crustacés* /

Plus difficiles à associer aux poissons, les chairs devront être fermes, voire un peu sèches. L'intérêt sera de les servir avec une sauce veloutée, rappelant les arômes du vin (exemple un saumon aux fraises sur la photo p268).

Saumon sauce aux fraises et rosé demi sec
半干桃红葡萄酒配草莓酱汁鲑鱼

一些重要原则与提示

- 请注意考虑半干桃红葡萄酒的色泽与盘中食物的色彩搭配。
- 夏季食谱配夏季葡萄酒。
- 桃红葡萄酒中红色水果与鲜花等多种芳香的交融与夏季菜肴搭配会十分和谐。

产区举例（仅列举卢瓦尔河谷受保护的原产地标识桃红葡萄酒：安茹解百纳和安茹桃红葡萄酒）

半干桃红葡萄酒可以在餐前或白天娱乐时饮用

无论是在朋友间日常交流时还是在广州的卡拉 OK 歌房娱乐时，全天均可饮用半干桃红葡萄酒。而且，饮用桃红葡萄酒可起到开胃而不会使味蕾饱和的作用。饮酒时可随意搭配吃甜瓜和红色水果串，或配上熏火腿或香蕉配火腿的餐前水果、肉串，注意要在烤箱里烤热后吃。

/ 与开胃菜搭配 /

☞ **甜瓜**

☞ 半干桃红葡萄酒很适于在吃带有橄榄和鳀鱼味的**地中海地区特色菜**的时候饮用。酒的甜味可遮住苦涩的口感：通常在吃烤鳀鱼或油橄榄酱配脆面包片时喝半干桃红葡萄酒。

☞ **与热带地区国家的菜肴搭配**

- 克里奥尔猪肉血肠，油炸鳕鱼丸或蔬菜丸；
- 含碘味的、蔬菜味的、咸或香辣的软炸虾仁或深海虾；
- 配上香料和少量辣椒的生鱼和烤鱼类菜肴（见下图，本书作者摄）。

Poisson cru et cuit au lait de coco en Polynésie
波利尼西亚的生鱼和椰奶烤鱼

☞ **与亚洲香辛菜肴搭配，**尤其是中国火锅和加了四川花椒的菜。

/ 半干桃红葡萄酒与鱼类和贝壳类搭配 /

半干桃红葡萄酒酒除了能与肉硬甚至偏干的鱼搭配外，较难与其它鱼类搭配。而且在搭配时，要用浓稠酱汁浇鱼来配合酒香（见 268 页图片）。

/ Les viandes /

Plus vieux, dans une période entre 10 et 25 ans, le vin prend des notes de cerises à l'eau de vie, de guignes et de pin résineux. A ce stade, le cru qui possède encore une robe rose se mariera savoureusement avec un magret de canard au guignolet-kirsch, des aiguillettes de colvert aux griottes ou un canard au cherry.

/ Les fromages /

Le velouté et le fruité du rosé demi-sec permettra d'assouplir les caractères lactés des fromages à pâte fraîche. Très fins et onctueux, ces fromages qui n'ont pas subi d'essuyage, d'affinage et de salage sont généralement consommés en fin de repas. Ils remplacent souvent les desserts. On peut citer : le fromage blanc, le petit suisse, le Crémet Nantais ou d'Anjou. Ces deux derniers fromages peuvent être accompagnés de fruits rouges en coulis acidulé ou d'une liqueur de fruits (framboise, cassis).

/ Les desserts /

Sur les jeunes rosés aux effluves de petits rouges acidulés, on choisira un gâteau sur le même registre aromatique :

- une tarte aux fraises ou aux framboises, fraisier ;
- une charlotte aux framboises et son coulis ;
- un crumble aux fruits rouges acidulés.
- un sorbet cassis fraises et ses fruits frais (photo p271)

Avec les rosés « matures » de 20 à 40 ans d'âge au parfum de liqueur d'orange, l'association est naturelle avec des :

- des gâteaux au chocolat et fruits rouges frais ou à l'alcool ;
- une charlotte au chocolat et écorces d'oranges-Cointreau.

5.8 Les accords avec les vins de fines bulles

Description organoleptique

D'emblée, le visuel tranquillise et charme l'œil expert du dégustateur. La robe jaune, aux reflets verts, libère des milliers de fines bulles qui s'élèvent délicatement vers le ciel pour former un cordon régulier. La vinification a été parfaite et les raisins blancs ou rouges apportent chacun leurs caractéristiques.

Le Chenin mûr libère des notes de tilleul, de coings et d'abricots ; le Chardonnay, plus aérien, 《 souffle 》 la douceur et la légèreté avec des notes de fleurs d'acacia, de citrons jaunes et verts et de pommes verte.

Portrait oenologique
photo P. Joly
葡萄酒工艺学描绘
乔力摄影

/ 与肉类搭配 /

有 10 至 25 年酒龄的半干桃红陈酿均带有樱桃味烧酒、树脂黑樱桃和树脂松的气味，呈桃红色。可以在吃用吉诺雷樱桃酒烹饪的鸭胸肉、樱桃绿头配的鸭肉片或是用英国樱桃酒烧的鸭的时候，饮用半干桃红陈酿。

/ 与奶酪搭配 /

该类酒的柔顺和果味感能增加鲜奶酪的柔顺特性。那些未经擦拭、精炼和腌渍的奶酪都很细腻和油滑，通常在饭后、代替餐后甜点食用。比如白奶酪，包括小瑞士奶酪、以及南特或安茹白奶酪。在吃这两种奶酪时可以搭配酸浆红色水果或水果利口酒（覆盆子、黑加仑），同时喝一点半干桃红葡萄酒。

/ 与甜点搭配 /

年轻的半干桃红葡萄酒散发着酸性小红果味，可以选择相同香型的蛋糕与之搭配，如：

- 草莓挞或覆盆子挞，草莓味奶油蛋糕。
- 浇上覆盆子酱的夏洛特覆盆子蛋糕。
- 烤奶油球酸性小红果派。
- 黑加仑草莓冰淇淋配新鲜黑加仑草莓水果沙拉（如图）。

Sorbet de cassis et ses petits fruits roses
黑加仑草莓冰淇淋配新鲜黑加仑草莓水果沙拉

陈酿 20 至 40 年的半干桃红陈酿带有橘味利口酒的香气，自然是与以下甜点搭配的首选：

- 巧克力和新鲜小红果蛋糕或巧克力酒心蛋糕；
- 君度酒味巧克力和橘皮夏洛特蛋糕。

5.8 起泡葡萄酒配餐

感官描述

看到起泡葡萄酒的第一眼，即使是品酒专家也会着迷并有特殊的平静感。带有绿光反射的黄色酒裙，释放出数千个细微的气泡轻盈上升，形成一条规则的珠链。完美酿出的白、红起泡葡萄酒的表现会各具特色。

Le Cabernet franc ou le Pinot noir exacerbent des notes subtiles de fruits rouges (fraises, framboises, groseilles...) et de violette. La méthode traditionnelle valorise, grâce à son séjour sur lies fines, des arômes de briochés, de viennoiseries, de levures, de miel et de fruits secs (amandes et noisettes).

La bouche quant à elle, peut être radicalement différente selon l'assemblage des cépages et l'équilibre sur la sucrosité que l'on veut lui donner.

Voici 3 grandes tendances :

- Vinifié à partir de raisins tout juste mûrs, le vin possède en bouche une note peu suave, savamment pétillante, avec une acidité en finale particulièrement percutante... pour ne pas dire 《 franchement acide 》 !
- Elaboré à partir de raisins blancs et rouges mûrs, éventuellement élevés en barriques, le vin exprime tout son potentiel autour d'une charpente robuste et des tanins solides qui permettront de nombreuses associations mets-vins très différentes de la première catégorie ;
- Après les deux vins effervescents bruts précédents, l'élaborateur peut également privilégier la douceur en sur-dosant la liqueur d'expédition et en vinifiant ainsi des vins demi-secs.

Conseils de service et conservation

- La conservation d'un vin effervescent (3 ans maximum) ne souscrit pas aux mêmes règles qu'un vin tranquille. Après dégorgement, la bouteille doit être consommée rapidement.
- La température de service doit être fraîche de 5 à 6°c pour que les bulles soient fines et élégantes, mais pas trop glacé non plus pour ne pas bloquer la complexité aromatique et renforcer l'acidité. Service dans une flûte élégante ou un verre pointu avec calice ventru.
- Il est recommandé de descendre la température doucement par pallier (température de la cave, puis du bas du réfrigérateur, puis une mise dans un seau avec quelques glaçons, pour conserver la fraicheur du vin durant tout le service). La bouteille est décoiffée, puis ouverte manuellement ou avec un sabre afin d'avoir un coté plus spectaculaire...
- Concernant la conservation d'une bouteille entamée, le gaz étant très volatil, il faut bien la refermer avec des bouchons totalement hermétiques adaptés pour cela.

Quelques exemples d'appellations

Sur la vallée de la Loire : Crémant de Loire, Saumur Mousseux, Vouvray, Montlouis.

En champagne : les Champagne et Champagne 1er cru...

En vallée du Rhône : Clairette de Die, Crémant de Die.

Dans le Languedoc Roussillon : Blanquette de Limoux, Crémant de Limoux.

Dans d'autres régions : les Crémant de Bordeaux, de Bourgogne, d'Alsace, du Jura, de Savoie, Bugey, Cerdon, Gaillac ...

成熟的诗南葡萄散发出椴花、木瓜和杏的香气。 霞多丽葡萄飘逸地挥洒着金合欢花、黄色和绿色柠檬以及青苹果的轻盈的、甜美香气。赤霞珠或黑皮诺最能突出红、紫色水果（草莓、覆盆子、醋栗等）的微妙香气。传统的酿酒方法得益于在细酒渣上的停留，加强了起泡酒的黄油面包、花式面包、蜂蜜、干果（杏仁和榛子）的香气。

起泡葡萄酒的口感可能会完全不同，具体取决于葡萄品种的混合以及甜度设计之间的平衡。

以下是三种主要的口味：

- 用刚成熟的葡萄酿制成的起泡酒在口感上略带甘美，气泡很到位，末尾会表现出具有特别的冲击力的酸度，为避免“太”酸的说法！
- 用成熟的白、红葡萄酿制，并在大酒桶中培养过的起泡葡萄酒可以充分发挥其强大结构和结实单宁的潜力，使其提供的酒菜搭配选择与上面这种年轻的葡萄酒有很大差异。
- 在以上两种起泡酒的基础上，生产商还可以通过补糖来酿造半干起泡葡萄酒。

饮用和储存建议

- 起泡酒的保存与平静酒不同。保存期最长不超过 3 年。且开瓶后必须尽快饮用。
- 最佳的饮酒温度应在较低的 5 至 6 摄氏度之间，从而达到保证气泡细腻、优雅的目的。但侍酒温度不能太低，否则会影响香气的丰富性并使酒显得很酸。饮用时要使用优雅的高脚香槟杯，或者肚大口小的玻璃杯。
- 建议饮用前逐渐降低温度（酒温最初是酒窖的温度，然后转到冰箱下层，再放入装有冰块的酒桶中，并保证整个饮酒过程中保持酒的低温）。通常用手拔塞开瓶，只要在特殊的场合，才用军刀来开瓶。
- 开瓶之后，气体非常容易挥发，必须使用特别密封的酒塞保证酒瓶能完全重新密封。

产区举例

卢瓦尔河谷产区：卢瓦尔河瓶中二次发酵起泡酒，索缪尔起泡酒，武福雷，蒙路易。

香槟产区：各种香槟与一级庄香槟。

罗纳河谷产区：迪城白葡萄起泡酒，迪城瓶中二次发酵起泡酒。

朗格多克·鲁西永产区：利慕白葡萄起泡酒，利慕瓶中二次发酵起泡酒。

其他产区：各种波尔多、勃艮第、阿尔萨斯、汝拉、萨瓦省、比热、塞尔冬、加亚克等产地的各种瓶中二次发酵起泡酒。

Les fines bulles blanches

Catégorie	Structure	Type	Arômes
Extra brut / brut zéro	Fraiches / toniques	**Tonique**	Fruits blancs / fruits secs (amandes / noisettes) / arômes briochés / levain
Brut	Droites et équilibrées sur la fraicheur	**Equilibré**	Fruits blancs / fruits secs (amandes / noisettes) / aromes briochés / levain
Demi-sec	Enveloppées / suaves / douces	**Tendresse**	Fruits blancs / fruits secs (amandes / noisettes) / aromes briochés / levain
Boisées / atypiques	Etonnantes denses et fraiches à la fois	**Race**	Boisé-vanillé / notes empyreumatique/ épices
Pétillants	parfaitement équilibrée avec une bulle délicate...	**Pétillants**	Fruits blancs frais / fruits secs (amandes / noisettes)

Les fines bulles rosées

Catégorie	Structure	Type	Arômes
Extra brut / brut zéro	Fraiches / toniques	**Tonique**	Fruits rouges frais / fruits secs (amandes / noisettes) / fleurs bleues
Brut	Droites et équilibrées sur la fraicheur	**Charme**	Fruits rouges frais / fruits secs (amandes / noisettes) / fleurs bleues
Demi-sec	Enveloppées / suaves / douces	**Tendre gourmandise**	Fruits rouges frais / fruits secs (amandes / noisettes) / fleurs bleues
"atypiques"	Etonnantes denses et fraiches à la fois	**Race**	épices / parfois Boisé-vanillé
Pétillants	Finement pétillante / parfaitement équilibrée avec une bulle très délicate...	**Pétillants**	Fruits blancs frais / fruits secs (amandes / noisettes)

Les fines bulles rouges

Catégorie	Structure	Type	Arômes
Demi-sec	Très douces / toniques et parfois tanniques	**Viril et tendre**	Fruits rouges frais et confiturés / fruits noirs / cacao

/ *Les entrées* /

On peut faire varier les équilibres des vins selon l'entrée qui va être sélectionnée, si la fine bulle ne présente pas de sucres résiduels (extra brut ou Brut zéro), on peut avoir des associations classiques, mais nobles avec toutes les entrées déjà citées dans la catégorie des vins blancs secs acidulés, l'impression sera la même, seule, les bulles apporteront une élégance supplémentaire sur :

- Les coquillages crus (huîtres, palourdes...) ;
- Les huîtres chaudes au Champagne avec une petite sauce blanche et souvent sur un lit de poireaux ; ou des huitres chaudes au foie gras (photo p275)
- Une mousse de crustacés (crabes, langoustes, langoustines...) et de coquillages (moules, coques...) "tartinée" sur des toasts grillés ;
- Une assiette gourmande de poissons de mer et de rivière, fumés associant, par exemple, le saumon, la truite, l'anguille, le requin...
- Une salade de gambas ou de langoustines grillées ou poêlées à la plancha ;
- Les œufs de poissons de rivière : de saumon, de truite saumonée ou d'esturgeon (le célèbre caviar).

Par contre, si le vin de fines bulles est élevé en barriques, il aura plus de structure et une finale légèrement tannique. Dans ce cas, les accords seront parfaits avec un foie gras de canard frais demi cuit servi froid ou bien poêlé.

起泡白葡萄酒的种类与特征对比表

种类名称	口感结构	特征	香味
超天然的 / 纯天然的	凉爽、强劲	强劲	白色水果 / 干果（杏仁 / 榛子）/ 黄油面包 / 酵母
天然的	直爽、平衡	口味适中	白色水果 / 干果（杏仁 / 榛子）/ 黄油面包 / 酵母
半干的	圆顺 / 甘美 / 柔软	温柔	白色水果 / 干果（杏仁 / 榛子）/ 黄油面包 / 酵母
小树丛 / 不常见的	兼具令人惊讶的稠密与凉爽	口味正宗	林木 - 香草 / 焦味 / 香料
多泡的	完美平衡的、细腻泡沫	多泡	新鲜的白色水果 / 干果（杏仁 / 榛子）

起泡桃红葡萄酒

种类名称	口感结构	特征	香味
超天然的 / 纯天然的	凉爽、强劲	强劲	新鲜的红色水果 / 干果（杏仁 / 榛子）/ 蓝色花朵
天然的	直爽、平衡	富有魅力	新鲜的红色水果 / 干果（杏仁 / 榛子）/ 蓝色花朵
半干的	圆顺 / 甘美 / 柔软	温柔、美味	新鲜的红色水果 / 干果（杏仁 / 榛子）/ 蓝色花朵
“不常见的”	兼具令人惊讶的稠密与凉爽	口味正宗	香料 / 有时会有树丛 - 香草味
多泡的	有完美、平衡、细腻、精致的气泡	多泡的	新鲜白色水果 / 干果（杏仁 / 榛子）

起泡红葡萄酒

种类名称	口感结构	特征	香味
半干的	很甜 / 强劲，有时有单宁味	阳刚兼温柔	新鲜的红色水果和红色水果果酱 / 黑色水果 / 可可

/ 起泡酒与开胃菜搭配 /

开胃菜可以用来调整佐餐葡萄酒的平衡。可以选择没有残留糖分、超天然的或纯天然的起泡酒来与传统而高贵的开胃菜搭配，比如在微酸干白葡萄酒部分提到的各种开胃菜。其搭配效果给人的印象是一样的，气泡还能增加额外的优雅：

- 生贝类（牡蛎、缀锦蛤等）。
- 以韭葱打底，用香槟及少许白汁烹制的热牡蛎；或者是配鹅肝的加热牡蛎（见照片）。
- 把用螃蟹、龙虾、海螯虾等以及贝类（贻贝、白贝）做的慕斯涂在烤面包上。
- 选用鲑鱼、鳟鱼、鳗鱼、鲨鱼等熏制海鱼、河鱼准备的美味拼盘。
- 用石板烤制或煎制的深水大虾或海螯虾沙拉。
- 鲑鱼、肉色像鲑鱼的鳟鱼河鱼卵拼盘，或著名的鲟鱼鱼子酱。

另外，如果起泡酒是在大木酒桶中培养出来的，其结构则更加明显，收尾有轻微单宁感。在这种情况下，用其与冷的或煎过的半熟新鲜鸭肝搭配将非常完美。

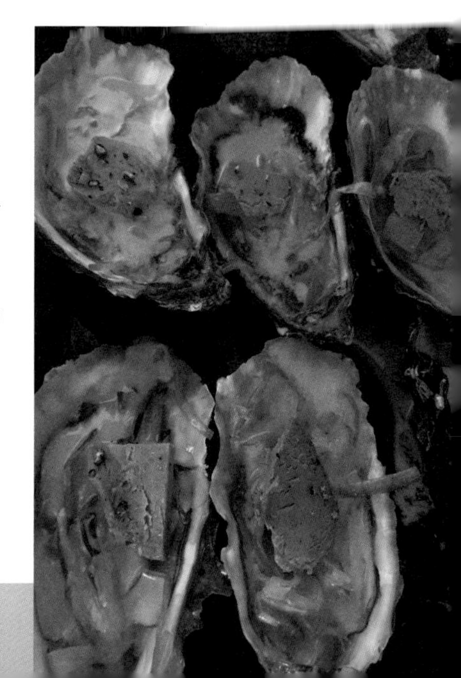

Huîtres chaudes au foie gras
热牡蛎配肥肝

/ Les poissons et les crustacés /

Les vins effervescents avec peu de sucres résiduels vont s'épanouir sur de nombreux poissons à chair tendre, voire à chair ferme, sur des crustacés et certains nobles coquillages travaillés :

- Une sole au Champagne ou Crémant ;
- Une lotte cuisinée sous différentes formes : au beurre, à l'Américaine...
- Une langouste grillée et flambée au rhum ;
- **Une fricassée de homard breton au coulis d'étrilles (photo p277);**
- Des noix de Saint Jacques grillées ou poêlées.

Avec un vin sans dosage (Extra brut ou brut zéro) avec une fraicheur vivifiante... il est important de jouer également sur la finesse, la dentelle... et l'élégance dans l'assiette.

/ Les viandes /

Sur des viandes, l'association est plus délicate, mais on retrouve une grande partie des viandes blanches citées dans le chapitre des vins blancs ronds et riches. Le mousseux ou le pétillant doit être le plus brut possible, un élevage de quelques mois en fûts de chêne avant la champagnisation renforcera les tanins et facilitera les accords sur :

- Une poularde au Champagne, des ris de veau aux écrevisses ou aux langoustines, un accord terre-mer permet une alliance plus forte avec le vin.
- **Des suprêmes de volaille et riz sauvage, accompagnés d'une sauce crème à l'estragon (photo p276).**

/ Les desserts /

Si le vin est blanc, il peut s'associer à de nombreuses glaces, sorbets ou crèmes glacées mais aussi à :

- un soufflé glacé aux perles de Cointreau ; une mandarine givrée et sa glace à la vanille (photo)
- une crème anglaise ou une île flottante ;
- des pâtisseries meringuées ;
- des crêpes soufflées au citron vert ou au Grand Marnier (dites « crêpes Suzettes ») ;
- gratin de fruits blancs ou granité de pêches.

Si le vin est rosé, on peut l'accorder à **de nombreux desserts** (photo p277) à la base de fruits rouges mais également certaines entrées ou plats de résistance que l'on a évoqués dans la catégorie des vins rosés secs : Certains poissons, des viandes blanches... L'idée principale est bien de retrouver dans le plat la même couleur et les mêmes arômes que dans la flûte.

/ 与鱼和贝类搭配 /

残留糖分极少的起泡酒可以与许多肉质软嫩、甚至肉质偏硬的鱼搭配，还可以与虾蟹或某些加工过的名贵贝类搭配：

- 用香槟或起泡酒烹制的鳎鱼。
- 以不同形式烹制的安康鱼：黄油烹制、美式风格等。
- 用朗姆酒烤制或烧制的螯虾。
- **用梭子蟹酱烩制的布列塔尼螯虾（见右图）。**
- 用明火烤的或炒的扇贝肉。

没有补糖液的葡萄酒（超天然的或纯天然的）具有令人活跃的清爽度，因此与其搭配的菜肴也需细腻、修饰和雅致。

Homard
螯虾

/ 与肉类搭配 /

起泡酒与肉类的搭配条件更高，不过起泡酒可以与我们在前一章提到的甜润丰富的白葡萄酒的很多白肉搭配。前提条件是，各种起泡酒必须尽可能的自然，还最好在橡木桶中培养过数月，并进行香槟味化处理，以增强单宁并便于酒菜搭配，如下面例举的：

- 用香槟烹制的小母鸡，带有海螯虾或螯虾的小牛胸腺，海味与陆地动物味的结合可以使酒菜的搭配更贴切。
- **龙蒿奶油汁鸡胸肉配野生大米饭（见 276 页上方图片）。**

/ 与甜点搭配 /

起泡白葡萄酒不仅可以与不少果汁冰糕或冰淇淋搭配，还可以与以下几种甜点搭配：

- **加了君度珍珠的糖面舒芙蕾（见 276 页下方图片）；**
- 浮岛蛋白加英格兰式奶油汁；
- 烤蛋清酥皮糕点；
- 配绿柠檬或柑曼怡蒸馏酒的蛋奶酥饼（也称为“苏吉特鸡蛋煎饼”）；
- 黄油球烤白色水果或桃子粗冰沙。

起泡桃红葡萄酒可以与许多基于红色水果的甜点搭配，也可以与我们在干桃红葡萄酒类别中提到的某些开胃菜或主菜搭配，比如某些鱼、白肉等。最关键的是盘中的菜肴或点心的颜色和香气要与起泡酒的颜色和香气吻合。

Dessert à base de fruits rouges
基于红色水果的甜点

5.9 Les accords avec les vins de liqueur et vins doux naturels

Photo P Joly *Portrait Œnologique d'un Muscat de Saint Jean du Minervois*
米内瓦圣约翰麝香葡萄酒的工艺学描绘
乔力摄影

Définition d'un Vin de Liqueur (VDL) :

Est appelé vin de liqueur (ou mistelle de raisin), un vin obtenu par mutage du jus de raisin avant le début de la fermentation alcoolique. Le jus ou moût est additionné d'une eau-de-vie de vin provenant de la même région, afin d'empêcher sa fermentation et ainsi conserver le sucre résiduel. Ils peuvent être blancs ou rosés.

En France on peut citer les appellations : Pineau des Charentes, Floc de Gascogne, Macvin du Jura...

Définition d'un Vin Doux Naturel (VDN) :

Est appelé vin doux naturel un vin obtenu par mutage au cours de la fermentation alcoolique, avec un alcool neutre (à > 85 % vol). Cette action stoppe la fermentation et ainsi conserve les sucres résiduels, tout en augmentant le titre alcoométrique volumique acquis. Un vin doux naturel est donc bien naturellement doux (sucré), mais pas naturellement alcoolisé. Car une partie plus ou moins importante vient de l'alcool rajouté.

En France on peut citer les appellations en blanc : Rivesaltes (la plus vaste), Muscat de Lunel, Muscat du Cap Corse, Muscat Beaumes de Venise... et en rouge : Banyuls, Maury et Rasteau.

En Europe, les appellations les plus connues sont : Porto, Madère au Portugal, Xeres en Espagne, Marsala en Italie...

Description organoleptique

Un VDN blanc souvent issu des cépages Muscat, sera totalement exubérant avec une robe jaune or profonde et dense. Un nez qui dégage un feu d'artifice aromatique de fruits exotiques (ananas, litchis, mangues...), des petites notes d'agrumes (pamplemousses, citrons jaunes et verts), puis des arômes de fleurs entêtantes (magnolia, seringat et chèvrefeuille...), puis de pèches et d'abricots. La bouche possède une grande tendresse et suavité, avec une pointe d'alcool qui dynamise la fin de bouche.

Description organoleptique

Un VDN rouge souvent issu des cépages grenache, comme cette AOP Maury du sud de la France possède une robe pourpre à la profondeur insondable et quelques reflets brin d'évolution. Son nez puissant, à dominante de fruits séchés et confits, livre toute sa complexité : les fruits rouges se font pâtes de fruits et confiture, la figue est généreuse, les pruneaux et les raisins ont été concentrés par le soleil torride, et les cerises confites par l'alcool.

5.9 利口葡萄酒和天然甜葡萄酒配餐

利口葡萄酒（VDL）的定义：

利口葡萄酒（或掺入酒精的葡萄汁），是指在酒精发酵前，中途抑制葡萄汁发酵而获得的葡萄酒。其酿造方法是在尚未发酵的葡萄汁中加入来自同一产区的葡萄酒白兰地，以防止发酵并保留残留的糖分。有利口白葡萄酒和利口桃红葡萄酒。

法国的夏朗德产区生产皮诺利口葡萄酒，加斯科涅产区生产福乐克利口葡萄酒，汝拉产区生产马克凡等。

天然甜葡萄酒（VDN）的定义：

天然甜葡萄酒是在酒精发酵过程中进行中途抑制，并添加中性酒精（大于85%vol）而获得的葡萄酒。这种方法通过中止发酵来保存残留的糖分，同时增加酒精浓度来生产天然甜葡萄酒。但天然甜葡萄酒中的甜味不是通过天然醇化得到的而是通过添加酒精来实现的。

法国天然甜白葡萄酒最大的产区是里韦萨尔特。吕内勒产区、科西嘉角、博莫威尼斯产区也生产麝香葡萄甜酒。天然甜红葡萄酒有巴纽尔斯、莫利和拉斯多。

欧洲最有名的天然甜葡萄酒产区有葡萄牙的波尔图、马德拉，西班牙的赫雷斯和意大利的马尔萨拉等。

感官描述

天然甜白葡萄酒通常来自麝香葡萄，洋溢而丰富，酒裙呈深而致密的黄色，嗅觉洋溢而丰富，仿佛是热带水果（菠萝、荔枝、芒果等）风格的焰火释放，同时还有柑橘、柚子、黄色和绿色柠檬气味以及令人愉悦的花香（如玉兰、山梅花、忍冬等）气味的点缀，以及桃子和杏子的气味。口感柔滑，带有淡淡的酒精感，使口感充满活力。

感官描述

天然甜红葡萄酒常用歌海娜葡萄酿造，例如法国南部的受保护法定产区莫利出产的天然甜红葡萄酒。其酒裙呈深不可测的紫红色，并带有一些变化的迹象。气味复杂，尤以干果和蜜饯气味为主，比如：红色水果制成的果泥和果酱的味道，丰满的无花果，在炽热阳光下浓缩的李子和葡萄，酒精浸泡的樱桃等水果的味道。

Photo P Joly *Portrait oenologique d'un Maury*
莫利天然红葡萄酒成分描绘
乔力摄影

Mais l'évasion est plus intense encore... Les effluves de café, de muscade, de cannelle, de bananes confites, de vanille, de thé et de chocolat noir, évoquent un marché exotique d'épices sur une des îles de l'arc antillais. Une note de tabac brun et de bois d'olivier tonifie la perception olfactive. La bouche suave, voire onctueuse est parfaitement équilibrée. La charpente est soutenue par un réseau de tanins de velours.

/A vins exceptionnels, accords exceptionnels !/

☞ A l'apéritif

Servis à l'apéritif ou tout simplement pour un instant de plaisir et de conversation, les VDN blancs, rosés ou rouges s'accommodent très bien des saveurs méditerranéennes : les olives, la tapenade... mais également des fruits secs : amandes salées, pistaches, arachides, noix de cajou.

☞ En entrée

L'été, lorsque la saison est chaude, les Muscats en VDN, mais également les Vins de Liqueur blancs comme les Pineau des Charentes apprécient la puissance et la douceur du melon bien mûr, surtout quand celui-ci est accompagné d'une tranche de jambon fumé. Sur des petites brochettes de melon et de cerises griottes macérées dans l'eau de vie, le fruit rouge appelle la même complexité dans le vin, l'accord deviendra alors gourmand sur des Porto, Madère ou Marsala de vieux millésimes, ou un vin de liqueur rosé ou rouge.

☞ Sur les viandes

On restera sur la même dominante colorimétrique avec un mets sombre, de préférence une viande rouge gouteuse comme du gibier légèrement faisandé (sanglier, chevreuil, filet mignon de biche, canard sauvage...) accompagné d'une sauce au vin de quelques cerises griottes et une pointe de chocolat noir pour faire un rappel dans l'assiette des arômes du vin. Malgré la forte concentration d'alcool, les vins doux naturels rouges évolués et rancio, épousent avec une grande générosité le **magret ou tournedos de canard avec une sauce au porto bien relevée** (photo p280), les petits légumes qui accompagnent apporteront comme les oignons rouges et betteraves une touche de sucrosité.

☞ Avec les fromages

Il est de tradition en Angleterre, depuis très longtemps, de déguster le stilton avec un verre de porto, il est parfaitement exact que la plupart des pâtes persillées s'accordent avec un vin doux naturel souvent rouge parfois blanc. Il faut cependant accorder la puissance du vin rouge à celle du fromage : sur un vin moyennement corsé comme un Rivesaltes ambré, un bleu d'Auvergne va l'épouser, sur un vin plus puissant, (plus de tannins et plus d'alcool comme des Porto millésimés), on privilégie une fourme d'Ambert plus suave. On gardera le Roquefort et sa puissance sur les vins doux naturels les plus âgés et plus complexes. Les vins doux naturels de muscat auront, quant à eux, besoin d'un rappel aromatique et d'une pointe d'acidité : un morceau de poire ou un fruit exotique (mangue...), par exemple.

还有比上述果香更加强烈的各种咖啡、肉豆蔻、桂皮、香蕉蜜饯、香草、茶叶和黑巧克力的香味，仿佛让人置身于西印度群岛上的一个异国情调的香料市场之中。褐色烟草和橄榄木的香味点缀会进一步刺激嗅觉。口感顺滑甚至有些油质，非常平衡。丝绒般的单宁会很好地支撑着酒的结构。

/非凡的葡萄酒，非凡的搭配！/

☞ **作为开胃酒**

白色、桃红或红色的天然甜酒，既可以作为开胃酒，也可以作为短暂娱乐和聊天时的消遣酒。这些酒最适合与地中海风味的食品搭配，比如橄榄、普罗旺斯橄榄酱，还有咸杏仁、开心果、花生、腰果等各种干果。

☞ **与开胃菜搭配**

在炎热的夏季，天然甜酒中的麝香葡萄酒以及夏朗德的皮诺利口白葡萄酒，与强力、甜味充足的成熟甜瓜搭配特别恰当，若能加上一片熏火腿，则十全十美了。对于烧酒浸泡处理过的甜瓜丁和黑樱桃串，也要求葡萄酒具有相同的复杂性才能与之搭配。讲究的搭配，将以波尔图、马德拉、陈年的马尔萨拉，以及利口桃红葡萄酒或利口红葡萄酒为首选。

☞ **与肉类搭配**

还是要遵循色彩比配的原则，选择深色菜肴搭配。最好是可口的红肉类，例如略经腌制的野味（野猪、鹿肉、母鹿的嫩里脊、野鸭等），并配以一些用黑樱桃酒加黑巧克力风味调配的酱汁，这样可以让酒的香气与菜肴呼应。尽管有酒精度很高，经过陈化的天然甜酒和甜烧酒，可以凭借其醇厚与浓味波尔图酒酱汁的鸭里脊或腓里牛排很好地结合（见 280 页图片），若加入红洋葱和甜菜作搭配蔬菜，也会给菜肴添加少许甜味。

☞ **与奶酪搭配**

英格兰长期以来的传统，是在吃斯蒂尔顿干酪的时候来一杯波尔图天然甜葡萄酒。这种搭配完全正确，大多数绿霉干酪通常是搭配天然甜红葡萄酒，有时也配天然甜白葡萄酒。 但是，红酒的力量感必须与奶酪的力量感相匹配。对于酒体厚度中等的葡萄酒，比如琥珀色的里韦萨尔特天然甜酒，一块奥弗涅的霉干酪可以与之很好搭配。对于更强劲的天然甜酒（单宁更丰富，酒精度更高，比如年份波尔图酒），最好是配上柔顺的昂贝尔圆干酪。对于羊乳干酪及其体现的力量感，要搭配最陈年和更复杂的天然甜酒。品尝天然甜酒中的麝香葡萄酒时，需要唤起香气和一点酸度，因此最好配上一块梨或一种热带水果（比如芒果）。

Certains fromages de chèvre très secs, et les tomes de brebis basques plutôt fermières, affinées et sèches, comme l'AOP Ossau Iraty accompagnée de sa confiture de cerise noire se marie, grâce au sucre et aux arômes de fruits noirs des VDN rouges de l'autre côté des Pyrénées sur la méditerranée comme les vieux millésimes de Banyuls.

☞ **Les desserts**

Sur des vins rouges, quel plaisir de savourer un gâteau au chocolat noir, une mousse au chocolat, ou un fondant au chocolat, avec un rouge au caractère rancio bien affirmé. L'accord est puissant, profond et chaleureux, le chocolat qui doit absolument être noir, amer et pur, va sublimer les notes torréfiées et cacaotées du vin. C'est certainement l'accord le plus facile et le plus évident. Il faut cependant une teneur en cacao élevée pour qu'il y ait le moins de sucre possible. sinon l'accord risque de saturer le palais en fin de repas.

L'accord fonctionnera bien aussi si le **gâteau au chocolat** est parfumé au café noir, ou s'il est accompagné d'une compotée de fruits rouges, ou une marmelade d'oranges ou de mandarines amères (photo p283).

L'autre ingrédient qui s'accorde parfaitement est la noix. Tartes aux noix ou gâteaux aux noix vont être sublimés (et inversement) par un beau vin doux naturel, particulièrement les plus vieux millésimes dans lesquels le rancio (avec un arôme de noix) sera le plus marqué.

Sur des Muscats, on va rechercher la complicité visuelle avec des desserts jaunes et très parfumés de **fruits exotiques à base de mangues, d'ananas, de litchis** comme sur la photo p282 du dessert proposé par Arnaud Vieil, chef étoilé Français d'Argentan (Orne). Les fruits méditerranéens comme l'abricot, la pèche, la poire... présentés sous forme de tartes, de soupes de fruits frais ou de sorbets accompagnent harmonieusement la densité du cépage entêtant. Les agrumes avec leur acidité seront également adoucis par la tendresse du vin.

Sur les crèmes brulées ou les crèmes Catalanes, très onctueuses, les muscats réveilleront et dynamiseront les papilles gustatives.

对于一些非常干的山羊奶酪，以及非常乡村风格的精干巴斯克绵羊干酪，比如通常与黑樱桃酱同时品尝的奥索 · 伊拉提原产地干酪，若能配上比利牛斯山另一侧、地中海边的天然甜红葡萄酒，如陈年的巴纽尔斯，得益于其酒中的糖分和黑色水果香气，这种搭配将十分理想。

☞ 与甜点搭配

绝佳享受天然甜红葡萄酒的甜点是黑巧克力蛋糕、巧克力慕斯或巧克力糖心蛋糕。特别是对于明显带有强烈陈年变味甜烧酒感觉的天然甜红葡萄酒。这种搭配给人强劲、浓烈而温暖的感觉。只有深色、纯苦的巧克力，才能使天然甜红葡萄酒的烘烤和可可气味升华。这当然是最简单和最明显的搭配。不过巧克力中的可可含量必须极高、糖分尽量低，否则这样的搭配有可能让人在用餐后味觉过于饱和。

如果巧克力蛋糕经过黑咖啡增香，或者配糖水红色水果，以及橘子果酱或苦橘吃，这样的搭配也不错。（见照片）

Gâteau au chocolat fondant et sa marmelade d'oranges
溶巧克力蛋糕配橘子果酱

其他可以完美搭配的食物还有核桃。 一杯很棒的天然甜酒可以使核桃做的塔饼或蛋糕得到升华（反之亦然）。特别是对于那些陈酿的天然甜酒，其中陈年的甜烧酒味尤其强烈（本身就带有核桃香气）。

对于麝香葡萄酒，我们主要寻求视觉上的搭配。比如主要与用芒果、菠萝、荔枝等气味浓郁的热带黄色水果制作的甜点搭配，就像左图中奥恩省阿让唐市星级厨师阿尔诺·维埃耶制作的甜点（见 282 页图片）。 用杏子、桃子、梨子等地中海水果制作的塔饼、新鲜水果糖水或冰糕，都可以与令人迷恋的葡萄酒的浓度和谐地搭配。酸度适中的柑橘类水果也会因麝香葡萄酒的柔度而软化。

麝香葡萄酒能够唤醒并激发味蕾，体现焦糖布丁或加泰罗尼亚布丁的滑腻口感。

6 Glossaire

A.O.C/A.O.P : Créées en 1935 et gérées par les professionnels dans le cadre de l'Institut National des Appellations d'Origine (l'I.N.A.O), les Appellations d'Origine Contrôlées, aussi appelées Appellations d'Origine Protégées depuis 2009, garantissent une origine, une authenticité et une qualité au consommateur. Il existe plus de 400 A.O.C/A.O.P vins en France.
法定产区标识 / 受保护的原产地标识：法定产区标识由法国国家原产地命名管理局创立于 1935 年，并一直由业界的专业人员在该机构的领导下进行管理。法定产区标识，从 2009 年开始，亦称为受保护的原产地标识。该标识可向消费者确保产品的正宗来源、可靠性及其品质。目前法国有超过 400 种，被称为法定产区标识 / 受保护的原产地标识葡萄酒。

Acerbe : Un vin acide à l'excès (dit vert... même s'il n'a pas cette couleur !).
酸涩葡萄酒：酸度过大的葡萄酒（亦称“绿葡萄酒”，但实际上没有绿色！）。

Acidité : Terme générique qualifiant le goût frais d'un vin. Cette acidité provient de différents acides présents dans le vin tels que l'acide malique ou l'acide tartrique.
酸度：用于描述葡萄酒新鲜口味的通称。葡萄酒的酸度来自其中不同的酸性成分，如苹果酸或酒石酸。

Acidité volatile/ Piqué : Différente de l'acidité fixe, l'acidité volatile très perceptible à l'odorat et au goût est donnée par l'acide acétique (vinaigre).
挥发性酸度：主要来自于醋酸（醋），与固定酸度不同，很容易被嗅觉和味觉感知。

Acide tartrique : Principal acide du raisin (voir précipitations tartriques).
酒石酸：葡萄果粒中所含的主要酸（见酒石酸沉淀）。

Agrément : Procédure obligatoire pour les vignerons, mise en place par l'Institut National des Appellations d'Origine et qui permet tous les ans de délivrer l'A.O.C/A.O.P aux vins présentés.
法定产区标识 / 受保护的原产地标识许可证书的颁发：该证书由法国国家原产地命名管理局设立并审批。所有希望获得法定产区标识或受保护的原产地标识的葡萄酒，均需向该机构提出申请。审核通过后，即可获得标识。

Alcool : Composant majeur du vin juste après l'eau, l'alcool provient de la fermentation des sucres par les levures. Il apporte de la structure au vin, mais celui-ci peut devenir brulant, si l'alcool est en excès.
酒精：葡萄酒中仅次于水的第二重要成分，经酵母糖分发酵产生，是决定葡萄酒结构的重要元素。但如果酒精过量，口感会是火辣辣的。

Alcool acquis : Degré alcoolique réel du vin, terme plus employé pour les vins moelleux.
获得酒精度：葡萄酒实际的酒精度，多用于描述甜型葡萄酒。

Alcool en puissance : Degré en potentiel, les sucres sont exprimés en alcool : par exemple, 13 degrés d'alcool acquis + 3 degrés en puissance. Soit 16.7 * 3 g/l en sucres = 50,10g/l, car il faut 16.7 g de sucres/l de jus de raisin pour donner 1% vol.
潜在酒精度：用来描述酒中的糖分含量。比如在“13 度获得酒精度 + 3 度潜在酒精度”的提法中，“3 度潜在酒精度”意味着每升葡萄汁须含有 16.7 ×3 克的糖分，因为每升葡萄汁中要含有 16.7 克的糖分才能转化为 1% 的酒精度。

Ampélographie : Science de la description des espèces de vigne.
葡萄种植学：描述葡萄品种的科学。

6 词汇表

Ampélographe : Personne pratiquant l'ampélographie.
葡萄种植学家：葡萄种植学研究者。

Ample : Se dit d'un vin qui emplit bien la bouche ou qui est riche en bouche.
（口感）饱满：指品酒时，体会到的饱满、丰富的口感。

Analyse chimique : Procédé permettant une étude complète des composés du vin (plus de 400). Des analyses chimiques sont réalisées pour suivre l'évolution des fermentations et de l'élevage, pour les agréments et pour l'exportation dans certains pays.
化学分析：研究分析葡萄酒成分的完整过程（超过 400 种成分）。因颁发法定产区标识或受保护的原产地标识许可和向某些国家出口酒的需要，对酒的整个发酵和培养过程所进行的化学分析。

Analyse olfacto-gustative : Etude d'un vin dans le cadre d'une dégustation.
嗅觉味觉分析：通过品鉴研究葡萄酒。

Analyse organoleptique ou Analyse sensorielle : Etude d'un vin par la dégustation. Description précise de toutes les sensations perçues au cours de la dégustation. (La vue, l'odorat et le goût)
葡萄酒品鉴分析 / 用人类感觉器官反馈的信息进行葡萄酒分析：通过品鉴来研究葡萄酒。精确描述品鉴过程中的所有感受（视觉、嗅觉和味觉）。

Anhydride sulfureux (SO_2) : Substance protégeant les vins de l'oxydation, de la piqure acétique et évitant tous départs en re-fermentation (inhibition des levures).
二氧化硫（亚硫酸酐）：能避免葡萄酒氧化、醋酸发酵以及再发酵时的各种散逸（起到抑制酵母的作用）的物质。

Anthocyanes : Pigments rouges situés dans la pellicule des raisins, responsables de la couleur des raisins et du vin.
花青素：在葡萄皮中的色素，为葡萄和葡萄酒提供红颜色。

Âpre : Plus encore que le vin rude, le vin âpre est excessivement astringent.
（口感）苦涩：苦涩葡萄酒比硬葡萄酒涩味更加明显，苦涩葡萄酒的口感特别干涩、紧缩。

Aqueux : Le vin aqueux est insuffisamment concentré, il manque de consistance, comme s'il était dilué.
多水葡萄酒：指酒的浓度不够，缺乏结实度，犹如被稀释过。

Argile : Composante des sols ayant un rôle primordial sur la qualité des vins. La localisation et la proportion d'argile influencent fortement le fonctionnement de la vigne du monde entier.
粘土：对全世界的葡萄酒质量起首要作用的土壤成分。其位置和比例深刻影响葡萄的生长。

Argiles ammonites : Fossiles en forme de gros escargots trouvés fréquemment dans le kimméridgien (terres blanches) que l'on voit dans la région Centre Loire et Bourgogne.
菊石粘土：主要分布在卢瓦尔中部产区和勃艮第产区的启莫里阶地层中（白土）。可以看到形状像大蜗牛的化石，即菊石粘土。

Argilo-calcaires : Types de sols rencontrés très fréquemment dans les vignobles du Centre-Loire, de Touraine, mais également de Champagne.
粘土一石灰石：这种类型的土壤，在卢瓦尔中部、图赖讷以及香槟等产区的葡萄园中常见。

Aromatique : Un vin aromatique manifeste à l'odorat de bonnes sensations et une grande complexité.
（嗅觉）芳香： 芳香葡萄酒提供良好且十分丰富的嗅觉感受。

Arômes : Terme de dégustation désignant les odeurs d'un vin. On oppose parfois le terme arôme (à utiliser pour les vins jeunes) au terme bouquet (pour les vins plus évolués). On distinguera les arômes primaires (arômes du raisin et du terroir), les arômes secondaires (donnés par les fermentations) et les arômes tertiaires (apportés par l'élevage du vin en barrique et son vieillissement-âge en bouteille).
香气： 品鉴葡萄酒气味的术语。"arôme （香气）" 通常在描述年轻的葡萄酒的香味时使用，"bouquet（陈香）" 则用于描述陈酿葡萄酒的香味。葡萄酒的香气可以分为主要香气（葡萄和产区的风土气味）、次层香气（经发酵产生的香气）和附加香气（经过酒桶酿造、保存及装瓶长存后可能产生的酒龄香气）。

Assemblage : Technique utilisée pour obtenir avec plusieurs cuves ou cépages la qualité organoleptique recherchée.
调配： 一种专门的酿酒技术。指为实现某种期望的酿造效果，把在不同酿酒桶酿造的酒或不同品种的葡萄调配在一起。

Astringent : Caractère asséchant ou granuleux, provoqué par la modification des propriétés lubrifiantes de la salive et du rétrécissement des cellules de la cavité buccale, engendrée par la présence de tanins.
（口感）干涩、紧缩： 在品尝某些酒时，由于单宁改变了唾液的润滑性，使口腔细胞收缩，产生了口腔干而糙的感觉。

Attaque : Première impression en bouche, principalement sur le palais. Elle doit être franche et nette mais dépourvue d'agressivité.
第一口感： 口腔中的第一印象，主要在上腭。第一口感最好是直接、纯粹而不刺激的。

Autolyse : Terme technique qui désigne la décomposition des levures mortes et la dissolution de certains de leurs constituants dans le vin, après l'arrêt de la fermentation.
自溶： 这种技术术语用来描述在葡萄酒发酵停止后，死酵母在酒中的分解及其残留物在酒中的溶解。

Bactéries : Micro-organismes présents dans le vin, elles appartiennent à différentes espèces favorables ou non à la bonne évolution du vin. Par exemple : Les bactéries lactiques permettent une deuxième fermentation obligatoire dans les vins rouges (la fermentation malolactique).
细菌： 葡萄酒中存在的微生物。这些不同种类的微生物对葡萄酒的生成起着好的或不好的作用。例如，乳酸菌能促使红葡萄酒发酵所必须的第二次发酵（乳酸发酵）。

Baguette : Terme viticole désignant le long bois laissé sur le cep après la taille pour donner des fruits. On laisse ainsi un maximum de six à huit bourgeons fructifères sur une baguette dans la Taille Guyot selon les rendements que l'on souhaite pour le cépage et l'A.O.C/A.O.P concernée.
枝条： 该葡萄种植术语是指葡萄树剪枝后，留在葡萄藤上便于结葡萄的长枝条。根据居由式单长枝剪枝法原则，及相关法定产区对某葡萄品种的产量要求，葡萄种植者会在每个枝条上，最多留下 6 到 8 个芽。

Baie : Nom scientifique donné au grain du raisin.
浆果： 葡萄果粒的科学名称。

Ban des vendanges : Date à partir de laquelle les vendanges peuvent débuter. Elle est décidée, chaque année, par les professionnels dans le cadre du syndicat viticole en fonction de la maturité observée dans les vignes. Pour vendanger avant cette date, il faut obtenir une dérogation auprès des services de l'I.N.A.O.
采收通告日： 可以开始采收葡萄的日期。由葡萄酒行业协会的专业人员，每年根据葡萄成熟度来确定。如果要在规定的日期之前采收，必须经过法国国家原产地命名管理局的特批。

Barrique : Tonneau essentiellement de chêne de contenance variable, généralement 220 litres.
大酒桶： 主要由橡木制成，容量不固定，一般为 220 升。

Bâtonnage : Opération qui consiste à remettre en suspension les lies de fermentation dans une cuve ou dans un fût pour favoriser l'autolyse.
搅桶： 将酿酒桶中的发酵残渣重新悬浮以促进自溶的一种操作过程。

Bentonite : Argile naturelle utilisée pour éliminer les protéines en présence trop forte dans les vins et pouvant troubler leur aspect.
膨润土： 一种天然粘土，用于消除葡萄酒中过多的蛋白质，并改变其外观。

Binage : Travail de la terre (généralement manuel) qui permet de ne pas utiliser de désherbant chimique.
中耕： 一种避免使用化学除草剂的葡萄生长过程中的葡萄园工作（通常是人工操作）。

Biologique : Terme désignant des pratiques culturales n'utilisant aucun apport de produits de synthèse (essentiellement soufre fleur et cuivre). Cette technique permet la production des vins issus de raisin de l'agriculture biologique. (logo AB possible si contrôle d'un organisme certificateur) en Chine on utilise le terme Organic.
生态平衡、生物学原理（种植）： 指不采用任何化学合成产品的种植行为（主要是不使用硫肥和含铜的化肥）。保证采用纯生态种植的葡萄酿造葡萄酒（如果要在产品上标注"生态农产品"标记，必须得到专门机构的认证）。中国习惯使用"有机"这一说法。

Blanc d'œuf : Le blanc d'œuf est utilisé pour clarifier et assouplir les vins avant la mise en bouteille (opération qui s'appelle le collage).
蛋清： 在装瓶前，用蛋清来澄清和软化葡萄酒（即凝结过滤法）。

Bois : L'élevage sous bois (ou en fût), permet, par une micro-oxygénation du vin et des échanges gazeux, de donner un caractère différent aux vins en captant notamment les couches superficielles de la barrique. (arômes : boisé-vanillé, toasté, réglisse, noix de coco... selon l'origine du bois : chêne américain, français ou pays de l'Est).
木头（气味）： 葡萄酒在木酒桶中培养，可以通过微氧化和气体交换，获得来自木桶表层的气味。（即，木香一香草、烧烤、甘草、椰子等的木头香气，取决于木材的产区，如美洲、法国或东欧等地产的不同橡木。）

Bonde : Pièce utilisée pour boucher un fût. Généralement en bois ou en silicone, elle vient se loger dans le trou de bonde.
木桶塞： 用于塞住酒桶的部件。通常是木质或硅胶制品，塞进酒桶的塞孔中。

Botrytis Cinerea : Champignon microscopique engendrant la pourriture grise lors des millésimes pluvieux (dégradation du raisin) et la pourriture noble sur le chenin (concentration du cépage).
灰霉菌： 一种微型真菌，在多雨的年份会引起灰霉病（葡萄果粒变坏），以及诗南葡萄的贵腐现象（葡萄品种的浓缩）。

Bouchon : Pièce apparue au XIIème siècle et qui permet la fermeture des bouteilles. Le bouchon est en général en liège.
木塞： 始于 12 世纪，用来封闭瓶子的物件。通常由软木制成。

Bouchonné : Odeur désagréable donnée par le bouchon de liège (moisi, poussière...), sentie lors de la consommation.
木塞味： 饮酒时，有时会嗅到的难闻的气味（霉味、灰尘味等）。

Bouquet : Nom donné aux arômes qui se développent généralement au cours du vieillissement d'un vin dans la bouteille.
陈香： 葡萄酒在瓶中陈酿过程中产生的香气总称。

Bourbes : Substances solides sédimentées, que l'on extrait avant la fermentation alcoolique, sur les vins blancs et rosés.
葡萄泥： 在白葡萄酒和桃红葡萄酒开始酒精发酵前，提取的沉淀固体物质。

Bourgeon : Pousse nouvelle qui se forme au départ du rameau avec l'apparition des feuilles. Les bourgeons fructifères donneront les raisins.
芽：特指从当年的葡萄藤的新叶起步的新芽。葡萄果粒将由此萌芽。

Brassage par remontage : Recyclage des moûts ou vins durant la phase de macération des vins rouges par pompage, par pigeage, par remontage au gaz, afin de favoriser l'extraction dans de bonnes conditions des composants attendus :

- les matières colorantes anthocyanes,
- les éléments de volume gustatif et de structure, tanins ou polyphénols,
- les éléments aromatiques.

提升搅拌：在红葡萄酒浸渍阶段，通过泵送、翻渣、打气等方式提升酒液，为更好地萃取如下各种成分提供条件：

- 花青素色素。
- 单宁或多酚等体积、结构元素。
- 芳香元素。

Buttage : Labour qui permet de recouvrir de terre au pied des souches afin de les protéger des gels d'hiver, technique très pratiquée dans certains pays (Canada-état du Québec, Chine, dans les environs de Pékin).
培土：翻耕覆盖葡萄树桩底土壤使其免受冬季冻结，这种技术在某些国家使用较普遍（加拿大魁北克省、中国北京地区等）。

Caractères technologiques du vin ou vin technologique : des vins très typés par des caractères issus strictement de l'emploi d'une technologie pour masquer les caractères du cépage et des terroirs.
特种工艺葡萄酒或技术葡萄酒：使用特别技术来改变某些葡萄酒的品种和风土口味。

Casses ferrique-cuivreuse : Troubles et dépôts occasionnés sur vins par des excès accidentels (de plus en plus rares) de fer ou de cuivre issus de matériels : cuverie, robinets mal entretenus, par exemple.
铁 - 铜变质：一种葡萄酒的浑浊和沉淀事故（该现象日益罕见）。由于某种材料，如铜酒桶、酒桶开关维修不当而造成的葡萄酒含铁或铜成分过度。

Casse protéique : Risque de troubles plus ou moins opalescents suivis de sédimentations, lorsque les moûts et vins, selon leur maturité ou leur élaboration, contiennent un excès de protéines. Le collage à la bentonite limite ce risque. Les temps d'élevage limitent aussi les risques.
蛋白质变质：根据酒的成熟度或酿造过程的不同，当葡萄汁和葡萄酒含有过量的蛋白质时，有可能产生乳白色沉淀，即蛋白质变质。膨润土凝结过滤法可以降低这一风险。陈酿时间也可降低该风险。

Caudalie : Unité de mesure de la finale en bouche d'un vin (une caudalie équivaut à une seconde).
欧缇丽：计量葡萄酒余香在口中停留时间的单位（1 欧缇丽等于 1 秒）。

Cave/Chai : Terme désignant le lieu de vinification des vins (cave/chai de vinification), mais également l'endroit où on les élève et les conserve (cave/chai de vieillissement).
酿酒库 / 酒窖：酒庄中酿造酒（酿酒车间）或存放酒（陈酿贮存专用区）的地方。

Cep : Pied de vigne. Peut être considéré comme équivalent à souche.
葡萄植株：葡萄树脚，即葡萄树的根部。

Cépage : Variété de plant de vigne (ex : le sauvignon blanc, merlot, chenin, riesling). En botanique, il s'agit d'un cultivar.
葡萄品种：葡萄苗的不同品种 : 长相思、美乐、诗南、雷司令。即植物学中关于葡萄栽培品种的概念。

Chapeau : Regroupement des éléments solides d'une macération (pellicule, pulpe, pépins) sous l'action du dégagement de gaz carbonique (C02) initié par la fermentation alcoolique. Le milieu, devenant de plus en plus hétérogène, nécessite des brassages, remontages pour « lessiver » périodiquement et entraîner ainsi les extractions espérées.
酒帽：浸泡过程中聚集的“固体”物（葡萄皮、果肉、葡萄籽），是酒精发酵时产生的二氧化碳释放造成的。由于酒帽的构成越来越混杂，因此需要通过搅桶、翻渣来定期“洗”酒帽，从而实现所期待的萃取效果。

Chaptalisation : Pratique de vinification (du nom de son initiateur Jean-Antoine CHAPTAL - 1756-1832) qui consiste à augmenter le titre alcoométrique d'un vin par ajout de sucre pendant la fermentation. La limite est fixée par zone en Europe et réajustée selon le potentiel du millésime (l'ensoleillement et la pluviométrie).
补糖：以该工艺创始人查塔尔（1756 年 -1832 年）命名的酿酒工艺。指在发酵过程中通过加糖来提高葡萄酒的酒精度。在欧洲，加糖的限量可以根据不同的产区，或根据不同年份葡萄发酵潜力进行调节（日照和降雨量）。

Charnu : Terme de dégustation, se dit d'un vin qui possède beaucoup de corps et de rondeur.
（口感）丰厚圆润：指葡萄酒具有酒体丰厚圆润的特点，有嚼肉的感觉。

Chlorose : Maladie de la vigne qui se manifeste par le jaunissement des feuilles dû au manque de chlorophylle. Elle s'observe surtout pour les vignes plantées sur des terrains très calcaires.
萎黄病：葡萄树叶因缺乏叶绿素而变黄。常见于种植在钙质特点突出的土壤上的葡萄。

Climat : Ensemble des caractéristiques météorologiques d'une région.
气候：一个地区的气象综合特征。

Clone : Population de vignes issues d'une souche mère par multiplication végétative, bouturage et greffage.
克隆：通过无性繁殖、插条和嫁接等手段使母株繁殖的方式。

Collage : Addition d'une colle minérale bentonite (kaolin) ou plus souvent organique (gélatine, albumine d'œuf, de sang, de poisson), dans le but d'entraîner des réactions de floculation, de rassemblement et de sédimentation entre ces colles et les éléments constituant soit les troubles d'un vin, soit le déséquilibre gustatif. Action provoquée donc complémentaire d'un débourbage, en finition, lorsque le vin est déjà pratiquement stabilisé ou élevé.
凝结过滤法（下胶）：葡萄酒酿造时可能存在各种导致味道不平衡的物质。通过添加膨润土矿物胶（高岭土）或更常见的有机物（明胶、鸡蛋白、血白蛋白、鱼蛋白），可引起胶质和这些物质之间的絮凝、聚集和沉淀反应。该方法是在葡萄酒澄清最后阶段采取的补充措施，这时葡萄酒实际上已经稳定或者培养好了。

Collerette : Etiquette située sur le col de la bouteille et portant généralement la mention du millésime du vin.
颈标：贴在葡萄酒瓶，瓶颈处显示葡萄酒生产年份的标签。

Composés aromatiques : Composants odorants du vin pouvant être perçus par le nez (olfaction) ou la bouche (rétro-olfaction).
芳香化合物：能够通过鼻子（嗅觉）或嘴巴（口腔嗅觉）感知的葡萄酒气味成分。

Composés phénoliques : Composants du vin responsables de la couleur et intervenant dans le goût.
酚类化合物：影响葡萄酒的颜色及味道的物质。

Composés soufrés : Famille de composants du vin à laquelle appartient une partie des arômes du sauvignon blanc ; d'autres composés soufrés apparaissent dans certains vins qui manquent d'aération.
硫化物：长相思葡萄中含有的一种物质，其它硫化物会出现在某些通风不够的葡萄酒中。

Conduite (mode de) : Pratique de culture des vignes (ex : conduite en palissage).
种植模式：葡萄种植法（例如：枝蔓绑缚种植法）。

Confréries : Associations généralement chargées de promouvoir les vins d'une appellation ou d'une région. Exemple : les Sacavins en Anjou, la Jurade à Saint Emilion...
葡萄酒行会：负责推广某法定产区或某地区葡萄酒的协会。例如：安茹地区的萨卡文骑士团、圣埃米利永骑士团等。

Contrôle de charge : Régulation, par divers moyens, d'un rendement de production (taille, enherbement, éclaircissage).
产量控制：通过不同方式调整产量（修剪、种草、疏枝）。

Coopérative : Structure juridique de production permettant la mise en commun de moyens de vinification et de commercialisation.
酿酒合作社：开展葡萄酒联合酿制和营销的合法生产机构。

Cordon de Royat (taille en) : Méthode de taille à vieux bois qui ne laisse que des "coursons" à deux yeux sur les ceps.
罗亚式（剪枝方式）：老葡萄藤的剪枝方式。葡萄树干上只保留一些能结葡萄的母枝，每个母枝上留两个芽。

Corsé : Se dit d'un vin aux tanins très présents en bouche.
（口感）醇厚：指葡萄酒的单宁口感很丰富。

Courson : Base du sarment que l'on laisse après la taille en vue de la taille de l'année suivante (avec la taille Guyot, on laisse un courson de deux yeux).
结果母枝：剪枝后留下的葡萄嫩枝，留待第二年修剪（使用居由式即单长枝剪枝方式，在葡萄树干只保留一个带两个芽的母枝）。

Craie : Se dit d'un type de sol calcaire constitué de cailloux de calcaire plus ou moins gros.
白垩岩：指由较大的石灰石块构成的石灰岩土壤。

Cryptogamique : Se dit d'une maladie causée par un champignon sur le cep de vigne.
真菌病：一种由葡萄植株上的真菌引起的疾病。

Cuivre : Elément utilisé dans les vignes afin de prévenir certaines maladies telles que le mildiou.
铜：为预防葡萄树的霜霉病等病害而使用的一种元素。

Cuvaison : Période durant laquelle on va laisser le moût de raisin rouge en contact avec la peau des baies afin d'obtenir la couleur désirée par diffusion et macération.
（葡萄汁在桶内的）发酵期：为了获得红葡萄酒所期待的颜色，将红葡萄汁和浆果皮放在酒桶中浸渍以便色彩扩散。

Cuvée spéciale : Nom désignant des vins se différenciant de la production classique d'une propriété, une cuvée est souvent un vin de plus haute gamme.
特酿：葡萄园生产的与传统产品不同的特款葡萄酒，通常属高档酒。

Cycle végétatif : Etapes du développement annuel de la vigne dont les principales sont le débourrement, la floraison, la nouaison et la véraison.
植物生长期：葡萄树年度生长期，主要包括葡萄植株发芽、开花、结果和葡萄开始成熟。

Débourbage : Décantation d'un moût afin que les parties solides en suspension se déposent. Les débourbages ont lieu après pressurage et durent entre 12 et 24 heures.
澄清：澄清葡萄汁的目的是使悬浮的固体成分沉淀。澄清在葡萄压榨后的 12-24 小时内进行。

Débourrement : Epoque où les bourgeons se développent et sortent de la bourre après le repos hivernal.
萌芽： 冬眠后，新芽出胚的阶段。

Débuttage : Ce labour consiste à dégager le pied de la souche en versant la terre vers le milieu du rang. Cette technique s'applique dans la région de Pékin ou du Ningxia.
犁土： 将清理出的葡萄树根部的土往行中聚拢。是北京郊区和宁夏地区常用的犁土方式。

Décantation : Lors d'un service d'un vin, il peut être utile de verser celui-ci dans une carafe afin de séparer le vin de tout dépôt qui pourrait subsister dans la bouteille (principalement pour les vieux vins). Cette opération permet également d'aérer certains vins dont l'expression aromatique est bloquée.
醒酒： 侍酒时，将葡萄酒倒入一个长颈大肚的玻璃瓶，使酒瓶里可能存有的沉淀物从酒中分离出来（主要是陈酿）。这种操作也可以帮助某些气味封闭的酒透气。

Décret d'application : Chaque A.O.C/A.O.P. possède son propre décret, basé sur les "usages locaux, loyaux et constants", qui définit les zones délimitées, les parcelles classées, les cépages autorisés, les pratiques culturales en vigueur ainsi que les données d'analyse requises pour pouvoir prétendre à l'A.O.C/A.O.P.
实施法令： 每个法定产区或受保护的原产地都制定有秉承"本地使用、合法使用和持续使用"原则的地方性法令。该法令明确定义区域划分、地块分级、授权的葡萄品种、通用耕作方法，以及达到法定产区或受保护的原产地葡萄酒标准所需的分析数据。

Degré alcoolique : Pourcentage d'alcool (éthanol) contenu dans un vin. Il est exprimé en % vol.
酒精度： 葡萄酒所含的酒精（乙醇）比例。用体积百分比来表示。

Dégustation : Analyse sensorielle des qualités d'un vin. Trois étapes sont nécessaires, l'œil, le nez et la bouche.
品酒： 对葡萄酒品质的感官评价分析。必须包含三个步骤：观、嗅、品。

Délestage : Opération de vinification en rouge qui vise à augmenter l'extraction de la couleur. Cela consiste à extraire tout le jus d'une cuve en fermentation, puis à le remettre sur le marc après deux heures d'attente.
沥淌工艺： 红葡萄酒酿造过程中增加颜色提取的程序。即先提取发酵桶里所有的葡萄汁，静待两小时后再将其全部倒在酒渣上。

Délimitation parcellaire : Choix des parcelles sur lesquelles les vins produits auront le niveau de qualité requis pour prétendre à l'A.O.C./A.O.P.
地块划定： 选择能够酿制出法定产区或受保护的原产地品质的葡萄酒的地块。

Densité de plantation : Nombre minimum de ceps plantés à l'hectare, défini dans le décret de chaque A.O.C./A.O.P.
种植密度： 每个法定产区或受保护的原产地法令中规定的每公顷种植葡萄植株的最小数量。

Dioxyde de carbone/Gaz carbonique (ou CO_2) : Sous-produit de la fermentation, le dioxyde de carbone est présent dans tous les vins même tranquilles, seule la concentration change entre un vin effervescent et un vin tranquille. Dans les vins tranquilles commercialisés, il n'en reste qu'une très faible quantité.
二氧化碳： 发酵过程的副产品，所有葡萄酒中都含有二氧化碳，即使平静葡萄酒中也存在二氧化碳，但二氧化碳在起泡酒和平静酒中的浓度不一样。一般市面上出售的葡萄酒中只有极微量的二氧化碳。

Dioxyde de soufre (SO_2) : Substance à base de soufre traditionnellement utilisée pour l'élaboration des vins afin d'éliminer les levures ou les bactéries non qualitatives et de faciliter leur bonne conservation.
二氧化硫： 传统上用于酿酒的硫基物质，可消除酵母菌或非定性细菌，以保证葡萄酒的保存质量。

Eau : Composant majeur d'un vin (au moins 85%).
水： 葡萄酒的主要成分（至少 85%）。

Eau (alimentation en) : Essentiel à la croissance et à la vie de la vigne, l'eau doit être présente en quantité suffisante mais sans excès. Le rythme de l'alimentation en eau de la vigne est un critère essentiel de la qualité finale des vins.
供水：葡萄树生长和寿命的重要保障，给与葡萄树的供水量要充足，但不能过量。供水的频率是保证葡萄酒成品质量的关键因素。

Ébourgeonnage : Technique qui, en enlevant une partie des bourgeons portés par la vigne, permet une meilleure maîtrise des rendements. L'exposition au soleil des raisins est aussi améliorée.
除芽：除去葡萄树的部分枝芽，以更好地控制产量、改善葡萄接受日照的条件。

Écartement : Distance entre les ceps de vignes. Ecart sur le rang : distance entre les pieds dans un même rang de vignes. Ecart entre les rangs : distance entre les rangs de vignes. Les distances sont réglementées dans les décrets d'appellation.
间距: 葡萄植株之间的距离。在法定产区法令中对每行中的每株葡萄树之间的距离，行与行之间的距离，都有明确的规定。

Écimage/épointage : Opération effectuée au moment de la floraison qui consiste à couper l'extrémité des plus grands rameaux afin d'équilibrer la croissance des ceps.
摘顶、去梢：在葡萄树开花时进行这项操作。通过切掉最大树枝的末端，让葡萄植株平衡生长。

Éclaircissage : Technique qui, en enlevant des grappes, permet une meilleure maturation des raisins restants. Cela se passe généralement en juillet-août ou quelques semaines avant la vendange.
疏果：是通过去除一些葡萄串，来保证存留的葡萄能更好地成熟。一般在 7、8 月份或收获前几个星期进行。

Effeuillage : Technique qui permet, en supprimant les feuilles autour du raisin, une meilleure exposition au soleil et une meilleure aération. Ainsi la maturation est facilitée et le risque de pourriture diminué.
疏剪树叶：除去葡萄周围的叶子可使葡萄得到更好的光照和通风，以此方便葡萄成熟，降低腐烂的风险。

Égrappage ou Éraflage : Opération consistant à séparer les rafles des baies des raisins, le plus souvent mis en œuvre avant la cuvaison des rouges.
摘果粒、去梗：该定义常指红葡萄酒在发酵前进行的葡萄果梗与浆果的分离工作。

Élevage : Etapes de la vie du vin entre la fermentation et la mise en bouteilles des vins tranquilles. L'élevage peut s'effectuer en cuve ou en fût et durer de quelques semaines à plusieurs années.
培养：指非起泡葡萄酒，在发酵至装瓶之间的酿酒步骤。葡萄酒通常在酒槽或酒桶中培养，培育期从几周到几年不等。

Embouteillage : Mise en bouteille des vins (synonyme de mise en bouteille ou de tirage).
装瓶：葡萄酒装瓶（与 " 取酒 " 同义）。

Empyreumatiques : Arômes liés à la torréfaction avec un goût légèrement brûlé, grillé (pain grillé, fumée, tabac, etc...).
焦味：与烘焙相关，带有轻微烧焦的气味（烤面包、烟熏、烟草等气味）。

Enherbement : Technique qui consiste à laisser de l'herbe pousser dans la vigne, entre les rangées, afin de créer un stress hydrique et de lutter contre les phénomènes d'érosion.
植草：让杂草在葡萄树行间生长，造成（有利于葡萄生长的）土壤供水紧张，同时也可防止水土流失。

Équilibre : C'est ce que le vigneron recherche toujours dans ses vins. L'harmonie entre les différents éléments du premier nez à la finale en bouche.
平衡感：酿酒者追求的葡萄酒酿造效果，指从开始嗅到的香气到最后的口感，每个元素间都很和谐。

Érosion : Dégradation du sol lié au vent et aux précipitations. La lutte contre l'érosion est très importante afin d'assurer la conservation des terroirs viticoles.
水土流失： 风和降水造成的土壤质量变质。为了确保良好的葡萄种植风土，防治水土流失是一项非常重要的工作。

Éthanol : Nom scientifique de l'alcool éthylique, un des constituants principaux du vin et des boissons alcoolisées.
乙醇： 酒精的科学名称，葡萄酒和酒精类饮料的主要成分之一。

Étiquette : Apparue vers 1860, l'étiquette permet de porter à la connaissance du consommateur des mentions obligatoires (nom de l'appellation, volume nominal, richesse alcoolique du vin, catégorie du vin, nom, adresse et qualité de l'embouteilleur). Le millésime, les concours remportés, les cépages sont des mentions facultatives.
酒标、标签: 酒标大约从1860年开始使用，为消费者提供有关葡萄酒的所有必须的信息: 葡萄酒的名称、容量、酒精含量、葡萄酒种类、装瓶者姓名、职称及地址。但葡萄酒生产年份、是否获奖以及使用的葡萄品种等信息属于非强制性内容。

Fermentation alcoolique : Transformation des sucres du moût de raisin en alcool grâce à l'action des levures. La fermentation produit également de nombreux composés intervenant dans la qualité des vins, ainsi que de la chaleur et du gaz carbonique.
酒精发酵： 在酵母的作用下，葡萄浆汁中的糖分转化成酒精的过程。酒精发酵会产生许多对葡萄酒的品质起作用的化合物，并释放出热量和二氧化碳。

Fermentation malolactique : Transformation de l'acide malique en acide lactique, c'est en fait une désacidification biologique naturelle du vin. Obligatoire pour les vins rouges, elle est facultative pour les vins blancs. Elle modifie également la complexité aromatique en apportant des notes beurrées ou lactées aux vins blancs.
乳酸发酵： 指苹果酸转化为乳酸的过程，是葡萄酒的自然生物降解脱酸过程。这是酿造红葡萄酒的必需过程，但对白葡萄酒来说是非强制性的。乳酸发酵会改变葡萄酒的复杂香味，给白葡萄酒带来黄油或乳品的味道。

Feuille : Partie importante de la vigne qui, grâce à la photosynthèse, alimente la plante et produit en particulier les sucres du raisin.
（葡萄）叶： 葡萄树的重要组成部分，叶子通过光合作用给葡萄植株提供养分，尤其给葡萄果粒带来糖分。

Filtration : C'est l'une des dernières opérations réalisées sur les vins avant leur mise en bouteille. Généralement réalisée sur terre d'infusoire, elle permet d'éliminer les dernières particules solides qui pourraient subsister en suspension dans le vin.
过滤： 是葡萄酒装瓶前的最后几个步骤之一。通常在硅藻土上进行，可以消除残留在酒中的固体颗粒。

Flaveurs : Ensemble des sensations aromatiques et gustatives perçues au nez et en bouche.
味： 鼻腔和口腔感知的各种香气和味道的综合。

Fleur de vigne : Partie de la vigne présente au mois de juin et qui est à l'origine de son fruit, le raisin.
葡萄花： 葡萄树在每年六月开花，然后结出葡萄果粒。

Floraison : Stade repère du cycle végétatif de la vigne qui détermine la quantité de raisins, selon sa date, donne une indication sur la date des vendanges.
花期： 葡萄植株生长周期的标志性阶段，这一阶段决定了葡萄果粒的数量。根据花期可以推算出葡萄采摘的日期。

Floral : Famille d'arômes que l'on retrouve dans le vin. On pourra distinguer les arômes de fleurs blanches (tilleul-cépage chenin, acacia-cépage chardonnay, aubépine...) ou rose violette, fleur d'oranger ou d'iris-cépage cabernet franc.
花香：在各种葡萄酒中可嗅到的香气。一般可嗅到多种白色花卉的香气，比如诗南葡萄中的椴花香、霞多丽葡萄中的槐花香等），或者品丽珠葡萄中的玫瑰香、紫罗兰香、柑橘香或鸢尾花的香味。

Fossiles ： Reste ou empreinte de plante ou d'animal trouvés dans les sols et qui permettent de déterminer leur âge géologique.
化石：在地底层发现的动物或植物的遗骸、遗迹印模，据此可以推断出地质的年代。

Foulage ： Par cette action, on ouvre le grain de raisin afin de libérer le jus qu'il contient. On facilite ainsi le pressurage (blancs) et on augmente la diffusion des composants de la pellicule (rouges).
破皮：通过挤压葡萄果粒使果皮破裂、果汁流出的操作。在准备酿造白葡萄酒时，破皮可以方便压榨过程，对红葡萄酒来说，挤压能加速葡萄皮中的物质扩散。

Fraîcheur : Sensation en bouche apportée par l'acidité présente dans le vin. Les vins blancs des régions septentrionales ont très souvent un équilibre axé sur la fraîcheur.
（口感）清爽：指由葡萄酒中的酸味所带来的口感。法国北部地区出产的白葡萄酒通常有这种清爽基调的平衡感。

Fruité ： Caractère d'un vin qui rappelle l'odeur du raisin ou d'un autre fruit.
果香：葡萄酒的香气类型之一，可以是葡萄本身的味道或其他水果的味道。

Fût de Chêne ： Récipient en bois destiné à recevoir le vin pendant la fermentation et/ou l'élevage. Ils peuvent être utilisés pour tous les types de vins mais ils sont généralement plus utilisés pour les vins rouges.
橡木桶：在葡萄酒的发酵和（或）培养过程中使用的木质容器。橡木桶可以用于所有类型的葡萄酒，但常用于红葡萄酒的发酵和（或）培养。

Gélatine ： Substance provenant des os d'animaux, utilisée pour le collage des vins.
明胶：澄清葡萄酒时使用的从动物骨头中提炼的一种物质。澄清酒液是葡萄酒装瓶之前的一种工艺操作。见本章 " 凝结过滤法（下胶）" 条目。

Géologie ： Science qui décrit les sols et les sous-sols et permettant d'analyser leur influence sur la croissance de la vigne.
地质学：描述土壤和下层土（底土）的学科，地质学可以分析土壤和下层土（底土）对葡萄树生长的影响。

Glycérol : Produit mineur de la fermentation alcoolique, le glycérol apporte de la douceur aux vins.
甘油：酒精发酵过程产生的次要物质，给葡萄酒带来甘甜味。

Goût ： Sens par lequel on perçoit les saveurs. On a l'habitude de distinguer les 5 goûts principaux : sucré, acide, amer, salé et umami.
味觉，味道：对食品滋味的感觉。日常生活中的五种味道：甜、酸、苦、咸和鲜。

Goutte (vin de) ： Vin rouge issu de la décuvaison (à opposer au vin de presse).
自流酒：未经外力挤压、在发酵槽中自然生成的红酒液（与之相反的是对 " 酒帽 " 和皮渣进行压榨后得到的压榨酒）。

Grappes (= raisin) : Partie de la vigne qui porte les grains. Les grappes sont reliées au sarment par un pédoncule divisé en de nombreux pédicelles qui portent chacun un grain.
葡萄果串：葡萄树上形成的一串串的葡萄果粒。果串通过葡萄树柄与葡萄树的枝蔓连接，树柄被分成众多的果梗，每个果梗上结出一颗葡萄。

Gras : Se dit d'un vin possédant une grande ampleur gustative
（口感）肥厚、丰腴：指葡萄酒的口味丰厚、浓郁。

Gravelle (terme usuel et commun) : Dépôt cristallisé de tartre qui se forme sur les parois des cuves ou des fûts.
陈酒槽（惯用语）： 在酿酒槽或橡木桶的内壁形成的酒石结晶沉淀物。

Graves : Sols principalement constitués de graves et de sables. Ce type de sols se retrouve dans de nombreux vignobles bordelais (Haut Médoc, Graves...).
砾石土质： 在波尔多地区的葡萄园中常见（上梅多克、格拉夫等）由砾石和沙石组成的土壤。

Greffage : Association d'un sarment de vigne (greffon qui produira les raisins) avec un autre sarment (porte-greffe qui fournira les racines) afin de former une nouvelle plante. Le greffage de vignes françaises sur des porte-greffes américains a permis de replanter le vignoble pendant la crise phylloxérique (début XXème siècle).
嫁接： 把一根（结葡萄果粒的）枝条嫁接在另一根（有葡萄根）的枝条上，来人工造出新的葡萄植株。在 20 世纪初的根瘤蚜虫灾害期间，因为把法国葡萄枝条嫁接在了美国砧木上，使法国葡萄园获得了新生。

Grêle : Précipitation de grains de glace pouvant provoquer des dégâts importants sur les sarments de vigne et les grappes.
冰雹： 这种冰粒形态的降水会给葡萄枝和果串带来严重的损害。

Gris : Catégorie de vin rosé obtenu par pressurage de raisins rouges immédiatement après leur récolte, sans macération.
淡桃红葡萄酒： 在红葡萄采摘后，未经果皮浸渍便立即压榨而得到的桃红葡萄酒，为淡桃红葡萄酒。

Guyot (taille) : Le principe de cette taille (la plus développée en Centre-Loire) est de laisser de 6 à 8 bourgeons sur chaque sarment (long bois) et un seul courson à deux bourgeons sur la base du cep. Ce courson donnera les sarments utilisés l'année suivante.
居由型葡萄树的修枝法： 该修枝法在卢瓦尔中部产区最流行。其原则为，在每根长枝条上留 6 至 8 个芽苞，但在葡萄枝蔓的底部、结果的母枝上保留两个芽苞，结果的母枝为下一年备用。

Hydrogène sulfureux (H_2S) : Odeur d'œuf pourri. Qui peut être perceptible lors d'une forte réduction d'un vin.
硫化氢： 臭鸡蛋味。当葡萄酒浓缩、酒中的二氧化硫发生强烈的还原反应时，产生的气体。

I.N.A.O. : Institut National des Appellations d'Origine et de la qualité. Créé en 1935, cet organisme professionnel français est chargé d'administrer les Appellations d'Origine, des Indications Géographiques Protégées, ainsi que des labels et de l'agriculture biologique (AB). Son président est nommé par le Ministère de l'Agriculture sur proposition des professionnels de la filière viticole.
法国国家原产地命名管理局： 创建于 1935 年，主要负责监督管理受保护的原产地标识葡萄酒、受保护的地理标识葡萄酒，以及各类标签和有机农业。该机构主席由葡萄酒业内人士推荐，法国农业部任命。

IFV : Institut Français de la Vigne et du Vin, Centre Technique de Recherches Appliquées au Vin et à la Vigne.
（法国）葡萄树和葡萄酒技术研究所： 葡萄树和葡萄酒技术应用研究中心。

I.N.R.A.E. : Institut national de recherche pour l'agriculture, l'alimentation et l'environnement.
法国国家农业、食品与环境研究所

Infusoire (terre d') / Kieselguhr : Poudre d'origine naturelle, à base de diatomées, pouvant être utilisée pour la clarification des vins par filtration.
硅藻土： 又名 Kieselguhr Poudre（德语），以硅藻类植物为基础的粉状物质，过滤、澄清葡萄酒时使用。

Inoxydable : Acier dont sont faites une majorité de cuves utilisées pour les fermentations et l'élevage du vin.
不锈钢： 目前大部分用来发酵和培养葡萄酒的酒槽是不锈钢的。

Insolation : Mesure de l'ensoleillement d'une région.
日照：一个地区的阳光照射程度。

Interprofession viticole : Organisme régi par *le Code Rural*, l'Interprofession viticole réunit l'ensemble des professionnels de la filière sur un bassin de production. 3 missions sont définies dans ses statuts : suivi économique, promotion de la qualité, communication pour les vignobles qui la constituent. Les interprofessions viticoles sont au nombre de 22 en France.
葡萄酒跨行业协会：受法国《乡村法典》的约束管理，是某产区所有葡萄酒业内人士的组织。承担：关注酒业发展，酒质推广，加强产区内各葡萄园的交流、互助这三项任务。法国现有二十二个葡萄酒跨行业协会。

Jambes ou Larmes : Désigne les traces laissées par le vin sur les parois du verre qui seront de taille et d'épaisseur différentes selon la concentration en alcool et en glycérol.
酒腿、酒泪：指晃动葡萄酒液后沿杯壁流下的液滴痕迹。根据酒液中所含酒精和甘油的浓缩度，其酒腿或酒泪的大小和厚度各不相同。

Labour : Action de retourner la terre pour éliminer les mauvaises herbes et aérer le sol.
耕地：翻耕土地，去除杂草，使土地透气。

Levures : Organisme unicellulaire permettant la fermentation des vins, de type Saccharomyces Cerevisiae ou Saccharomyces Bayanus.
酵母：用来使葡萄酒发酵的单细胞真菌，如酿酒酵母或贝酵母。

Levurage : Stimulation des activités fermentaires par addition de levures sélectionnées (types ci-dessus) parmi le patrimoine régional.
酵母添加：每个葡萄酒产区，根据其产区的传统习惯，通过选用酿酒用酵母（种类见上）来刺激葡萄酒的发酵活动。

Liège : Produit par les chênes, le liège est la matière première du bouchon.
软木： 源于橡木，是葡萄酒瓶塞的原材料。

Lies : constituées par la sédimentation des levures mortes après la fermentation. On élimine ces lies lors des soutirages. mais on peut également pratiquer un élevage sur lies fines qui permet d'apporter un certain gras au vin.
酒渣（酒泥、酒脚）：由发酵后的死酵母沉淀物组成。通常在换桶时，去除酒渣。不过，有时在培养葡萄酒时会保留细酒渣，用细酒渣培养出的葡萄酒会带来丰腴感。

Longueur en bouche ou persistance aromatique : Durée pendant laquelle on continue de percevoir les sensations agréables d'un vin, quand on l'a avalé ou recraché.
余味：指吞咽或吐出葡萄酒后，其美味在口中持续的时间。

Lot (N°) : Un numéro de lot est appliqué sur chaque bouteille afin d'assurer une traçabilité des vins du producteur jusqu'au consommateur.
批号：每瓶葡萄酒上的批号是葡萄酒从生产商到消费者的全程追溯的保证。

Lutte biologique : Pratique viticole de protection sanitaire qui n'utilise aucun intrant de synthèse. Les deux produits les plus utilisés sont le cuivre (bouillie bordelaise) et le soufre-fleur.
生态防治：不使用任何化学合成制剂但确保葡萄健康成长的种植过程。最常使用的两种天然矿物肥料是铜（俗称波尔多液）和硫磺。

Lutte intégrée : Pratique viticole qui tient compte de tous les impacts que peut avoir la viticulture sur l'environnement.
综合防治：在葡萄种植过程中重视所有对环境造成的影响。

Lutte raisonnée : Pratique viticole utilisant l'observation afin de n'apporter à la plante que ce dont elle a besoin au moment où elle en a besoin. Cette lutte a pour but une meilleure préservation de l'environnement (accréditation Terra vitis).
合理防治：根据生态环境种植协会（Terra Vitis）的倡议，为能更好地保护环境，在葡萄种植过程中，注重观察监测，只在葡萄植株需要时，才使用必要的防治产品。

Macération carbonique : Technique de vinification privilégiée pour l'élaboration des rouges primeurs (type Gamay) consistant à laisser huit à dix jours à température élevée, les grappes entières dans une cuve saturée en gaz carbonique avant de passer l'ensemble au pressoir.
二氧化碳浸渍发酵：是制作"新"红葡萄酒（佳美葡萄）的首选酿酒技术。即将整串的葡萄置于富含二氧化碳的酒桶中高温储存 8-10 天后，才进行压榨。

Macération pelliculaire : Opération pré fermentaire de quelques heures pratiquée sur vendanges égrappées-foulées de raisins blancs. Les objectifs sont : extraire plus de composants aromatiques, de structure et de volume et acquérir ainsi une potentialité supérieure.
冷浸渍（果皮浸泡法）：通常在白葡萄酒发酵前进行的一个步骤。为酿造高质量的白葡萄酒，将采摘下来的葡萄在低温环境下浸泡几小时，从葡萄中提取出更多的香气、结构感及葡萄浆汁。

Madérisé : Expression employée lorsqu'un vin est oxydé (dégradé par l'oxygène), donc dépourvu totalement d'arômes.
马德拉味道的（葡萄酒）：葡萄酒被氧化后，会完全失去香气，成为无味酒。

Marc : Résidu du pressurage du raisin blanc. Parties solides restant après le décuvage des vins rouges dans la cuve ou dans le pressoir.
葡萄榨渣：指经过压榨后的白葡萄残渣，也可指留在压榨或酿造红葡萄酒的酒桶里、存留的葡萄渣滓。

Matière organique : Matière issue de la décomposition des résidus végétaux qui se trouve à des taux très variables selon les types de sols et les apports effectués par les vignerons (fumures de champignons, de cheval...).
有机质：植物残渣分解出来的物质，分解率随着土壤类型和葡萄种植者添加的马粪等肥料而变化。

Maturité : Moment où le raisin est jugé bon à être vendangé.
成熟期：葡萄到了适合采摘的时候。

Microclimat : Facteurs climatiques (lumière, température et eau) observés dans un petit périmètre.
微气候：某个小区域范围的气候因素（光照、气温、水）。

Mildiou : Une des principales maladies cryptogamiques observée dans nos vignobles. Elle peut être maîtrisée grâce à l'application de produits spécifiques.
霜霉病：法国葡萄园中主要的真菌疾病之一，法国用专门的产品来控制霜霉病。

Millésime : L'année de récolte d'un vin. Cette mention n'est pas obligatoire sur la bouteille, mais lorsqu'il est indiqué sur une bouteille, 85% doit provenir du millésime marqué pour le vin.
年份：酿酒所用的葡萄的采摘年份。酒瓶上不一定要标注产酒年份，一旦有年份标注，则要求该年份葡萄酒比例要达到 85%。

Moelleux (vin) : Présence de sucres résiduels importants, généralement > 80 g/l, pas encore de norme précise actuellement.
甜型葡萄酒：含糖量很大的葡萄酒。一般来说要大于 80 克 / 升，目前尚未有统一标准。

Moût : Désigne le jus « épais » du raisin après pressurage.
葡萄浆汁：葡萄压榨后尚未发酵的"浓稠"葡萄汁。

Mustimètre : Appareil permettant de mesurer la densité d'un moût et de déterminer sa teneur en sucre et son degré alcoolique probable après fermentation.
葡萄浆汁测量仪： 用来测量葡萄浆汁的浓度、确定其含糖量及推测酒在发酵后的酒精度的特种测量仪器。

Mutage : Sur un vin liquoreux, moelleux, demi-sec lorsque l'équilibre alcool transformé et sucres résiduels semble agréable, le vigneron cherche à assembler un ensemble de facteurs hostiles (froid, décantation, SO2...) aux levures pour arrêter définitivement l'activité fermentaire.
停止发酵： 当超甜型、甜型和半干型葡萄酒的酒精转化和残留糖度达到平衡时，葡萄种植者会集合所有能对抗酵母发生作用的因素（如低温、 滗析、二氧化硫）来终止葡萄酒发酵。

Négoce : Activité qui consiste à acheter du raisin (négociant vinificateur), du moût ou du vin, d'en faire l'élevage (négociant éleveur), puis de le commercialiser (négociant embouteilleur).
葡萄酒业交易： 包括购买葡萄（葡萄酒酿造中间商），购买葡萄浆汁、葡萄酒、进行葡萄酒培养（葡萄酒培养中间商），投入销售（装瓶中间商）。

Nouaison : Etape du développement de la vigne lorsque la fleur se transforme en fruit, à partir de laquelle le grain de raisin commence à grossir.
结果： 葡萄的发展阶段。葡萄花发展成果粒后，葡萄粒逐渐长大。

Nouveau : Vin très jeune, à boire rapidement, correspond généralement à un vin primeur, commercialisation possible le 3ème jeudi du mois d'octobre pour les Vins de Pays (IGP) et le 3ème jeudi de novembre pour les vins d'A.O.C/A.O.P.
新酒： 非常年轻的酒，需要尽快饮用，通常属于最快上市的葡萄酒。地区级的餐酒新酒可以从 10 月的第三个星期四开始上市，法定产区级的新酒则从 11 月的第三个星期四开始销售。

Odeur : Arômes. Ensemble des sensations perçues par le sens de l'odorat grâce à la muqueuse olfactive qui en est le récepteur.
气味： 此处特指酒香，指通过嗅觉粘膜感知到的所有气味。

Œnologie : Science de l'étude du vin.
葡萄酒工艺学： 研究葡萄酒的科学。

Œnologue (D.N.O.) : Diplôme universitaire français internationalement reconnu, dispensé dans cinq écoles françaises (bac + 5). Ce technicien du vin aide les vignerons pour les vinifications, les assemblages, les dégustations, les traitements et analyses des vins. On les retrouve tout au long de la chaîne vitivinicole. A distinguer du sommelier (mention complémentaire d'école hôtelière), œuvrant dans un restaurant ou chez un caviste pour les conseils et accords mets-vins.
葡萄酒工艺师（国家文凭）： 全球认可的一种法国特有的大学文凭，5 所法国高校有权颁发此文凭（学制五年）。葡萄酒工艺师协助葡萄酒酿造者酿造、调配、品尝、加工和分析葡萄酒，参与葡萄酒生产的全过程。葡萄酒工艺师与侍酒师的角色和工作不同，后者任职于餐饮行业或酒类销售的各种店铺，负责酒类产品推销及提供餐酒搭配建议（侍酒师一般毕业于酒店专业学校）。

Oïdium : Maladie cryptogamique qui touche toutes les parties vertes de la vigne. Cette maladie se traite généralement par le soufre.
白粉病： 该真菌类植物病会影响到葡萄树所有的绿色部分，通常采用硫磺来医治。

Ouillage : Opération qui consiste à remplir les fûts et les cuves de moût pour éviter toute altération et notamment tout phénomène d'oxydation.
充满酿酒器： 尽量将酒桶和酒槽灌满葡萄浆汁，以避免葡萄酒变质、尤其是出现氧化现象。

Oxydation : Action de l'oxygène sur les raisins, le moût ou le vin. Une exposition excessive conduit à de graves défauts dans les vins qui sont alors dits oxydés (modification de la couleur et des arômes).
氧化： 葡萄、葡萄浆汁或葡萄酒出现的氧化现象。过度接触空气会导致葡萄酒氧化（引起颜色和香气的变化）。

Oxygène : Gaz incolore, inodore et insipide présent dans l'air et dont les vins ont besoin à certaines étapes de leur élaboration.
氧气： 空气中无色、无味、不会有任何口感的气体。葡萄酒在酿造的某些阶段对氧气有需求。

Palais : Paroi supérieure de la bouche qui permet de ressentir les sensations tactiles et thermiques.
上腭（味觉器官）： 口腔上壁，有触觉和温度感。

Palissage : Technique de conduite de la vigne. Cela consiste à placer les rameaux de la vigne dans une position déterminée et ordonnée pour faciliter les travaux d'été (rognage) et augmenter la qualité des raisins.
绑枝： 管理葡萄藤的技术。即把藤蔓的细枝固定在一个方便夏天剪枝、提高葡萄质量的位置上。

Pampre/Rameau : Nouvelle pousse de la vigne verte et issue d'un bourgeon et portant des feuilles et des fruits. Le pampre devient le sarment lorsqu'il se transforme en bois.
葡萄藤、细枝： 从新芽中长出的、新的、绿色的葡萄枝，由此长出叶子和果粒。随后会变为木质的新枝。

Pédologie : Etude des sols et de leurs caractères chimiques, physiques et biologiques, de leur évolution et de leurs propriétés.
土壤学： 研究土壤的化学、物理、生物特征以及变化和属性的一门科学。

Pellicule : Peau du raisin sur laquelle se trouvent les levures et qui contient les matières colorantes ainsi qu'une partie des matières odorantes.
葡萄皮： 葡萄的表皮，含有酵母、色素和一部分香气。

Pente : Inclinaison des terrains sur lesquels sont implantées les parcelles de vignes (exprimée en % ou en degrés). Plus la pente est importante, plus la qualité peut être élevée.
坡度： 用于种植葡萄的斜坡的倾斜度（用百分比或度数表示）。通常坡度越陡，葡萄质量越好。

Pépinière : Terrain réservé à la culture des jeunes plants de vignes avant plantation définitive.
葡萄苗圃： 专门培育年幼葡萄苗的田地，之后葡萄苗将移栽进行大面积种植。

Pépins : Les raisins en possèdent généralement de 1 à 4, couramment 2.
葡萄籽： 一颗葡萄通常可以有 1 到 4 粒葡萄籽，最常见为 2 粒。

Pétillant : Présence de CO_2, légèrement effervescent-pression < 2.5 bars.
轻微起泡酒： 含二氧化碳的轻微起泡酒，压强小于 2.5 巴。

Phénologiques (stades) : Phases de développement de la vigne : dormance, débourrement, floraison, nouaison, véraison, chute des feuilles sont les principaux stades phénologiques.
物候期（生长阶段）： 休眠、萌芽、开花、结果、成熟、落叶等是葡萄树生长的不同阶段。

Pierre à fusil : Arôme minéral que l'on retrouve dans certains vins blancs sur des terroirs de Silex.
打火石（气味）： 在燧石风土环境里酿制的一些白葡萄酒中可以嗅到的一种矿物香气。

Pigeage : Opération qui consiste à casser et à enfoncer le chapeau de marc dans le moût, lors de la macération d'un vin rouge pour augmenter les échanges.
压帽、踩皮： 指在红葡萄酒的浸渍期间，粉碎酒帽并将其深入葡萄浆汁，使葡萄皮渣与汁液充分地接触。

Plein : Se dit d'un vin dont la matière emplit bien la bouche.
（酒体）饱满： 指酒味丰满，口感甚佳。

Pleurs (vignes) : Lors de la remontée de sève, après la dormance, la sève s'écoule des plaies de taille et forme ce que l'on appelle les pleurs.
葡萄泪（葡萄浆液）： 葡萄树在结束休眠后，浆液会从修剪口处流出，被称为葡萄泪。

Pneumatique (pressoir) : Outil permettant de presser le raisin avec deux fois moins de pression qu'un pressoir à plateaux. Le principe consiste à gonfler une membrane en matière synthétique pour extraire le jus des raisins.
气囊（压榨机）：一种压榨葡萄的工具，比托盘压榨机省一半压力。其原理是使用合成材料气膜充气来挤压葡萄以提取葡萄汁。

Poivré : Caractère épicé que l'on retrouve dans des vins rouges et rosés notamment des cépages grolleau, pineau d'anis et syrah.
胡椒味: 在红葡萄酒和桃红葡萄酒中可品尝到的这种香辛，尤其是在果若、黑诗南和西拉等葡萄品种中。

Polyphénols : Composés chimiques comprenant des pigments naturels (anthocyanes), des tanins végétaux et certains composés aromatiques.
多酚：包含天然颜料（花青素）、植物单宁和芳香化合物的化合物。

Porte-greffe : Système racinaire d'une vigne résistant au phylloxéra sur lequel est greffé une variété de cépage. Le choix d'un porte greffe se fera en fonction du climat et du type de sols sur lequel la vigne doit être plantée.
砧木：可用于抗根瘤蚜虫害的葡萄根桩，可与各种葡萄品种嫁接。要根据气候和种植葡萄树的土壤类型来选择砧木。

Pourriture grise/pourriture vulgaire : Forme grave du développement du champignon Botrytis Cinerea entraînant la pourriture et la dégradation de la grappe.
灰腐病 / 葡萄腐烂：这种严重的灰霉菌的蔓延，会导致葡萄成串的腐烂。

Pourriture noble : Forme bénéfique de développement du champignon Botrytis Cinerea qui entraîne une concentration des sucres et une modification organoleptique.
贵腐：灰霉菌的一种有益形式的发展，其发展能使葡萄中的糖分集中从而使口感发生变化。

Précipitations tartriques ou gravelle : Résultat de réactions entre les acides organiques des moûts et vins, acide tartrique et les sels minéraux (potassium et calcium), à l'occasion de fortes baisses de températures lors de l'élaboration (souhaitée, recherchée) ou lors de la conservation (accidentelle : cristaux blancs en fond de bouteille).
酒石酸沉淀：当温度急剧下降时，葡萄浆汁和葡萄酒中的有机酸、酒石酸和矿物盐 (钾和钙) 发生化学反应的结果。这种反应会发生在酿造（期待和追求的结果）或储存过程中（偶发事件：在瓶底形成白色晶体）。

Presse (vin de) : Vin issu du pressurage de raisins blancs ou du marc de raisins rouges (par opposition au vin de goutte).
压榨酒：通过压榨白葡萄或红葡萄渣所得到的酒（与自流酒不同）。

Pressoir : Appareil de vinification permettant d'extraire le moût des raisins. Après les pressoirs verticaux et les pressoirs horizontaux à plateaux, le type de pressoir le plus répandu maintenant est le pressoir pneumatique.
压榨机：酿酒时，用于从葡萄中获取葡萄浆汁的机器。在垂直压榨机和水平板式压榨机之后，现在最常用的是气囊压榨机。

Pressurage : Opération d'écrasement modéré de la vendange permettant par égouttage, la récupération, voire la sélection des moûts à pressions déterminées.
压榨：对收获的葡萄进行的适度粉碎操作，可通过沥干实现确定压力下对葡萄浆汁的回收及筛选。

Pré-Taille : Opération préalable à la taille d'hiver de la vigne permettant de préparer et faciliter le travail des ouvriers.
预修剪：在冬季修剪葡萄藤蔓之前所做的准备性操作，便于简化工人劳动。

Prise de mousse (champagne) : Correspond à la deuxième fermentation en bouteille (méthode traditionnelle).
（香槟）起泡： 瓶中二次发酵（传统香槟酿造法）。

Protéines : Polymères d'acides aminés, les protéines présentes dans les vins blancs et rosés peuvent provoquer un trouble et un dépôt dans les vins. Elles sont éliminées par un collage à la bentonite.
蛋白质： 氨基酸聚合物。白葡萄酒和桃红葡萄酒中的蛋白质可能会引起葡萄酒的浑浊和沉积物，但可以用膨润土澄清。

Pulpe : Intérieur d'un raisin protégé par la peau et qui abrite le jus.
果肉： 葡萄的内部，受到果皮保护，富含果汁。

Qualité : Caractères d'un raisin, d'un moût ou d'un vin qui le font reconnaître comme apte à l'usage auquel il est destiné et qui le font préférer par le consommateur.
质量： 葡萄、葡萄浆汁或者葡萄酒的特性，使其符合预期的用途并受到消费者的青睐。

Qualités ou caractères organoleptiques : Ensemble de caractéristiques concernant les diverses perceptions aromatiques et tactiles d'un vin : robe, nez, goût, persistance, volume, structure, harmonie, caractères spécifiques d'un cépage ou d'un terroir.
质量一感官特征： 某种葡萄酒包括各种芳香和触觉感知的全部特征，包括酒裙、嗅觉、味道、持久性、体积、结构、平衡性、葡萄品种或风土特点。

Race : Qualifie un vin de garde, de complexité de haute qualité à forte typicité.
纯正： 用来形容一款酒质高尚，味道和香气复杂，具有高辨识度的葡萄酒，通常被称为纯正葡萄酒。

Rafle : Partie ligneuse de la grappe pouvant donner des goûts herbacés désagréables et des tanins durs.
果梗： 葡萄串上的木质部分，会给葡萄酒带来令人不快的草本类和坚硬的单宁味。

Raisin : Fruit de la vigne dont l'aspect varie selon les cépages. Un raisin est composé de la rafle et des grains (moins d'une centaine par grappe).
葡萄： 葡萄树的果实，其外观因葡萄品种而异。葡萄由葡萄梗和葡萄粒组成（每串葡萄不超过一百颗葡萄粒）。

Rang : Ensemble des ceps plantés sur la même ligne. L'écartement entre les rangs est l'une des indications données dans les pratiques culturales d'un décret de l'A.O.C./A.O.P.
行，列： 种植在同一条线上的葡萄植株。行距是法定产区葡萄酒法令对种植葡萄的诸多规定之一。

Réduction : Milieu «réduit», odeur de réduction, nez fermé : état d'un vin maintenu trop longuement sur ses lies plus ou moins grossières dans un milieu de plus en plus privé d'air, contribuant à la dissimulation provisoire de ses caractères organoleptiques remplacés par des impressions nauséabondes, d'œuf dur, croupi, serpillière, fibres humides, moisies voire à l'extrême de mercaptan (œuf pourri).
收缩： 封闭的环境，变弱的气味，香气“封闭”：在日益缺乏空气的环境中，葡萄酒在酒渣中保存时间过长，导致其感官特征暂时隐藏，取而代之的是令人恶心的印象，如白煮鸡蛋的味道、发臭的拖把、湿纤维、发霉的气味甚至是硫醇气味（臭鸡蛋味）。

Réfractomètre : Appareil permettant de mesurer la densité d'un liquide grâce à la réfraction de lumière. Cet instrument est utilisé pour suivre l'évolution de la maturité des raisins.
折光仪： 通过光折射来测量液体密度的设备。用于跟踪葡萄的成熟度。

Régime hydrique : Mesure moyenne de l'eau apportée à la plante par le climat.
水情： 由气候带给植物的平均降水量。

Remontage (terre) : Travaux viticoles consistant à remonter la terre en haut d'un coteau après de fortes pluies.
重搬（土地）： 葡萄园工作的内容之一，指大雨后将泥土移到山坡顶部。

Remontage (vin) : Technique de vinification qui consiste à soutirer du moût dans le bas d'une cuve pour arroser le chapeau de marc formé pendant la macération d'un vin rouge.
淋皮： 指用从桶底抽取葡萄浆汁，淋在红酒浸渍过程中形成的酒渣上。

Rendement : Production (en Hl de jus ou Kg de raisin) d'une vigne ramenée à l'hectare. La maîtrise des rendements est le premier facteur de qualité d'un vin.
产量： 一个葡萄园每公顷土地的葡萄产量。控制葡萄产量是保证葡萄酒质量的第一要素。

Riche : Se dit d'un vin complexe au nez, et soyeux en bouche.
饱满的（葡萄酒）： 指葡萄酒气味平衡、口感平顺。

Rognage : Technique culturale qui consiste à couper les jeunes pousses de rameau en juin et juillet.
修剪： 指在六、七月份剪除一些葡萄新枝的一项工艺。

Rond : Un vin est rond lorsqu'il emplit bien la bouche.
（口感）圆润： 指葡萄酒在口腔中给人很舒适的感觉。

Rustique : Vin grossier manquant d'élégance.
（葡萄酒的）乡村味： 指葡萄酒的味道粗糙、不够精致。

Saignée : Technique de vinification qui consiste à soutirer du moût après quelques heures de macération d'un vin rouge afin d'obtenir un rosé de couleur plus soutenue (par opposition au rosé de pressée). Le rouge obtenu sera également plus corsé.
放血法： 葡萄酒的一种酿造方法，即在浸泡红葡萄酒几小时后提取浆汁，使桃红葡萄酒的颜色更深（与压榨法所得桃红葡萄酒不同）。由此产生的红葡萄酒的口味将更加浓郁。

Saint-Vincent : Saint patron des vignerons. Fêté chaque année le 22 janvier. C'est l'occasion pour les vignerons de se réunir pendant une ou plusieurs journées afin de fêter dignement ce saint de la religion catholique (messe à l'église, grande fête, grandes dégustations et visites de propriétés).
圣·文森特节： 圣 · 文森特是葡萄种植者的守护神。每年 1 月 22 日前后的一或数日，葡萄种植者们会隆重庆祝这一节日，纪念这位天主教中的圣人（举行弥撒、聚会、大型品鉴会、参观酒庄）。

Saveur : Pour les puristes saveur = goût. Souvent utilisé pour indiquer l'ensemble des sensations perçues en bouche, hors odorat.
口味： 对于纯粹主义者而言，口味就是味觉。通常用来描述通过口腔体会到的所有感觉，但不包括气味。

Sec : Caractère d'un vin qui ne possède plus de sucres résiduels.
干： 指葡萄酒不含糖分残留的特征。

Silex : Type de sol que l'on retrouve notamment au niveau de la faille de Sancerre (Vallée de la Loire) en combinaison avec de l'argile. Les vins issus de ces types de sols ont généralement un bon potentiel de garde.
燧石土： 主要在桑塞尔产区的断层，与粘土混在一起。出自该类型土壤的葡萄酒通常具有良好的陈酿潜力。

Sol : Partie supérieure de la croûte terrestre sur laquelle se développe la vigne.
土壤： 地壳的上部，葡萄在土壤上生长。

Souche : Synonyme de pied de vigne et de cep. Des achats sur souche sont des achats de raisins à récolter par l'acheteur.
（植物的）根部： 此处是葡萄树根的同义词。葡萄种植者通过购买葡萄树根，将其埋入土壤中进行培育，以获得葡萄。

Soufre : Matière naturelle utilisée en viticulture pour lutter essentiellement contre l'oïdium. Et sous forme de dioxyde de soufre, il évite l'oxydation des vins.- antiseptique recommandé en œnologie (voir anhydride sulfureux).
硫：在葡萄栽培中用于抵抗白粉病的天然材料。在二氧化硫的形式下，它可以防止葡萄酒的氧化。它也是酿酒学推荐使用的防腐剂（参见二氧化硫）。

Soutirage : Transfert de cuves correspondant à une décantation (des lies) et à une aération plus ou moins ménagée selon la nécessité pour faire évoluer le vin et ses divers constituants, c'est un facteur de clarification et de stabilisation naturelle. C'est également le moyen d'engager le processus d'élevage.
换桶：换桶可以实现（酒渣）的滗析或通过某种途径为酒通气，目的是使葡萄酒及其各种成分能持续变化，这是自然澄清和稳定的一个因素，也是陈酿工序的开始。

Stress hydrique : Etat d'une vigne souffrant d'un manque d'eau. Un stress hydrique de niveau normal a un effet positif sur la qualité d'un vin.
缺水：葡萄树经受的一种缺水状态。适当缺水有利于提高葡萄酒的质量。

Structure : Ensemble des éléments du vin liés à l'équilibre des goûts et dépendant de la qualité du raisin. Un vin est dit structuré quand il a une forte charpente et qu'il est très riche, à l'inverse s'il est souple, il n'aura pas de structure.
葡萄酒的结构：是构成葡萄酒口感平衡的所有因素的统称，取决于葡萄的质量。如果一款酒口感健壮、丰满，则其结构非常好。反之，如果给人口感过于柔软，可以说结构欠佳。

Sucres (du raisin) : Glucose et fructose contenus dans la baie et produit dans les feuilles par la photosynthèse.
（葡萄的）糖分：浆果中含有葡萄糖和果糖，通过光合作用在叶子中产生。

Sucres résiduels : Sucres présents après la fermentation alcoolique et donnant du velouté, de l'onctuosité.
糖分残留：酒精发酵之后残留在葡萄酒中的糖分，会使葡萄酒有丝绒、滑腻甚至甜腻的口感。

Surface foliaire exposée : Partie du feuillage d'une vigne exposé au soleil permettant la photosynthèse et l'alimentation des raisins.
着光叶面：暴露在阳光下的葡萄树叶子的叶面，由着光叶面来进行光合作用为葡萄提供养分。

Syndicat de défense : Organisation regroupant l'ensemble des producteurs d'une même appellation. Le syndicat propose les rendements maximum, le ban des vendanges ainsi que les différents articles du décret de son vignoble.
葡萄酒保护工会：该组织集合了同一葡萄酒产区的所有生产者的地区性组织。对其产区最高产量提出建议，采摘葡萄的统一日期以及与产区葡萄园相关的各项法令条款。

Taille : Opération qui consiste à couper les sarments en hiver afin d'assurer la production de raisins de qualité.
剪枝：指在冬季剪掉葡萄树多余的枝、藤，以确保葡萄的高质生产。

Tanins/Tannins : Molécule présente dans la peau du raisin, la rafle et les pépins. Elle engendre l'astringence.
单宁：一种存在于葡萄皮、茎和籽中的成分，使葡萄酒产生涩味。

Tartre : Dépôt cristallin qui se dépose après la fin de la fermentation dans la cuve ou la bouteille si le vin n'est pas stable.
酒垢：如果葡萄酒不稳定，在葡萄酒酿造末期，则会在酒罐或瓶中发现结晶的沉淀物。

Terroir : Ensemble des facteurs naturels d'un vignoble constitués par le climat, l'ensoleillement, le relief, la pédologie et l'hydrologie. Au sens de l'A.O.C./A.O.P., le terroir combine des facteurs naturels et humains d'un vignoble.
风土：葡萄园所有自然因素的总和，包括气候、日照、地形、土壤和水文。就法定产区而言，风土结合了葡萄园的自然和人为因素。

Thermorégulation : Technique qui consiste à réguler automatiquement la température de fermentation d'un vin dans une cuve ou un fût.
温度调节：一种自动调节酒桶内葡萄酒发酵温度的技术。

Titre alcoolique volumique : Richesse en alcool d'un vin mesurée en pourcentage de volume. (ex : 12,5% vol.)
酒精含量：葡萄酒的酒精含量，以体积百分比表示（例如：体积的 12.5%）。

Tonne : Récipient en bois d'environ 600 litres.
大木桶或一大桶之量：每个木制容器的容量约为 600 升。

Tonneau : Récipient en bois, inventé par les Gaulois, de taille différente suivant les régions.
木酒桶：由高卢人发明的木制装酒容器，不同地区的木酒桶有不同的尺寸。

Tranquille (vin) : Le vin tranquille est à opposer au vin effervescent (absence de gaz carbonique en surpression).
平静葡萄酒：与起泡酒相对立的葡萄酒（超压中不会产生二氧化碳）。

Tri/trie : Sélection à la vigne des raisins uniquement mûrs ou surmuris (pourriture noble). Cette action permet d'exclure les raisins pourris ou qui ne sont pas à maturité.
挑选（葡萄）：在葡萄树上选摘成熟或过熟（贵腐）的葡萄。以确保排除腐烂和未成熟的葡萄。

Typicité : Faculté d'un vin à exprimer le terroir par le cépage.
（酒的）特征：通过葡萄酒来展现出的、不同的葡萄品种及其风土特色。

Usages locaux, loyaux et constants : Ensemble des pratiques viticoles et œnologiques traditionnelles, dans un vignoble, mises en œuvre pour obtenir l'Appellation d'Origine Contrôlée.
正规且稳定的地区惯例：葡萄园为获得法定产区称号，所采用的一整套传统的葡萄种植和酿酒法。

Véraison : Période de la vie de la vigne pendant laquelle le raisin prend sa couleur définitive (du vert au rouge pour les raisins rouges, du vert au jaune pour les raisins blancs). Cette étape est le début de la phase de maturation.
着色期、转色期：葡萄树的生长期中葡萄变色的阶段（红葡萄从绿色到红色，白葡萄从绿色到黄色）。这个阶段是葡萄开始成熟的阶段。

Vieilles vignes : Indique généralement une vigne plus ancienne...
老树藤：通常指较老的葡萄树藤。

Vieillissement : Evolution du vin après sa mise en bouteille.
瓶陈：装瓶后葡萄酒的演变。

Vigne : De la famille des Ampélidacées, la vigne est une liane à l'état naturel. L'essentiel du vin produit dans le monde provient de l'espèce Vitis Vinifera.
葡萄树：在葡萄科中，葡萄树是一种天然藤本植物。世界上出产的葡萄酒绝大多数都是一种叫 Vitis Vinifera 的“葡萄”酿造的。

Vigneron/Viticulteur : Personne qui cultive sa vigne et vinifie son raisin.
葡萄种植及葡萄酒酿造者：种植葡萄并用其酿酒者。

Vignoble : Ensemble des vignes d'une exploitation ou d'une appellation.
葡萄园：某一地块或产区的所有葡萄树。

Vin : Boisson alcoolique obtenue à partir de la fermentation, partielle ou totale, exclusivement du raisin.
葡萄酒： 百分之百使用葡萄做原料，并经过部分或全部发酵而得到的含酒精的饮料。

Vin de goutte : Vinification en rouge : vin issu du décuvage suite à une macération. Vinification en blanc : vin issu du moût écoulé avant le pressurage.
自流葡萄酒： 酿造红葡萄酒时，用浸渍后从发酵槽中放出的葡萄浆汁制成。酿造白葡萄酒时，用压榨前流出的葡萄浆汁制成。

Vin de presse : Vins issu du pressurage du marc (pellicule, rafle et pulpe), soit après le décuvage d'un vin rouge.
压榨葡萄酒： 将红葡萄酒从发酵槽中放出后，通过挤压酒渣（葡萄皮、柄、果肉）获得的红葡萄酒。

Vinification : Ensemble des opérations qui accompagne la transformation du raisin en vin.
葡萄酒酿造： 葡萄转变为葡萄酒的全过程。

Vitis Vinifera : Espèce de vigne la plus répandue dans le monde pour la production de raisins de cuve ou de table.
葡萄： 世界分布最广的葡萄种名，结出酿酒葡萄和食用葡萄。

7 Bibliographie

Les ouvrages 著作

Argod-Dutard, F., Charvet, P., et Lavaud, S. (2007). *Voyage aux pays du vin*. Robert Lafond.

Asselin, Ch. et Giraud. P. (2017). *Le Val de Loire terres de Chenin*. Les caves se rebiffent.

Bornedave, L. (2016). *Cabernet franc - collection de l'ampélologue*. Féret.

Brunet, P. et Faure-Brac, Ph. (2019). *La Sommellerie de Référence*. BPI.

Collectif. (1988). *La vigne et le vin. La manufacture - cité des sciences à la Villette.*

Collectif. (1998). *Evaluation sensorielle, manuel méthodologique, Coll. Sciences et Techniques Agroalimentaires*. Lavoisier.

Dion, R. (1959). *Histoire de la vigne et du vin en France : des origines au XIXe siècle.* Clavreuil. (réédition Paris, Flammarion, 1991 - réédition, Paris, CNRS, 2010).

Faure-Brac, Ph. (2002). *Saveurs Complices*. EPA.

Faure-Brac, Ph. (2020). *Accords Vins et Mets*. EPA.

Faure-Brac, Ph. (2010). *Comment Faire sa cave*. EPA.

Flanzy, M., Bernard, P. et Flanzy, Cl. (1987). *La Vinification par macération carbonique*. QUAE.

Galet, P. (2015). *Dictionnaire encyclopédique des cépages et de leurs synonymes*. Libre et Solidaire.

Galet, P. (2001). *Dictionnaire encyclopédique des cépages*. Hachette.

Galet, P. (1983). *Précis de viticulture*. compte d'auteur.

Garrier, G. (1995). *Histoire Sociale et culturelle du vin*. Bordas.

Immélé, A. (2014). *La 4ème dimension du vin ou le secret des grands vins alchimiques.* Vinedia

Johnson, H. (2012). *L'Histoire mondiale du vin*. Hachette.

Labruyere, L. et coll. (2006). *Les vins de France et du monde*. Nathan.

Lecoutre, M. (2019). *Atlas historique en France de l'Antiquité à nos jours*. Autrement

Legouy, F. et Boulanger, S. (2015). *Atlas de la Vigne et du Vin, un nouveau Défi de la Mondialisation*. Armand Colin.

Liger-Belair, G. et Rochard, J. (2008). *Les vins effervescents*. Dunod.

Liger-Belair, G. et Polodori, G. (2011). *Voyage au cœur d'une fine bulle de Champagne*. Odile Jacob.

Malnic, E. (2018). *le Vin et le Sacré, à l'Usage des Hédonistes, Croyants et libre-penseurs*. Féret.

Monnier, J-M. et Joly, P. (1994). *Anjou-Saumur Portraits œnologiques*. Siloé.

Monnier, J-M. et Joly, P. (2003). *La dégustation des vins : un art de vivre en Loire*. Siloé.

Monnier, J-M. et Joly, P. (1995). *Les vins, mets et alcools des Pays de la Loire*. Siloé.

Monnier, J-M. et Joly, P. (1999). *Se constituer une cave en remontant la Loire et les accords des vins et des mets*. Siloé

Pasteur, L. (1873). *Etudes sur le vin, ses maladies, causes qui les provoquent, procédés nouveaux pour le conserver et pour le vieillir*. Savy.

Peynaud, E. et Blouin, J. (2013). *Le goût du Vin. 5ème éditions.* Dunod.

Reynier, A. (2007). *Manuel de Viticulture*. Lavoisier.

7 参考文献

Rouche, M. (1973). *La faim à l'époque Carolingienne*. PUF revue historique 250.

Vedel, A., Charles, G., Charnay, P. et Tourmeau, J. (1969). *Essai sur la dégustation des vins*. INAO. SEVI.

Viala, P. et Vermorel, V. (1901-1909). *Traité général de viticulture, Ampélographie*. Masson.

Les articles et thèses 文章与论文

Ancel, D. (2017). *Thèse : Détection orosensorielle des lipides alimentaires chez la souris : mécanismes impliqués et altérations au cours de l'obésité*. Université de Dijon.

Briand, L. et Salles, C. (2016). *Taste perception and integration. Flavor : From Food to Behaviors, Wellbeing and Health. Part Two - Perception of flavor compounds* (p. 130-143). Woodhead Publishing in Food Science, Technology and Nutrition, 299. GBR : Elsevier Ltd.

Chauvet S. et Sudreau, P. (1993). *Cryoextraction sélective (pressage à froid)*, Revue des Œnologues, n° 65 S.

Chauvet, S., Sudreau. P. et Jouan, T. (1986). *La cryoextraction sélective des moûts, premières observations, perspectives*. Bulletin de l'OIV (667-668), p.1021 à 1043.

Cordelia, A., Running, Bruce A. Craig and Richard D. Mattes (2015 sept). *Oleogustu: The unique Taste of Fat*. magazine Chemical Senses volume 40.

Feuillat, M., Moio, L., Issanchou, S. (1993). *Description de la typicité aromatique des vins de Bourgogne issus du cépage chardonnay*. Journal international des sciences de la vigne et du vin N° 27.

Heber Rodrigues, S. (2016). *Thèse : Minéralité des vins : Parlons-en! La conceptualisation d'un descripteur sensoriel mal défini*. Université de Bourgogne.

Legros, P. (1993). *L'Invasion du vignoble par le Phylloxéra*. Académie des sciences et lettres de Montpellier, bulletin N° 24.

Schirmer, R. (2016). *Le Chenin : histoire et actualité*. Les territoires du vin de l'Université de Bourgogne.

Valter, S. (2013). *Quelques réflexions sur les boissons fermentées en Islam*. Université du Havre, Normandie.

Vernhet, A. (2016). *Travaux de recherches sur les complexes tanniques*. Sup agro de Montpellier.

Les documents et différentes ressources 文件和各种资源

Articles de la Revue Française d'œnologie

Collectif. (2007). *Catalogue des variétés et clones de vigne cultivés en France*. Editions de l'IFV Le Grau-du-Roi.

Collectif. (2020). *Fonds documentaire du Centre de Ressources Biologiques de la Vigne* de Vassal-Montpellier.
ENTAV, INRA, ENSAM, ONIVINS. (1994). *Catalogue des variétés et clones de vigne cultivés en France*. Edition du Ministère de l'Agriculture et de la Pêche.
Europe : Cahier des charges des réglementations européennes le règlement européen CE 2092/911 régissant l'agriculture biologique, le règlement UE N° 203/2012 sur la vinification des raisins biologiques en vins biologiques...
France Agrimer - documents multiples
Galet, P. *Cours de viticulture DNO 1987-89* à l'Université de Montpellier I Faculté de Pharmacie.
IFV (Les cahiers itinéraires de l'institut français de la vigne et du vin)
INAO. (2011). Guide des intrants utilisables en agriculture biologiques en France (38 p) et rapports internes des experts pour mise à l'enquête et documents officiels pour la création des cahiers des charges des AOP
INRAE - Montpellier SupAgro.
Lepousez, G. (2017). *La Neuro-œnologie : intervention au congrès des œnologues à Cognac*, Revue Française d'œnologie 282.
OIV 2009 *Description des cépages du monde* (560 p).
OIV 2013 *Liste internationale des variétés de la vigne et leurs synonymes* (187 p).
OIV 2017 *Distribution variétale du vignoble dans le monde* (54 p).
Sud Vin Bio 2020 *Le Guide des vins Bio* (52 p).
Techniloire 2016 *Comment Choisir son porte-greffe ?*

La Webographie 网页

Fiches sur les cépages du Monde *http://plantgrape.plantnet-project.org/fr*
INAO (Institut national des appellations d'origine *www.inao.gouv.fr*
OIV (Organisation International de la Vigne et du Vin) *www.oiv.int/fr/*
Site Archéologie du Vin *http://archeologie-vin.inrap.fr*
Site du Concours des Muscats du Monde *www.muscats-du-monde.com*